CHANYE ZHUANLI
FENXI BAOGAO

产业专利分析报告

（第86册）——热交换介质

国家知识产权局学术委员会◎组织编写

知识产权出版社
全国百佳图书出版单位
—北京—

图书在版编目（CIP）数据

产业专利分析报告．第86册，热交换介质/国家知识产权局学术委员会组织编写．—北京：知识产权出版社，2022.8

ISBN 978-7-5130-8243-3

Ⅰ.①产…　Ⅱ.①国…　Ⅲ.①专利—研究报告—世界②热交换—介质—研究报告—世界
Ⅳ.①G306.71②TB657.5

中国版本图书馆CIP数据核字（2022）第120263号

内容提要

本书是热交换介质行业的专利分析报告。报告从该行业的专利（国内、国外）申请、授权、申请人的已有专利状态、其他先进国家的专利状况、同领域领先企业的专利壁垒等方面入手，充分结合相关数据，展开分析，并得出分析结果。本书是了解该行业技术发展现状并预测未来走向，帮助企业做好专利预警的必备工具书。

责任编辑：卢海鹰　王玉茂　　**责任校对：**谷　洋
封面设计：杨杨工作室·张　冀　　**责任印制：**刘译文

产业专利分析报告（第86册）
——热交换介质
国家知识产权局学术委员会　组织编写

出版发行：知识产权出版社有限责任公司　　**网　　址：**http://www.ipph.cn
社　　址：北京市海淀区气象路50号院　　**邮　　编：**100081
责编电话：010-82000860转8541　　**责编邮箱：**wangyumao@cnipr.com
发行电话：010-82000860转8101/8102　　**发行传真：**010-82000893/82005070/82000270
印　　刷：天津嘉恒印务有限公司　　**经　　销：**新华书店、各大网上书店及相关专业书店
开　　本：787mm×1092mm　1/16　　**印　　张：**22.75
版　　次：2022年8月第1版　　**印　　次：**2022年8月第1次印刷
字　　数：510千字　　**定　　价：**128.00元
ISBN 978-7-5130-8243-3

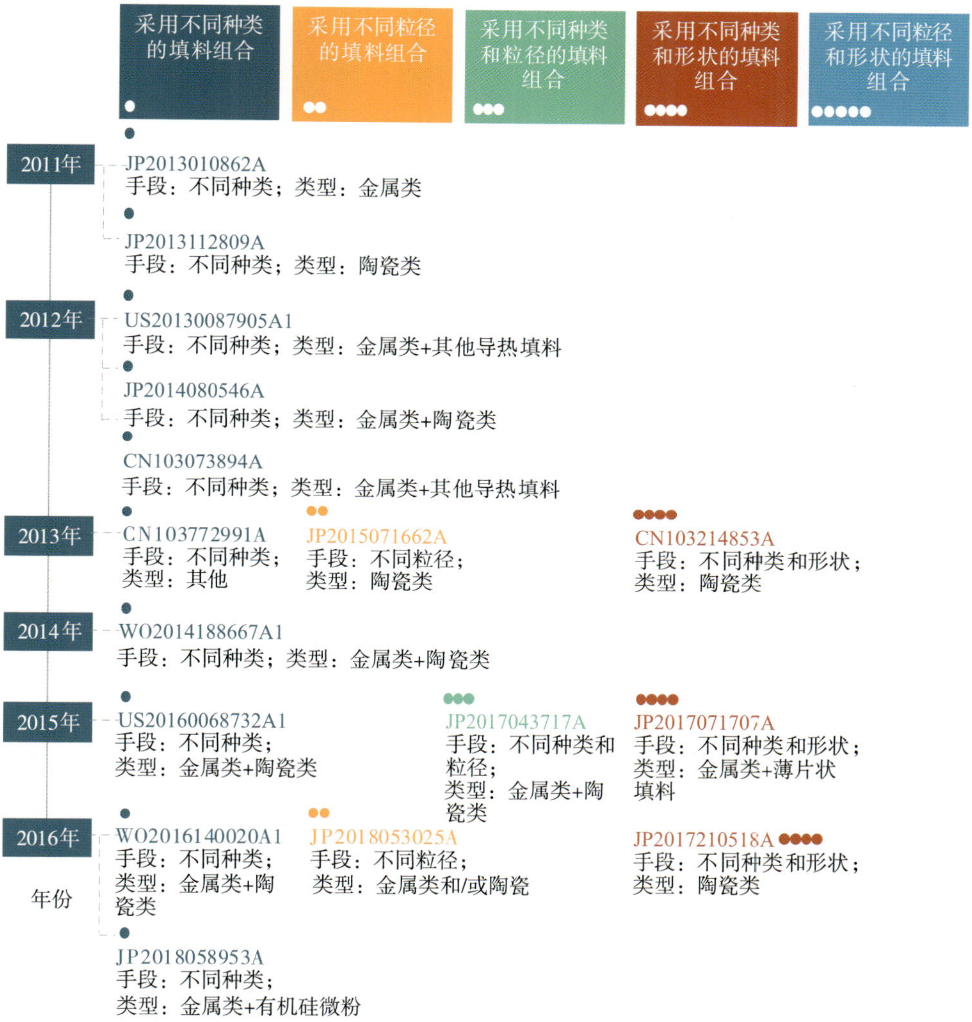

图 5-3-3　信越以组合填料为主要技术改进点专利申请和技术发展路线

（正文说明见第 62 页）

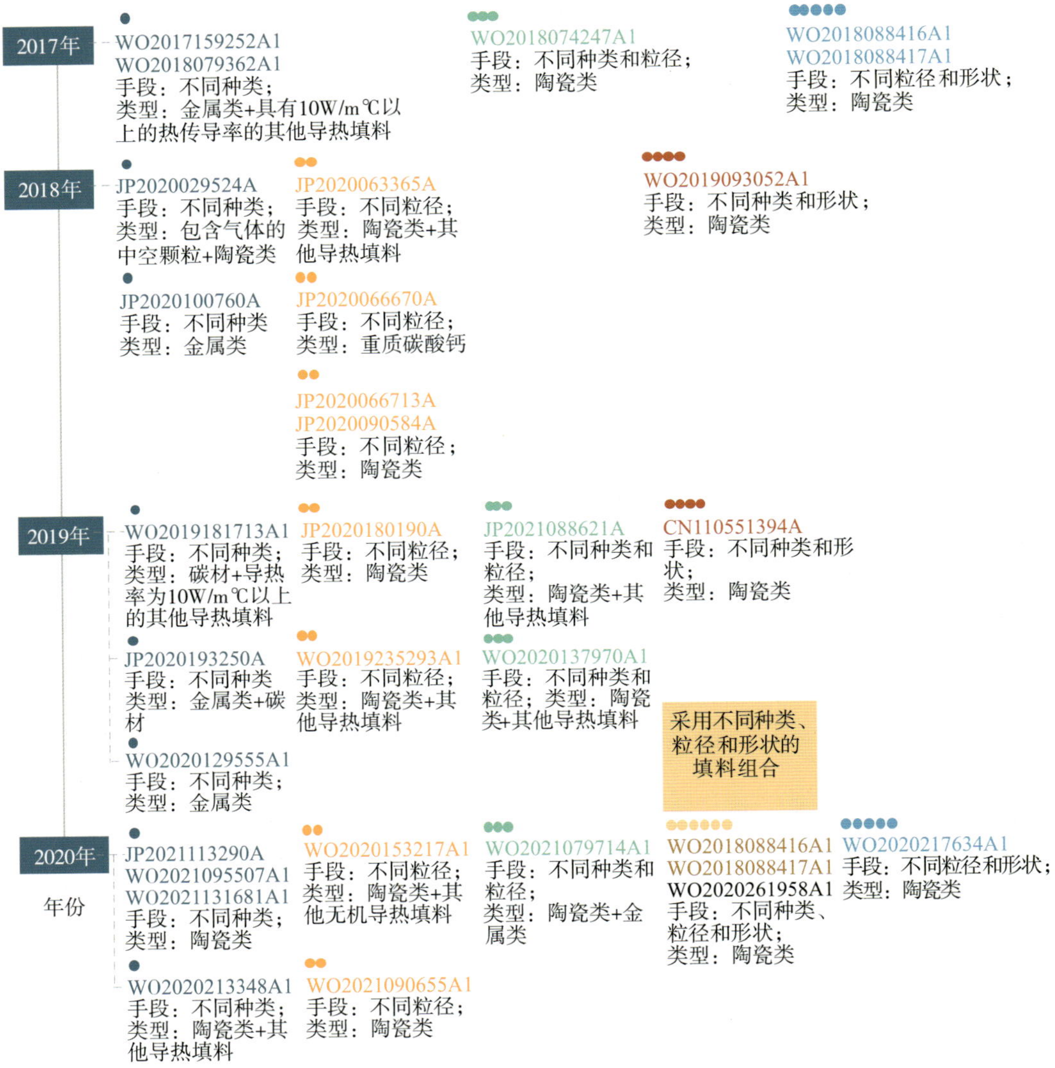

图5-3-3　信越以组合填料为主要技术改进点专利申请和技术发展路线（续）

（正文说明见第62页）

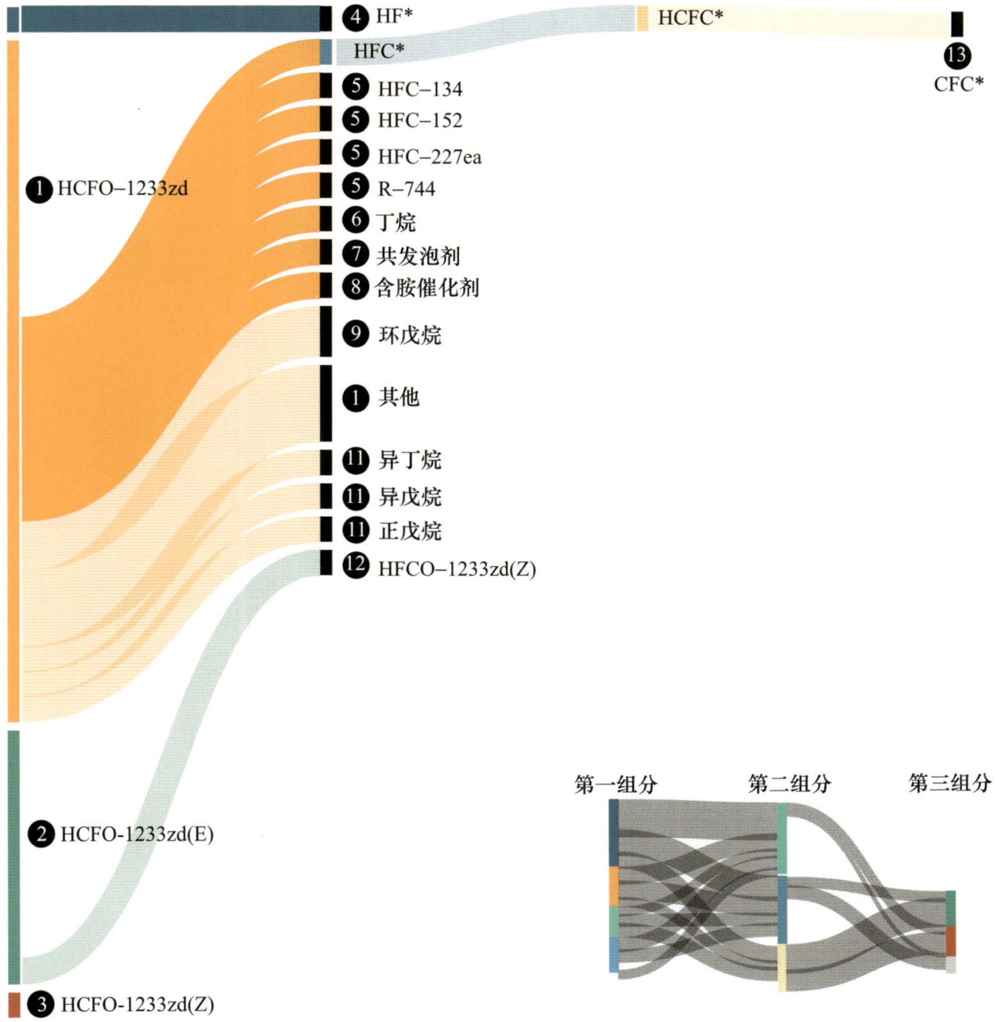

① CN107011863B
CN105462562B
CN107011862B
CN103497738B
CN106977761B
CN107022103B
CN107022343A
CN104046332A
CN104045848A
CN104045850A
CN101925644A

② CN102307965B
CN102015050B
CN104045849B
CN102264860B
CN112480870A
CN105733015A
CN102281932B
CN102782077B
CN104910867A

③ CN104045849B
④ CN101607866B
⑤ CN105733513B
⑥ CN101248153B
⑦ CN107090093B
⑧ CN102575045B
⑨ CN101248153B
CN104271650B

⑩ CN102596869A
CN105111491A
CN105111492A
⑪ CN101248153B
⑫ CN106190037A
⑬ CN101283071B

* HF、HFC、HCFC、CFC是上位概念，不代表具体物质，表示该专利权利要求中保护的是上位概念所包含的一类物质。

有效专利　审中专利　失效专利

图 9-1-2　霍尼韦尔 WO2004037913A2 专利族中涉及的第四代制冷剂包含 HCFO-1233 的组合物

（正文说明见第 105 页）

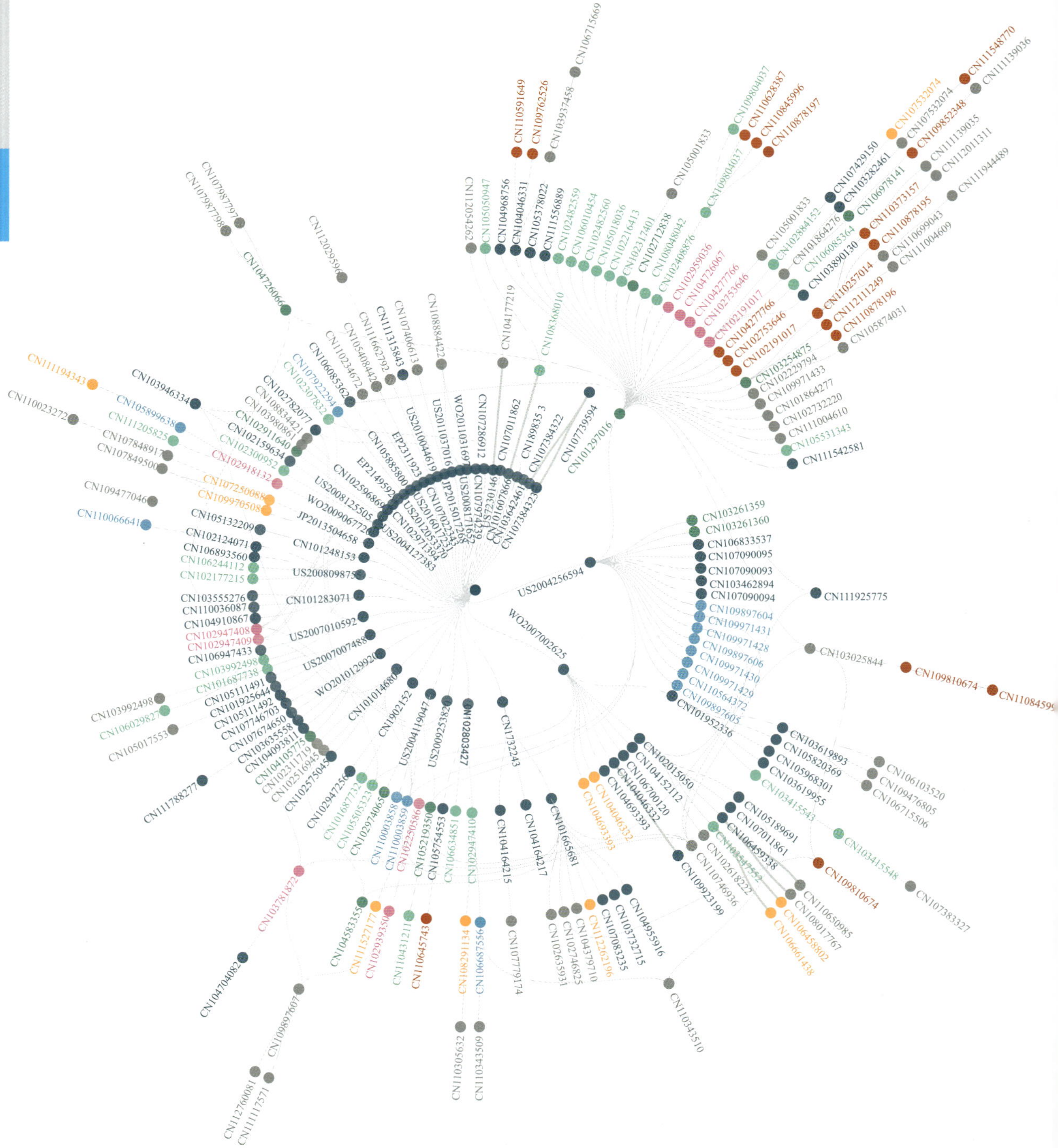

图 9-2-6　基于 WO2004037913A2 的 X/E/R 文献引证关系

（正文说明见第 116 页）

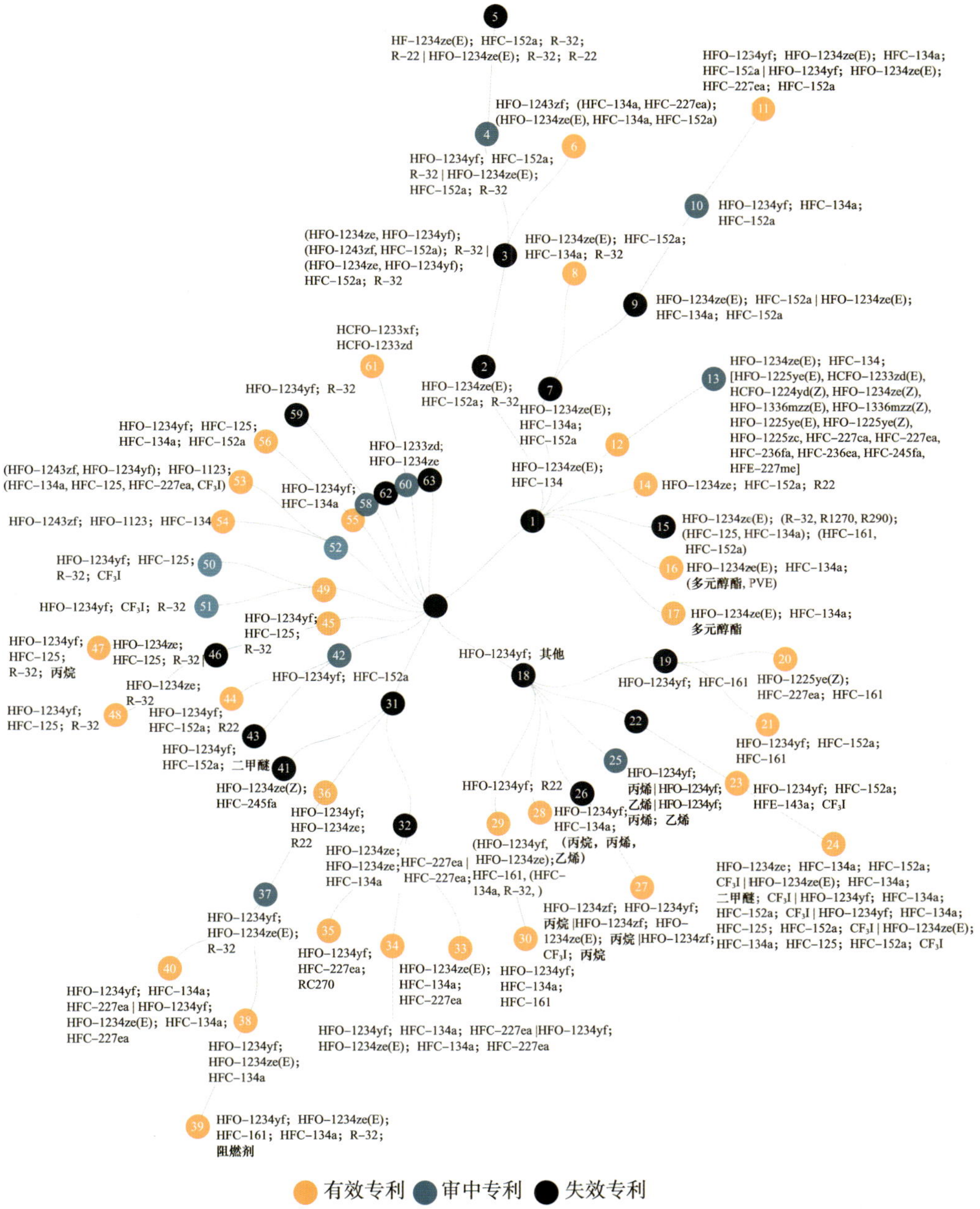

图 9-2-7 基于专利 US2004256594A1 的技术发展路线

（正文说明见第 116 页）

1 CN104726066，杜邦
HFO-1234ze；R-32 |
HFO-1234ze；HFC-125 |
HFO-1234ze；HFC-125；HFC-152a |
HFO-1234ze；HFC-125；HFC-134a |
HFO-1234ze；R-32；HFC-134a |
HFO-1234ze；R-32；HFC-125；HFC-134a |
2 CN104277766，墨西哥化学
3 CN103282461，霍尼韦尔
4 CN106978141，杜邦
5 CN107429150，霍尼韦尔
6 CN110628388，格力
7 CN102753646，墨西哥化学
8 CN103890130，霍尼韦尔
9 CN105001833，天津大学
10 CN109804037，阿科玛
11 CN110845996，格力
12 CN103261360（有效），杜邦
CN103261359（失效），杜邦
13 CN111194343，大金
14 CN106085364，阿科玛
15 CN102959036，墨西哥化学
16 CN102408876，阿科玛
17 CN106010454，阿科玛
18 CN106833537，霍尼韦尔
19 CN102229794，东岳化工
20 CN111004610，湖北绿冷高科节能技术
21 CN111423852，格力
22 CN102732220，天津大学
HFO-1234yf；HFC-152a；HFC-254cb|HFO-1234yf；(HFE-134；HFE-143；HFC-152a；HFC-245ca；HFC-254cb；HFE-245fa；HFC-236ea)
23 CN110878196，格力
24 CN110699043，天津大学
25 CN102216413，阿科玛
26 CN102317401，阿科玛
27 CN109971433，中国科学院理化技术研究所
28 CN102482559（驳回），阿科玛
CN108048042（授权），阿科玛
29 CN103025844，开利公司
30 CN109810674，格力
31 CN102191017，墨西哥化学
(HFO-1234yf, HFO-1225ye, HFO-1234ze)；(HFO-1234ye, HFO-1243zf, HFC- 125, HFC-134, HFC-134a, HFC-143a, HFC-152a, HFC-161, HFC-227ea, HFC-236ea, HFC-236fa, HFC-245fa, HFC-365mfc, R-32, CF_3I, R-744；丙烷, 正丁烷, 异丁烷, 2-甲基丁烷, 正戊烷, 环戊烷, 二甲基醚, CF_3SCF_3)
32 CN105378022，霍尼韦尔
33 CN109762526，格力
34 CN110591649，格力
35 CN110845997，格力
36 CN102884152，阿科玛
37 CN110637075，大金
38 CN110591652，格力
39 CN111944489，浙江衢化氟化学
40 CN110591649，格力
41 CN103946334，霍尼韦尔
42 CN109971429，科慕
43 CN101864277，集美大学
44 CN102482560，阿科玛
CN105018036，阿科玛
45 CN109897605，科慕
46 CN104968756，霍尼韦尔
47 CN105531343，阿科玛
48 CN105874031，得凯莫斯公司
49 CN109971428，科慕
HFO-1234yf；(HFC-125, HFC-134a)；R-32；CF_3I | HFO-1234yf；R-32；CF_3I
50 CN111556889，霍尼韦尔
51 CN111542581，霍尼韦尔
52 CN107532074，旭硝子；产业技术总合研究所
(HFO-1234yf, HFO-1234ze, HFO-1123, 多种HFO)；(R-41, R-22) |HFO-1123；R-32 | HFO-1216；HFC-152a
53 CN107987798，西安近代化学研究所
54 CN107987797，西安近代化学研究所
HFO-1243zf；HFO-1123；HFC-134
55 CN105219350（有效），杜邦
CN110564372（审中），科慕
56 CN110878197，格力
57 CN109897606（审中），科慕
CN109971430（审中），科慕
HFO-1234yf；R-32
58 CN102712838，杜邦
59 CN104046331（驳回），霍尼韦尔
CN111925775（审中），霍尼韦尔
60 CN106715669，中央硝子
61 CN103254875，纳幕尔杜邦公司
HFO-1234yf；HFC-125；CF_3I |HFO-1234yf；HFC-134a；CF_3I
62 CN103937458，西安交通大学；西安交通大学苏州研究院
HCFO-1233zd(E)；HFO-1234yf |HCFO-1233zd(E)；HFO-1234ze(E) |HCFO-1233zd(E)；HFO-1234yf；HFO-1234ze(E)

图 9-2-7 基于专利 US2004256594A1 的技术发展路线（续）

（正文说明见第 116 页）

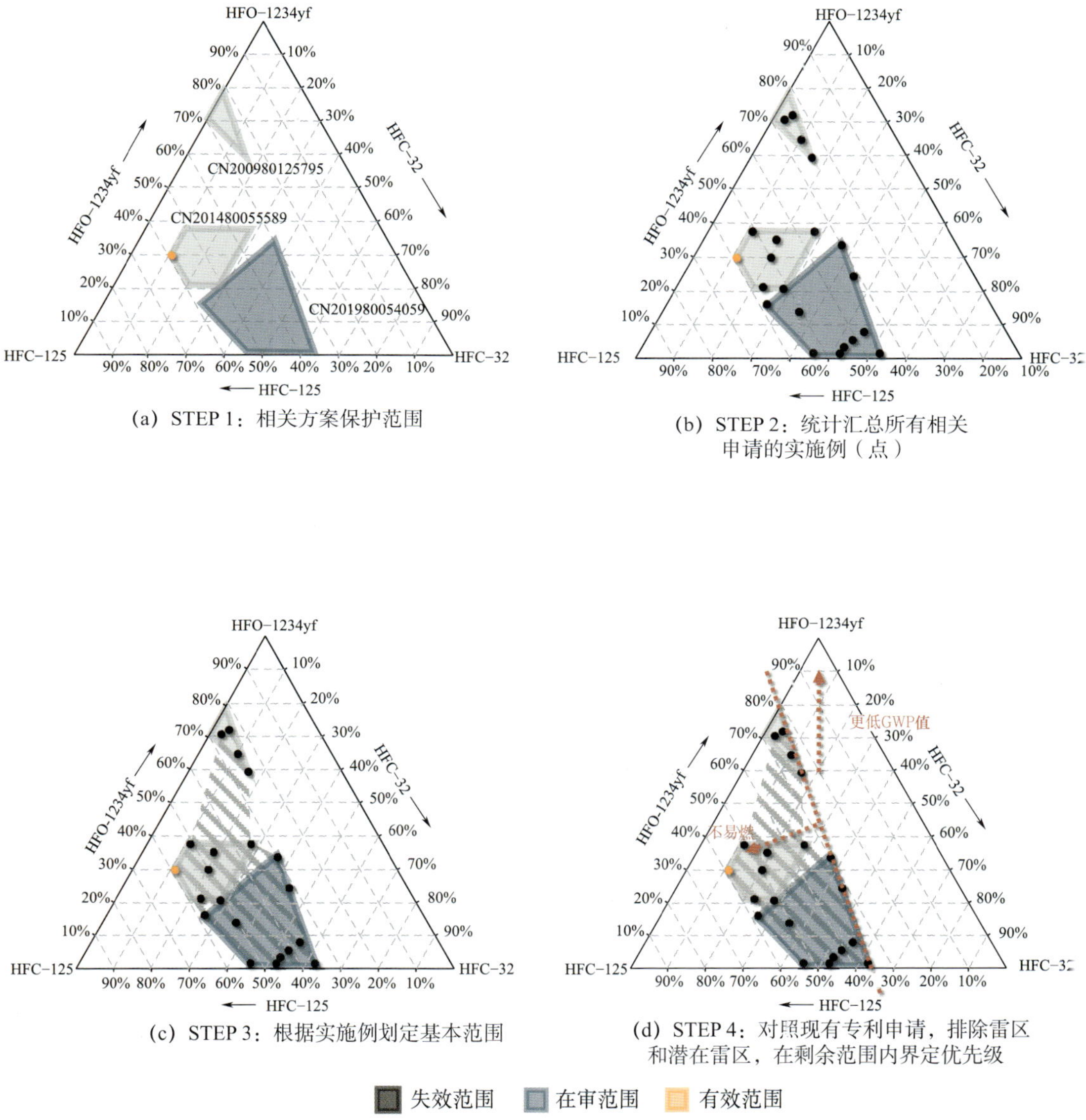

(a) STEP 1：相关方案保护范围

(b) STEP 2：统计汇总所有相关申请的实施例（点）

(c) STEP 3：根据实施例划定基本范围

(d) STEP 4：对照现有专利申请，排除雷区和潜在雷区，在剩余范围内界定优先级

图 10－3－1　R410A 的第四代制冷剂替代物：HFO－1234yf/HFC－32/HFC－125 相关方案及可行性技术挖掘

（正文说明见第 156 页）

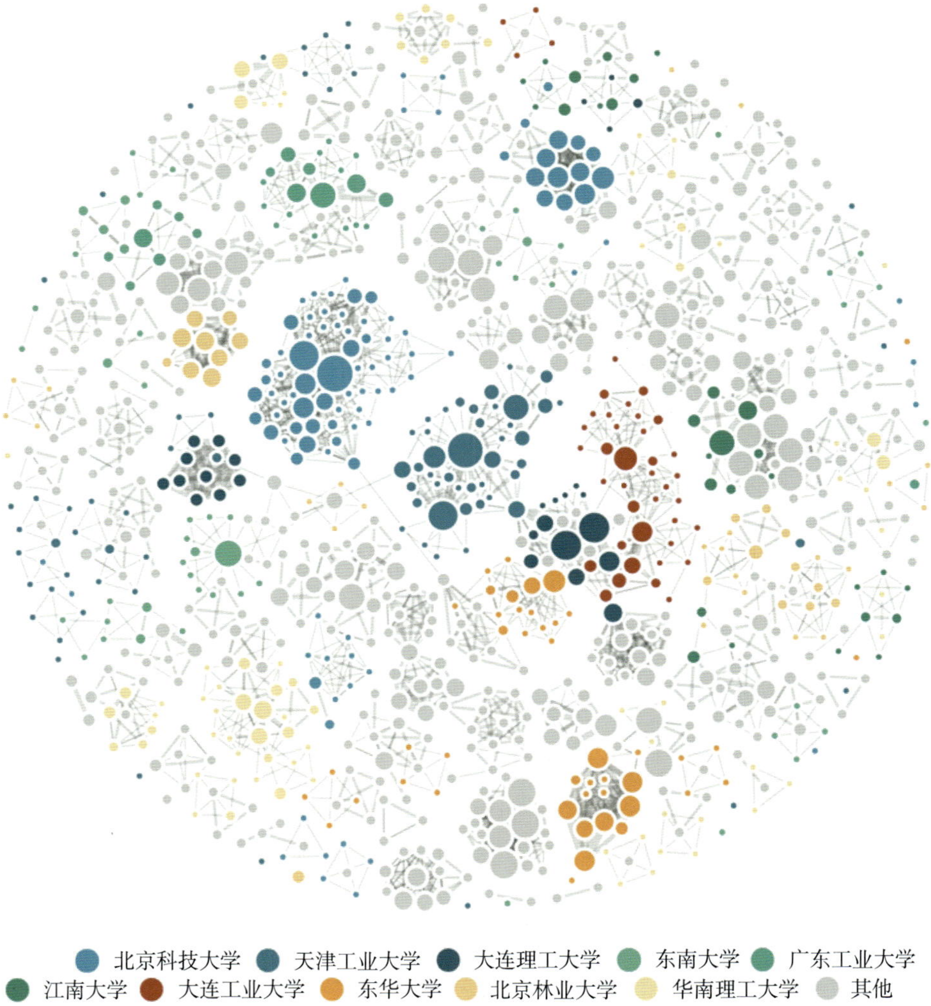

图 15-2-10　相变储能材料领域中国高校研究团队关联分析

（正文说明见第 242 页）

注：图中节点大小表示申请量多少。

编 委 会

前 言

2021年是党和国家历史上具有里程碑意义的一年，对知识产权领域来说同样有着特殊的意义。中共中央、国务院相继印发实施《知识产权强国建设纲要（2021—2035年）》和《“十四五”国家知识产权保护和运用规划》，对知识产权事业未来发展作出重大顶层设计。国家“十四五”规划纲要将每万人口高价值发明专利拥有量写入主要预期性指标，将知识产权工作摆在了更加突出的位置。立足新发展阶段，国家知识产权局学术委员会坚持国家需求导向，紧紧围绕重点产业发展和关键技术突破面临的形势要求，每年组织开展一批专利分析课题研究，出版一批优秀课题成果，不断强化专利分析的研究深度和成果运用的实际效益，以期为提高我国关键核心领域自主知识产权的创造和储备，以及新领域新业态的创新发展提供支撑和指引。

这一年，重点围绕新一代信息技术、新型基础设施建设、新材料、生物医药及医疗器械、高端装备等5个产业领域选取了12个关键技术，组织了25家企事业单位近200名研究人员开展专利分析研究，圆满完成了各项课题研究任务，形成了一批有广度、有深度、有创新、有特色的研究成果。基于成果的推广价值和示范效应，最终选取其中5项成果集结成册，继续以《产业专利分析报告》（第84～88册）系列丛书的形式出版，所涉及的技术领域包括高端光刻机、动力电池检测技术、热交换介质、商业航天装备制造和电动汽车续航技术等。

《产业专利分析报告》（第84～88册）的顺利出版凝聚了各方的智慧和力量，各部门对重点研究方向的确定给予了鼎力支持，各省级、市级知识产权局、行业协会、科研院所等为课题顺利开展给予了必要帮助，近百名行业和技术专家参与其中指导研究。希望读者能充分吸收报告精华，在专利分析方法运用、专利创造和布局策略、技术发展趋势研判、关键技术突破等方面有所启发和借鉴。由于报告中专利文献的数据采集范围和专利分析工具的限制，加之研究人员水平有限，报告的数据、结论和建议仅供社会各界参考。

《产业专利分析报告》丛书编委会

2022年6月

热交换介质专利分析研究课题研究团队

一、项目管理

国家知识产权局专利局：张小凤　孙　琨

二、课题组

承 担 单 位： 国家知识产权局专利局化学发明审查部

课题负责人： 孙广秀

课题组组长： 朱　伟

统　稿　人： 朱　伟　阚　泓

主要执笔人： 朱　凌　付　伟　阚　泓　迟韶华　曹敏芳　马铁铮　王美力

课题组成员： 孙广秀　朱　伟　阚　泓　朱　凌　付　伟　迟韶华　曹敏芳　马铁铮　王美力　袁　媛　李　丽　李　洋　袁　帅　王　婷　孙　蓓

三、研究分工

数据检索： 朱　伟　付　伟　迟韶华　王美力

数据清理： 朱　伟　付　伟　袁　帅　李　洋　迟韶华　袁　媛　曹敏芳　王美力　王　婷

数据标引： 朱　伟　朱　凌　付　伟　迟韶华　曹敏芳　马铁铮　王美力　袁　媛　李　丽　李　洋　袁　帅　王　婷　孙　蓓

图表制作： 阚　泓　朱　凌　曹敏芳　马铁铮　李　丽　袁　帅　王　婷

报告执笔： 朱　伟　阚　泓　朱　凌　付　伟　迟韶华　曹敏芳　马铁铮　王美力　袁　媛　李　丽　李　洋　袁　帅　王　婷

报告统稿： 朱　伟　阚　泓

报告编辑： 阚　泓

报告审校： 孙广秀　朱　伟

四、报告撰稿

朱　伟： 主要执笔第1章，第7章，第8章，第10章，第11章

阚　泓： 主要执笔第15章；参与执笔第9章第9.1节，第16章

朱　凌： 主要执笔第3章，第6章；参与执笔第2章，第4章，第5章

付　伟： 主要执笔第9章；参与执笔第11章

迟韶华： 主要执笔第12章，第13章第13.1节，第14章第14.1节、第14.3节，第16章

曹敏芳： 主要执笔第17章第17.2节，第20章；参与执笔第17章第17.3节，第18章

马铁铮： 主要执笔第2章，第5章；参与执笔第3章

王美力： 主要执笔第17章第17.1节、第17.3节，第18章，第19章第19.3节，第21章；参与执笔第17章第17.2节，第20章

袁　媛： 主要执笔第13章第13.2节，第14章第14.2节；参与执笔第16章，第1章第1.3节、第1.4节

李　丽： 主要执笔第4章；参与执笔第3章，第5章

李　洋： 参与执笔第7章，第8章

袁　帅： 参与执笔第8章

王　婷： 主要执笔第19章第19.1节、第19.2节、第19.4节；参与执笔第17章第17.2节、第17.3节，第19章第19.3节

目　录

关键技术二　第四代制冷剂 / 67

第1章　绪　论

1.1　研究背景

基于热能存储和传输的热交换技术被视为是解决能量供给与需求在空间和/或时间上不匹配问题的一项基础性方案。热交换介质是热交换技术中不可或缺的材料，是决定热交换性能的核心要素。

依据材料应用形式，热交换介质包含诸多分支领域，最具代表性的有热界面材料、制冷剂、相变储能材料和工业热载体。其中，热界面材料的作用在于降低元器件界面热阻，通过热量快速传导以解决芯片等电子器件散热问题，随着电子工业微型化、高集成化快速发展，单位体积内产生的热流密度急剧增加，热界面材料的性能已成为产业发展的一个关键性限制因素。制冷剂是压缩型制冷系统的“血液”，直接决定了空调、冰箱、热泵等装置的制冷性能。相变储能是利用材料相变特性以实现控温、热能储存和转移的热管理技术，在清洁能源转化利用、航空航天、电力调峰、建筑节能等领域具有广阔的应用前景。工业热载体则是利用自身热容在流动中实现热能传递，是工业集热、清洁能源（如太阳能）转化等应用的首选。

源于热交换介质在诸多科技前沿领域和能量利用效率提升中显示出的重要作用，相关研究受到愈来愈多的关注。自2000年以来，涉及热交换介质的全球专利申请量已超过10万件，国内申请量更是增长迅猛。但相较于国外创新主体，国内创新主体起步晚、规模小、原创少、焦点散，无法为国内相关领域的发展提供足够的自主技术供给，在知识产权层面更是存在被“卡脖子”的潜在风险。

国家“十四五”规划中指出，要“从国家急迫需要和长远需求出发，集中优势资源攻关……关键元器件零部件和基础材料……等领域关键核心技术。”《2021年度国家知识产权局专利专项研究项目申报指南》中亦强调，要“重点聚焦新能源关键材料、高性能结构材料及功能材料等”。在此形势下，针对热交换介质行业专利信息进行分析，厘清行业特别是重点领域的技术现状和发展脉络，探析内在发展规律，进而为国内相关领域的突破发展提供支撑就显得尤为必要。

1.2　技术分解

在立题和行业调查阶段，课题组为制定符合研究需要的技术分解表，主要做了以下工作：①收集非专利文献资料，了解行业背景、行业发展状况和技术发展现状；收集的资料主要包括：行业的宏观报告、期刊文章、国家和行业的相关技术标准、国内外相关政策；②咨询行业专家以及企事业单位和科研院所的技术专家。

经过上述工作，课题组对如何确定研究边界设定了以下原则：①聚焦于产品组成、结构和/或合成工艺的专利技术；②涉及的专利文献量适当；③涉及的技术分支应当是业内所关切的关键技术点，即在技术上具有一定高度和/或在国内市场上存在迫切需求。在此原则下，最终选定热界面材料（Thermal Interface Materials，TIM）、第四代制冷剂、相变储能材料和有机热载体作为本课题的研究对象，具体技术分解如表1-2-1所示。

表1-2-1 热交换介质技术分解

一级技术分支	二级技术分支	三级技术分支	四级技术分支
热界面材料	碳基	碳材结构设计	—
		复合结构设计	—
		碳材改性	—
		其他	—
	高分子基	本征型	—
		填充型	基材改进
			新型填料
			导热网络（组合填料）
			导热网络（定向设计）
			界面改性
			新组合体系
			其他
	其他类型	相变材料型	—
		合金型	—
	制备方法	共混	—
		模具	—
		电处理	—
		磁处理	—
		物理加工	—
		其他	—
	应用领域	智能消费电子	—
		通信或电气设备	—
		汽车电子	—
		电池组	—
		家用电器	—
		光学器件	—
		航空航天	

续表

一级技术分支	二级技术分支	三级技术分支	四级技术分支
第四代制冷剂	氢氟烯烃	2，3，3，3－四氟丙烯	—
		1，3，3，3－四氟丙烯	—
		其他	—
	氢氟醚	CF_3OCH_3	—
		$CF_3CF_2OCH_3$	—
		其他	—
	主流产品替代品	HCFC－22 替代品	—
		HFC－410A 替代品	—
		HFC－134a 替代品	—
相变储能材料	产品	以相变材料的化学成分为发明点	高分子相变材料
			有机相变材料
			无机相变材料
			复合相变材料
		以相变材料的制备方法为发明点	微胶囊封装法
			多孔支撑体稳定法
			以高聚物为基体的复合相变材料
			解决过冷的方法
		其他	—
	应用领域	空调制冷	—
		建筑节能	—
		太阳能利用	—
		一般储热控温装置	—
		电子	—
		纺织	—
		交通运输	—
		工业用能	—
		发电管理	—
		生活日用品	—
		医疗	—
		食品工业	—
		农业	—
		航空航天	—
		其他	—

续表

一级技术分支	二级技术分支	三级技术分支	四级技术分支
有机热载体	产品	合成油	醇/醇醚
			合成芳烃
			有机硅
			氟碳烃
			脂肪烃
			合成酯
			复合型
			生物基
			聚醚
			碳酸酯
			其他
		纳米流体	—
		矿物油	
	应用领域	传热流体	—
		冷却/防冻液	
		液压/润滑油	
		介电流体	
		添加剂	
		朗肯循环	
		太阳能发电	

1.3 数据检索与处理

1.3.1 数据检索

本课题研究采用的专利文献数据主要来自 incoPat 数据库，其中第四代制冷剂分支辅以 STN 数据库。数据检索时间截至 2021 年 8 月 20 日。

所选的热界面材料、第四代制冷剂、相变储能材料和有机热载体四个技术分支之间界限比较清晰，分类号基本没有重叠，因此课题组依据表 1－2－1 对各一级技术分支单独进行检索，并根据各技术分支的特点具体采用如下策略：

（1）热界面材料、相变储能材料和有机热载体

采用总分式的检索策略。具体检索过程：基于精确检索与适当扩展相结合的方式，

分别利用IPC和CPC分类号以及关键词为检索要素，经过初步检索、补充检索和批量去噪三个阶段，完成检索工作。

（2）第四代制冷剂

第四代制冷剂的专利申请主要涉及氢氟烯烃（HFOs）和氢氟醚（HFEs）两大类，因此采用分总式的检索策略。具体检索过程：使用STN数据库进行分子式检索，并结合IPC分类号进行筛选；以IPC和CPC分类号以及关键词为检索要素，在incoPat数据库进行检索。由于制冷剂领域分类号和关键词均较为明确，噪声小，因此将两大数据库的检索结果通过申请号去重合并，即可完成检索工作。

1.3.2 数据处理

数据处理包括数据批量去噪、数据标引和重点申请人名称约定。

1.3.2.1 数据批量去噪

数据检索的噪声主要源于以下两个方面：

（1）关键词带来的噪声，主要包括：关键词本身的广泛含义所带来的噪声，例如“有机热载体”意指在间接加热过程中作为热量转移媒介使用的有机传热介质，但部分申请中将有机类自发热剂、储热材料等采用有机热载体的表述；申请涉及关键词但并非以其为发明点，例如“一种采用×××算法的智能手机”，其中提及有构件“导热硅胶”（TIM的一种），但技术方案与目标技术主题相关性差。

（2）分类号带来的噪声，主要包括：分类号不准造成的噪声；以副分类号呈现，但并不体现发明点的情况。

基于上述噪声来源分析，课题组采用关键词和分类号，通过限定不相关和相关性差的应用场景/领域的方式进行批量清理。批量去噪过程中，需要通过查全文本校验和概览被清理文献等方式客观评估各关键词和分类号的去噪效果，避免目标申请的损失。

1.3.2.2 数据标引

针对数据批量去噪后的专利文献，课题组按照表1-2-1的各级技术分支进行数据标引，同时作进一步人工阅读去噪。

1.3.2.3 重点申请人名称约定

由于翻译、子母公司等因素，部分申请人的名称表达存在多样性。课题组对重点申请人的名称进行了统一化处理，具体可参见附录。

1.3.3 数据质量评估

为确保专利分析结果的有效性，对各技术分支数据检索结果的查全率和人工去噪后的查准率进行了评估。其中查全率采用申请人验证方式，查准率采用随机抽取两批次共100件申请进行人工阅读验证。

数据质量评估结果如表1-3-1所示，热界面材料、第四代制冷剂、相变储能材料和有机热载体四个技术分支经数据检索分别获得8431项、2122项、27834项和2274项专利文献，四个技术分支的查全率分别为90.84%、95.86%、86.22%和91.04%。

通过数据标引进行人工去噪，四个技术分支的最终文献量分别为4325项、1229项、26832项和873项，数据查准率均达到95%以上。

表1-3-1 热交换介质专利数据检索结果

技术分支	数据检索结果		查全率验证	人工去噪后文献量/项
	专利文献量/件	专利文献量/项		
热界面材料	15531	8431	90.84%	4325
第四代制冷剂	28747	2122	95.86%	1229
相变储能材料	73950	27834	86.22%	26832
有机热载体	4876	2274	91.04%	873

查全率评估方法：①根据所属技术分支的申请量排名，或根据行业内的普遍共识，确定一位或多位申请人作为重要申请人，通过追踪并人工筛选其在该技术领域的专利申请及引证文献，形成母样本（即查全样本）。确定申请人时，需要考虑申请人是否存在多个名称；申请人是否兼并收购或者被兼并收购；申请人是否有子公司或者分公司；②对待评估的数据检索结果和母样本采用“与”的逻辑运算，形成子样本；③子样本/母样本×100%=查全率。

查准率评估方法：①在去躁后的检索结果中随机抽样作为母样本；②对母样本中的每篇专利文献进行阅读确定其与技术主题的相关性，和技术主题高度相关的专利文献形成子样本；③子样本/母样本×100%=查准率。

1.4 相关事项和约定

下面对本课题报告上下文中出现的术语或现象，统一作出说明。

项：同一项发明可能在多个国家、地区或组织提出专利申请，incoPat数据库将这些相关的多件申请作为一条记录收录。在进行专利申请数量统计时，对于数据库中以一族数据的形式出现的一系列专利文献，计为1项。一般情况下，专利申请的项数对应于技术的数量。

件：在进行专利申请数量统计时，例如为了分析申请人在不同国家、地区或组织所提出的专利申请的分布情况，将同族专利申请分开，仅就同一专利在同一国家、地区或组织内的多个公开版本的专利进行申请号合并，统计得到的结果对应于申请的件数。1项专利申请可能对应于1件或多件专利申请。

同族专利：同一项发明创造在多个国家申请专利而产生的一组内容相同或基本相同的专利文献出版物，称为一个专利族或同族专利。从技术角度看，属于同一专利族的多个专利申请可视为同一项技术。

同族数量：一件专利同时在多个国家或地区的专利局申请专利的数量。

诉讼专利：涉及诉讼的专利。

全球申请：申请人在全球范围内的各专利管理机构的专利申请。

中国申请或在华申请：申请人在中国国家知识产权局的专利申请。

国内申请：中国申请人在中国国家知识产权局的专利申请。

国外来华申请：外国申请人在中国国家知识产权局的专利申请。

多边申请：同时进入三个以上国家和/或地区的专利申请。

平均被引次数：专利被他人引用总次数除以被引用专利件数。

平均自引次数：自己引用总次数除以被引用专利件数。

国别归属规定：国别根据专利申请人的国籍予以确定，其中俄罗斯的数据包含苏联，德国的数据包含东德和西德合并前的数据。

日期规定：依照专利申请最早优先权日确定每年的专利数量，无优先权日以申请日为准。

关键技术一

热界面材料

第 2 章　热界面材料概论

2.1　技术现状

热界面材料是一种填充于电子元件与散热器之间以驱逐其中的空气、降低电子元件与散热器之间的接触热阻、提高散热效果的材料，❶❷ 其热传递原理如图 2-1-1 所示。目前，热界面材料被广泛应用于通信设备、智能消费电子、汽车以及家用电器等领域。

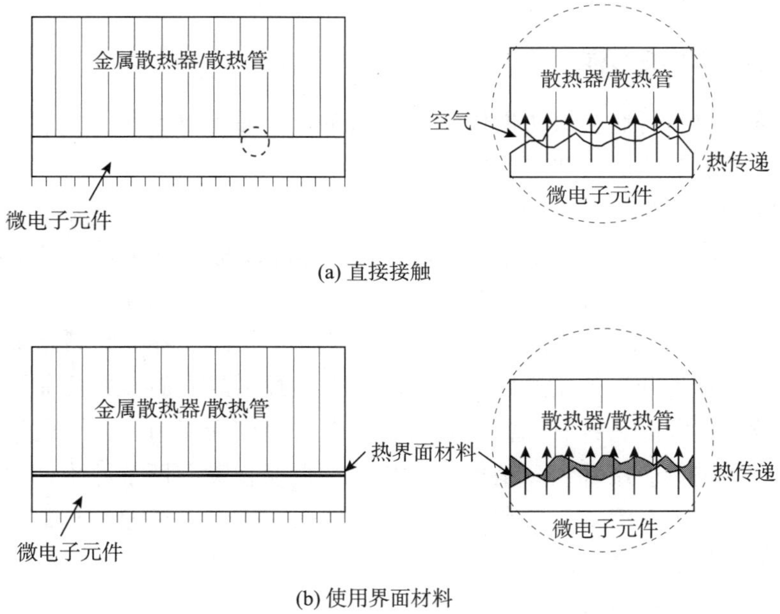

图 2-1-1　电子元件与散热器（a）直接接触和（b）使用热界面材料

2.1.1　国外技术发展历程

随着全球第一个晶体管的诞生，集成电路产业逐步发展壮大，热界面材料需求随之产生。最初，热界面材料主要是由金属等高导热填料填充油脂或者高分子聚合物制得，

❶ 杨斌，孙蓉．热界面材料产业现状与研究进展［J］．中国基础科学，2020（2）56-62.

❷ 毛琳，赵迪，邹雄，等．多尺度复合热界面材料研究进展［J］．绝缘材料，2017，50（8）：9-13，22.

然而，此类热界面材料绝缘性能较差，这大大限制了其在电子元器件中的应用。产业上需要绝缘性能更为优异的导热材料。研究者们开始关注具有较高导热性能和优良绝缘性能的陶瓷填料，但是，陶瓷填料仍然存在导热率不理想、价格昂贵等缺陷，尤其是随着电子器件向着集成化、微型化和多功能化的发展，为了满足现代化电子设备的散热需要，热界面材料导热率仍有待进一步提高，同时还希望热界面材料在尺寸、重量方面能够适应要求。在此情况下，具有更高热导性的新型热界面材料的研究吸引了人们的广泛关注。

从全球范围来看，热界面材料产业的发展经历了以下三个阶段：

20世纪40年代，全球第一个晶体管诞生，集成电路产业逐步发展壮大，热界面材料需求随之产生。

20世纪90年代，微型计算机发展迅猛，CPU性能不断提高，对散热要求不断提升，全球热界面材料生产技术不断进步。

进入21世纪，新型的计算机类、通信类和消费类电子产品（即3C电子产品）不断涌现，汽车等领域电子化水平也不断提升，市场对热界面材料的需求快速增长，推动全球热界面材料行业规模不断扩大，产品种类不断增多。[1]

2.1.2 国内技术发展历程

我国热界面材料行业从最初模仿学习跨国企业产品到自行研发生产，先后经历了导入期、成长期和快速成长期三个阶段：

（1）导入期（1990～1999年）

与美国、日本和韩国等发达国家相比，我国热界面材料行业起步时间较晚，在20世纪后期仍基本处于空白阶段，只有少数单位进行研究。1993年，深圳市飞荣达科技股份有限公司（以下简称“飞荣达”）成立，开创了我国热界面材料行业的先河。此后，国内其他企业也开始关注热界面材料的研发，我国热界面材料行业正式步入导入期。在这一阶段，我国热界面材料企业由于缺乏自主创新能力，主要通过采购跨国企业导热材料产品进行应用开发、销售，或和国外企业合资办厂学习生产技术，积累经验。同时，由于国内在消费电子和汽车等领域散热需求尚未快速增长，此阶段我国热界面材料行业的发展速度较慢。

（2）成长期（2000～2015年）

随着智能手机、个人电脑的普及，市场对热界面材料的需求飞速提升，推动了我国热界面材料需求数量和技术水平的快速提高，飞荣达等早期进入热界面材料行业的企业迅速崛起。与此同时，国家也出台多项政策，助力新材料的发展。2006年2月，中国科学院、深圳市人民政府及香港中文大学在深圳市共同建立了中国科学院深圳先进技术研究院。2012年1月，工业和信息化部印发《新材料产业“十二五”发展规划》，明确要建立具备一定自主创新能力、规模较大、产业配套齐全的新材料产业体

[1] 导热界面材料市场快速增长国内企业竞争力还需提升［EB/OL］.（2020－09－03）［2021－06－29］. http：//www. newsijie. com/chanye/dianzidianqi/jujiao/2020/0903/11260003. html.

系，有力推动了我国热界面材料的发展。

（3）快速成长期（2016 年至今）

2016 年 12 月，《国务院关于印发“十三五”国家战略性新兴产业发展规划的通知》提出要进一步发展壮大新一代信息技术、高端装备、新材料、生物、新能源汽车、新能源、节能环保、数字创意等战略性新兴产业。同时，伴随移动互联网热潮兴起，手机、平板电脑等电子设备的硬件配置进一步提升，电子设备逐渐向高性能化、小型化发展，导致设备热管理难度加大，推动中国导热界面材料升级进步以应对设备散热需求。❶

2.1.3 热界面材料的分类

热界面材料存在多种分类方法。例如，按照导电类型可以分为导电型热界面材料和绝缘型热界面材料，按照成分可以分为有机型热界面材料和无机型热界面材料。相较而言，行业内采用更多的是依据应用形式和各自特性，将热界面材料分为导热脂（thermal grease）、相变材料（PCM）、导热凝胶（thermal gel）、导热胶（thermal adhesive）、导热垫（thermal pad）、导热胶带（thermal tape）、焊料（solder）和碳基热界面材料（carbon – based TIM）等类型，❷❸❹❺ 具体如表 2 – 1 – 1 所示。

表 2 – 1 – 1 常见的热界面材料及其特性

类型	简介	优点	缺点
导热脂	导热脂是以有机硅酮为主要原料，通过添加导热填料制成的有机硅脂状复合物	高导热率，低热阻抗，良好的润湿特性，可重复使用	严重的泵出效应，易泄漏，非绝缘
相变材料	相变材料是一种随温度变化而发生形态改变并提供导热功能的材料	低热阻抗，使用方便且可重复使用	热导率不够高，使用时需要施加压力，非绝缘
导热凝胶	导热凝胶是一种粒子填充型聚合物，基体材料通常为弱交联的硅树脂，兼有液体和固体行为	低热阻抗，无泵出效应，可重复使用	需要固化处理，导热率较导热脂低

❶ 头豹研究院. 2019 年中国导热界面材料行业市场研究［R/OL］.（2020 – 09 – 15）［2021 – 06 – 29］. http://ipoipo.cn/post/10288.html.

❷ 李月锋，邹军. LED 热管理及散热技术应用［M］. 上海：上海科学技术出版社，2018：116 – 117.

❸ 刘长青，陈茂，于伟. 热界面材料的研究进展［J］. 中国基础科学，2018（3）：13 – 27.

❹ ZHOU Y C, WU S Q, LONG Y H, et., al.. Recent Advances in Thermal Interface Materials［J］. Es Materials & Manufacturing, 2020, 7: 4 – 24.

❺ FENG C P, YANG L Y, YANG J, et., al.. Recent advances in polymer – based thermal interface materials for thermal management: A mini – review［J］. Composites Communications, 2020（22）: 100528.

续表

类型	简介	优点	缺点
导热胶	导热胶由聚合物基体（如环氧树脂）中添加导热填料组成，与导热凝胶一样，兼有液体和固体行为，但更坚硬，并提供更强的黏合能力	具有良好的压缩形变能力和稳定性，无泵出效应	需要固化处理
导热垫	导热垫是在聚合物基体中添加高导热填料制得，由于聚合物基体高度交联，最终容易获得固态	柔软可变形，容易使用，兼具绝缘和缓冲作用	导热率较导热脂低
导热胶带	导热胶带由聚丙烯或硅树脂类压敏胶黏剂负载高导热填料制得	无需机械附件，无需固化处理，可重复使用	导热率较导热脂低
焊料	焊料由低熔点的金属合金组成	导热率和机械稳定性高	不能重复使用，应力开裂
碳基热界面材料	碳基热界面材料常见的有石墨片、石墨烯片和碳纳米管纸	导热率高	易碎

2.1.4 关键技术或代表性技术

2.1.4.1 石墨烯的导热结构设计

中国科学院宁波材料所功能碳素材料团队制备了一种基于垂直排列石墨烯结构的具有高导热系数低压缩模量的热界面材料。该材料的制备过程为：对抽滤的石墨烯纸施加横向机械力，使石墨烯具有褶皱结构，然后施加压力得到密实的石墨烯导热垫。该方法使得石墨烯纸的取向由水平变成垂直，实现了石墨烯纸水平传热到垂直传热的转变。该石墨烯导热垫的纵向热导率为143 $Wm^{-1}K^{-1}$，超过大多数金属；压缩模量仅有0.87 MPa，与硅胶相当，远低于金属材料；以其作为热界面材料的系统热源温降达到65 ℃，远高于应用商用热界面材料所实现的温降；且表现出了良好的热循环稳定性和长时稳定性。[1]

---

[1] 中科院宁波材料技术与工程研究所．宁波：在热界面材料研究中取得进展［J］．表面工程与再制造，2019（6）：51－53.

2.1.4.2 高导热填料的选择

Ishida 课题组研究了氮化硼填充聚苯并噁嗪的热性能，其研究结果表明，当氮化硼填充率为 88 wt% 时，复合材料的热导率高达 32.5 $Wm^{-1}K^{-1}$，复合材料的高导热率源于聚苯并噁嗪和氮化硼填料突出的导热性能。❶

2.1.4.3 导热填料的混合填充

四川大学冯昌平等针对现有高分子基导热复合材料的导热系数较低的问题，通过采用真空辅助抽滤自组装制备了一种以细菌纤维素为基体的热界面材料。该热界面材料的微观结构为：Al_2O_3颗粒在所述热界面材料的厚度方向呈单层规整排列结构，并且Al_2O_3颗粒被石墨烯纳米片包裹。其通过球形导热填料与二维导热填料形成高效的导热通路，最终制备的热界面材料垂直导热系数高达 9 $Wm^{-1}K^{-1}$，为文献所报道同类热界面材料的最高值，同时保持有优异的机械性能。❷

2.1.4.4 复合材料的定向处理

中国科学院深圳先进技术研究院汪正平、孙蓉和香港中文大学许建斌领导的广东省先进电子封装材料创新科研团队针对传统的聚合物基热界面材料的导热性差的问题，通过对复合材料的结构和制备方法进行设计，结合氮化硼纳米和纳米纤维素纤维的优势，采用简单的真空辅助抽滤方式制备了具有高度取向的绿色可降解复合材料，由于氮化硼纳米管与纳米纤维素纤维之间较强的范德华力相互作用，该绿色可降解复合材料在 25% 质量分数的氮化硼纳米管时，导热系数高达 21.39 $Wm^{-1}K^{-1}$。该项研究成果为制备高性能热界面提供了一种新的绿色材料和方法，具有良好的应用前景。❸

2.1.4.5 导热填料与基体的界面处理

美国佐治亚理工学院 C. P. Wong 院士课题组，通过采用聚丙烯酸对高导热填料氮化铝粒子表面进行改性，再选择环氧树脂为基体，制备了聚合物基高热导率三相复合材料，使聚合物和填料之间形成了有效的导通网络，减少了杂质、气孔等因素对复合材料的影响，从而大大改善了复合材料的热电等性能。❹

2.1.5 技术发展趋势

2.1.5.1 存在的技术问题

当前最主流的热界面材料产品是在聚合物基体中加入高导热填料形成的高分子基填料类热界面材料，而该类材料存在的问题有：一是聚合物基体材料自身的导热率偏低；二是高导热填料的加入会降低复合材料的力学性能和稳定性，如何平衡好导热性

❶ HATSUO I, SARAWUT R. Very high thermal conductivity obtained by boron nitride - filled polybenzoxazine [J]. Thermochimica Acta, 1998, 320 (1-2): 177-186.

❷ FENG CH P, CHEN L B, TIAN G L, et. al.. Robust polymer - based paper - like thermal interface materials with a through - plane thermal conductivity over 9 $Wm^{-1}K^{-1}$ [J]. Chemical Engineering Journal. 2020, 392: 123784.

❸ 中国科学院深圳先进技术研究院. 高性能热界面材料研究获进展 [J]. 硅酸盐通报, 2017 (4): 1382.

❹ 杨斌，秦文静，牛永安. 热界面材料发展现状与对策 [J]. 科技中国, 2021 (4): 35-37.

能和其他应用性能；三是如何通过改性处理使得高导热填料颗粒与聚合物基体充分润湿，降低填料－聚合物间的界面接触，减少声子在填料、聚合物间传输的散热。

2.1.5.2 发展的方向

热界面材料未来发展方向主要有以下三个方面：一是构建超结构及高效导热纳米结构材料，包括不同维度和尺度纳米材料间协同作用，探索导热网络链本征导热率对热界面材料传热性能的影响。二是通过表面改性、定向排列技术等多种手段调控导热填料与聚合物基体间的耦合状态，研究填料－聚合物基体间界面热阻对热界面材料热性能的影响。三是研发满足特殊需求领域的热界面材料，如绝缘高导热等。[1]

2.2 产业现状

2.2.1 国内外产业政策

随着市场对热界面材料的需求快速增长，以美国为代表的发达国家高度重视热界面材料产业发展，积极引导科研机构和企业进行热界面材料的科学探索和技术研发，如美国国防部高级研究计划局于2008年便开始实施包含新散热技术的研发和散热能力评估技术的热管理技术项目，这使得美国、日本和韩国企业占据了全球热界面材料90%以上的高端市场。

针对国内外热界面材料产业现状，近年来，我国相继出台了一系列政策，鼓励热界面材料及其下游产业的发展，相关政策如表2－2－1所示。[2][3]

表2－2－1 国内热界面材料行业相关政策

时间	部门	政策文件	相关内容
2011年7月	科学技术部	国家“十二五”科学和技术发展规划	提出加快实施国家科技重大专项，大力培育和发展战略性新兴产业，其中，国家科技重大专项包括“核心电子器件、高端通用芯片及基础软件产品”；战略性新兴产业包括新材料产业
2011年11月	工业和信息化部	“十二五”产业技术创新规划	提出要大力培育和发展包括新材料在内的战略性新兴产业，并指出重点开发特种橡胶、工程塑料、功能性高分子材料等先进高分子材料制备技术。 导热橡胶材料属于先进高分子材料

❶ 刘长青，陈茂，于伟．热界面材料的研究进展［J］．中国基础科学，2018（3）：13－27.

❷ 杨斌，孙蓉．热界面材料产业现状与研究进展［J］．中国基础科学，2020（2）：56－62.

❸ 中国热界面材料行业下游市场需求高速增长，市场发展潜力较大［EB/OL］．（2021－02－02）［2021－06－23］．https：//www.chyxx.com/industry/202102/928660.html.

续表

时间	部门	政策文件	相关内容
2012 年 1 月	工业和信息化部	新材料产业“十二五”发展规划	将先进高分子材料列为发展重点，并指出到“十二五”末，新材料产业总产值达到 2 万亿元，年均增长率超过 25%
2012 年 2 月	工业和信息化部	电子信息制造业“十二五”发展规划	其子规划《电子基础材料和关键元器件“十二五”规划》中提出重点发展包含半导体材料在内的电子材料
2012 年 7 月	国务院	“十二五”国家战略性新兴产业发展规划	提出大力提升高性能集成电路产品自主开发能力，突破先进和特色芯片制造工艺技术，先进封装、测试技术以及关键设备、仪器、材料核心技术，并提出大力发展新型功能材料、先进结构材料和复合材料
2013 年 2 月	国家发展和改革委员会	产业结构调整指导目录（2011 年本）（2013 年修正）	明确将信息产业中“半导体、光电子器件、新型电子元器件等电子产品用材料”列为鼓励类产业
2016 年 4 月	工业和信息化部、国家发展和改革委员会、科学技术部、财政部	关于加快新材料产业创新发展的指导意见	提出要加快先进散热技术、热界面材料等技术和产业发展
2016 年	科学技术部	国家重点研发计划“战略性先进电子材料”专项	布局了“高功率密度电子器件热管理材料与应用”，其中研究方向之一为“用于高功率密度热管理的高性能热界面材料”
2016 年 12 月	国务院	“十三五”国家战略性新兴产业发展规划	提出要进一步发展壮大新一代信息技术、高端装备、新材料、生物、新能源汽车、新能源、节能环保、数字创意等战略性新兴产业，强调要提升关键芯片设计水平，发展面向新应用的芯片
2016 年 12 月	国务院	“十三五”国家信息化规划	提出要攻克高端通用芯片、集成电路装备、基础软件、宽带移动通信等方面的关键核心技术，形成若干战略性先导技术和产品

续表

时间	部门	政策文件	相关内容
2017年4月	科学技术部	国家高新技术产业开发区“十三五”发展规划	提出要优化产业结构，聚焦尖端领域，推进集成电路及专用装备、信息通信设备、高档数控机床和机器人、航空航天装备、海洋工程装备及高技术船舶、先进轨道交通装备、节能与新能源汽车、电力装备、农机装备、新材料、生物医药及高性能医疗器械关键核心技术突破和应用
2020年1月	商务部等8部门	关于推动服务外包加快转型升级的指导意见	提出将企业开展云计算、基础软件、集成电路设计、区块链等信息技术研发和应用纳入国家科技计划（专项、基金等）支持范围

2.2.2 产业链构成

如图2-2-1所示，热界面材料行业产业链上游包括玻璃纤维、硅胶、氧化铝、树脂材料等，下游应用则主要涉及通信设备、消费电子、汽车及家用电器等领域。[1]

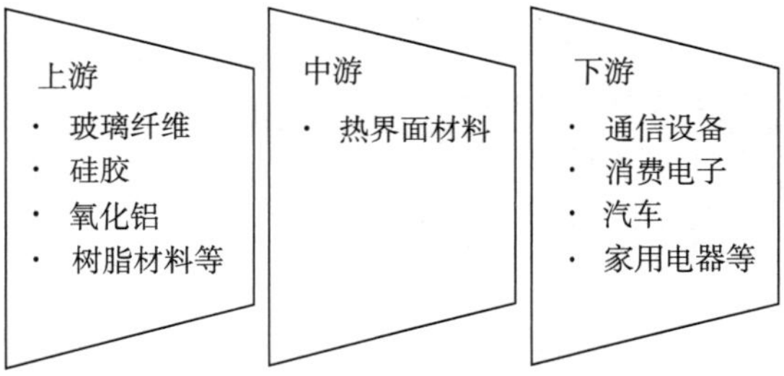

图2-2-1 热界面材料产业链

2.2.3 市场容量和目标市场

2.2.3.1 市场容量

随着微电子产品对安全散热的要求越来越高，其对于热界面材料的需求也越来越大，这也持续推动着热界面材料市场规模的不断扩大。根据BCC Research研究数据（见图2-2-2），2015年，全球热界面材料市场规模为7.64亿美元，2020年全球热界面材料市场规模达到11亿美元，2015~2020年年增长率达到7.4%。[2]

---

[1] 中国热界面材料行业下游市场需求高速增长，市场发展潜力较大［EB/OL］.（2021-02-02）［2021-06-23］. https://www.chyxx.com/industry/202102/928660.html.

[2] 杨斌，孙蓉. 热界面材料产业现状与研究进展［J］. 中国基础科学，2020（2）：56-62.

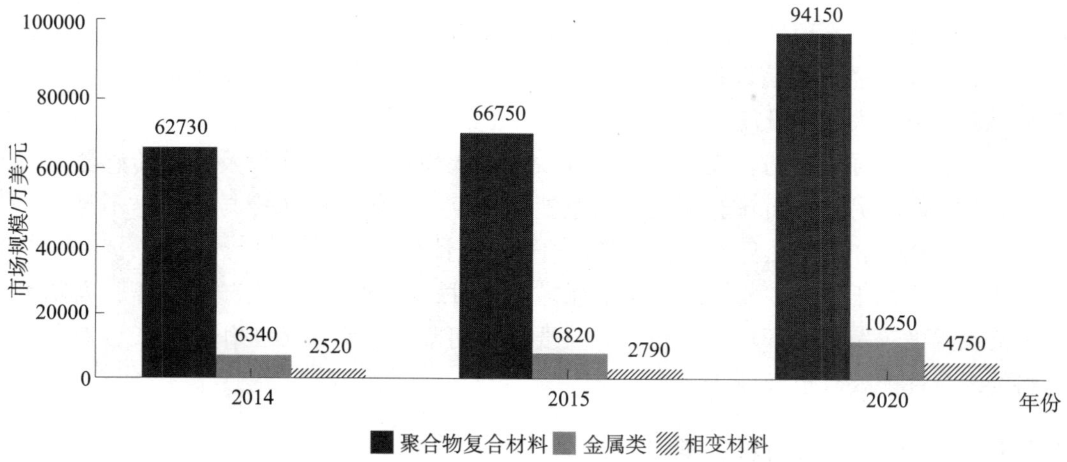

图 2 –2 –2　全球热界面材料的市场规模年度对比

注：资料来源：BBC Research。

同时，数据显示（见图 2 –2 –3），我国热界面材料市场规模也持续增长，从 2014 年的 6.68 亿元增长至 2018 年的 9.75 亿元，年复合增长率为 9.92%；2019 年中国热界面材料市场规模达到 11.6 亿元，同比增长 18.97%。[1]

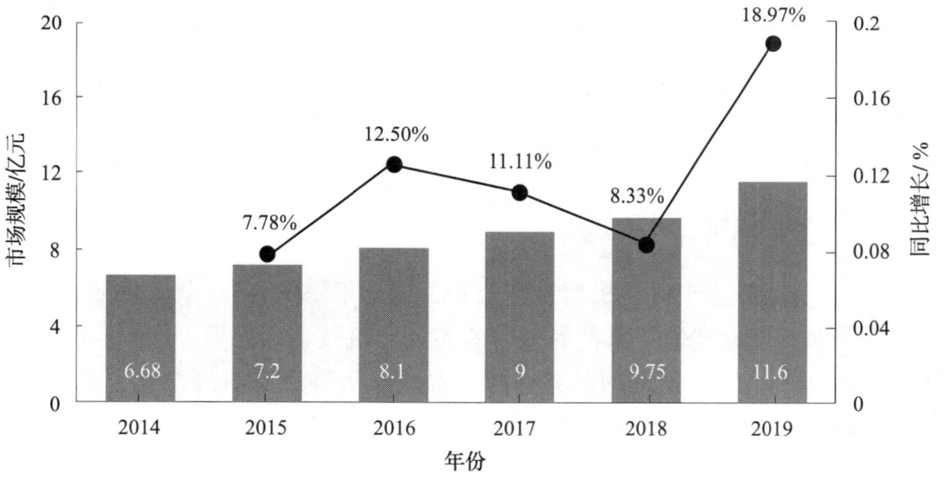

图 2 –2 –3　2014 ~2019 年中国热界面材料市场规模及同比增长

2.2.3.2　目标市场

从产业方面来看，热界面材料的目标市场主要集中在以智能消费电子、通信设备和汽车电子三大热点板块为代表的电子行业：

[1] 2021 年我国热界面材料现状分析：市场规模持续上升行业发展向好［EB/OL］.（2021 –03 –11）［2021 –06 –29］. http：//market. chinabaogao. com/nengyuan/03115350322021. html.

（1）智能消费电子。智能手机和平板电脑电子产品结构紧密、高度集成，热流密度的不断提升对热管理系统提出了越来越高的要求。

（2）通信设备。通信设备复杂程度越来越高，功耗不断加大，发热量快速上升带来热界面材料巨大的增量需求。

（3）汽车电子。一方面发动机电控模块、点火模块、动力模块及各类传感器等的工作温度极高，另一方面新能源汽车的电池功率巨大，传统的风冷与水冷已不足以应付巨大的散热量，对于热界面材料有着急迫的、个性化需求。

此外，应用于航空、航天、军事等领域的器件，通常需要在高频、高压、高功率以及极端温度等苛刻的环境下运行，并且要求高可靠性，无故障工作时间长，对散热材料的综合性能要求也极高。[1]

2.2.4 代表性企业和科研主体

在全球范围内，热界面材料的代表性生产企业主要有美国的贝格斯、3M、道康宁以及日本的信越等；在国内，热界面材料生产企业主要有飞荣达、鸿富诚、傲川科技、博恩实业等。与国际知名企业相比，我国热界面材料企业在规模、技术、产品性能等方面存在差距，高端产品生产能力不足。

（1）贝格斯

贝格斯是一家专业生产导热产品的美国公司，在开发和生产导热材料方面居于世界领导地位。目前贝格斯已发展成为世界上主要的导热产品的专业供货商，生产的产品有 SIL – PAD 导热绝缘垫片、GAP – PAD 固态导热添缝材料、HI – FLOW 导热相变材料、BOND – PIY 导热双面胶带及金属铝基覆铜板等多系列产品。这些导热材料用途广泛，可适用于汽车、家用电器、电脑、散热器、电源供应器及电马达控制等。

（2）3M

3M 全称为明尼苏达矿业及机器制造公司，创建于 1902 年，全球总部位于美国明尼苏达州的圣保罗市。作为一家世界知名的多元化科技创新企业，100 多年以来，3M 开发了 6 万多种产品，从家庭用品到医疗产品，从运输、建筑到商业、教育和电子、通信等各个领域。3M 生产的热界面材料产品主要包括 8805 系列导热胶、5516/5516s 系列导热硅胶垫和 9885 系列导热双面胶等。

（3）道康宁

道康宁成立于 1943 年，是一家由陶氏化学公司和康宁公司均等持股的合资公司，总部设在美国密歇根州米德兰市。2016 年，陶氏公司 100% 拥有道康宁；2018 年，全新品牌陶熙（DOWSIL）进入中国市场，原道康宁品牌有机硅产品逐步转移至陶熙品牌产品线之下，道康宁®正式改名陶熙™。其生产的热界面材料产品主要包括：DOWSILTM CN – 8760/87860G AB 系列导热灌封胶、DOWSILTM SE 4486 系列导

---

[1] 杨斌，秦文静，牛永安．热界面材料发展现状与对策［J］．科技中国，2021（4）：35 – 37.

热胶、DOWSILTM TC 5026 系列导热硅脂和 DOWSILTM TC 4025 系列导热可涂布式垫片等。

（4）信越

日本信越作为一家原材料生产商，从 1953 年推出有机硅制造和销售起，至今已拥有世界领先的生产技术，信越在全球建立了聚氯乙烯、有机硅胶、导热硅脂、润滑油、模具胶、纤维素衍生物等原料的生产和销售网络。信越生产的热界面材料产品主要包括：信越 X－23－7921－5、X－23－7783－D 系列导热硅脂，信越 G747、G775、G776、G777 系列导热硅脂等。近年来，信越还针对电动汽车和混合动力汽车，开发出 TC－PEN 系列和 TC－SET 系列两种新型有机硅热界面材料。

（5）飞荣达

飞荣达 1993 年创立于深圳，是国家高新技术企业，主要产品为电磁屏蔽材料及器件、导热材料及器件和其他电子器件，是中国领先的创新型专业电磁屏蔽及导热解决方案服务商。飞荣达生产的热界面材料产品主要包括：Therm－pad 系列导热绝缘片材料、Therm－gap 系列导热垫片材料、Therm－filler 系列双组分导热胶、Therm－gel 系列单组分导热凝胶、Therm－bond 系列导热胶带、Therm－grease 系列导热脂、Therm－form 系列导热灌封胶、Therm－flow 系列导热相变化材料等。

（6）鸿富诚

鸿富诚成立于 2003 年，是一家专注于创新功能材料的国家高新技术企业，主营产品涵盖热界面材料、EMI 屏蔽材料、吸波材料、铁氧体材料等，服务遍及全球。鸿富诚生产的热界面材料产品主要包括：HFS－15、HFS－18、HFS－20、HFS－30 系列各向异性导热垫片，H1000、H800、H500、H300 通用系列导热垫片，HTG－250、HTG－800、HTG－700、HTG－600、HTG－500、HTG－300SF 系列单组分导热凝胶，以及 HTG－800D、HTG－200D、HTG－150D 系列双组分导热凝胶等。

（7）傲川科技

傲川科技创立于 2004 年，公司总部位于深圳市观澜镇，是国内首家专业致力于电子导热材料的研发、生产、销售为一体的国家级高新技术企业，主营业务包括导热硅胶、石墨片等导热材料的研发、生产、销售，并提供智能手机、新能源汽车等应用领域的导热界面材料解决方案。傲川科技生产的热界面材料产品主要包括：TP 系列导热硅胶垫片，TC 系列和 TCK 系列导热硅胶绝缘片，TPxxx－SF 系列无硅导热垫片、TM 系列导热泥、TG 系列导热硅脂、TF 系列导热凝胶以及 GF 系列导热灌封胶等。

（8）博恩实业

博恩实业成立于 2004 年，总部位于深圳市龙华区，是一家集导热材料研发、生产、销售、售后于一体的国家高新技术企业。博恩实业主要生产的产品包括热界面材料、电磁屏蔽材料、普通硅胶制品等，其生产的热界面材料主要包括 BN－FSxx 系列导热硅胶片、BN－Gxx 系列导热硅脂、BN－xx yy 系列导热硅胶布、BN－PN 系列导热泥、BN－TAPE100 导热双面胶等。

2.3 产业需求

随着电子工业和半导体行业的迅猛发展，各类电子产品不断向高功率、轻薄化和智能化方向发展，集成度越来越高，单位体积内的热流密度剧增，产品内的发热问题日益严峻。特别地，随着5G时代的来临，巨大的数据流量对通信终端的芯片、天线等部件提出了更高要求，器件功耗大幅提升的同时，对散热要求持续提高。此外，伴随着新能源汽车市场的快速增长，新能源汽车朝着更高的能量密度、更快的充电速度和更长的使用寿命发展，这些特性都会导致电池系统释放出更多热量。因此，包括高功率电子、5G通信设备和新能源汽车等在内的电子产品将面临越来越棘手的散热问题。然而，在当前的热界面材料行业，高性能导热散热产品品种缺乏，主流产品普遍存在导热率低、力学性能差等缺陷，难以满足各类电子产品日益增长的散热需求。

理想的热界面材料应具有的特性包括（但不限于）：高热导性、高柔韧性、优良的表面接触性能、适用性广且使用寿命长等。而且，不同应用领域对热界面材料还有个性化的性能需求。例如，对3C电子产品而言，随着智能手机、计算机等产品向轻薄化发展，其不仅要求热界面材料具有理想的导热性能和力学性能，还对热界面材料的尺寸和绝缘性能提出了更高要求；对新能源汽车而言，其采用的电池组、发动机、电力控制系统等尺寸较大，显著高于传统燃油车动力系统的质量和空间占比，当要求车身更加轻量化时，将对热界面材料的轻量性具有较高要求。因此，热界面材料产业今后发展方向仍将聚焦于研发和生产具有高导热率、良好力学性能以及长使用寿命的热界面材料，同时，兼顾不同应用领域的个性化需求。

第3章 热界面材料专利申请概况

行业调查显示，近十年是热界面材料的快速发展期，伴随电子行业微小型化和集成化的发展，大量新技术涌现，相关产品和应用方法研究活跃，因此课题组将热界面材料各技术分支的检索和分析主要聚焦于2011年1月1日以来递交申请的专利技术，并将研究热点确定为碳基热界面材料和高分子基热界面材料。截至检索日，该时间段内提交且已公开的热界面材料分支的全球申请共计有4325项，同期中国申请有3302项。

为明确热界面材料领域专利申请整体情况，本章基于上述样本，从全球范围和中国范围两个角度对专利申请趋势、技术构成、技术来源国家/地区、目标市场以及主要申请人等方面进行分析。

3.1 热界面材料专利申请趋势

热界面材料领域全球和中国范围内专利申请趋势如图3-1-1所示。可以看出，自2011年以来，热界面材料领域全球和中国的专利申请数量总体呈上升趋势，且两者的数量变化趋势基本一致。值得注意的是，发明专利申请在提交后须经初审合格等流程才能公开，公开相比于申请日具有滞后性，截至检索日，2020年和2021年的部分专利申请仍处于未公开状态，导致这两年的数据并不能完全反映专利申请的真实状况，故未在图3-1-1中呈现。下文中涉及专利申请趋势的分析也均体现至2019年或2020年的数据。

从图3-1-1中可以看出，2011~2015年，热界面材料领域专利申请稳步上升，全球范围内专利申请的数量由2011年的202项提升至2015年的344项，相应的，在中国的专利申请数量也由120项提升至277项。2015年之后，热界面材料领域专利申请数量显著提升，全球申请量达到500项/年以上，中国申请量也增长至400项/年以上。申请量在2015年之后的快速增长与我国热界面材料产业在2016年进入快速生长期的发展历程是相吻合的。与之相对的，其他主要市场（国家/地区）呈现出了不同的增长态势。以日本为例，申请量在2011~2016年保持平稳增长，在2016~2018年有较大幅度提升，但在2018年达到顶峰后出现下降趋势。美国、韩国和欧洲的申请态势与日本基本相同。究其原因，一方面，随着5G时代的来临，国内企业和研究院所对热界面材料领域技术的研究投入增加，另一方面，伴随着中国专利申请量整体快速上升的大趋势，热界面材料领域的研究机构也提高了专利保护的意识，因此中国逐渐成为热界面材料领域最重要的市场，且为全球申请提供了最多的占比。

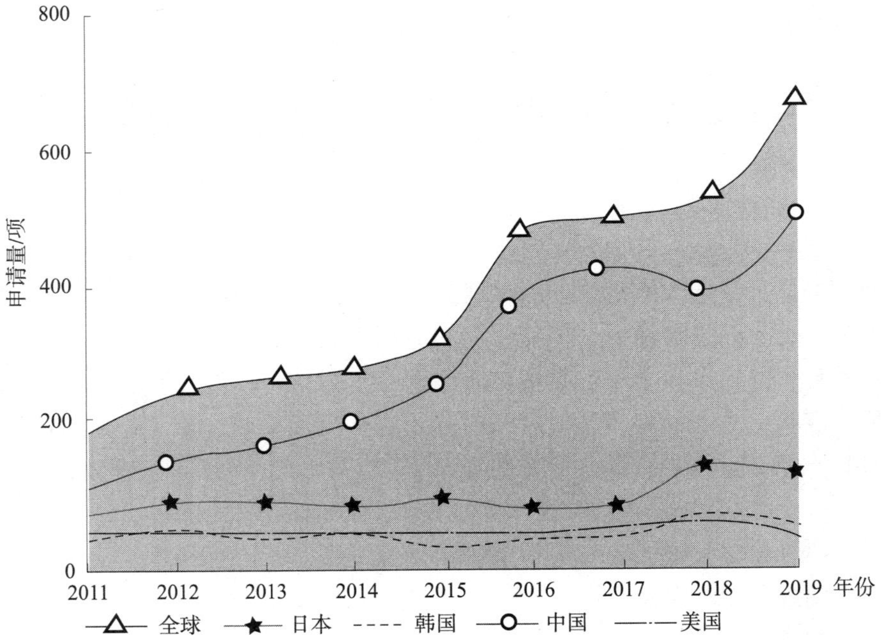

图3-1-1　热界面材料全球及主要技术来源国专利申请趋势

从技术领域来看，如图3-1-2所示，自2011年以来，碳基热界面材料和高分子基热界面材料专利申请量整体呈上升趋势，且在中国的专利申请数量变化趋势与全球范围内的变化趋势基本一致。高分子基热界面材料作为占比最高的热界面材料，近些年的研究热度一直未减。碳基热界面材料的申请量不大，但是近两年的专利申请量较2011年前后有明显提升，其中值得注意的是，中国申请相对于全球申请的比重逐年上升，近两年已达到95%以上。

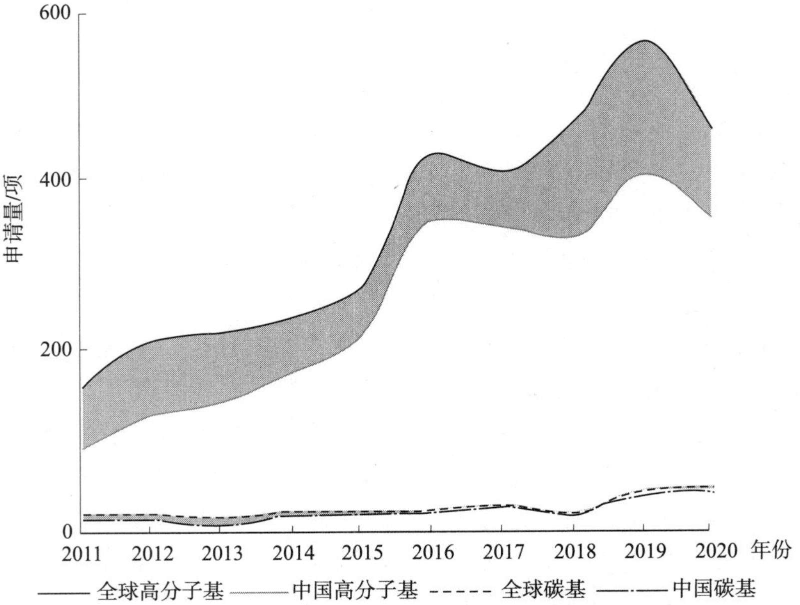

图3-1-2　碳基和高分子基热界面材料全球和中国专利申请趋势

从应用领域来看，如图3-1-3所示，随着互联网发展和5G时代的来临，更高的频率带来更高的数据传输速度，大到网络基站、天线阵列，小到智能手机、平板电脑都需要更强的数据处理能力，这就意味着元件使用过程中功耗会同步增长，因此近年来智能消费电子领域热界面材料申请一直占据最大比重，在经历了2013~2015年的稳定期后，自2016年起这一领域申请量逐年攀升，所占比例也逐年增加，并保持至60%以上，应用在通信或电气设备的申请量虽然整体数量不大，但整体呈现了与智能消费电子领域相同的增长态势。家用电器领域并非研究热点，这一领域的申请量较低，比例保持平稳。光学器件领域的热界面材料申请量自2016年后呈现逐年减少的趋势，在民用领域单一功能的光学器件（如数码照相机、摄像机等）逐步被集成化的智能消费电子产品所替代，因此这一领域关注热度有所减退。

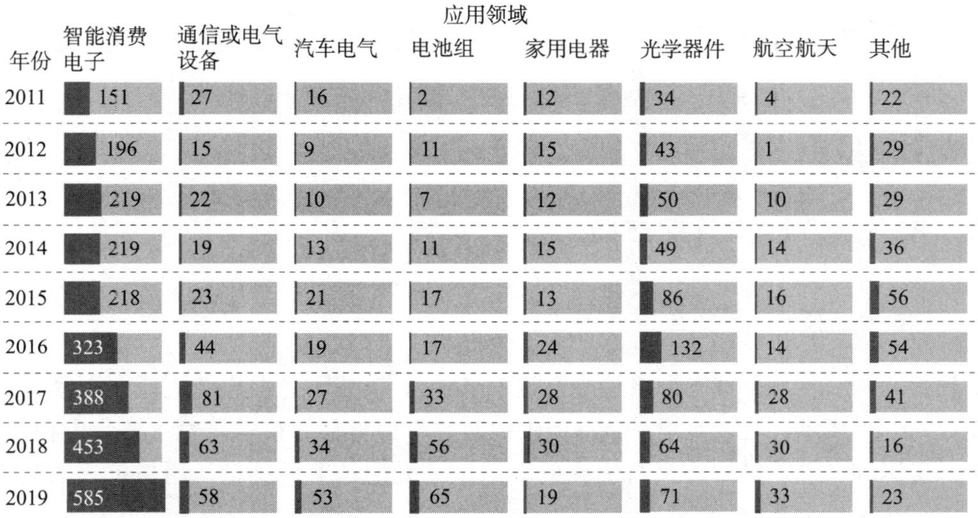

图3-1-3 热界面材料应用领域各技术分支全球专利申请趋势

注：图中数字表示申请量，单位为项。

最值得关注的是，近十年，电池组和汽车电子领域的热界面材料申请量和所占比例增长势头强劲，这与近些年全球各国加强对新能源、电动车、光伏产业等热点领域研究密切相关。中国在这一领域也具有较大政策优势和研发空间，在坚持走生态优先、绿色低碳发展道路的政策指导下，正加快构建绿色低碳循环发展的经济体系，持续推动产业结构调整，遏制高耗能、高排放项目盲目发展，加快推进能源绿色低碳转型，大力发展可再生能源。

在性能方面，如第2章中所述，热界面材料领域目前的技术关注点主要集中在导热率、力学性能、稳定性（寿命）和环保性能，某些应用则还需要兼顾绝缘、阻燃、电磁屏蔽、加工性等方面的性能。除此之外，轻量化及低成本也是产业上的一贯追求。从图3-1-4中可以看出，作为热界面材料的根本，导热性能始终是该领域专利申请中最受关注的性能；而伴随着近几年对产品综合应用性能需求的提升，研发机构对产品性能的关注面愈发广泛，对力学性能、环保性能等其他方面性能的关注度逐年提高，由此也为热界面材料市场提供了更多选择。

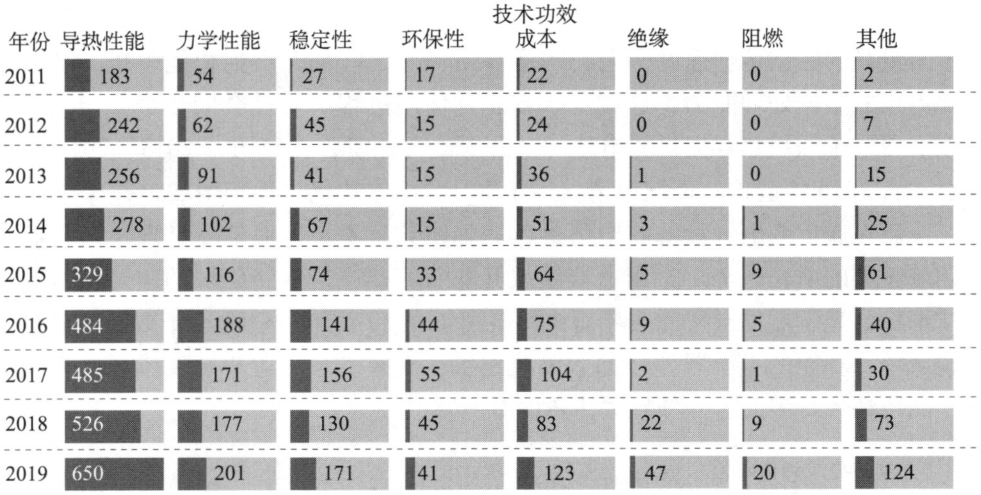

图3－1－4　热界面材料应用领域的技术需求变化趋势❶

注：图中数字表示申请量，单位为项。

3.2　技术来源地和目标市场

3.2.1　技术来源地

热界面材料领域全球专利申请主要技术来源国家/地区（即申请人所在国家/地区）如图3－2－1所示，可以看出，全球范围内对热界面材料的技术研发主要集中在中国、日本、美国和韩国。其中，来自中国的申请量，无论是申请总量，还是单独的碳基或高分子基热界面材料的申请量，均位居全球第一，占相应总申请量的比例分别达到66.4%、77.9%和64.1%，各项数据均遥遥领先。

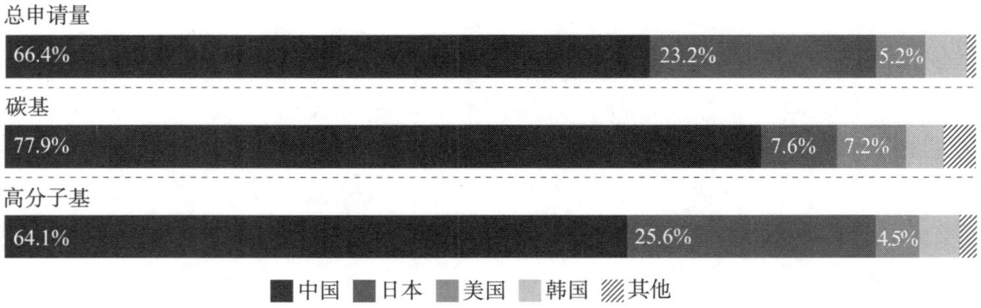

图3－2－1　热界面材料领域全球专利申请主要技术来源地分布

注：图中数字表示申请量占比。

图3－2－2所示是各主要技术来源地的专利申请依据产品类型的分布情况。可以看出，各国在热界面材料领域的研究均集中于高分子基热界面材料，其中，日本的相

❶ 本书此类柱形图中底灰无实际含义，仅作示意，下同。

关申请量占到其申请总量的90%以上，中国和韩国的占比也都超过80%。与此同时，碳基热界面材料相比于高分子基虽然申请量较少，但在非高分子基领域居于显著地位，最具代表性的是，中国和美国的碳基专利申请分别占到了各自申请总量的7.6%和9.2%。

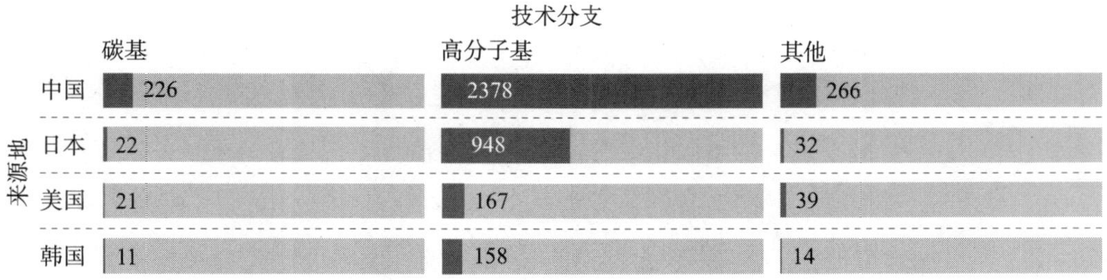

图3-2-2　热界面材料领域主要技术来源地专利申请领域分布

注：图中数字表示申请量，单位为项。

进一步地，图3-2-3显示了热界面材料领域各主要技术来源地专利申请量变化趋势。可以看出，该领域专利申请主要来自中国和日本，而随着中国热界面材料行业的快速发展，近几年来自中国的专利申请量快速增长，年申请量占同期全球申请量的比例从2011年的40%左右增长到了2020年的80%以上。

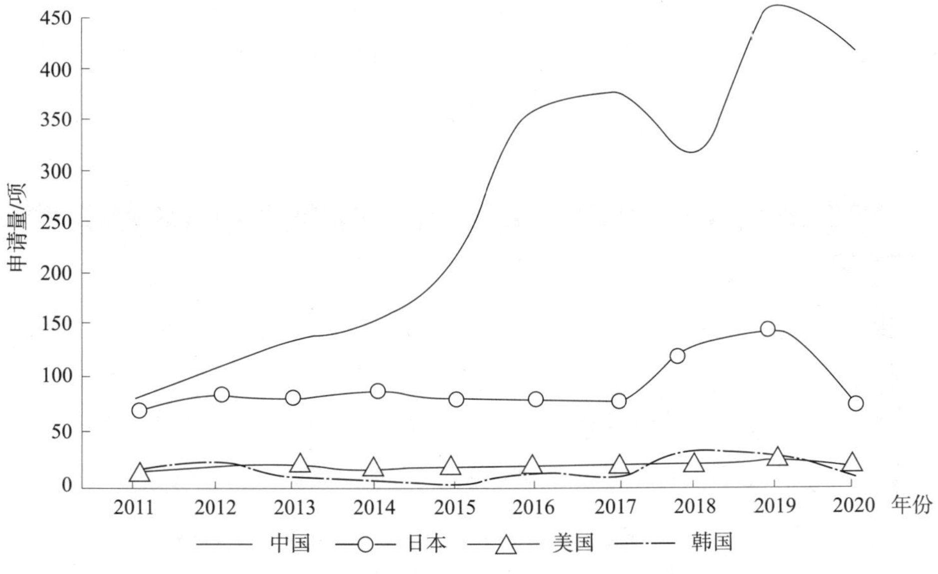

图3-2-3　热界面材料领域主要技术来源地的申请量变化趋势

多边申请在一定程度上不仅可以体现出申请人的专利布局水平，而且能够反映专利技术的水平和市场价值。从图3-2-4呈现的主要技术来源地的多边申请量变化趋势中可以看到，日本的多边申请量占据了绝对优势地位。与之相比，中国申请量尽管更多，但多边申请的占比很小，这表明我国热界面材料行业在专利技术水平和对外专利布局的意识方面都存在明显不足。

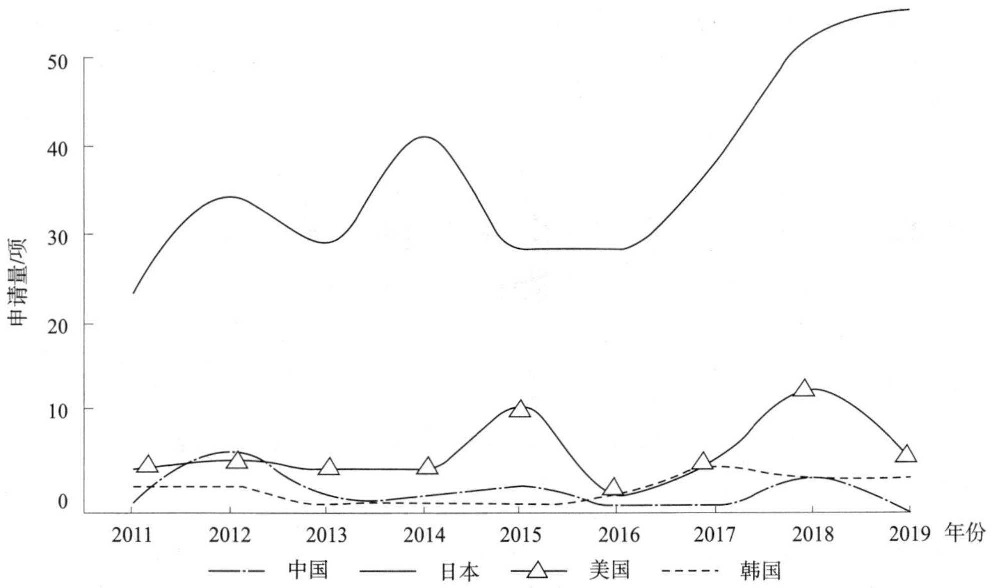

图3-2-4　热界面材料领域主要技术来源地的多边申请量变化趋势

中国市场是热界面材料的最主要消费市场之一，是主要技术来源地专利布局的重点。为了了解该领域中国市场技术来源情况，对所有中国申请的技术来源地进行了统计分析。结果显示，该领域以国内申请为主，申请量达到2844项；国外来华申请主要源自日本、美国、韩国和德国，申请量分别为346项、82项、34项和15项。相关内容如图3-2-5所示。

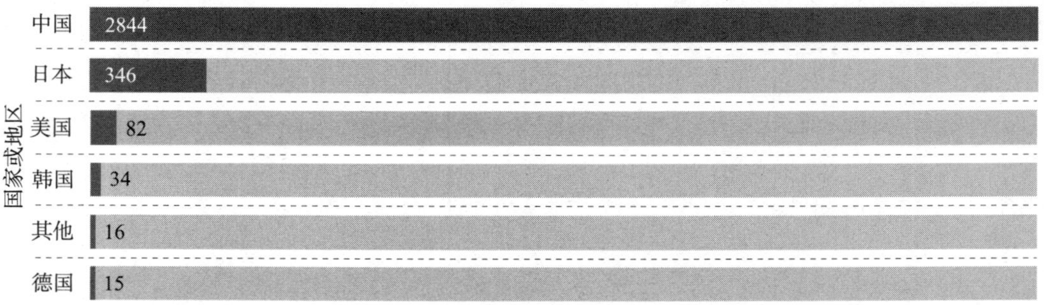

图3-2-5　热界面材料领域中国市场技术来源地专利申请对比

注：图中数字表示申请量，单位为项。

3.2.2　目标市场

由于热界面材料主要应用于智能消费电子、汽车等具有一定科技含量的技术领域，可以预见，相关专利申请的目标市场必然聚焦于具有较大经济体量和较高发展水平的国家/地区。表3-2-1显示了热界面材料领域全球申请和多边申请的目标市场分布情况。从全球申请的角度看，中国、日本、美国、韩国和欧洲是该领域专利申请的主要目标市场。其中，由于中国和日本自身巨大的申请量以及在本国市场进行专利布局的必然性，两者在目标市场排名中位居前两位且领先优势极为显著。从多边申请的角度看，目标市场同样集中在中国、日本、美国、欧洲和韩国，但彼此之间差距较小。

表 3 –2 –1　热界面材料领域全球申请和多边申请的目标市场分布　单位：项

国家或地区	中国		日本	美国	韩国	欧洲	其他
	大陆	台湾					
申请量	3302	406	985	494	491	287	187
多边申请量	148	90	128	113	102	108	122

3.3　主要申请人

3.3.1　全球市场

图 3 –3 –1 展示了热界面材料领域全球申请量排名前 20 位申请人情况。日本企业占据绝对优势，其中信越申请了 132 项，申请量居全球第一位，积水、日东电工、住友、三菱、瑞翁、日立、昭和电工、电化和德山也都跻身前列。申请量最大的中国申请人是德邦界面材料，申请量为 67 项，位居全球第二位，深圳先进技术研究院和阿莱德则分列中国第二位和第三位，申请量分别达到了 59 项和 49 项。

申请人类型方面，数据显示国内外差异显著。国外的主要申请人均为企业，而我国热界面材料领域的技术研发以高校和科研机构为主，这反映出国内企业的技术研发能力和专利布局意识整体上存在明显不足。作为市场参与主体，企业缺乏自主技术支撑意味着无法保持足够的市场竞争力，加强与科研院所的合作，加大科研投入，是国内企业乃至整个行业后续发展需要考虑的问题。

3.3.1.1　高分子基热界面材料

具体到高分子基热界面材料，图 3 –3 –2 给出了全球排名前 19 位的申请人及其申请量。可以看到，作为热界面材料中占比最大的类别，高分子基热界面材料位居前列的申请人与热界面材料整体主要申请人大多重合，以国外企业为主，日本企业占有绝对优势。国内申请人中，仅有德邦界面材料、阿莱德、上海大学和深圳先进技术研究院上榜。在高分子热界面材料领域，国内创新主体研发能力与国外相比仍有较大差距。

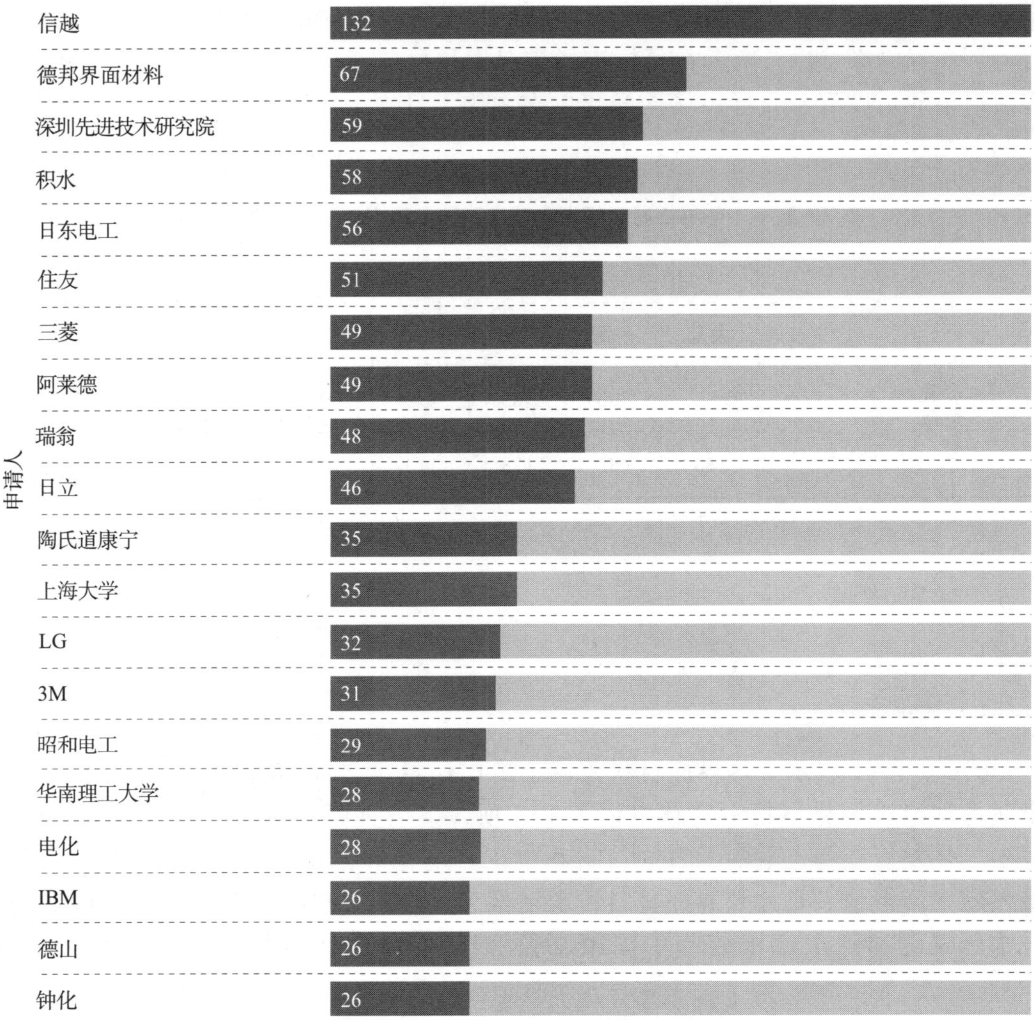

图3-3-1 热界面材料领域全球前20位专利申请人排名

注：图中数字表示申请量，单位为项。

3.3.1.2 碳基热界面材料

基于碳基热界面材料的全球申请，对其中各类型申请人的申请人数量及其专利申请量进行了统计。截至检索日，碳基热界面材料的申请共计290项，但涉及的申请人竟多达226个，平均每个申请人仅1.28项，即使申请量排名第一的上海大学，申请量也仅为6项，说明目前该细分领域的研究较为活跃，还未有头部企业或出现技术垄断的局面。从申请量来看，相关申请主要来自国内企业和科研院所，占比达到申请总量的近80%。

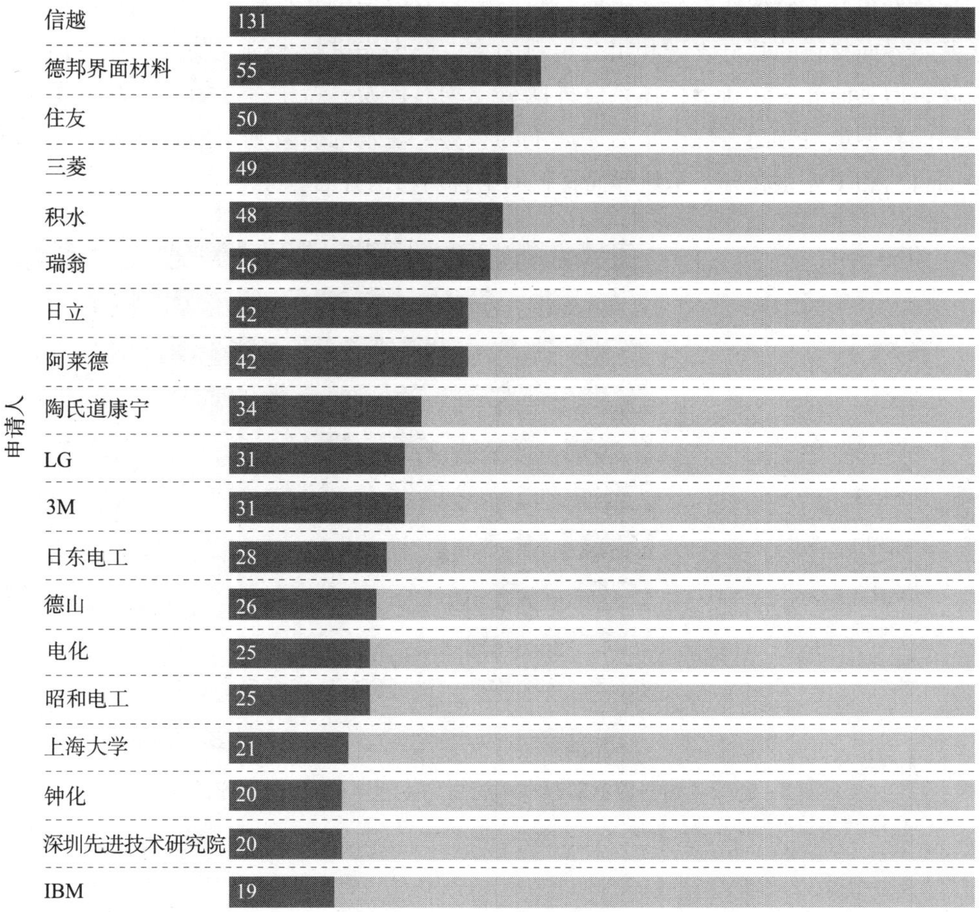

图 3-3-2　高分子基热界面材料全球主要专利申请人排名

注：图中数字表示申请量，单位为项。

3.3.2　中国市场

图 3-3-3 显示为中国市场的主要申请人排名情况。可以看出，国内申请主要来自科研院所和企业，包括中国科学院深圳先进技术研究院、阿莱德、德邦界面材料、上海大学、华南理工大学和北京化工大学等。与此同时，信越、日东电工、3M、住友和积水等国外大型企业也在中国市场进行了大量的专利布局。

3.3.3　代表性申请人研究热点

正如前面技术分解表 1-2-1 所示，热界面材料有多种类型，涉及的技术点呈现多样化，因此各主要申请人在该领域的研发重点也不尽相同。

以信越、德邦界面材料、深圳先进技术研究院和住友为代表，图 3-3-4 ~ 图 3-3-7分别给出了它们在各主要技术分支的专利申请趋势。可以看出，信越的研究主要集中在填充型高分子基热界面材料的基材改进和组合填料两方面，同时对界面改性的研究保持着很好的延续性；德邦界面材料与信越有一定的相似性，研究同样以填充型高分子基热界面材料的基材改进和组合填料为主；深圳先进技术研究院进入热界面材料领域较晚，但其研究对除新组合体系之外的分支均有涉及，特别是在填充型高分子基热界面材料的新型填料方面表现出了后来居上的态势；住友的研发则聚焦在本征型高分子基热界面材料和填充型高分子基热界面材料的组合填料两方面。

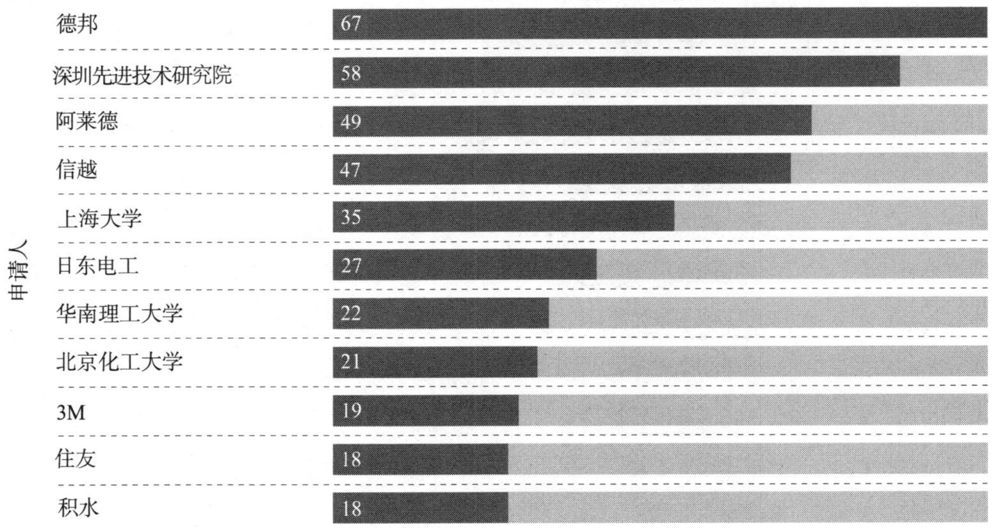

图 3-3-3　热界面材料领域中国市场主要申请人专利申请排名

注：图中数字表示申请量，单位为项。

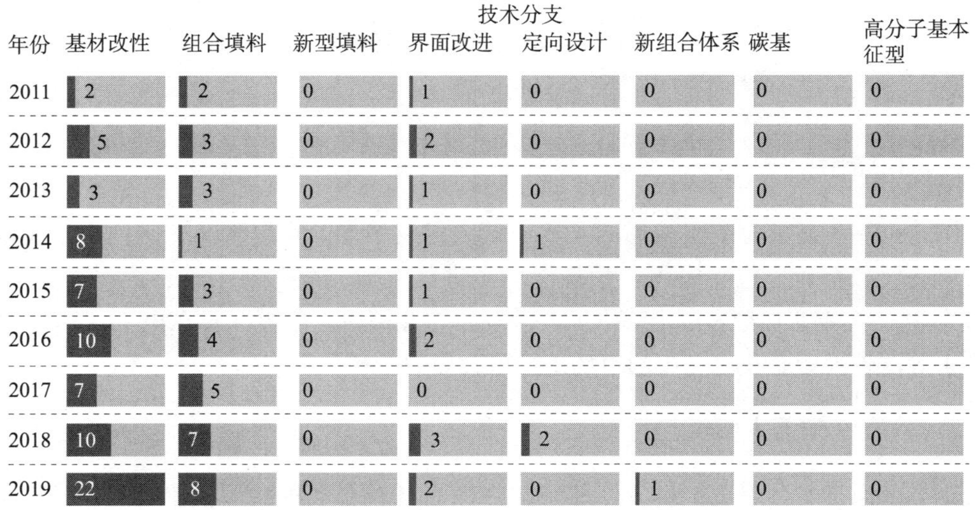

图 3-3-4　信越在热界面材料领域各技术分支的专利申请趋势

注：图中数字表示申请量，单位为项。

年份	技术手段							
	基材改进	组合填料	新型填料	界面改进	定向设计	新组合体系	碳基	高分子基本征型
2011	3	2	2	0	0	2	0	0
2012	1	2	0	0	0	0	0	0
2013	3	2	0	0	0	0	0	0
2014	1	0	0	0	0	2	0	0
2015	1	1	1	2	0	1	0	0
2016	3	0	1	2	0	1	0	0
2017	2	2	0	0	0	2	0	0
2018	1	2	0	0	0	0	0	0
2019	4	2	0	1	0	1	0	0

图 3－3－5　德邦界面材料在热界面材料领域各技术分支的专利申请趋势

注：图中数字表示申请量，单位为项。

年份	技术手段							
	基材改进	组合填料	新型填料	界面改性	定向设计	新组合体系	碳基	高分子基本征型
2013	0	0	0	2	0	0	0	0
2014	0	0	0	0	0	0	0	0
2015	0	2	1	0	0	0	0	0
2016	1	3	4	0	1	0	1	0
2017	1	0	6	0	1	0	0	1
2018	1	1	2	3	1	0	1	0
2019	0	0	5	2	4	0	0	0

图 3－3－6　深圳先进技术研究院在热界面材料领域各技术分支的专利申请趋势

注：图中数字表示申请量，单位为项。

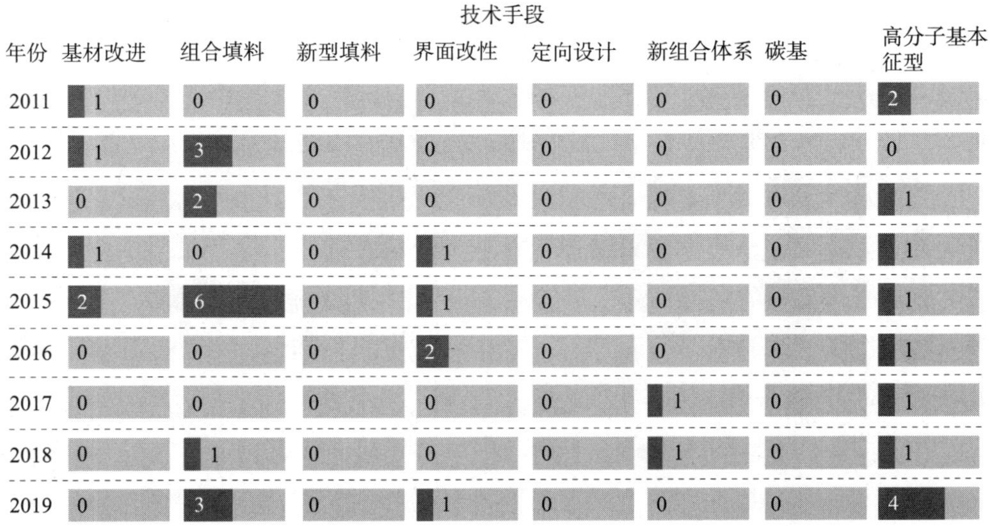

图3-3-7　住友在热界面材料领域各技术分支的专利申请趋势

注：图中数字表示申请量，单位为项。

3.4　技术构成

根据材料组成，热界面材料可分为高分子基热界面材料、碳基热界面材料、相变材料型热界面材料、合金型热界面材料等几类。如图3-4-1中所示，在4325项全球申请中，高分子基热界面材料的专利申请量有3681项，占总量的85.1%，居于绝对主导地位；碳基热界面材料位居第二，申请量为290项，占总量的6.7%；包括相变材料型和合金型在内的其他类型热界面材料的申请量为354项，仅占专利申请总量的8.2%。中国申请的构成与全球申请基本一致，涉及碳基、高分子基以及其他类型热界面材料的专利申请量分别为250项、2761项和291项，分别占中国申请总量的7.6%、83.6%和8.8%。

依据热界面材料的应用领域和关注性能，对全球申请进行了分类统计，结果如图3-4-2所示。从申请量来看，智能消费电子是热界面材料最主要的应用领域，涉及光学器件、通信或电气设备的申请也占有较大比例。性能方面，除了最根本的导热性能之外，热界面材料的力学性能和稳定性能最受关注，而随着技术发展，成本和环保性能也逐渐成为技术改进的热点。

技术聚焦的应用领域和关注性能反映了市场对产品的需求。随着5G技术的推广，智能消费电子和通信电气设备方面的专利申请仍将占据主导优势，与此同时，伴随着新能源汽车和智能家居的逐渐普及，汽车电子、电池组和家用电器领域的热界面材料申请量有望出现大幅增长。

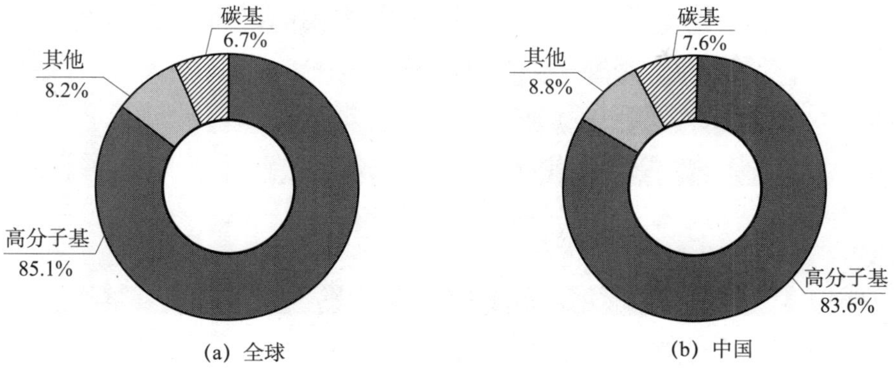

图 3-4-1　热界面材料领域全球及中国专利技术构成

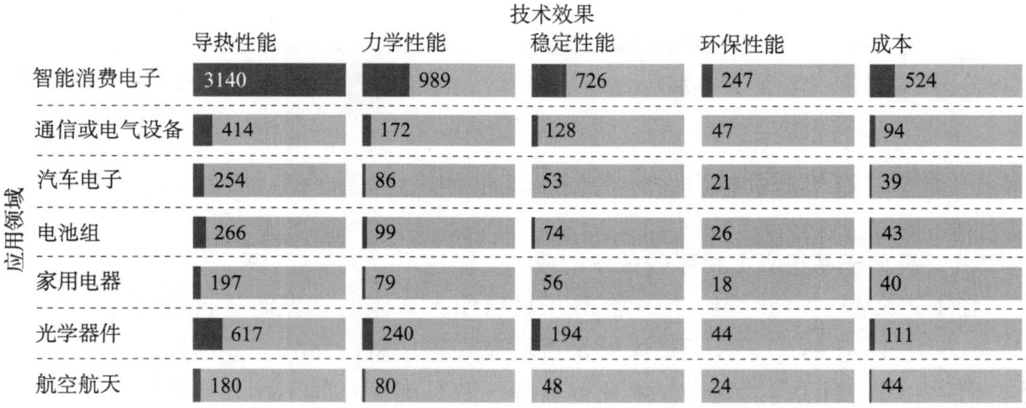

图 3-4-2　不同应用领域的热界面材料所关注的技术效果专利申请

注：图中数字表示申请量，单位为项。

3.4.1　碳基热界面材料

在涉及碳基热界面材料的专利申请中，按照碳基材料类型和技术手段进行了分类统计分析，结果如图 3-4-3 所示。可以看出，在材料类型方面，碳基热界面材料的研究以石墨烯、石墨片和碳纳米管为主，其中石墨烯因具有优异的力学性能和导热性能而最受关注。在技术手段方面，因碳材存在易碎等结构性缺陷，不易于直接作为热界面材料使用，因此围绕碳基热界面材料的研究主要聚焦于复合结构设计、碳材结构设计和碳材改性，以期在不损伤碳材优异导热性能的基础上提升作为热界面材料的适用性。在各类技术手段中，复合结构设计最为常见。

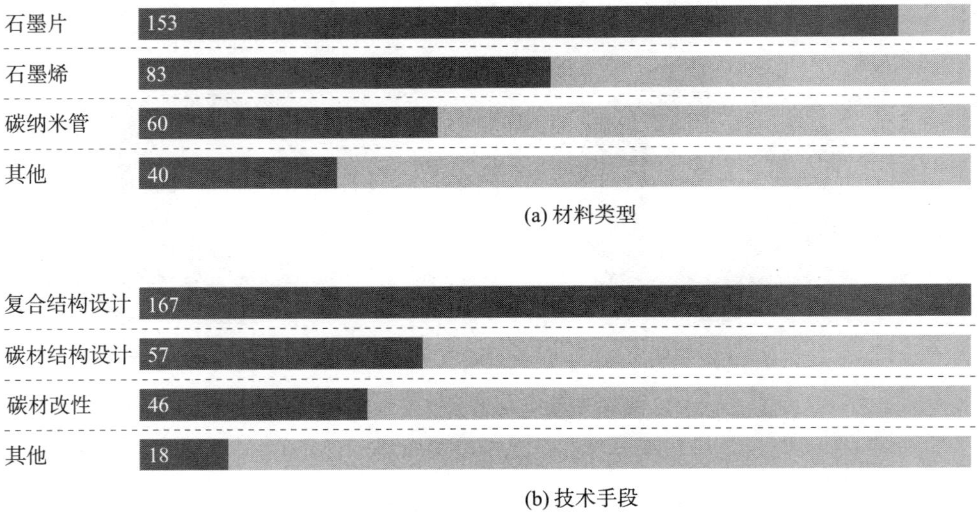

图 3－4－3　碳基热界面材料领域按材料类型和技术手段分类的专利技术构成

注：图中数字表示申请量，单位为项。

3.4.2　高分子基热界面材料

3.4.2.1　高分子基热界面材料的技术构成

相对于碳基热界面材料，使用高分子材料作为基体的热界面材料通常被称为高分子基热界面材料。根据高分子基体中是否填充导热填料，高分子基热界面材料又可分为本征型和填充型两类。其中，本征型高分子基热界面材料不含导热填料，主要是通过在高聚物合成及成型过程中改变材料分子和链节的结构而改善高分子材料的导热性能；填充型高分子基热界面材料则是在高分子基体中填充高导热填料进而获得不同种类的热界面材料。

分析结果显示，高分子基热界面材料的研究热点集中在填料型高分子基热界面材料上。从申请量来看，在3681项高分子基热界面材料的专利申请中，仅有21项涉及本征型，其余3660项申请均为填充型。

3.4.2.2　填充型高分子基热界面材料的技术手段分析

通过对涉及填充型高分子基热界面材料的专利申请进行分析，如图3－4－4中所示，该领域对于填充型高分子基热界面材料性能改进采用的主要技术手段按照研究热度依次为：利用组合填料构建导热网络、基材改进、界面改性、新型填料、新组合体系、定向设计等。其中涉及组合填料导热网络的专利申请多达1240项，涉及定向设计有210项。

图 3-4-4　填充型高分子基热界面材料技术手段专利申请分析

注：图中数字表示申请量，单位为项。

3.4.2.3　填充型高分子基热界面材料的技术功效分析

对填充型高分子基热界面材料的技术功效进行了分析，结果如图 3-4-5 所示，可以看出，该领域中重点关注热界面材料的导热性能、力学性能、稳定性能、环保性能和成本。而为了改善高分子基热界面材料的上述性能，该领域中主要采用的技术手段是利用组合填料构建导热网络、基材改进、通过对导热填料进行改性处理以改善导热填料与高分子基体之间的界面耦合能力。此外，研发新型填料、采用新的组合体系以及基于导热填料的定向设计等也是该领域中改善高分子基热界面材料性能的常用方法。

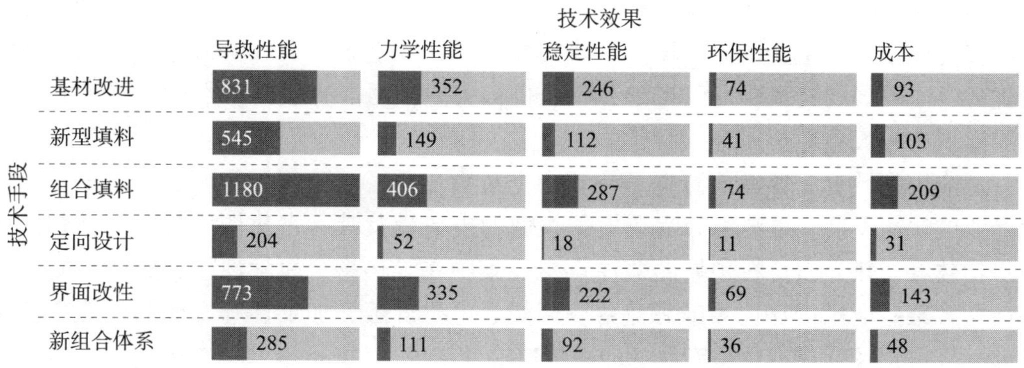

图 3-4-5　填充型高分子基热界面材料领域技术功效分析

注：图中数字表示申请量，单位为项。

3.4.2.4　主要技术来源地研究热点对比

主要国家的申请人在热界面材料领域专利申请的研究重点存在差异。针对不同国家的申请人在填充型高分子基热界面材料领域专利申请的研究重点进行统计分析，结果如图 3-4-6 所示。可以看出，中国申请人在各个研究方向上的申请量均处于领先地位，其中针对组合填料和界面改性的研究数量最多，且相对于其他国家在这两方面的申请量占比也最大，同时，中国申请人对新型填料的研究热情也远高于其他国家；日本申请人和美国申请人具有相似的特点，其研究重点涉及广泛，但是主要集中在对于基材和组合填料的选择上；韩国申请人的研究重点在于组合填料的选择，且对于新型填料的研发也显示出一定的热情。

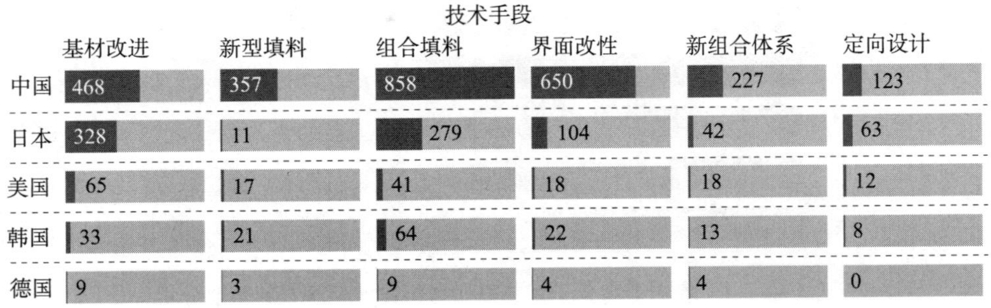

图3-4-6　高分子基热界面材料领域主要国家或地区申请人的研究重点分析

注：图中数字表示申请量，单位为项。

3.5　小　　结

2011年以来，热界面材料领域全球和中国的专利申请量总体呈上升趋势，且两者的数量变化趋势基本一致，2015年后该领域年申请量增长显著。该领域技术研发主要集中在中国、日本、美国和韩国，其中来自中国的申请无论是总量还是碳基或高分子基热界面材料的申请量均位居全球第一，但是中国多边申请的占比很小，表明国内创新主体在专利技术水平和海外专利布局方面存在明显不足。中国、日本、美国、韩国和欧洲是该领域的主要目标市场。申请人方面，日本企业在全球申请量排名上占据绝对优势，而我国的技术研发以高校和科研机构为主，国内企业的技术研发能力和专利布局意识有较大差距。

从应用领域看，智能消费电子一直占据最大比重，而随着新能源、电动车、光伏等产业的快速发展，电池组和汽车电子领域的申请量及其所占比例增长势头强劲。从技术功效看，热界面材料领域的关注点主要集中在导热率、力学性能、稳定性能和环保性能，某些应用则还需要兼顾绝缘、阻燃、电磁屏蔽、加工性等方面的性能，除此之外，轻量化及低成本也是产业上的一贯追求。

第 4 章　定向设计式热界面材料

填充型高分子基热界面材料是热界面材料领域的研究重点，其中高分子基体和填料相互配合，在导热性能、力学性能、稳定性能等方面寻求平衡，进而满足各类应用需求。随着电子工业微型化、高集成化快速发展，热界面材料的尺寸也需要进一步压减，这对材料设计提出了更高要求。

构建热源至散热器的导热网络是实现高效热传导的最有效方式，相应技术手段包括组合填料和定向设计两种。其中，组合填料以高填充量的填料为基础，在成本和可选种类上具有优势，但高填充量通常会导致产品的力学性能和稳定性能劣化，在热界面材料逐渐轻薄化的趋势下，这类产品的应用将受到越来越大的限制。相比而言，定向设计尽管在工艺成本上不占优势，但可大幅降低填料的填充量，适于轻薄化，在确保高导热性能的前提下可显著提升产品的力学性能和稳定性能。因此，针对定向设计式热界面材料的研究正受到越来越多业内人士的关注，有望成为热界面材料领域新的研究热点。

本章内容将基于现有专利申请，对定向设计技术进行分析，以期为国内热界面材料领域创新主体的下一步研究提供借鉴。

4.1　概　　念

定向设计式热界面材料是指在高分子基体和填料的复合过程中，对其中的填料进行取向化操作，实现填料在基体中的定向排列以形成导热网络，从而使得复合材料在该取向方向上的导热性能得到显著增强。如图 4－1－1 中所示，（a）和（b）分别为填料未取向和取向的热界面材料的内部热量迁移模型，可以看出，（a）复合材料中填料颗粒为无序化的均匀分布，热量在其中传递时，无固定方向的传输通道，整体散热效率不高；而（b）复合材料中填料颗粒取向排列一致，首尾相连的颗粒相互接触，从而在复合材料内部沿特定方向形成高效的导热通道，热量可沿该通道实现快速传导。显然，（b）热界面材料的散热效率远远高于（a）热界面材料。

定向设计式热界面材料的优点突出表现为低填料填充量下的高导热性能。在热界面材料中，填料对高分子基体而言相当于引入了缺陷，低填充量降低了高分子基体内的缺陷数量，避免了热界面材料的力学性能和稳定性能恶化。因此，定向设计式热界面材料可以兼顾力学性能和稳定性能，并节约原料成本。

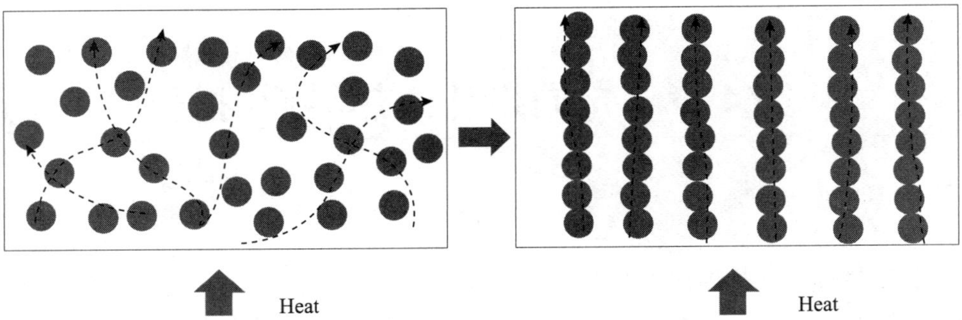

(a) 未经取向的热界面材料　　(b) 经取向的热界面材料

图4-1-1　热界面材料的导热模型

4.2　专利申请概况

4.2.1　专利申请趋势

截至检索日，全球范围内涉及以定向设计为主要技术改进点的热界面材料的专利申请总计有184项，专利申请趋势如图4-2-1所示。可以看出，该技术在2011～2016年呈现平稳发展态势，年申请量保持在10项左右，随后进入快速增长阶段，2019年申请量已超过40项。定向设计分支的申请趋势与热界面材料领域整体申请趋势具有很高的相似性，但其在2017～2019年的增长幅度远高于整体增长率，反映了它在近几年热界面材料领域的研究热度。

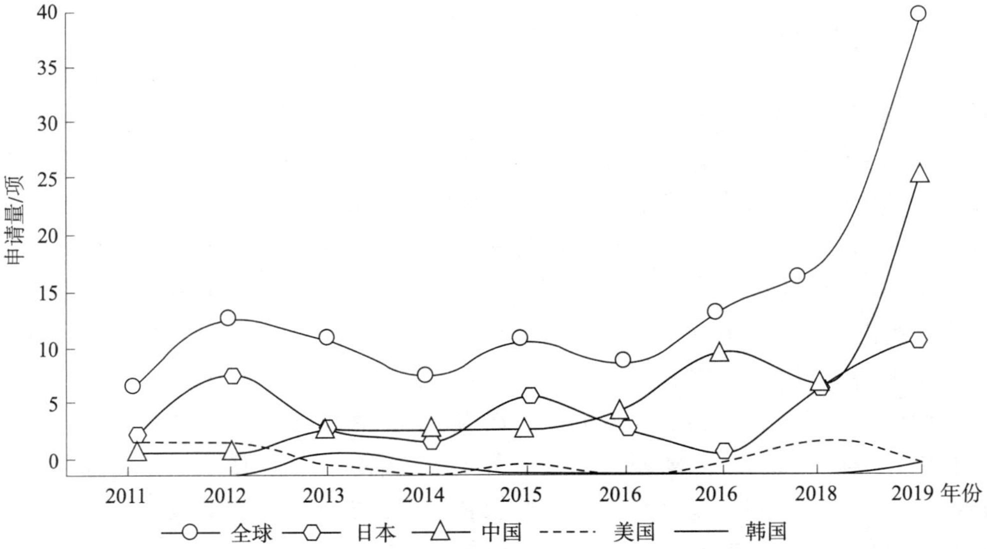

图4-2-1　定向设计式热界面材料领域全球和主要技术来源国专利申请趋势

图 4－2－1 还显示了中国、日本、美国和韩国四个热界面材料领域申请大国在该领域的申请趋势。可以看出，中国的申请趋势与定向设计式热界面材料全球申请趋势基本同步，自 2016 年后申请量增长迅猛，2019 年已超过 25 项/年。日本的发展比较平缓，仅在 2012 年和 2019 年较为突出。美国和韩国则呈现间断性的发展态势。

4.2.2 技术手段分析

目前针对填充型高分子基热界面材料采用的定向技术主要有电场诱导取向法、磁场诱导取向法、共混、机械力取向法、填料预排列法等，图 4－2－2 显示了定向设计式热界面材料领域各技术手段的相关专利申请趋势。可以看出，随着时间的推进，采用共混工艺制备定向设计式热界面材料的申请量呈现下降趋势，其原因主要在于通过简单的共混通常难以获得尺寸结构精细化的定向设计材料，因而正逐渐被其他技术取代。从申请量上来看，目前更多的是采用电处理、磁处理和机械力取向手段。

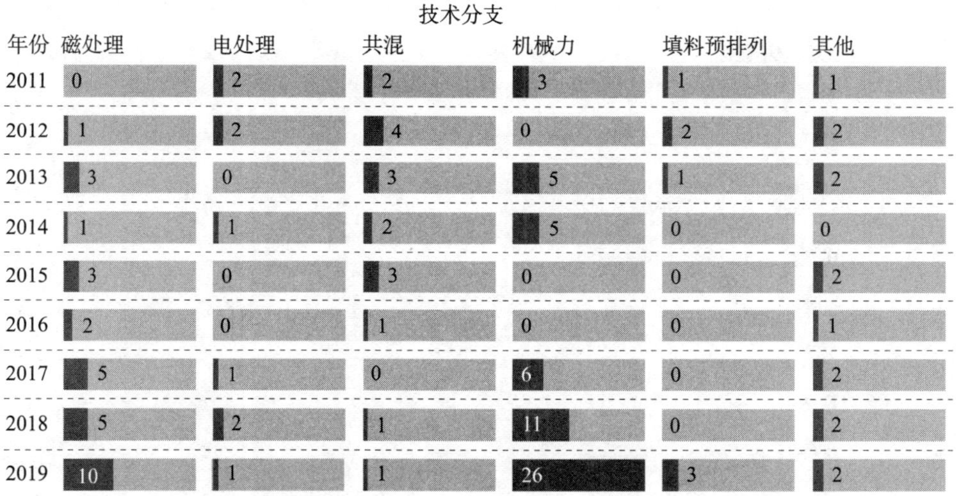

图 4－2－2 定向设计热界面材料领域专利主要技术手段申请分布

注：图中数字表示申请量，单位为项。

4.2.3 技术来源分析

图 4－2－3 展示了定向设计式热界面材料领域专利申请的主要技术来源地及其相应申请量。与热界面材料的整体情况相似，定向设计式热界面材料领域的专利申请主要来自中国、日本、美国和韩国，其中，中国的申请量达到 106 项，占比近 57.6%。具体到国内申请人的省市分布情况，广东、上海、北京、江苏和浙江占据了前五位，这是因为国内热界面材料尤其是定向设计式热界面材料领域的创新主体主要集中在上述地区，这些地区经济较为发达，是国内半导体、智能电子设备和通信设备等下游产业集聚区，区位优势明显。

图 4－2－4 显示的是中国、日本、美国和韩国四个主要技术来源地的目标市场分

布情况。来自中国的申请绝大多数仅在国内进行保护，在日本、美国、欧洲等主要市场的布局量均不超过3项。相比而言，日本和美国的申请大部分都进入了全球市场，且超过半数在中国市场进行了布局。可以看出，国内申请人在海外专利布局方面存在较大的不足。

(a) 技术来源国

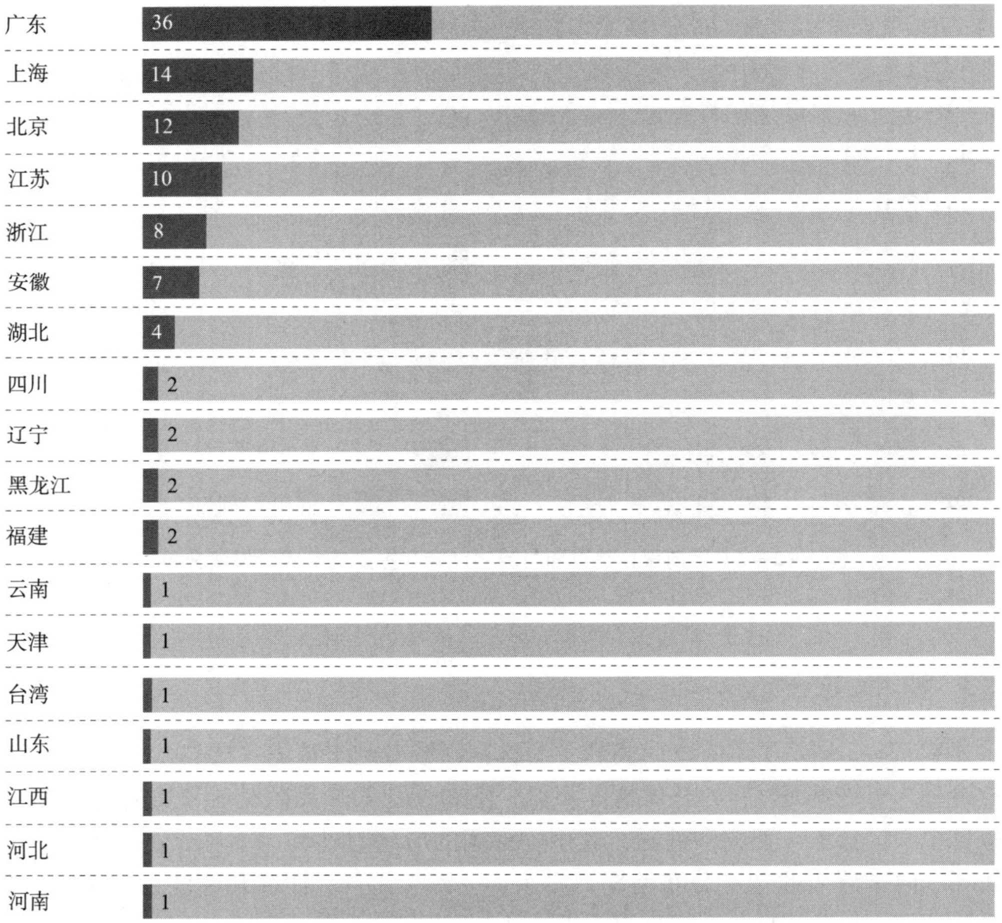

(b) 国内主要省份

图4-2-3　专利申请的主要技术来源地及国内主要省份专利申请分布

注：图中数字表示申请量，单位为项。

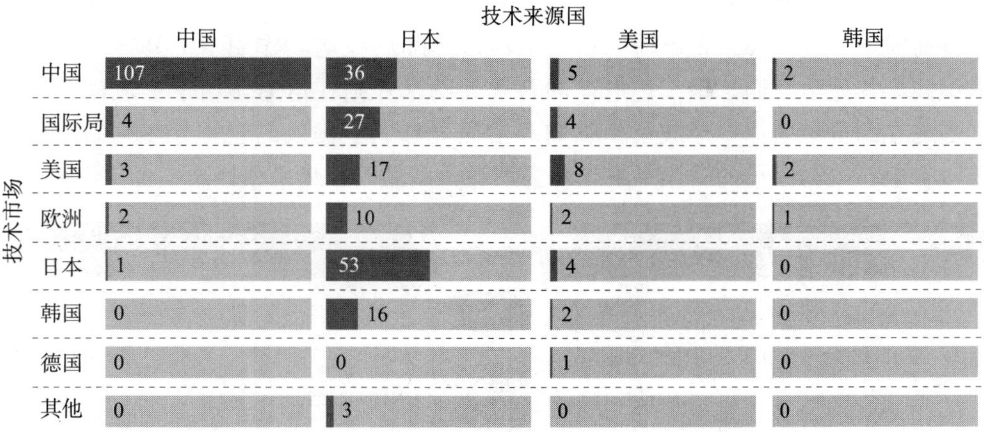

图 4-2-4 定向设计领域热界面材料专利主要技术来源国家的专利市场布局

注：图中数字表示申请量，单位为项。

4.3 定向技术分析

对近十年涉及定向设计式热界面材料的 184 项专利文献进行了梳理，并围绕电场诱导取向法、磁场诱导取向法、机械力取向法和填料预排列法四种定向技术展开分析。

4.3.1 电场诱导取向法

电场诱导取向技术是指在电场作用下，具有各向异性的填料粒子（例如纤维状、片状）沿着电场方向取向排列，采用该方法可以制得具有高度各向异性的填充型高分子基热界面材料。

电场诱导取向法主要包括交（直）流电场诱导取向和静电植绒法。其中，交（直）流电诱导取向是指利用交（直）流电与含有填料粒子的聚合物发生相互作用，从而使填料粒子在聚合物内沿着电场方向取向排列；静电植绒法是指将涂有黏合剂的聚合物薄膜固定于反向电极板，纤维状导热填料受到静电吸引而向反向电极移动，粘合在涂有黏合剂的聚合物薄膜上，纤维状导热填料沿着电场方向排列，从而获得定向排列的填料支架，之后经注入聚合物并固化等步骤，获得各向异性的高分子基热界面材料。

分析样本中，采用电场诱导取向法的专利申请总计有 10 项，包括 7 项交（直）流电场诱导取向和 3 项静电植绒法。研究人员对两类电场诱导取向技术进行梳理并以技术演进路线的方式呈现，结果如图 4-3-1 所示。

可以看出，对于交（直）流电诱导取向法，技术改进点主要体现在填料的选择，从最初的氢氧化铝或氧化铝（2011 年），到纳米和微米碳纳米管或金属丝的混合（2012 年），再到氮化硼纳米管（2017 年），片状纳米氧化铝（2018 年），直至改性石墨烯纳米片，或者碳纤维和碳纳米管的组合（2020 年）。例如，专利 CN111607364A 公开了一种交（直）流电诱导取向技术，其以石墨烯纳米片为填料，将至少部分填料掺杂正电荷粒子，这些掺杂正电荷的石墨烯纳米片随后在电场作用下沿基体的厚度方向形成纵向导热通道，而未掺杂正电荷的石墨烯纳米片则在重力作用下形成横向导热通道，最终在高分子基体中形成了由纵向和横向导热通道构成的立体导热网络。相比于仅以未掺杂正电荷粒子的石墨烯纳米片为填料，产品的导热系数提高了至少30%。

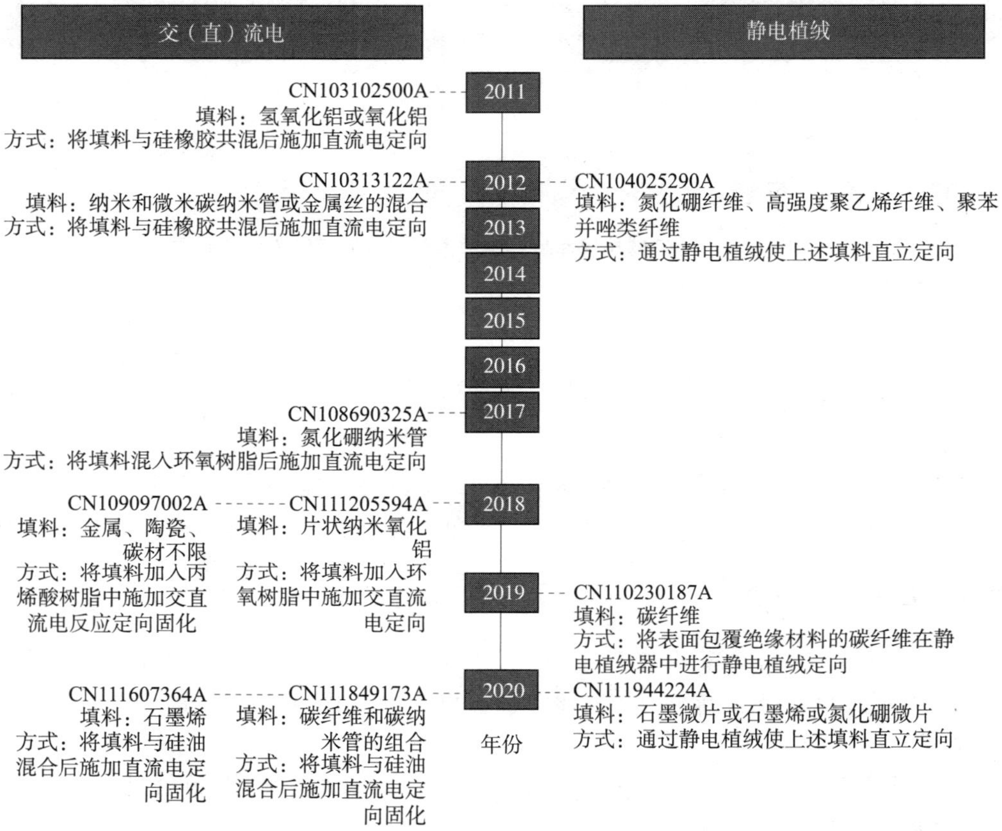

图4－3－1　定向设计式热界面材料领域电场诱导取向技术演进路线

对于静电植绒法，其研究的重点也在于填料的选择，目前采用的填料主要有氮化硼纤维、表面包覆有绝缘层的碳纤维以及石墨烯或氮化硼微片。例如，专利CN110230187A将表面包覆的碳纤维放在植绒设备中，在静电作用下将碳纤维垂直紧密排列在离型膜的底胶上，然后将经过定向排列的碳纤维放入烤箱中烘烤，使底胶完全固化，碳纤维紧密地穿插在底胶中从而形成植绒半成品；之后，将热固化胶搅拌均匀后倒在植绒半成品上，使碳纤维之间填充满热固化胶，固化形成导热垫。如此获得的导热片展现出了高导热率和良好的绝缘性能。

4.3.2　磁场诱导取向法

磁场诱导取向法是指将磁性填料或磁性粒子改性的填料与高分子材料混合后置于磁场中，从而获得沿磁场方向取向的复合材料。研究人员对2011～2020年采用磁场诱导取向的45 项专利申请进行了梳理，并选取其中具有代表性的专利技术制作了如图4－3－2所示的磁场诱导取向技术演进路线。

2012

WO2012111837A
填料：铁磁性纳米线
方式：将纳米线与预聚合物混合，施加一个方向的取向磁场

2013

KR1020150055173A
填料：磁性填料和各向异性填料的组合
方式：将上述填料的混合加入聚合物中并磁力定向

2014

CN105733065A
填料：磁响应粒子
方式：将磁响应粒子混入聚合物中并磁定向

2015

WO2016104074A1
填料：扁平石墨粉和导热填料的混合
方式：将扁状石墨粉的扁状面磁性定向在片材厚度方向

CN106928886A
填料：片状氮化硼、片状石墨或片状石墨烯
方式：将填料混入聚合物并在填料长度方向磁定向

CN1106854458A
填料：包覆含铁氧化物的导热填料
方式：将上述填料加入树脂中磁性定向

2016

WO2016208458A1
填料：碳纤维
方式：将碳纤维在聚合物基体磁性取向，并与其他绝缘层进行层合

2017

CN106700957A
填料：磁性金属包覆的导热材料
方法：将上述导热填料加入环氧树脂导热胶中，在强磁场下随着磁场方向定向排列

CN109836617A
填料：石墨烯片
方式：将石墨烯片加入橡胶中磁性定向

KR1020190077945A
填料：碳基填料，氧化物系列，氮化物系列
方式：将上述填料加入聚合物中进行强磁场定向

2018

CN108752713A
填料：石墨烯纳米片
方式：施加梯度磁场，使石墨烯纳米片在高分子基体中定向排列

JP2020055961A
填料：各向异性磁性填料
方式：通过超导体磁体将具有磁各向异性的填料对准成型体的一个或多个用途部分从而定向排列

CN111269575A
填料：铝纳米线
方式：将铝纳米线加入硅橡胶混炼并施加2次磁场定向

CN111133039A
填料：磁性复合填料与非磁性填料的组合
方式：将上述填料加入聚合物中磁性定向，使得磁性填料预定方向取向，非磁性填料填充空间

CN109735057A
填料：石墨烯纳米片和二硫化钼纳米片混合
方式：施加高强度定向分布的磁场使得二维石墨烯和二维二硫化钼在环氧树脂中定向排列

2019

CN109825010A
填料：BN@Fe_3O_4
方式：利用磁场使@Fe_3O_4在聚合物基体中定向排列

CN110283450ABN
填料：Fe_3O_4改性石墨烯分末
方式：将上述填料与聚合物进行共混，混合液在磁场诱导下静置一段时间获得

CN109943075A
填料：Fe_3O_4改性的石墨烯
方式：将上述填料加入液体硅橡胶中进行磁定向

CN110740629A
填料：磁处理的碳纤维
方式：把上述材料放入硅油中磁性定向并热压成型

CN11020481A
填料：石墨烯纳米片
方式：将石墨烯纳米片加入环氧树脂中磁性定向

WO2019244890A1
填料：碳纤维和非各向异性填充材料
方式：将填充有上述填料的聚硅氧烷组合物在磁场中定向
关键技术：使露出片材表面的碳纤维以一定的比例倾倒

2020

US20200332064A1
填料：碳纤维
方式：将碳纤维加入聚硅氧烷中磁定向处理
关键技术：导热片具有一定的渗透率

CN111925735A
填料：利用羧基功能化Fe_3O_4磁性纳米颗粒表面修饰氨基功能化氧化石墨烯

CN112251026A
填料：纤维状或片层状或晶须状或管状的填料
方式：将上述填料加入聚合物中磁定向
关键技术：填料在片材中呈有序倾斜排列

CN111607365A
填料：表面掺杂金属原子的鳞片石墨片
方式：将该填料在基料中按外加磁场方向定向排列形成导热通道

CN111978732A
填料：一维导热填料碳纤维和球形导热填料的混合

JP6884456B1
填料：铝和氧化铝中的一种
方式：将其加入聚硅氧烷中磁定向
关键技术：采用一定的载荷值

CN111909520A
填料：碳纤维氧化镀磁和导热填料
方式：将氢化镀磁的碳纤维加入基体后置于磁场定向

CN112194903A
填料：碳性BN纳米片、导热粉体、MXene纳米片的混合

CN112574574A
填料：Fe_3O_4纳米粒子包覆的碳纤维复合粉末

CN112391054A
填料：表面磁化处理的碳纤磁化粉

年份

图4－3－2　定向设计热界面材料磁场诱导取向技术演进路线

可以看出，磁场诱导取向技术的核心同样在于填料，而根据磁定向填料的种类，其技术演进大致可分为三个阶段。2012～2014 年，磁定向采用的填料主要是磁性填料或其与其他填料的组合，关注的是技术的可实施性。2015～2018 年，采用的磁定向填料包括扁平石墨粉和导热填料的混合、片状氮化硼或片状石墨或片状石墨烯、碳纤维、石墨烯纳米片、石墨烯纳米片和二硫化钼纳米片的混合，以及包覆含铁氧化物的导热填料。这一阶段的研究更具针对性，主要着眼于筛选导热性能更为优异的具体物质。2019～2021 年，采用的磁定向填料主要包括四氧化三铁（Fe_3O_4）包覆的氮化硼或石墨烯、磁处理的碳纤维、碳纤维氧化镀磁和导热填料的组合或表面掺杂金属原子的鳞片石墨片。可以看出，使用磁性复合填料或其与其他高导热性填料的组合以进一步提高导热性能是该阶段的研究热点。

从图4－3－2中还可以看出，近几年 Fe_3O_4 作为包覆材料受到了格外关注，已有报道的填料包括 Fe_3O_4 改性的氮化硼、Fe_3O_4 改性的石墨烯，Fe_3O_4 改性的碳纤维以及将其与多种其他导热填料的组合。例如，华南理工大学的专利 CN109943075A 公开了在石墨烯表面包覆阳离子型电解质，然后将化学共沉淀法制备的四氧化三铁纳米粒子包覆于石墨烯表面，得到磁功能化的石墨烯；之后，将得到的磁功能化的石墨烯均匀分散于液体硅橡胶中，经磁化处理后预固化，撤去磁场后升温至完全固化，从而制得磁取向的石墨烯导热硅橡胶复合材料。该方法制得的复合材料的导热系数远大于未经磁场处理的石墨烯导热硅橡胶材料。

课题组还重点关注了两项专利申请 US20200332064A1 和 WO2019244890A1。在信越的专利 US20200332064A1 中，其除了使用碳纤维作为填料进行磁处理定向之外，改进还在于控制由硅氧烷和碳纤维形成的导热片的针入度，通过控制针入度获得了具有优良的可靠性、黏合性以及伸长率的导热片。积水的专利 WO2019244890A1 公开了一种具有如图4－3－3所示的热传导性片材，其包含高分子基质（12）和各向异性填充材料（13），各向异性填充材料（13）沿厚度方向取向，在热传导片（10）的表面（10A、10B），各向异性填充材料（13）露出，并且露出的各向异性填充材料（13）被配置成以3.5%～45%的比例倾倒，采用该结构可以进一步提高导热片材的导热性。

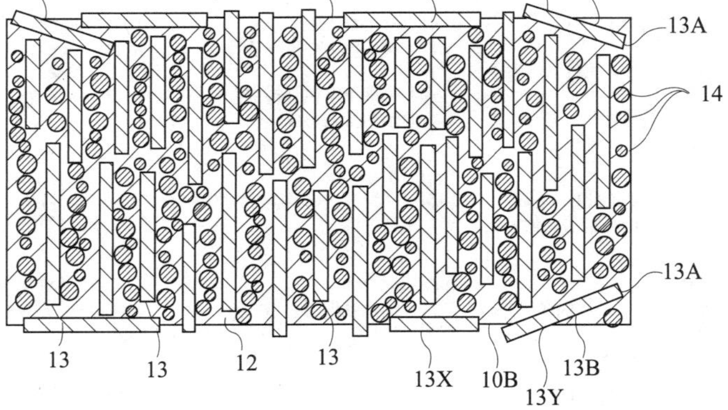

图4－3－3　专利 WO2019244890A1 说明书附图

综上可知，在磁场诱导取向法中，筛选和/或制备具有优良导热性的磁响应导热填料仍是目前的研究热点。

4.3.3 机械力取向法

机械力取向法是指将含有不规则形状填料的高分子复合材料经热压、剪切、涂布等工艺制得在特定取向方向上具有高导热性的方法，通常包括热压取向法、剪切力取向法、拉伸取向法等。

热压取向法是指通过热压成型使分散在高分子基体中的填料实现定向分布的方法。相比于剪切力取向法和拉伸取向法，热压取向法工艺操作更为简单，因此应用广泛。通过梳理2011～2020年涉及热压取向法的57项专利申请并选取其中具有代表性的专利技术，制作了如图4-3-4所示的热压取向技术演进路线。

可以看出，热压取向法的核心仍然在于填料。2011年，采用的填料为碳纤维和导热填料的混合物或者是采用三维形状的石墨粉，仅着眼于选择导热性高的适用填料。2013～2016年，采用的填料主要是一定尺寸的石墨烯或氮化硼，或者不同尺寸的氮化硼的混合物。2017年出现了采用片状 Al_2O_3/Ag 杂化粒子作为导热填料。到了2018年，虽然采用的填料类型没有变化，但是已经开始关注混合填料中两种填料的直径比以及导热填料的表面改性，更关注产品的综合性能。2019年至今，研究热点主要是将筛选出的氮化硼、石墨烯等高导热填料与其他纳米导热填料混合，通过优化结构设计和/或调整结构参数以进一步提高导热性能。

例如，北京化工大学在专利CN112442217A中公开了首先利用氧化石墨烯与纳米粒子的静电作用，将纳米粒子包覆在氧化石墨烯表面，制备氧化石墨烯纳米粒子杂化水浆料；之后加入乳胶粒子，进行热还原，在形成水凝胶过程中，纳米导热颗粒会随着石墨烯一同包覆在乳胶粒子的表面并形成三维填料网络；之后将干燥的凝胶热压硫化即可获得形成三维导热网络的橡胶纳米复合材料，由此提高了复合材料的导热性能。

积水在专利WO2019117064A1中公开了一种具有如图4-3-5所示结构的导热片(1)，其包含具有石墨烯的叠结构的第一碳材料(2)、取向控制粒子(3)以及第一树脂(4)，所述第一碳材料(2)的至少一部分由于所述取向控制粒子(3)的存在而沿着与所述导热片(1)的表面方向不同的方向取向，所述第一碳材料(2)的平均粒径与所述取向控制粒子(3)的平均粒径之比为0.09以上且小于4.0。由该方法制得的导热片在厚度方向上导热性优异。

富士聚合物工业有限公司在专利WO2020100482A1中公开了一种具有如图4-3-6所示结构的导热片材(10)，该导热片材包括基体树脂(11)，包含具有各向异性的第一导热填料(15)的模塑片材(12)，和第二导热填料(13)，该第一导热填料在模塑片材厚度方向取向，同时，该第一导热填料也在导热片材方向取向，这种片材的结构设计提高了片材的导热性。

2011

WO2011158942A1
填料：碳纤维和导热填料（氧化铝、氮化铝、金属粉之一）的混合物
方式：将聚合物和上述填料的组合物挤出定向固化

JP2012164907A
填料：三维形状的石墨粉
方式：将石墨粉和树脂混合定向固化

2012

2013

CN103319898A
填料：微米和纳米氮化硼的混合物
方式：将填料混合物与橡胶共混硫化制得

2014

JP2015218246A
填料：鳞片状氮化硼
方式：将上述填料加入橡胶或树脂中热压制备

CN105186086A
填料：石墨烯和/或导热填料的混合
方式：将上述填料与硅橡胶混合定向

2015

CN106810876B
填料：任意片状填料
方式：将上述任意填料加入硅橡胶并挤出

CN106810877A
填料：任意片状填料
方式：将上述任意填料加入硅橡胶并挤出

2016

CN105542728A
填料：石墨烯纳米片
方式：将挤压后的石墨烯纳米片浸入PDMS中

WO2018123012A1
填料：至少一种石墨粒子（鳞片状、随圆体、棒状）
方式：将上述填料加入含有异丁烯结构的聚合物、乙烯丙烯共聚物和乙烯辛烯弹性体并热压取向

2017

CN106832782A
填料：片状Al_2O_3/Ag杂化粒子
方式：将上述填料加入高分子树脂中热压固化

CN107573564A
填料：石墨、多壁碳纳米管、碳化硅的组合
方式：将上述填料混入聚合物分别装入两台挤出机中挤出定向

WO2018025587A1
填料：膨胀化石墨和纤维状碳纳米材料
方式：将上述填料与一定黏度的树脂混合定向

2018

WO2019117064A1
填料：薄片化石墨和取向控制粒子（例如氧化铝、球形石墨等）的混合
方式：控制石墨和取向控制粒子的直径比，并加入树脂中定向

CN11712913A
填料：选自鳞片状粒子、椭圆体状粒子及棒状粒子中的至少一种石墨粒子
方式：将填料与树脂混合后热压
效果：一定弹性模量和黏附力

CN110157153A
填料：氮化硼微片
方式：通过热压是氮化硼在基体中取向

KR1020190118305A
填料：多巴胺改性石墨填料和导热填料的混合
方式：将上述填料加入基体中挤压定向

2019

WO2019138300A1
填料：氮化硼初级颗粒
方式：将其加入黏合剂树脂中并施加至少3MPa压力定向形成
效果：至少一些聚集体崩解

CN110093001A
填料：石墨烯
方法：将石墨烯与全氟烷基树脂热压定向

WO2020100482A1
填料：形状各向异性的含第一导热填料的填料模制体和第二导热填料的混合
方法：将上述填料在基体中热压取向

WO2020129555A1
填料：银和镓（或合金）的混合
方法：将其加入硅氧烷中热压定向

CN112442217A
填料：氧化石墨烯水分散液和纳米导热填料的组合
方法：氧化石墨烯凝胶化引导纳米导热填料与橡胶胶乳粒子形成三维网络，将这一网络热压

CN111070833A
填料：片状导热填料和液态金属的复合物
方法：将导热填料放入液态金属中获得复合物，再加入聚合物中热压固化

CN109913185A
填料：片状六方氮化硼和颗粒状的导热填料
方法：将其加入环氧树脂中定向后层层叠加

CN112442216A
填料：氧化石墨烯水分散液和各向异性纳米填料的组合
方法：氧化石墨烯凝胶化引导纳米导热填料与橡胶胶乳粒子形成三维网络，将这一网络热压

JP6817408B1
填料：纤维状导热填料
方法：将填料放入基体中定向，使部分填料从片材的表面突出

2020

CN111548586A
填料：氮化硼、氧化铝等中的任意一种
方式：将其加入到10倍于其粒径的聚合物中并热压固化

CN112712944A
填料：氧化铝包覆的碳纤维
方法：将填料与硅胶混合并热压定向

CN11724680A
填料：石墨类与微观金属或非金属的混合物
方法：将上述填料和聚合物热压取向并层叠，之后冷冻处理

JP6862601B1
填料：纤维状导热填料
方式：将填料放入基体中定向，使得部分填料从片材的表面突出来
效果：表面粗糙度

年份

图4-3-4　定向设计式热界面材料热压取向技术演进路线

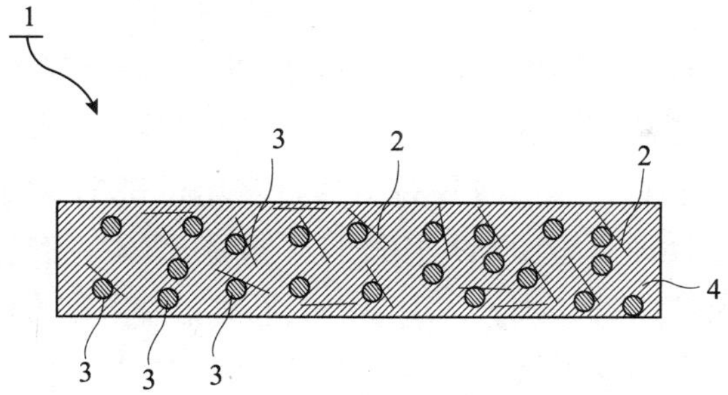

图 4-3-5　专利 WO2019117064A1 说明书附图

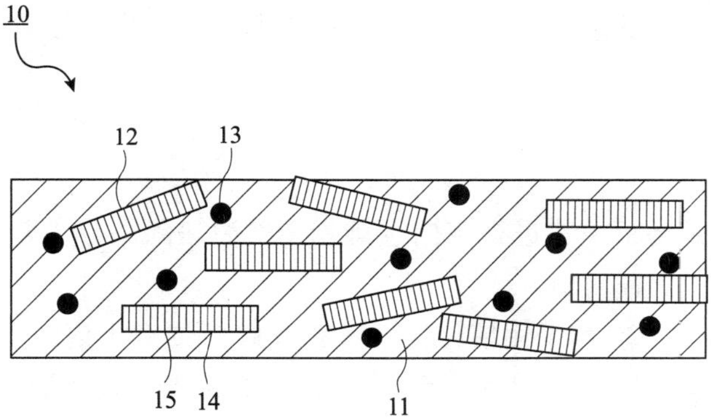

图 4-3-6　专利 WO2020100482A1 说明书附图

德克利亚斯公司（デクセリアルズ株式会社）在专利 JP6817408B1 中公开了一种具有如图 4-3-7 所示结构的导热片材（1），其包括通过固化含有聚合物基质组分（2）和导热填料的导热树脂组合物而获得，导热填料含有纤维状导热填料（10），并且纤维导热填料从涂覆有未固化的聚合物基体组分的片材组件的表面突出，这种片材的结构设计也提高了片材的导热性能。

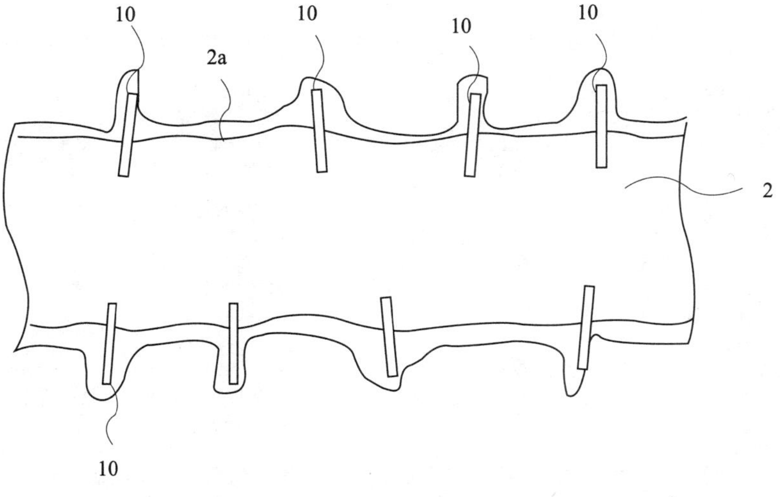

图 4-3-7　专利 JP6817408B1 说明书附图

除上述热压取向法外，机械力取向法还包括剪切力取向法和拉伸取向法。

关于剪切力取向法，鸿富诚屏蔽材料在专利CN110229367A中公开了一种各向异性绝缘导热片材，其制备方法包括将碳纤维、球形微粉和阻燃剂均匀混合在柔性高分子材料中，制备导热性预备料；然后将预备料通过挤出机挤出，使碳纤维在流速方向上取向，且在可合模的移动模具槽中加热固化，形成成型体；接着，将成型体用超声波切割方式沿流速垂直相交方向切割，从而获得碳纤维沿着厚度方向取向的导热性片材。

关于拉伸取向法，华东交通大学在专利CN111303521A中公开了一种柔性高导热聚合物纳米复合膜，其制备方法包括将六方层状氮化硼与高密度聚乙烯熔融共混造粒，然后利用单螺杆挤出机对复合材料颗粒进行挤出并冷却拉伸制片，接着对聚乙烯氮化硼薄片进行单向热拉伸处理，诱导六方层状氮化硼在高密度聚乙烯中取向，从而获得柔性高导热聚合物纳米复合膜。

4.3.4 填料预排列法

填料预排列法是指将填料进行定向预排列，然后注入高分子基体并进行固化，从而制得定向设计式热界面材料。

通过梳理2011～2020年采用填料预排列法的17项专利申请，并选取其中具有代表性的专利技术，制作了如图4-3-8所示的填料预排列取向技术演进路线。

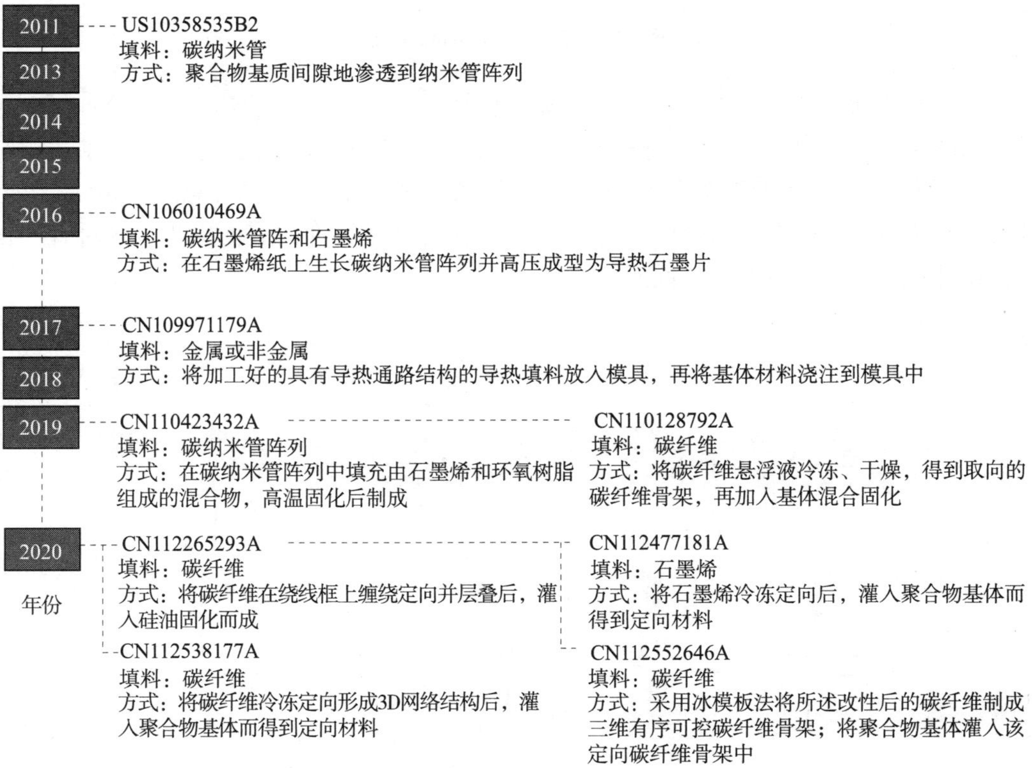

图4-3-8　定向设计式热界面材料填料预排列取向技术演进路线

从图 4－3－8 中可以看出，填料预排列法通常以碳纳米管、碳纤维、石墨烯等高导热碳材为填料。2011 年首次出现了采用碳纳米管阵列的报道。2016 年起，研究重点转为将碳纳米管阵列与石墨烯同时使用，例如，在石墨烯纸上生长碳纳米管阵列，或先形成碳纳米管阵列后再填充由石墨烯和环氧树脂形成的混合物。2019 年起，碳材填料扩展至碳纤维，例如，直接将碳纤维悬浮液冷冻后干燥形成碳纤维骨架，或将碳纤维冷冻定向形成 3D 网络结构，或采用冰模板法将改性后的碳纤维制成三维有序可控的碳纤维骨架。与此同时，也有部分专利申请是通过将石墨烯冷冻形成定向结构。

就冷冻碳纤维形成 3D 网络结构而言，阿莱德在专利 CN112538177A 中公开了一种碳材料取向型导热界面材料的制备方法，包括：①将碳纤维放入稀硫酸和浓硫酸的混合液中进行表面功能化处理；②将上述碳纤维加入黏结液溶液中搅拌并倒入液氮中垂直急速冷冻，之后放入低温低压环境下处理，从而构建碳纤维 3D 网络；③固化成型；④切片。通过该方法提升了碳纤维的各向异性、导热性和力学强度，从而提高了所制备的导热界面材料的各向性能。

就冰模板法定向石墨烯结构而言，深圳烯创先进材料研究院有限公司在专利 CN112477181A 中公开了一种具有相互垂直结构的石墨烯基热界面材料的构筑方法，该方法利用平板单向冷冻引入温度梯度，在该梯度的驱动作用下，石墨烯片可以实现垂直方向的高度定向排布，预还原的石墨烯水凝胶在重力及容器底的诱导下形成底部平行结构，而上部维持垂直排布，并在后续的还原下维持底部平行、上部垂直的定向结构。通过该方法获得的石墨烯宏观体具有底部平行、上部垂直的特殊定向结构，可以充分发挥石墨烯在平面方向的优异性能，解决界面处局部热点与热传导问题，从而进一步提高导热性能。

综上可知，填料预排列法的研究热点在于如何引导结构各向异性的高导热性碳材（如碳纳米管、碳纤维、石墨烯）实现稳定的定向排列，进而在注入高分子基体后能够形成在特定取向上具有优异导热性能的热界面材料。

4.4 小　　结

前文提到，热界面材料产业的发展仍将聚焦于研制具有高导热率、良好力学性能和长使用寿命（即优异稳定性能）的热界面材料。而随着电子器件向着集成化、微型化和多功能化的发展，传统的填充型高分子基热界面材料已经无法满足现代化电子设备的散热需求。定向设计技术可以在仅使用很少量填料的基础上，使热界面材料在设定方向上具有超高热导率，同时由于避免了填料的高含量填充，该技术不仅能够实现产品轻量化，而且能够确保热界面材料具有优异的力学性能和稳定性能。因此，伴随着电子技术的不断发展，定向设计式热界面材料将是未来热界面材料领域的研究热点。

在定向设计式热界面材料领域，常用定向技术有电场诱导取向法、磁场诱导取向法、机械力取向法和填料预排列法。由于工艺原理和最终产品结构相对明确，因此，无论哪种方法，研究重点均体现在填料的选择和设计方面。从图4-4-1中可以看出，定向设计式热界面材料的四种取向方法的发展方向均主要在于填料的选择过程，例如通常先选择填料的种类，之后是对填料的表面改性，再后是选择合适的应用形式即选择合适的粒径或形状等，最后是将不同种类或形状的填料进行复配，从而达到改善导热性并兼顾力学性能的目的。与此同时，对热界面材料整体结构的设计/改进也受到相当多的关注，在定向技术越来越受关注的形势下，整体结构优化有望进一步提高产品的导热、力学等性能，推动定向设计技术向精细化的路线发展。

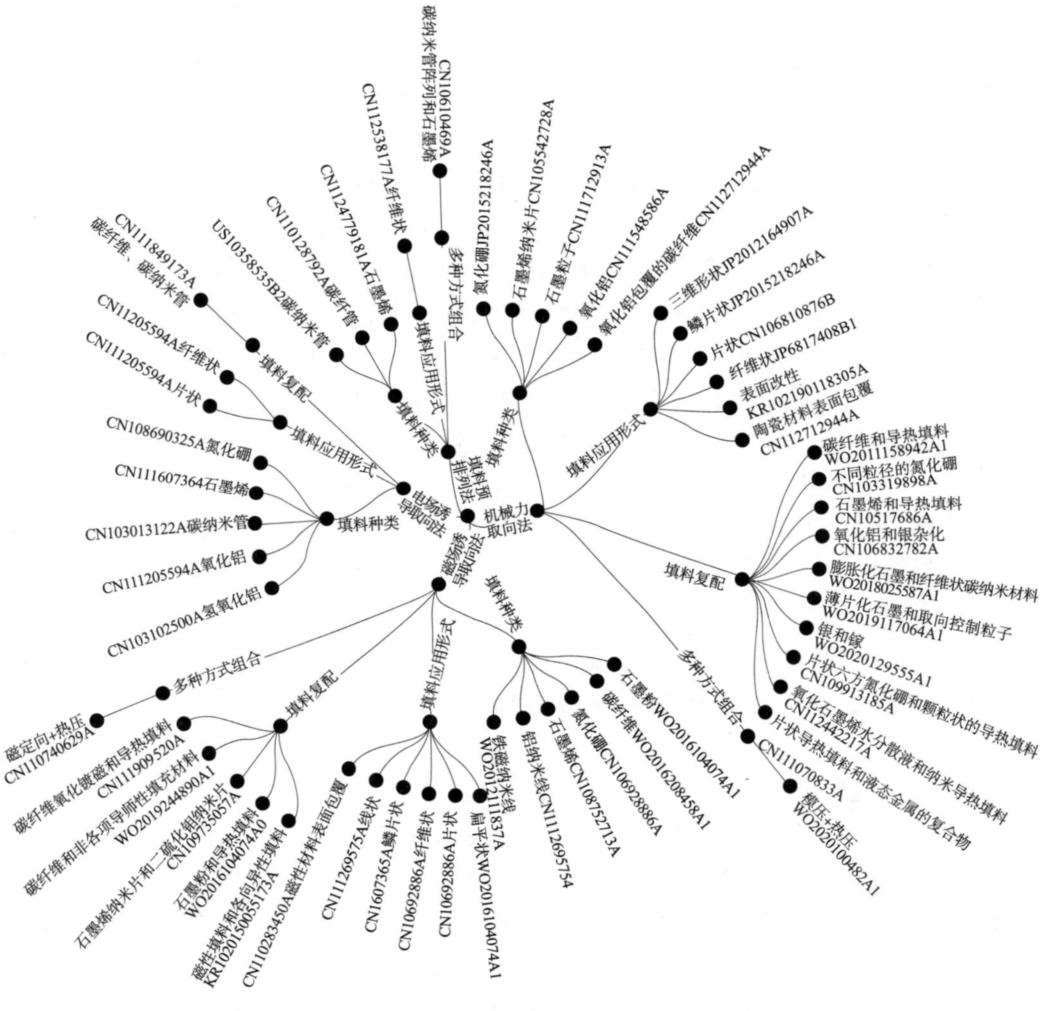

图4-4-1 定向设计式热界面材料技术发展路线

第5章　热界面材料重点申请人分析

信越是近十年全球热界面材料领域专利申请量最高的申请人，其专利申请主要集中在高分子基热界面材料分支上，而且在该分支上的申请量遥遥领先于其他申请人。同时，无论在市场份额还是在专利申请量方面，高分子基热界面材料都是当前热界面材料领域最重要的技术分支。因此，本章内容旨在对信越在热界面材料领域的专利申请进行分析，明确其技术研发思路，从而为国内申请人在热界面材料特别是高分子基热界面材料方面的研发提供参考。

5.1　企业简介

信越创立于1926年，是日本最大的化工企业，其半导体硅、聚氯乙烯等原材料的供应在全球首屈一指。信越于1953年开始有机硅的工业生产，经过近70年的发展，其制造的高性能有机硅产品多达4000多种，已广泛应用于电子、电气、汽车制造、机械制造、化工、纺织、食品工业以及建筑工程领域。作为一家研发型企业，信越高度重视技术开发，先后成立了聚氯乙烯高分子材料研究所、有机硅电子材料技术研究所、精密功能材料研究所等研究机构，针对性地进行新技术的研发。信越还积极通过专利申请保护其核心技术，目前已申请专利31000余项，根据国际分类号分布，其专利申请主要分布在C部（化学、冶金）、H部（电学）、B部（作业、运输）和G部（物理）。针对产品的目标市场，信越在中国、美国、日本、韩国和欧洲等国家/地区进行了广泛的专利布局。

以导热胶、灌封胶、导热硅脂为代表的有机硅热界面材料是信越的主营业务之一，代表性产品包括信越X－23－7921－5、X－23－7783－D系列导热硅脂，信越G747、G775、G776、G777系列导热硅脂等。近年来，随着汽车电动化对锂离子电池和各种其他电子控制系统的散热措施的需求日益增加，信越进一步开发出可用于电动汽车和混合电动汽车的TC－PEN系列和TC－SET系列两种新型有机硅热界面材料。

近十年来，信越在热界面材料领域申请专利132项，申请质量总体较高，中国已审结专利申请的授权率达到近80%，明显高于热界面材料领域中国申请的平均授权率。

5.2 专利申请概况

5.2.1 专利申请趋势

自2011年以来，信越在全球范围内提出的热界面材料领域专利申请共计132项，占同期全球申请量的3.1%；在中国提出专利申请46项，占同期中国申请量的1.4%。图5-2-1展示了信越在热界面材料领域的专利申请趋势。

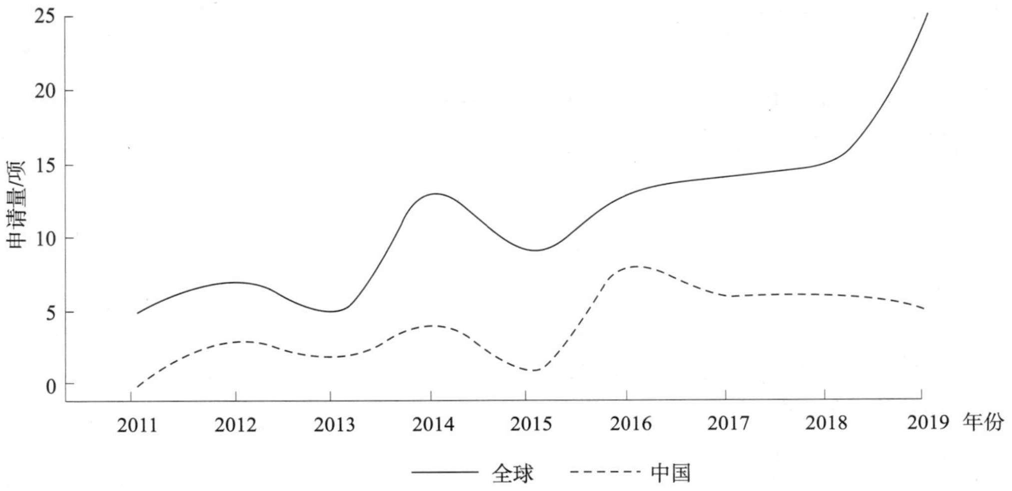

图5-2-1 信越热界面材料领域专利申请趋势

从图5-2-1中可以看出，就全球范围内而言，信越的专利申请量整体呈上升趋势。在2011~2013年，信越的专利申请量相对较少，且增长较为缓慢。2014年之后，伴随着智能手机、平板电脑等3C产品和新能源汽车产业的快速发展，市场对热界面材料的需求快速增长，信越也更加重视对热界面材料的研发，围绕热界面材料领域的专利申请量有了明显提升。

除2019~2020年外，信越在中国专利申请量的变化趋势与全球申请量变化趋势基本一致。信越近两年在中国的专利申请量降低可能有两个原因，一是截至检索日，仍有部分申请未公开或部分PCT申请还未进入中国国家阶段，二是信越在进一步调整其在热界面材料领域的市场布局。

图5-2-2显示了信越在热界面材料领域专利申请主要研究方向占比的逐年变化趋势。可以看出，高分子基材改进、基于组合填料的导热网络设计以及导热填料与高分子基材之间的界面改性是信越在热界面材料领域专利申请所涉及的主要研究方向，其中高分子基材改进占比最大，每年占比40%~60%。而且，近年来各研究方向的占比基本保持稳定。

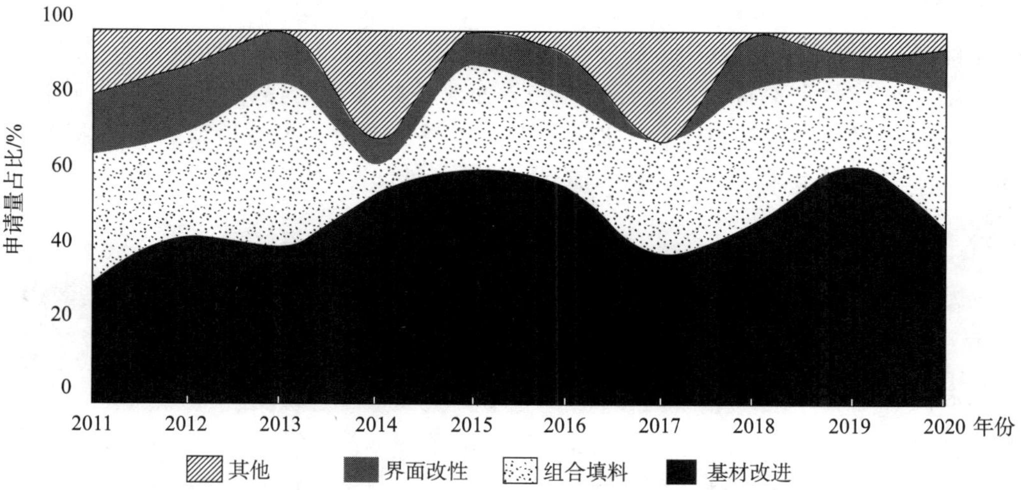

图 5-2-2　信越热界面材料领域专利申请主要技术分支占比逐年变化趋势

5.2.2　目标市场

作为全球范围内高科技材料的超级供应商，信越一直高度重视全球市场的开发，其不仅在日本、美国、中国、韩国和欧洲等国家/地区建立全球范围的生产和销售网络，还在全球范围内开展了深入的专利布局。信越在热界面材料领域专利申请目标地分布如表 5-2-1 所示。可以看出，信越在热界面材料领域专利申请的目标市场主要集中在日本、中国、韩国、美国和欧洲，均为全球主要的半导体生产和消费市场。除日本本土外，中国已成为信越最为重视的海外市场之一。

表 5-2-1　信越热界面材料领域专利申请主要市场分布

国家或地区	日本	中国		韩国	美国	欧洲
		大陆	台湾			
申请量/项	117	46	68	41	33	16

5.2.3　技术功效分析

5.2.3.1　技术手段-技术功效

课题组梳理了信越近十年在全球范围内热界面材料领域的 132 项专利申请，对其采用的技术手段和所达到的技术功效进行了分析，结果如图 5-2-3 所示。从图中可以明显看出，信越在热界面材料的研发重点是关注热界面材料的导热性能，并兼顾热界面材料的力学性能、稳定性（寿命）、黏度（黏结性）、绝缘性、轻量性（低密度）和加工性（处理性）。此外，少量申请还关注了热界面材料的其他性能，如耐热性、阻燃性、耐湿性（或耐水性）、涂覆性和耐偏移性等。

从图 5-2-3 中可以看出，信越在热界面材料领域主要是通过对高分子基材改进、采用组合填料构建导热网络以及对高分子基材与导热填料之间的界面改性等途经改善热界面材料的各项性能。其中，高分子基材改进主要涉及改善热界面材料的导热性能、力学性能、稳定性和黏度，而组合填料和界面改性则聚焦于热界面材料的导热性能。此外，部分申请还通过片材结构的设计、制备方法的改进、导热填料的参数限定以及添加功能性助剂等技术手段改善热界面材料的各项性能。

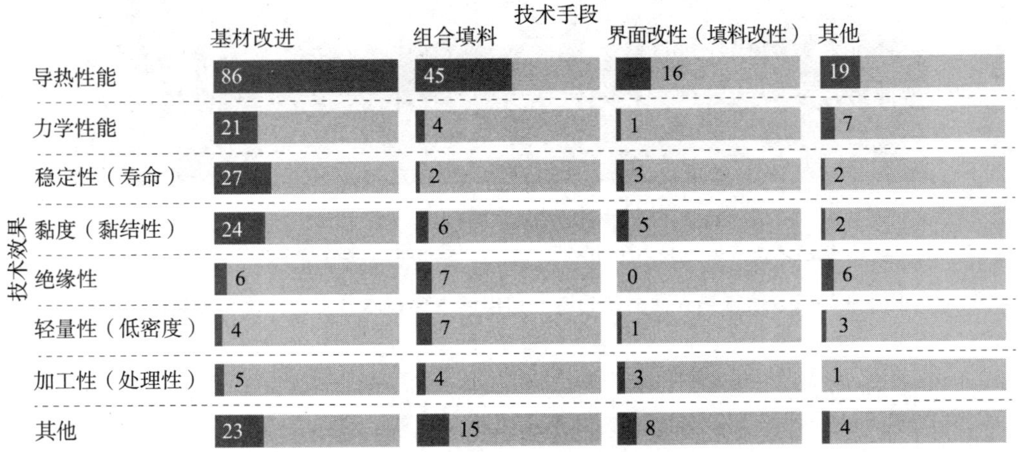

图5-2-3　信越热界面材料专利申请各技术手段和技术效果分布

注：图中数字表示申请量，单位为项。

5.2.3.2　应用领域-技术功效

热界面材料广泛应用于通信设备、智能消费电子、汽车以及家用电器等领域，不同的应用场景对热界面材料性能的要求不尽相同。为了明确不同应用场景对于热界面材料性能的需求，对信越热界面材料领域专利申请的应用领域和相应的技术功效进行梳理，结果如图5-2-4所示。

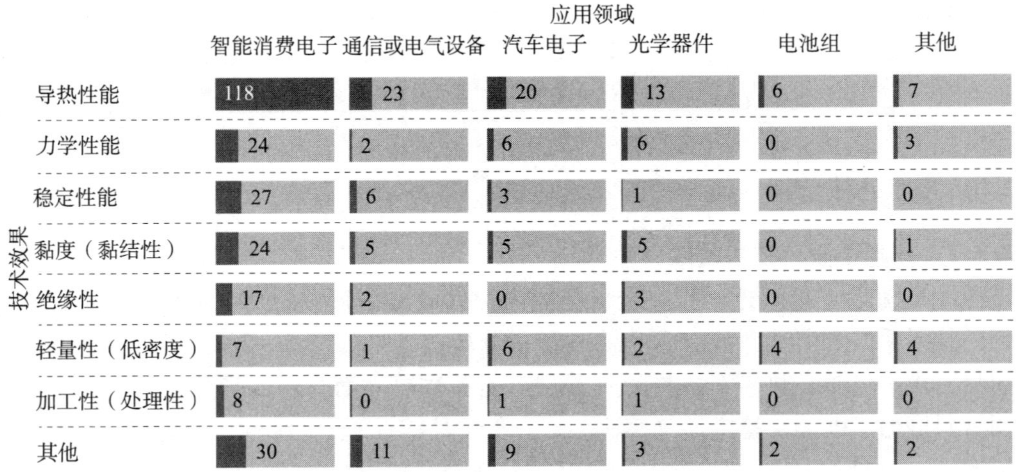

图5-2-4　信越热界面材料专利申请应用领域-技术效果分布

注：图中数字表示申请量，单位为项。

可以看出，信越热界面材料专利申请的应用领域主要涉及智能消费电子、通信或电气设备、汽车电子、光学器件和电池组，还有部分申请涉及家用电器、航空航天等其他领域。但无论是何种应用，导热性能都是首要关注的性能。

此外，不同应用场景对热界面材料除导热性能以外的其他性能的需求存在一定差异。例如，智能消费电子领域重点关注热界面材料的力学性能、稳定性和黏度；通信或电气设备领域重点关注热界面材料的稳定性和黏度；汽车电子领域重点关注热界面材料的力学性能、黏度和轻量性；光学器件领域重点关注热界面材料的力学性能和黏度。由于新能源汽车和混合动力汽车中使用的锂离子电池的规模较大，要求车身更加轻量化，因此电池组领域重点关注热界面材料的轻量性。

5.2.3.3 应用领域－技术手段

不同应用场景对热界面材料性能的需求存在差异，相应地，研发时采取的技术手段就会有所不同。通过梳理信越热界面材料领域专利申请涉及的应用领域及采取的相应技术手段，得到如图 5－2－5 所示的分布情况。

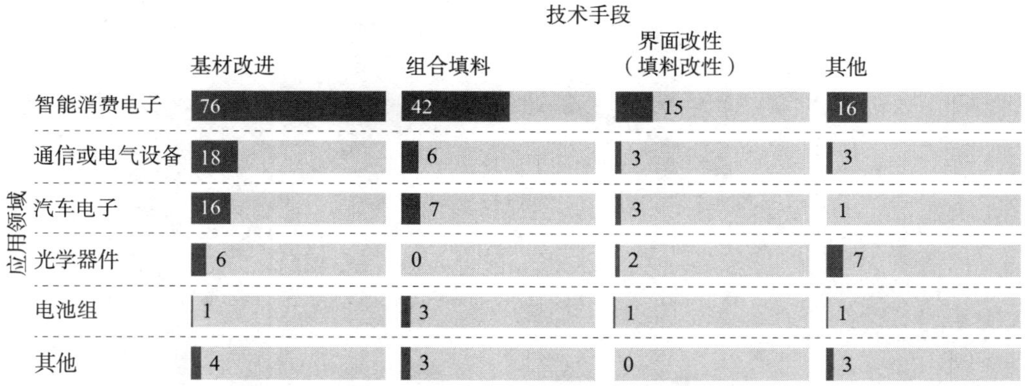

图 5－2－5 信越热界面材料专利申请应用领域－技术手段分布

注：图中数字表示申请量，单位为项。

可以看出，在智能消费电子、通信或电气设备、汽车电子和光学器件领域，主要是通过高分子基材改进制得满足使用需求的热界面材料。然而，电池组领域为了制得满足使用需求的热界面材料，主要是通过采用组合填料构建导热网络的技术手段。

前文提到，除导热性能之外，电池组领域重点关注的是热界面材料的轻量性。但是对于高分子基热界面材料而言，为了改善其导热性能，一般需要在高分子基材中填充大量的导热填料，这势必会导致热界面材料质量的增加。因此，为了满足电池组领域对于热界面材料轻量化的需求，必须平衡热界面材料的导热性能与轻量性。而在高分子基材质量降低幅度有限的情况下，通过采用低比重填料的组合已经成为制备低比重、高导热热界面材料的有效手段。

5.3 技术研发思路分析

通过对信越热界面材料领域专利申请技术功效的分析，可以看出近十年信越在热界面领域的研究热点集中在高分子基材改进、采用组合填料构建导热网络以及对高分子基材与导热填料之间的界面改性这三个方向上。为了进一步明确信越在这三个方向上的研发思路，现对其相关专利申请进行梳理，以期为国内热界面材料企业的研发提供参考。

5.3.1 专利布局概况

信越在全球范围内热界面材料领域的132项专利申请中，技术改进点在于高分子基材改进、采用组合填料构建导热网络以及高分子基材与导热填料之间的界面改性的申请分别有86项、45项和16项。其中，高分子基材改进采用的高分子材料以硅氧烷类为主，组合填料主要是不同种类、不同粒径、不同形状填料之间的交叉组合，界面改性则多以有机硅化合物为改性剂。

基于技术改进点对申请进行了归类整理，并以图形化的方式呈现，具体如图5-3-1所示。

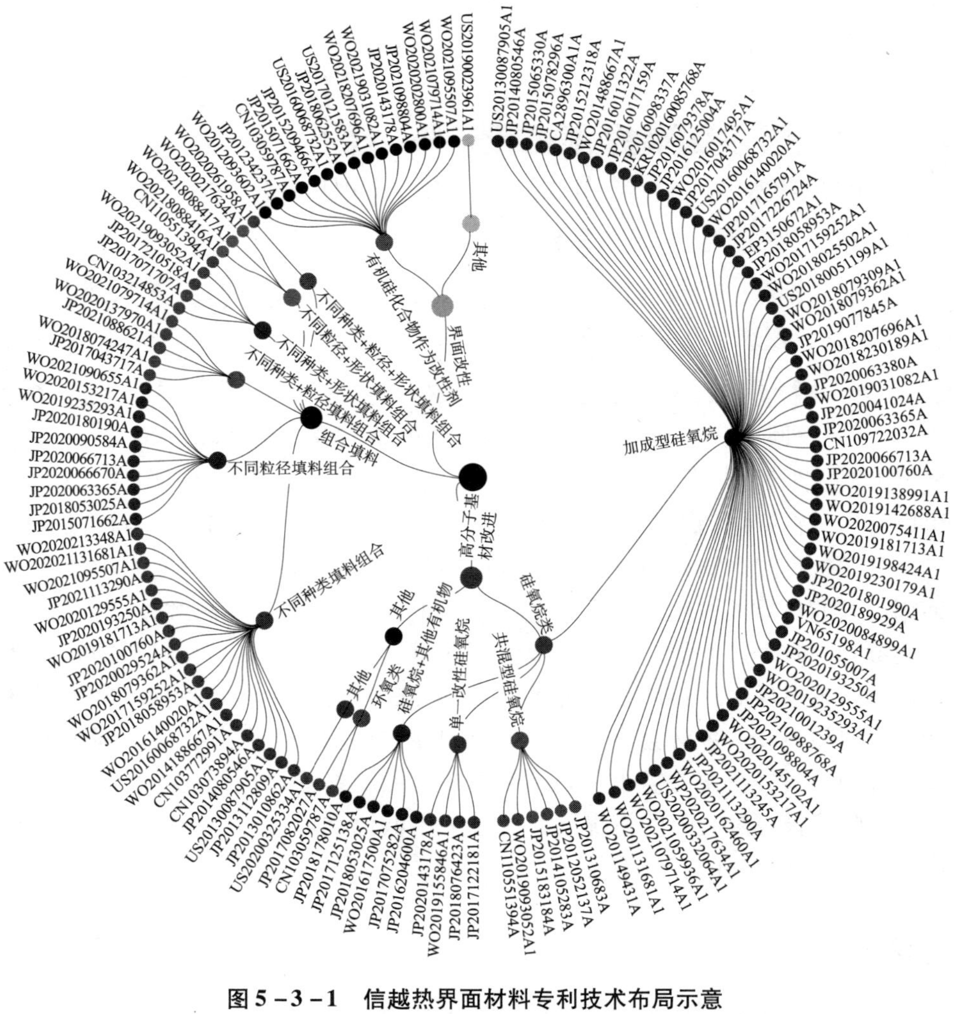

图5-3-1 信越热界面材料专利技术布局示意

5.3.2 高分子基材改进

高分子基材改进是信越近十年来最主要的研究方向，相关申请的分布情况如图5－3－2所示。可以看出，在高分子基材的选择上，信越仅有3项申请采用了环氧树脂或马来酰亚胺树脂作为基材（专利CN103059787A、JP2017082027A和US20200325334A1），其余申请采用的基材均为硅氧烷类。在硅氧烷基材的改进上，具体涉及采用加成型或共混型硅氧烷、对单一硅氧烷的改性处理以及采用硅氧烷与其他有机物质组合等情形。

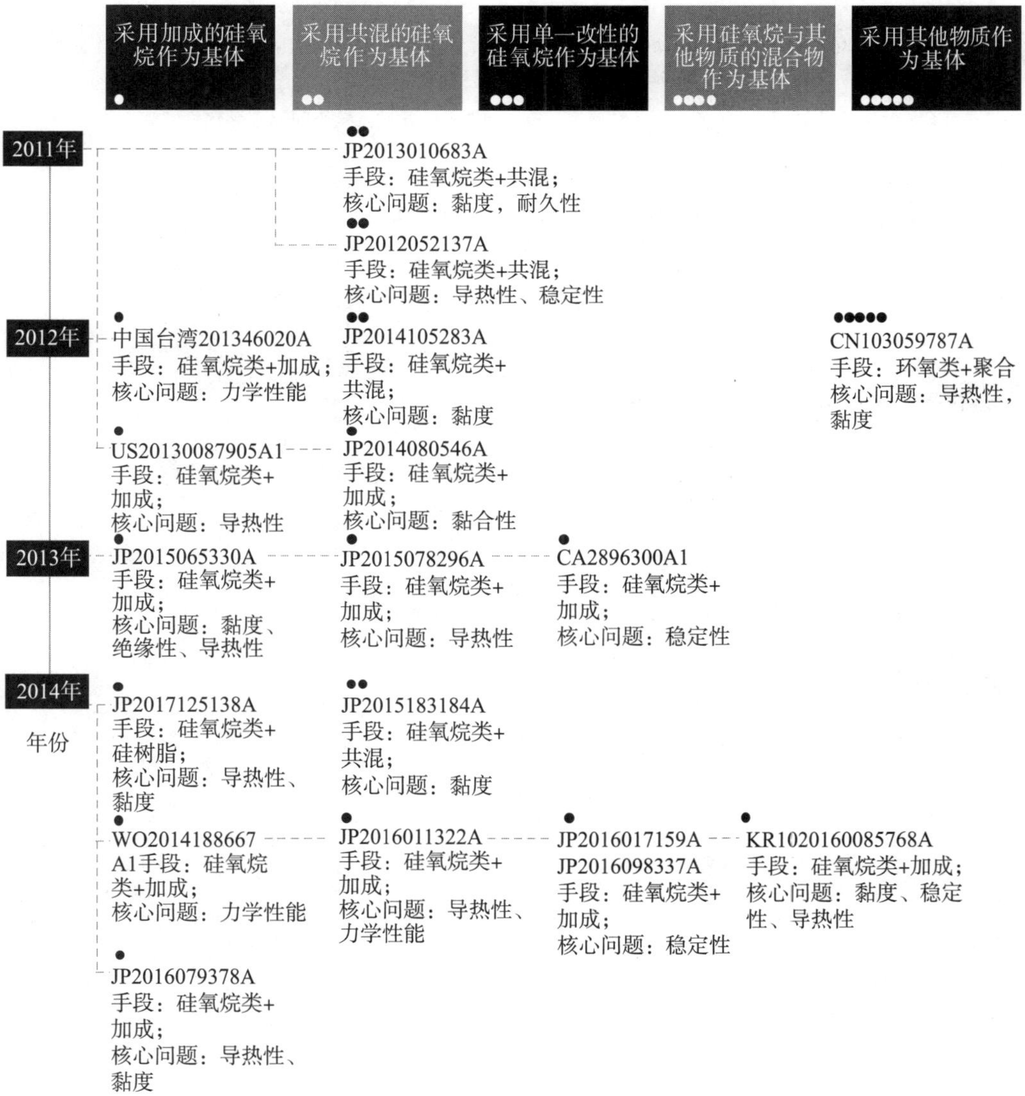

图5－3－2 信越以高分子基材改进为主要技术改进点专利申请和技术发展路线

2015年

●
JP2016125004A
手段：硅氧烷类+加成；
核心问题：耐热性、稳定性

●
WO2016017495A1
手段：硅氧烷类+加成；
核心问题：力学性能、稳定性

●
JP2017043717A
US20160068732A1
手段：硅氧烷类+加成；
核心问题：导热性、黏度

●●●●
JP2016204600A
手段：硅氧烷类+硅树脂；
核心问题：导热性、黏度

●●●●●
JP2017082027A
手段：环氧类与酸酐反应产物
核心问题：处理性、稳定性

●●●●
JP2017075282A
手段：硅氧烷类+含有芳基的有机化合物；
核心问题：导热性、稳定性

2016年

●
WO2016140020A1
手段：硅氧烷类+加成；
核心问题：导热性、稳定性

●
JP2017165791A
手段：硅氧烷类+加成；
核心问题：黏度、力学性能

●●●
JP2017122181A
手段：硅氧烷类单一改性；
核心问题：力学性能，稳定性

●●●●
WO2016175001A1
手段：硅氧烷类+非硅系有机化合物；
核心问题：导热性、黏度

●
JP2017226724A
手段：硅氧烷类+加成；
核心问题：稳定性

●
EP3150672A1
JP2018058953A
手段：硅氧烷类+加成；
核心问题：导热性

●●●
JP2018076423A
手段：硅氧烷类单一改性；
核心问题：导热性

●●●●
JP2018053025A
手段：硅氧烷类+室温下含有液体芳香族的有机化合物；
核心问题：导热性

●●●●
JP2017125138A
手段：硅氧烷类+硅树脂；
核心问题：导热性，黏度

2017年

●
WO2017159252A1
手段：硅氧烷类+加成；
核心问题：导热性

●
WO2018025502A1
手段：硅氧烷类+加成；
核心问题：导热性、可靠性

●
US20180051199A1
手段：硅氧烷类+加成；
核心问题：耐热性

●●●●
JP2018178010A
手段：硅氧烷类+含有芳基的有机化合物；
核心问题：导热性

●
WO2018079309A1
手段：硅氧烷类+加成；
核心问题：稳定性

●
WO2018079362A1
手段：硅氧烷类+加成；
核心问题：导热性、力学性能

●
JP2019077845A
手段：硅氧烷类+加成；
核心问题：流动性、导热性

2018年

●
WO2018207696A1
手段：硅氧烷类+加成；
核心问题：耐偏移性

●●
WO2019093052A1
手段：硅氧烷类+共混；
核心问题：导热性、流动性、绝缘性

●
WO2018230189A1JP2020063380A
手段：硅氧烷类+加成；
核心问题：稳定性

●
WO2019031082A1
手段：硅氧烷类+加成；
核心问题：力学性能

●
JP2020041024A
手段：硅氧烷类+加成；
核心问题：导热性、力学性能

●
JP2020063365A
手段：硅氧烷类+加成；
核心问题：涂覆性能、耐偏移性

●
CN109722032A
手段：硅氧烷类+加成；
核心问题：流动性、稳定性

●
JP2020066713A
手段：硅氧烷类+加成；
核心问题：导热性、轻量

●
JP2020100760A
手段：硅氧烷类+加成；
核心问题：导热性

年份

图5－3－2　信越以高分子基材改进为主要技术改进点专利申请和技术发展路线（续）

图 5-3-2　信越以高分子基材改进为主要技术改进点专利申请和技术发展路线（续）

加成型硅氧烷是信越的研究热点，即在催化剂的作用下使有机聚硅氧烷与有机氢聚硅氧烷发生加成反应形成交联固化产物，加成反应形成的三维网络结构可以有效固定导热填料，进而改善热界面材料的导热性能。例如，专利 US20130087905A1 中公开了一种油脂或膏状形式的可固化有机聚硅氧烷组合物，其组分中包含在一个分子中具有至少两个键合到硅原子上的烯基的有机聚硅氧烷和具有至少两个与分子中的硅原子键合的氢原子的有机氢聚硅氧烷，在通过加成反应使树脂成分固化的热处理工序中，导热填料形成的通路结构被固定并保持在由树脂组分固化形成的三维交联网络中，进而可靠地表现出比现有的导热片或导热脂更高的散热效果。信越在加成型硅氧烷方面的研究具有很好的延续性，2012年至今，每年均有多项专利申请涉及使用加成型硅氧烷作为基材。

共混型硅氧烷是指采用多种硅氧烷通过简单共混作为热界面材料的高分子基材。通过多种类型硅氧烷的组合，可以有效调节热界面材料的黏度和流动性，进而改善热界面材料的导热性能。例如，专利WO2019093052A1中公开了一种导热性硅脂组合物，其组分中包含一种具有特定通式结构的在25 ℃下的运动黏度为10 ~ 10000 mm^2/s的有机聚硅氧烷，以及一种具有特定通式结构的在25 ℃下的运动黏度为10 ~ 100000 mm^2/s的有机聚硅氧烷，后者是以赋予该导热性硅脂组合物的黏度调节剂、黏着性赋予剂等的特性为目的而使用，该导热硅脂组合物具有良好的流动性，能发挥优异的散热效果。

单一硅氧烷的改性处理是指采用一种特定类型的硅氧烷作为基体，并加入一些功能性助剂改善其特定性能。例如，专利JP2018076423A中公开了一种导热硅组合物，其组分中含有一种具有特定通式结构且在25℃下的黏度为10 ~ 100000 mm^2/s的有机聚硅氧烷，平均粒径0.1 ~ 150 μm的导热填料和有机过氧化物，其中有机过氧化物能够改善该导热硅组合物的耐偏差性能。

信越的部分专利申请中还涉及采用特定类型的硅氧烷与其他有机物组合作为高分子基材。例如，专利JP2017075282A中通过组合特定的有机聚硅氧烷、SP值比所述有机聚硅氧烷高且具有烯丙基的含芳香族有机化合物、特定的有机氢聚硅氧烷、热传导性填充材料制得一种高导热硅脂组合物，该高导热硅脂组合物不仅热传导率优异，而且在冷热循环过程中不发生裂纹和偏差。

5.3.3 基于组合填料的导热网络设计

信越近十年在采用组合填料构建导热网络方向的专利申请分布情况如图5-3-3所示（见文前彩色插图第1 ~ 2页）。

可以看出，在组合填料的选择上，信越既尝试了采用不同种类或不同粒径填料的组合，也尝试了采用不同种类和粒径、不同种类和形状、不同形状和粒径或不同种类、粒径和形状的填料的组合。

采用不同种类导热填料的组合是信越开展研究最多的组合方式，而且在该类研究上具有很好的延续性。起初，信越主要针对同一类型中不同种类的导热填料进行组合，如专利JP2013010862A和JP2013112809A分别采用了不同种类的金属类和陶瓷类的填料进行组合，随着研究的深入，信越进一步研究了不同类型导热填料间的组合，如专利JP2014080546A、US20160068732A1和WO2016140020A1中先后采用金属类与陶瓷类导热填料进行组合，而专利JP2020193250A中则研究了金属类与碳材类导热填料的组合。

采用不同粒径导热填料进行组合也是信越研究较多的组合方式，其中又以陶瓷类填料的组合为主。如专利JP2015071662A、JP2020180190A和WO2021090655A1等均涉及不同粒径陶瓷类导热填料的组合。

随着市场对热界面材料导热性能需求的不断增加，在单一填料组合方式提升热界面材料导热性能受限的情况下，信越也逐步研究了不同种类和粒径、不同种类和形状、不同粒径和形状以及不同种类、粒径和形状的填料的组合方式，从而进一步提高热界面材料的导热性能。如专利 WO2018074247A1 涉及不同种类和粒径的陶瓷类填料的组合，而专利 CN103214853A 和 WO2019093052A1 涉及采用不同种类和形状的陶瓷类填料的组合。

从图 5－3－3 中还可以看出，信越在组合填料的选择上倾向于使用陶瓷填料，其原因可能在于陶瓷类填料不仅具有较高的导热率，而且具有更好的绝缘性能。也正是由于这些特性，使得陶瓷填料在导热绝缘高分子基热界面材料领域受到了广泛应用。

5.3.4 界面改性

信越近十年在基材－填料界面改性方向的专利申请分布情况如图 5－3－4 所示。

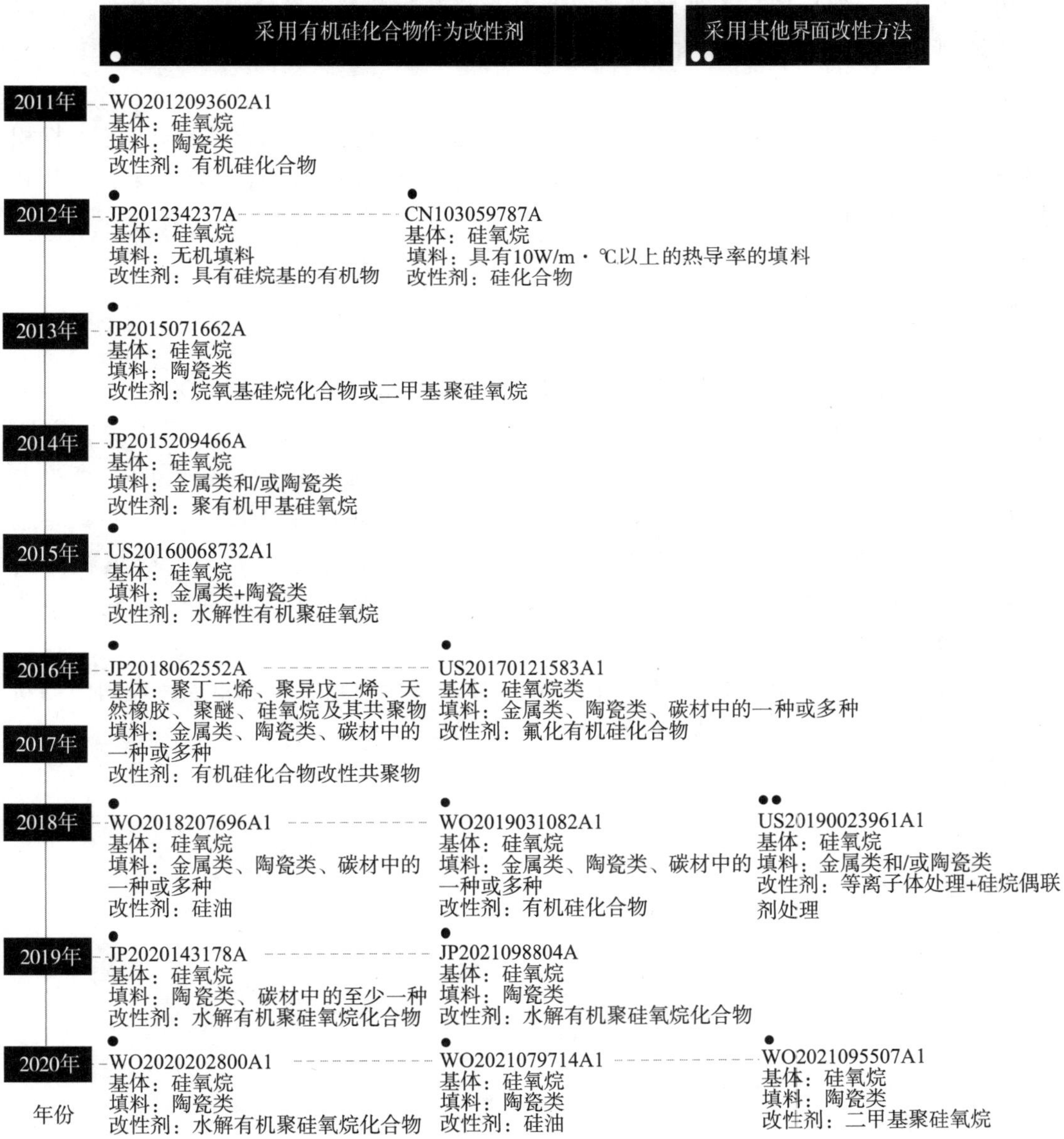

图 5－3－4　信越以界面改性为主要技术改进点专利申请和技术发展路线

可以看出，围绕界面改性，信越采用的手段主要是使用有机硅化合物对填料进行改性处理，如专利US20160068732A1、JP2020143178A、JP2021098804A和WO2020202800A1均涉及使用水解有机聚硅氧烷化合物改善导热填料的润湿性，而专利US20170121583A1中公开了使用在分子中具有至少一个一价全氟烷基或一价全氟氧烷基和至少一个硅键合的烷氧基并且不含硅键合的氢原子的氟化有机硅化合物对导热性填料进行预处理，使得氟化固化性组合物能够填充大量的导热性填料，进而固化为具有改善的耐油性和导热性的固化物。

信越也通过其他表面处理方法对填料进行改性处理。如专利US20190023961A1中公开了通过对导热填料的表面进行等离子体处理来获得与填料表面上的水的接触角至多75°，然后用硅烷偶联剂进一步处理导热填料的等离子体处理表面，使得导热填料和硅树脂之间的亲和力进一步提高，并且可以提供黏度降低的硅树脂组合物。

此外，对照图5－3－3和图5－3－4可知，目前信越已经将组合填料与界面改性相结合，进而最大程度地改善热界面材料包括导热性能在内的诸多性能（如专利WO2021079714A1、WO2021095507A1等）。

5.4 小　结

作为研发型企业，信越高度重视知识产权，对其热界面材料技术在中国、美国、日本、韩国和欧洲等全球主要的半导体生产和消费市场进行了广泛的、高质量的专利布局。在技术功效方面，信越重点关注热界面材料的导热性能，兼顾力学性能、稳定性、黏度、绝缘性、轻量性和加工性。在技术手段方面，主要通过高分子基材改进、采用组合填料构建导热网络以及对高分子基材与导热填料之间的界面改性来改善热界面材料的综合性能，其中高分子基材改进是信越最主要的研究方向。

信越在热界面材料领域的研发方向明确，技术手段清晰且有侧重点，对国内创新主体而言具有极佳的参考和借鉴价值。

第 6 章　热界面材料结论与建议

进入 21 世纪，随着电子工业微型化、高集成化快速发展，市场对高性能热界面材料的需求快速增长。经过近十年发展，国内热界面材料行业研究热度持续提高。在此背景下，课题组对热界面材料开展研究，内容包括：从全球和中国两个角度对近十年热界面材料领域的专利申请进行总体分析；梳理并分析以填料定向设计为主要技术手段的热界面材料技术发展状况；以信越为重要申请人代表，研究国外申请人的申请特点和技术发展规律。

6.1 结　　论

6.1.1 专利申请概况

2011 年以来，热界面材料领域全球专利申请共计 4325 项，分析结果显示：全球和中国的专利申请量总体呈上升趋势，且两者的数量变化趋势基本一致，2015 年后该领域年申请量增长显著；该领域技术研发主要集中在中国、日本、美国和韩国，其中来自中国的申请无论是总量还是碳基或高分子基热界面材料的申请量均位居全球第一，但是中国多边申请的占比很小，表明国内创新主体在专利技术水平和海外专利布局方面存在明显不足；中国、日本、美国、韩国和欧洲是该领域的主要目标市场；申请人方面，日本企业在全球申请量排名上占据绝对优势，而我国的技术研发以高校和科研机构为主，国内企业的技术研发能力和专利布局意识有较大差距。

从应用领域看，智能消费电子一直占据最大比重，而随着新能源、电动车、光伏等产业的快速发展，电池组和汽车电子领域的申请量及其所占比例增长势头强劲。从技术功效看，热界面材料领域的关注点主要集中在导热率、力学性能、稳定性（寿命）和环保性能，某些应用则还需要兼顾绝缘、阻燃、电磁屏蔽、加工性等方面的性能，除此之外，轻量化及低成本也是产业上的一贯追求。

6.1.2 定向设计式热界面材料分析

伴随着电子技术的不断发展，定向设计式热界面材料将是未来热界面材料领域的研究热点。根据申请量分析显示，该分支的申请趋势与热界面材料领域整体申请趋势具有很高的相似性，但其在 2017 ~ 2019 年的增长幅度远高于整体增长率，反映了它快速增长的关注度和研究热度。

定向设计式热界面材料领域的常用定向技术有电场诱导取向法、磁场诱导取向法、机械力取向法和填料预排列法。由于工艺原理和最终产品结构相对明确，因此，无论哪种方法，研究重点均体现在填料的选择和设计方面。与此同时，对热界面材料整体结构的设计/改进也受到相当多的关注，在定向技术愈发成熟的形势下，整体结构优化有望进一步提高产品的导热、力学等性能，推动定向设计技术向精细化的路线发展。

6.1.3 重要申请人分析

信越是近十年全球范围内热界面材料领域专利申请量最高的申请人，它对其热界面材料技术在中国、美国、日本、韩国和欧洲等全球主要的半导体生产和消费市场进行了广泛的、高质量的专利布局。在技术效果方面，信越重点关注热界面材料的导热性能，兼顾力学性能、稳定性、黏度、绝缘性、轻量性和加工性。在技术手段方面，主要通过高分子基材改进、采用组合填料构建导热网络以及对高分子基材与导热填料之间的界面改性来改善热界面材料的综合性能，其中高分子基材改进是信越最主要的研究方向。

信越在热界面材料领域的研发方向明确，技术手段清晰且有侧重点，对国内创新主体而言具有极佳的参考和借鉴价值。

6.2 建　议

上述分析内容反映出我国热界面材料行业起步晚、质量技术还有待提升，对此课题组认为，可以从以下三个方面开展相关提升工作：

一是注重知识产权的保护和利用。国内申请人除注重专利申请数量之外，更应当重视技术研发高度和专利申请质量的提升，并强化海外知识产权的保护，在更多的目标市场进行专利布局。此外，应加强企业与科研院所的合作，使技术更加符合市场和产业的需求。

二是关注技术发展的最新态势。国内申请人应当关注国外重要申请人最新的研究成果，拓展研发思路。例如，构建超结构以及高效导热纳米结构材料，包括不同维度和尺度的纳米材料间协同作用，探索导热网络、导热链对热界面材料热传导的影响；通过各种手段调控纳米填料与基体间的耦合状态，如化学功能化定向排列技术，研究填料和基体间界面热阻，对热界面材料热性能的影响情况；构筑适应满足特殊需求领域的热界面材料，如绝缘、导热、阻燃性、摩擦力等方面的导热材料。

三是呼吁提供更多的政策扶持。热界面材料涉及信息技术、高端装备、新材料、新能源等战略性新兴产业交叉领域。市场对热界面材料的需求快速增长，政府应积极引导科研机构和企业进行热界面材料的科学探索和技术研发，提供更多的政策、资金、人才等方面的扶持和保障。

关键技术二

第四代制冷剂

第 7 章　第四代制冷剂概论

制冷剂，俗称“氟利昂”，又称“制冷工质”或“冷媒”，它是在制冷系统中不断循环并通过自身状态变化以实现热量传输的工作物质。在蒸汽压缩式制冷系统中，制冷剂被形象地称为“血液”，是决定系统制冷性能的一项关键因素。

自 1834 年雅各布·帕金斯（Jacob Perkins）发明第一个蒸汽压缩制冷循环以来，制冷剂的产品更新已历经三代，从易获取的单组分物质到含氯卤代烃再到含氢氟烃产品，性能侧重点也从最初的可用性逐步发展到兼顾制冷性能、环保性能和安全性能等诸多因素。当前，制冷剂产业正处于从第三代产品向第四代转换的关键节点。

7.1　产业现状

7.1.1　产业链构成

制冷剂属于氟化工行业分支。从产业链构成看，由于第三代制冷剂和第四代主流替代品均以短链含氟烃为主，因此产业上游主要涉及含氟烃的生产，原料主要为萤石（CaF_2）。通过萤石提炼氢氟酸，进而延伸至包括制冷剂在内的含氟精细化学品领域。

制冷剂产业的下游涉及各类应用，以家用空调、冰箱、商用冷库、热泵及车载空调为主。源于各类应用场景差异化的工况设计，所用制冷剂的组成及性能侧重点也各有不同。表 7-1-1 显示的是三种常规下游应用及使用的主流制冷剂品种。

表 7-1-1　常规下游应用及使用的主流制冷剂品种

下游应用	使用的主流制冷剂品种
家用空调	HCFC-22，HFC-410A，HC-290[1]
冰箱	HC-600a
车载空调	HFC-134a

7.1.2　产业发展概述

7.1.2.1　产业发展历史和现状

纵观制冷剂产业的发展历程，追求更高的制冷效能和更优的环保性能是推动制冷

[1] 本报告中主要制冷剂代码对应的中文全称见本章末尾附表 7-1。

剂产业发展的两大核心驱动力。

自第一个蒸汽压缩制冷循环出现以来，随着制冷剂的迭代，制冷剂产业的发展可分为四个阶段。

1830～1930年：第一代制冷剂以易获取的单组分物质为主，包括乙醚、二氧化碳（R744）、氨（R717）、氯甲烷（R40）、异丁烷（R600a）、丙烷（R290）、二氯甲烷（R30）以及水等。这些制冷剂在早期制冷系统中表现出了一定效果，但应用中发现，第一代制冷剂大多具有可燃、有毒、稳定性低、腐蚀性强和/或压力过高的缺陷。

1931～1990年：第二代制冷剂是指卤代烃类制冷剂，以含氯卤代烃为主，包括全氯氟烃（CFCs）和含氢氯氟烃（HCFCs），其出现以1926年二氟二氯甲烷（CFC12）制冷剂的公开为标志。相比于第一代制冷剂，第二代制冷剂在制冷性能、安全性和稳定性方面有着明显优势。1931年，杜邦正式将CFC12工业化，随后一系列卤代烃类制冷剂商品相继出现，主要产品有CFC11、CFC113、CFC114、HCFC－22、R502等。到1963年，这些制冷剂已占到整个有机氟工业产量的98%。然而进一步研究发现，CFCs或HCFCs泄漏后会引发臭氧分解，是典型的消耗臭氧层物质（ODS），且全球变暖潜值（GWP）高，与加强环境保护的理念相违背。根据1987年签署的《蒙特利尔破坏臭氧层物质管制议定书》的规定，含氯卤代烃制冷剂将被限制生产且逐步淘汰。目前，CFCs已被完全淘汰，按照议定书规定的ODS淘汰时间表，截至2040年将淘汰包含HCFCs在内的所有ODS。

1990～2010年：第三代制冷剂是含氢氟烃（HFCs）类制冷剂。相比而言，HFCs类制冷剂不含氯，不破坏臭氧层且GWP值相对较低，制冷性能与第二代相当，其在安全性能、应用性能、替代技术的成熟性及替代成本等方面具有明显优势。时至今日，第三代制冷剂仍占据市场主导地位，产品主要有R32、R125、R134a、R143a、R407C、R410A、R507A和R404A等。然而，HFCs类制冷剂中大多是GWP值较高的温室气体，随着气候变化特别是全球变暖问题日益突出，自1985年起，《保护臭氧层维也纳公约》《蒙特利尔破坏臭氧层物质管制议定书》《联合国气候变化框架公约》等一系列国际公约先后制定和签署，HFCs被列为6种受控温室气体之一，其生产和应用推广受到很大影响。2019年1月1日，《蒙特利尔破坏臭氧层物质管制议定书》框架下围绕温室气体HFCs削减的基加利修正案正式生效，其中列出的需要削减的HFCs制冷剂种类包括R134、R134a、R143、R245fa、R365mfc、R227ea、R236cb、R236ea、R236fa、R245ca、R43－10mee、R32、R125、R143a、R41、R152、R152a、R161和R23。含有前述物质的HFCs类混合物如R404A和R410A也在基加利修正案的管控范围内。

2010年至今：从广义概念上讲，第四代制冷剂是指相比于HFCs具有更佳环保性能（特别是更低GWP值），且安全性能、制冷性能以及与现有制冷设备的适配性都能够满足应用要求的新一代制冷剂。欧洲、美国和日本在新一代产品的研发领域走在前列。其中，欧洲致力于推广以天然工质为核心的制冷剂应用，代表产品有R744、R717、R290和R600a等，产品环境友好性极佳，尽管只是应用在某些特定领域，但在欧洲的政策限制和资源条件下具备较好的可持续发展前景。与欧洲不同，美国致力于环境友好性的氟制冷剂研发，推出了以2，3，3，3－四氟丙烯（HFO－1234yf）为代表的HFOs系列。HFOs类制冷剂技术壁垒相对HCFCs和HFCs较高，价格大幅高于当前市场上的主流产品。与此同时，日本在研究大量氟化合物物性的基础上提出了HFEs类制冷剂，代表产品有HFE－143m（CF_3OCH_3）和HFE－245mc（$CF_3CF_2OCH_3$）等，进而在第四代制冷剂布局中也占据了一席之地。

从第一代制冷剂的100年，到第二代的60年，再到第三代的20年，制冷剂产业整体上呈现出越来越快的更新换代速度。目前，欧洲、美国和日本等发达国家/地区各自确定了作为第四代制冷剂的主推产品类别，并已初步完成或正在推进更新进程。

伴随着近年来中国经济的高速增长，中国制冷行业特别是制冷剂产业取得了快速发展，制冷剂的需求量每年都达到几十万吨。[1] 但是国内制冷剂产业仍停留在以第三代制冷剂为主，第二代制冷剂为辅的阶段，直至2010年才陆续出现关于第四代制冷剂的专利申请，研发进展缓慢且缺乏原创性。

7.1.2.2 市场容量

制冷剂的市场容量与国家/地区的经济发展水平密切相关。经过多年发展，以欧洲、美国、日本和韩国为代表的发达国家/地区的制冷剂市场已基本饱和，发展中国家/地区的市场则仍以金砖国家为主，其他国家/地区由于经济发展水平滞后，消费量增长缓慢。从整体上看，制冷剂市场容量将在未来较长一段时期内维持在相对平稳的水平。

受政策影响，各代制冷剂呈现出截然不同的市场态势。其中，HCFCs类制冷剂产量逐年大幅削减，2040年前将被完全淘汰。HFCs类制冷剂目前仍是市场主流产品，以2016年为例，HFCs全球产量达到了近90万吨，产值超过50亿美元。但根据《蒙特利尔破坏臭氧层物质管制议定书》基加利修正案，2019年，发达国家/地区已正式进入减产阶段，我国也将于2024年开始减少使用。HFCs的产量将逐步被第四代制冷剂替代，直至2045年左右退出主流市场。

现阶段，国内制冷剂市场仍以第三代制冷剂为主，年消费量超过20万吨。HCFCs已实施配额制生产，现有市场在10万吨左右。同时，天然工质也有超过1万吨的市场。受知识产权侵权风险和第三代制冷剂淘汰时间表等多方面因素的影响，目前第四代制冷剂在国内市场暂未得到规模化推广。

7.1.3 国内外产业政策

随着气候变化特别是全球变暖问题日益突出，自1985年起，先后制定和签署的《保护臭氧层维也纳公约》《蒙特利尔破坏臭氧层物质管制议定书》《联合国气候变化框架公约》等一系列国际公约约定了ODS物质的淘汰进程。2016年10月，《蒙特利尔破坏臭氧层物质管制议定书》第28次缔约方会议于卢旺达首都基加利召开，形成了关

[1] 张朝晖，陈敬良，王若楠．“十二五”之路，节能减排任重道远［J］．制冷与空调，2010，12（1）：1－7.

于 HFCs 削减的基加利修正案。基加利修正案的达成，标志着《蒙特利尔破坏臭氧层物质管制议定书》履约任务由单纯的解决大气臭氧层破坏问题转向覆盖臭氧层保护和温室气体减排两大任务在内的复合目标。

根据协议，我国将于 2030 年之前淘汰 HCFCs，仅保留少量产能以用于维修目的。对 HFCs 类制冷剂，我国将根据 2020～2022 年的平均产量确定基准配额，2024 年冻结产量后，于 2029 年开始执行第一步削减 10% 的计划，之后每五年再削减一次，2035 年、2040 年和 2045 年三个节点的削减产量要求累计达到 30%、50% 和 80%。为确保完成《蒙特利尔破坏臭氧层物质管制议定书》和基加利修正案的任务目标，多年来我国先后推行了一系列配套政策法规，如表 7－1－2 所示。

表 7－1－2　中国制冷剂相关政策

序号	内容	颁布时间	颁布机构
1	消耗臭氧层物质管理条例	2010 年	国务院
2	关于加强 HCFCs 生产、销售和使用管理的通知（配额管理）	2013 年	生态环境部
3	消耗臭氧层物质进出口管理办法	2014 年	生态环境部、商务部、海关总署
4	关于生产和使用消耗臭氧层物质建设项目管理有关工作的通知	2018 年	生态环境部

2020 年，习总书记在第 75 届联合国大会上指出，中国将提高国家自主贡献力度，采取更加有力的政策和措施，二氧化碳排放力争于 2030 年前达到峰值，努力争取 2060 年前实现碳中和。这是中国对国际社会的承诺，也是对国内的动员令，这意味着我国在持续为减缓气候变化影响做贡献的基础上，按下了减碳的加速键。在加快推进绿色低碳发展的大背景下，我国制冷剂产业势必也要做出响应，加快产品革新的进程。

7.1.4　目标市场

如前文所述，制冷剂市场与国家/地区的经济发展水平密切相关。从地域来看，制冷剂市场主要集中在欧洲、美国、日本和韩国等发达国家和以中国、俄罗斯、巴西为代表的金砖国家。从增量来看，发达国家的制冷剂市场已基本饱和，其他国家经济发展相对滞后，市场需求虽稳步增长，但相对较缓，短期内无法带动制冷剂市场的快速增长。

从应用类型看，空调、冰箱（冷柜）及车载空调是制冷剂的三类主要应用终端，其中，空调是使用最广泛的制冷设备。在新生产的下游产品中，空调对制冷剂的需求量占据制冷剂总需求的78%，冰箱（冷柜）和汽车分别占16%和6%。另外，考虑到冰箱对制冷剂的需求正逐渐转向不含氟的R600a，预计空调设备对含氟制冷剂的需求量将增至85%以上。含氟制冷剂的需求很大程度上取决于下游空调设备的产量。

7.1.5 代表企业和核心产品[1]

（1）杜邦

杜邦成立于1802年，业务遍及全球90多个国家/地区，以广泛的创新产品和服务涉及农业与食品、楼宇与建筑、通信和交通、能源与生物应用科技等众多领域。2011年，公司研发投入便已超过20亿美元，拥有9500多名科学家和技术人员以及全球超过150家研发基地。目前，杜邦在全世界拥有21000多项有效专利，以及超过15000项专利应用。

杜邦制冷科技业务部在全球供应制冷剂占据领导地位超过80年，致力于为空调及制冷剂行业发展更具可持续的产品。杜邦制冷科技业务旗下拥有全方位的制冷解决方案，包括Freon、Suva、ISCEON以及欧特昂（Opteon）等一系列制冷剂品牌，在全球空调和制冷行业得到了广大制造商、技术维护人员以及设备业主的广泛信赖与认可。

（2）霍尼韦尔

霍尼韦尔总部位于美国新泽西州莫里斯镇，是为客户提供高性能特性材料的企业。霍尼韦尔的产品包括氟产品、专用薄膜、添加剂、高级纤维、复合材料、中间体、特殊化学品、电子材料等。

霍尼韦尔在全球各地设有研发机构（包括设在德国、美国的纽约和加利福尼亚、中国上海的实验室），在化学和高性能材料行业的诸多领域均处于领先水平，在全球拥有约1万名员工及遍布全球的80多家制造和销售机构。

霍尼韦尔提供的R134a满足目前汽车空调行业的标准选择，同时也开发出了品牌为Solstice的车用空调制冷剂，该产品可作为R134a的近似直接灌注的替换制冷剂，应用于汽车空调领域。此外，考虑到全球范围内对淘汰消耗臭氧层物质工作的开展，R22的供应将逐年减少，至2020年，R22将完全退出市场，霍尼韦尔提供了一系列替代R22的选择，如R410A、R422D及R407C等。

近年来，霍尼韦尔和杜邦联合推出了HFOs制冷剂，特别是HFO－1234yf，其GWP<1，ODP为0，以及非常短暂的大气寿命（0.029年），被视为很有前景的第四代环保替代工质。

（3）科慕

科慕于2015年7月完成与杜邦的拆分工作，成为一家运营的上市公司，其前身是杜邦公司高性能化学品事业部。科慕针对不同的应用，推出了Opteon系列制冷剂，其主要特点是零ODP，低GWP，性能与原有制冷匹配或有提高。科慕致力于节能环保的高效冷媒研发、生产工作，并在各领域有着持续研发的能力和积极的应对策略：①在

---

[1] 佚名．部分制冷剂生产企业及产品介绍［J］．电器，2015（3）：12－15.

汽车空调应用中 R134a 的替代品为 R1234yf，在冷水机组应用中，R134a 的替代品为 R513A；②在冷冻冷藏应用中，移动式的冷冻系统 R404A 的替代品是 R452A，而固定式冷藏系统的替代品是 R449A；③在空调系统中针对 R410A，替代品为 R452B。而针对 R22，则推出 R449C 和 R454C；④对 R123，推出的替代品为 R514A；⑤科慕还推出了新型高温热泵和有机郎肯循环的新型工质 XP140、DR2 和 DR12。

（4）阿科玛

阿科玛成立于 2004 年，总部位于法国巴黎，是一家全球领先的特种化学品生产企业。集团旗下共有高性能材料、工业特种产品和涂料三大业务部门。阿科玛在全球共有 10 家研发中心，1200 多名研发人员，年度研发投入达 1.5 亿欧元。

阿科玛是世界上最大的氟化工制冷剂生产厂商之一，Forane 是阿科玛制冷剂产品的注册商标。迄今为止，阿科玛已经研发并生产了三代氟化物制冷剂（从 CFC 到 HFC），并继续研发第四代制冷剂——HFO Forane 产品，覆盖了所有系列的制冷剂，适用于各种各样的冷却系统。

此外，阿科玛在世界三大洲都有制冷剂生产基地。其中，阿科玛及其合资企业在中国生产和销售 R22、R125 和混配制冷剂，在美国的工厂生产 R134a、R32 以及混配制冷剂，在法国和西班牙的工厂生产 R143a 和混配制冷剂。

（5）东岳

东岳创建于 1987 年，现已成为规模居国内领先地位的绿色环保制冷剂生产基地。该公司着眼于绿色环保事业，与清华大学强强联手，成功研制开发的东岳清华绿色环保制冷剂系列产品获得国家技术发明奖，并被美国营养补充援助计划（SNAP）认可推广使用，获得国际统一编号。

多年来，该公司以 ISO 9002 质量管理体系、ISO 14001 环境管理体系、ISO 10012 计量体系和 UL 产品安全认证为保障，凭借“规模、科技、品牌、文化”优势，为家电、汽车、医药、电子等行业做产业配套，成为杜邦、大金、三菱、海尔、海信、格力、美的、长虹、春兰等 50 多家国内外著名家电企业的优秀供应商。

（6）浙江巨化股份有限公司

浙江巨化股份有限公司成立于 1998 年，位于四省交界处的浙江省衢州市，是经浙江省人民政府批准，由巨化集团公司独家发起，采用募集方式设立的股份有限公司。1998 年，该公司在上海证券交易所上市交易。作为国内最大的氟化工、氯碱化工综合配套的氟化工制造业基地，该公司形成以液氯、氯仿、三氯乙烯、四氯乙烯、AHF 为配套原料支撑的氟致冷剂、有机氟单体、氟聚合物完整的产业链。该公司是国内制冷剂的主要生产企业之一，产品种类较为齐全，包含 R22、R134a 和 R410A。

（7）中化蓝天

中化蓝天是中国中化集团公司和浙江省国资委合资设立的企业，经过多年发展，现已形成氟化工为主业，兼顾医药流通及工程设计的战略发展格局。作为国内领先的含氟化学品研发和生产企业，中化蓝天拥有集资源开发、研发、生产、销售于一体的完整产业链，产品覆盖氟碳化学品、含氟特殊化学品、氟聚合物、无机氟化合物等。

该公司旗下浙江省化工研究院始建于1950年，是中国唯一的国家ODS替代品工程技术研究中心。该公司拥有3000余万吨萤石矿资源储备，在浙江、陕西、江苏、湖南、江西、贵州、福建等地分布有20余家生产企业。值得一提的是，该公司生产的R134a、R125等十余个品种占国内和国际市场份额第一。该公司还与苏威、霍尼韦尔等国际氟化工巨头建有合作（合资）企业。

（8）格力

格力成立于1991年，现已发展成为多元化、科技型的全球工业制造集团，产业覆盖家用消费品和工业装备两大领域，产品远销160多个国家/地区。

格力现有近9万名员工，覆盖从上游生产到下游回收全产业链，实现了绿色、循环、可持续发展。格力现有制冷技术研究院、新能源环境技术研究院、冷冻冷藏技术研究院等15个研究院。近年来，格力致力于环保制冷剂，特别是第四代制冷剂组合物的研发和知识产权保护，力争成为国内行业标准的制定者，引领国内制冷剂行业的发展。

自2016年起，格力开始着眼于第四代制冷剂混合工质的研发，近年来，其相关专利申请量稳步提升，目前已跃居第四代制冷剂国内企业研发者的前列。

7.1.6 产业发展趋势

7.1.6.1 面临的挑战

《蒙特利尔破坏臭氧层物质管制议定书（基加利修正案）》的生效正式拉开了由第三代制冷剂即HFCs向第四代产品转换的序幕，未来10～15年内第四代制冷剂将逐步占据主流市场。作为最大的发展中国家，我国制冷剂领域的产品更新对上下游产业影响巨大，面临的形势也异常严峻。

一方面，确定适用的替代技术迫在眉睫。我国2024年冻结HFCs产量后很快就将步入减产阶段，削减的产量需要第四代制冷剂产品及时填补。尽管还有数年缓冲期，但考虑到生产工艺和上下游配套技术的准备周期，尽快确定好替代技术就显得尤为必要。

另一方面，国内整体研究进展缓慢，缺乏自主技术。自第四代制冷剂提出后，以中化集团、东岳为代表的国内制冷剂企业及时跟进，国家知识产权局于2013年启动氟化工产业专利分析研究，对制冷剂的发展和最新技术作了梳理。[1] 但由于技术储备薄弱、专业人才缺乏且研发测试条件有限，国内对新一代制冷剂的研发进展缓慢，至今未形成有竞争力的自主技术。与此同时，自2004年霍尼韦尔提出HFOs制冷剂概念后，以霍尼韦尔、杜邦、阿科玛和大金为代表的国际知名制冷企业对该领域投入了大量研发，并积极在全球范围内进行专利布局，迄今已建立起强大的技术优势和专利壁垒。

直接使用国外专利技术产品是一个选项，但这不仅意味着要支付巨额专利许可费，而且整个制冷产业都会被“卡住脖子”，发展将受到极大制约。因此，突破国外的专利

---

[1] 杨铁军. 产业专利分析报告（第26册）：氟化工［M］. 北京：知识产权出版社，2014.

壁垒，在不影响行业发展的前提下顺利完成制冷剂产品的升级换代，对国内制冷剂行业而言是一项巨大挑战。

7.1.6.2 产业需求[1]

规避侵权风险，以相对较低的成本逐步实现产品升级以确保产业良性可持续发展是国内制冷剂行业的首要目标。在现有专利技术的基础上做好可行性技术挖掘有望成为业内解决当前燃眉之急的有效方案。其中，下述两项措施尤为值得考虑。

一是关注并分析第三代制冷剂主流产品，如 R410A、1，1，1，2 - 四氟乙烷（HFC - 134a）、HFC - 32 等的替代品专利。通过梳理相关专利申请，整合比对同类技术，界定侵权“雷区”的同时从安全区挖掘潜在的可行性替代方案。

二是对第四代制冷剂国内外专利的保护期进行跟踪梳理。利用好 HFCs 淘汰时间表，将其与专利保护期对照起来，借此完善备用技术储备。

7.2 技术现状

7.2.1 技术发展历程

氟烯烃类物质在20世纪50年代开始主要用于氟化工领域，例如作为氟树脂和氟橡胶的聚合单体和共聚单体。由于氟烯烃类物质具有不稳定的双键结构，人们一直认为其无法满足作为制冷剂的性能需求。

1992 年，日本大金首次提出结构式为 $C_3H_mF_n$（m 和 n 为 1 ~ 5 的整数）的氢氟烯烃可作为制冷剂使用（JP4110388A），其制冷性能与 R12、R22 或 R502 相当，环保性能优异且能够与常用润滑剂相溶。但当时 HFCs 类制冷剂方兴未艾，且 HFOs 的成本明显更高，因此该技术并未引起业内关注，大金公司也未开展后续研究。2000 年之后，限制温室气体排放的呼声日益高涨，霍尼韦尔针对 HFC - 134a 替代品进行了深入研究，并于 2004 年正式提出了以 HFO - 1234yf 为代表的 HFOs 类制冷剂的概念（中国同族专利 CN1732243A），各跨国知名制冷企业纷纷跟进，在很短时间内便对 HFOs 物质的制备、混配和应用进行了广泛研究和大量的专利布局。目前，HFO - 1234yf 作为汽车空调制冷剂已在美国、日本等市场得到推广应用。

在欧洲市场，HFO - 1234yf 由于价格昂贵而遭到了如戴姆勒、大众等汽车厂商的抵制。部分环保性能优异的天然工质如二氧化碳、氨等作为第四代制冷剂的备选重新进入了它们的视野，相关研究主要集中在提升工质的制冷效能和安全性能等方面。

日本在跟进 HFOs 技术研发的同时，开展了基于氟制冷的新型制冷剂研究工作。他们首先调研了约 3000 余种氟化合物，并对其中约 600 种氟化合物的物化性质进行了分析和测定，建立了相应的数据库，还合成了约 150 多种用于制冷剂的候选物质。根据研究结果，确定了有望成为新制冷剂的候补化合物，主要包括两种 HFEs 物质，其中可

[1] 洪林，祝青龙. 我国氟制冷剂行业发展困境与对策建议［J］. 百科论坛电子杂志，2018，2：700.

用于冰箱冷柜和汽车空调替代 CFC－12 和 HFC－134a 的为 HFE－143m，替代高温热泵工质 CFC－114 的为 HFE－245mc。❶ 由此，HFEs 类化合物作为新一代制冷剂的应用前景逐渐被人们所关注。

上述三类第四代制冷剂中，HFOs 在安全性能和系统兼容性方面展现出了相比于天然工质和 HFEs 更优的性能，被认为更具应用前景和研究潜力，因此逐渐占据了市场主导地位。

7.2.2 代表性技术

7.2.2.1 HFOs 类

HFOs 类制冷剂中最具代表性的是 HFO－1234yf。HFO－1234yf 低毒，具有可接受的可燃性，与常见的润滑油可溶，大气停留时间只有 11 天，化学性能稳定，并且具有与 R134a 相当的 COP 值；ODP 值为 0，GWP 值为 4。

2008 年，美国汽车工程师协会（SAE）在汽车空调制冷剂替代方案大会上正式确认了 HFO－1234yf 制冷剂的可行性；2009 年，日本批准了 HFO－1234yf 的进口和使用。目前，HFO－1234yf 是唯一一种已经量化投产并得到实际应用的 HFOs 类制冷剂产品，未来很可能成为全球最主要的汽车空调制冷剂。

7.2.2.2 天然工质

代表性的天然工质有氨、二氧化碳和碳氢化合物。其中，氨具有优良的热力性能，ODP＝0，GWP＜1，有强烈的刺激性气味，主要用于中央空调。二氧化碳的 ODP＝0，GWP＝1，可用于跨临界循环热泵提供热水，也可作为复叠循环低压级和低温载冷剂。碳氢化合物 ODP＝0，GWP＜1，可用于冰箱制冷剂、冷水机组、RAC 和 PAC 等。

天然工质环保性能最为优异，但制冷效能一般，还存在一定的安全隐患，因此发展和应用受到较大制约。

7.2.2.3 HFEs 类

HFEs 类制冷剂的代表物质有 HFE－143m 和 HFE－245mc。其中，HFE－143m 可望替代 R12 和 R134a 以用于冰箱冷柜和汽车空调，HFE－245mc 可望替代 R114 以用作高温热泵工质。

由于使用及维护成本较高，目前 HFEs 类制冷剂并没有得到大规模生产和实际应用。

7.2.3 技术发展趋势

制冷剂行业正处于第三代向第四代制冷剂转换的关键节点。尽管目前已报道有大量涉及新型制冷剂的专利技术，但得到推广应用的并不多，较具代表性的仅有 HFO－1234yf。业内认为，在今后很长一段时间里，组配制冷组分以获取环保性能优异（ODP 为 0 和低 GWP）、制冷效能和安全性能好且能够与现有制冷系统适配的低成本混合制冷

❶ 王鑫，史琳，朱明善．日本新一代氢氟醚制冷剂的研究［J］．制冷与空调，2003，3（5）：51－55.

剂产品仍将是该领域的技术发展趋势，也是制冷剂研发领域的主要内容。

我国制冷剂领域的研发起步晚，技术力量薄弱，在全球制冷行业缺乏话语权。由第三代向第四代产品转换对国内制冷剂行业既是挑战，也是机遇。依托当前专利大数据的有利形势，汇总第四代制冷剂相关专利，整理并分析重点技术，探究其中的研发规律和专利布局策略，对促进国内制冷行业的快速发展实现“弯道超车”具有重要意义和参考价值。

附表7－1　主要制冷剂代码对照

制冷剂代码	化学名称	制冷剂代码	化学名称
HCFC－244bb	2－氯－1，1，1，2－四氟丙烷	HFE－7500	3－乙氧基－1，1，1，2，3，4，4，5，5，6，6，6－十二氟－2－三氟甲基己烷
HCFO－1233xf	2－氯－3，3，3－三氟丙烯	HFO－1123	三氟乙烯
HCFO－1233yd	1－氯－2，3，3－三氟－1－丙烯	HFO－1132	1，2－二氟乙烯
HCFO－1233zd	1，1，1－三氟－3－氯丙烯	HFO－1132a	1，1－二氟乙烯
HCFO－1233zd（E）	反式－1－氯－3，3，3－三氟丙烯	HFO－1141	氟乙烯
HFC－125	1，1，1，2，2－五氟乙烷	HFO－1216	六氟丙烯
HFC－134	1，1，2，2－四氟乙烷	HFO－1225yc	1，1，2，3，3五氟丙烯
HFC－134a	1，1，1，2－四氟乙烷	HFO－1225ye	1，2，3，3，3－五氟丙烯
HFC－143	1，1，2－三氟乙烷	HFO－1225yez	1，1，1，2，3－五氟丙烯
HFC－152a	1，1－二氟乙烷	HFO－1225zc	1，1，3，3，3－五氟丙烯
HFC－161	氟代乙烷		
HFC－227ea	1，1，1，2，3，3，3－七氟丙烷	HFO－1234ye	1，2，3，3－四氟－1－丙烯
HFC－23/R23/R－23	三氟甲烷	HFO－1234yf	2，3，3，3－四氟－1－丙烯
HFC－236ea	1，1，1，2，3，3－六氟丙烷	HFO－1234ze	1，3，3，3－四氟丙烯
HFC－236fa	1，1，1，3，3，3－六氟丙烷	HFO－1234ze（E）	反式－1，3，3，3－四氟丙烯
HFC－245ca	1，1，2，2，3－五氟丙烷	HFO－1234ze（Z）	顺式－1，3，3，3－四氟丙烯
HFC－245eb	1，1，1，2，3－五氟丙烷	HFO－1243zf	3，3，3－三氟丙烯
HFC－245fa	1，1，1，3，3－五氟丙烷	HFO－1336mzz	1，1，1，3，3，3－六氟－2－丁烯
HFC－254cb	1，1，2，2－四氟丙烷	R1270	丙烯
HFC－32/R32/R－32	二氟甲烷	R13I1	三氟碘甲烷，CF_3I
HFC－365mfc	1，1，1，3，3－五氟丁烷	R－170	乙烷
HFC－41	一氟甲烷	R－290	丙烷
HFE－134	二氟甲醚，HCF_2OCF_2H	R－744/R744	二氧化碳
HFE－143	一氟甲氧基二氟甲烷，CH_2FOCHF_2	RC－270	环丙烷

续表

制冷剂代码	化学名称	制冷剂代码	化学名称
HFE-143a	三氟甲基甲基醚	TDCE	反式-1，2-二氯乙烯
HFE-449s1	九氟丁氧基甲烷	TFMCB	1，2，2-三氟-1-三氟甲基环丁烷
HFE-569sf	九氟丁氧基乙烷	TFP	3，3，3-三氟丙炔
HCFC-22/R22/R-22	二氟一氯甲烷		

第8章　第四代制冷剂专利申请概况

《蒙特利尔破坏臭氧层物质管制议定书（基加利修正案）》的生效正式拉开了由第三代向第四代制冷剂产品转换的序幕，在此形势下，围绕新一代制冷剂的专利申请近年来呈现出爆发式的增长态势，技术竞争和市场争夺日趋激烈。本章将从全球和中国两个角度，对第四代制冷剂领域的专利申请进行总体分析，重点研究专利申请态势、技术构成、技术来源、目标市场以及主要申请人等。通过对第四代制冷剂领域专利申请概况的分析梳理，有助于业内人士更好地了解该领域的技术发展热点以及国外创新主体的市场策略。

如前章所述，第四代制冷剂主要分为 HFOs、HFEs 和天然工质三类。天然工质实质是从第一代制冷剂中的优选方案，改进多见于制冷系统的调整和应用方式的优化，产品类专利申请少，因此本章的研究对象主要围绕 HFOs 和 HFEs 展开。经检索，获得第四代制冷剂专利申请共计 1229 项。

8.1　全球专利申请态势

8.1.1　专利申请趋势

图 8－1－1 显示了第四代制冷剂领域的全球专利申请趋势。可以看出，涉及 HFOs 和 HFEs 在制冷系统中应用的专利申请在 2004 年之前很少，年申请量仅维持在 10 项左右，分析显示这些申请中大多仅是泛泛提及相关应用，对具体化合物的制冷性能缺乏深入的可行性研究。2004 年，霍尼韦尔和杜邦在研究 HFC－134a 的潜在替代品过程中证实了 HFOs 制冷剂在替代 HFCs 类制冷剂中的可行性和潜在价值，从而引发了第四代制冷剂的研发热潮。2004～2014 年，第四代制冷剂领域的专利申请一直保持高速增长，年申请量从不足 10 项增长到近 100 项，随后维持在 70～90 项/年的水平。

图 8－1－2 分别给出了 HFOs 和 HFEs 类制冷剂的全球专利申请趋势。可以看出，2004 年之前相关申请以 HFEs 为主，HFOs 制冷剂的相关申请很少。2004 年之后，HFOs 的相关申请增长迅猛，发展态势与第四代制冷剂的整体态势基本一致，占据了同期第四代制冷剂的绝大部分。相比而言，HFEs 市场认可度不高，主要有日本在推进相关研究，因此申请量未有明显增长，甚至整体上呈现出逐渐下行的趋势。

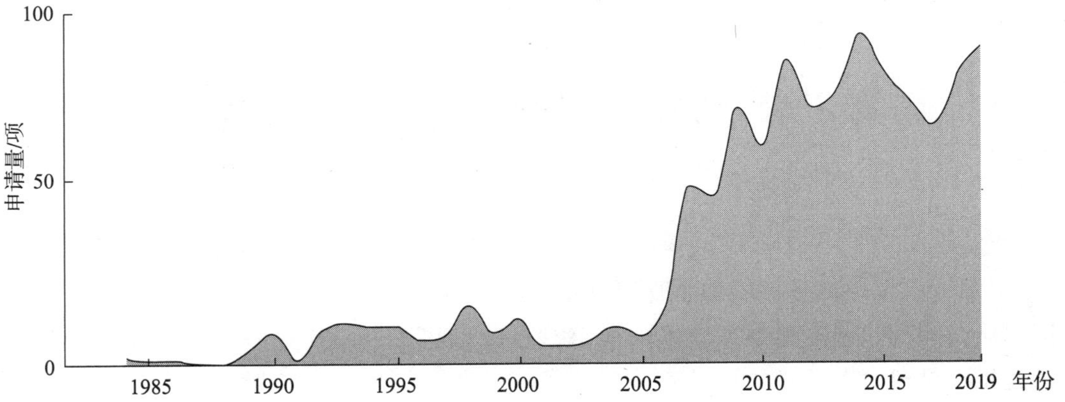

图8-1-1　第四代制冷剂全球专利申请趋势

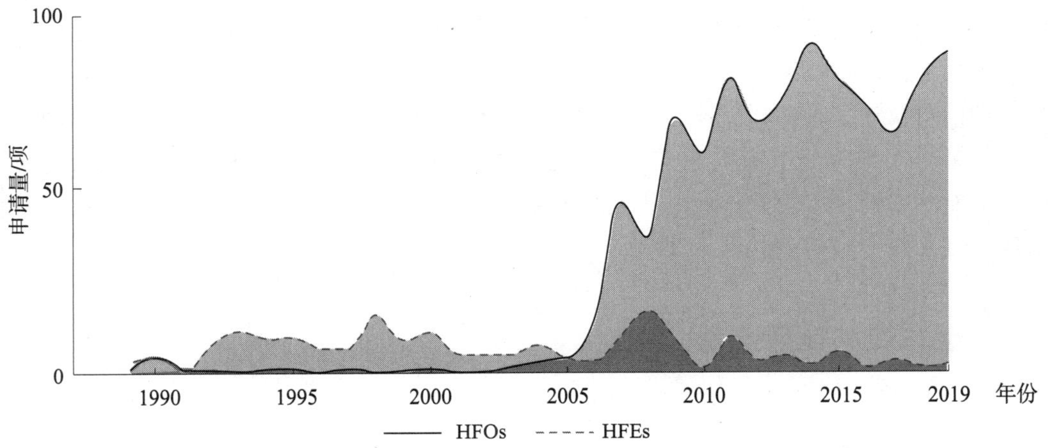

图8-1-2　HFOs和HFEs类制冷剂全球专利申请趋势

8.1.2　技术构成

在1229项专利申请中，仅涉及HFOs的共计有1016项，占申请总量的82.7%；仅涉及HFEs的共计有166项，占申请总量的13.5%；同时涉及HFOs和HFEs的有47项，占申请总量的3.8%。

更具体地，图8-1-3显示了第四代制冷剂代表性HFOs和HFEs的相关申请量。其中，HFO-1234yf的申请数量显著高于其他HFOs或HFEs物质，达到683项；与HFO-1234yf结构和性能相近的HFO-1234ze的申请量居第二位，共有502项。与此同时，HFO-1225ye、HFO-1336mz和HFO-1123也吸引了较大关注，均超过100项。涉及HFEs的研究则较为分散，代表性的HFE-143m和HFE-245mc仅分别有51项和18项。

单组分制冷剂组成稳定，不用担心组分泄漏导致性能偏差等问题，因此是应用首选，然而，除HFO-1234yf之外，目前HFOs和HFEs中还未有证实可直接使用的单组分制冷剂产品。在多组分制冷剂即混合工质领域，研究主要集中于二元和三元混合工质，四元以上工质的应用稳定性较差，维护成本高，因此能够商品化的很少。第四代制冷剂领域的专利技术同样以二元和三元为主，将 HFOs 和/或 HFEs 与天然工质和/或 HFCs 混配，从而得到低 GWP、ODP 为 0 的产品。如图 8－1－3 所示，HFOs 的二元和三元组合物的申请量之和占相关申请总量的比例均超过 60%，HFO－1123 和HFO－1225ye 更是达到 80% 以上。除了 HFO－1123 之外，其他 4 种 HFOs 的二元组合物申请量都多于三元组合物，但数量差距较小。

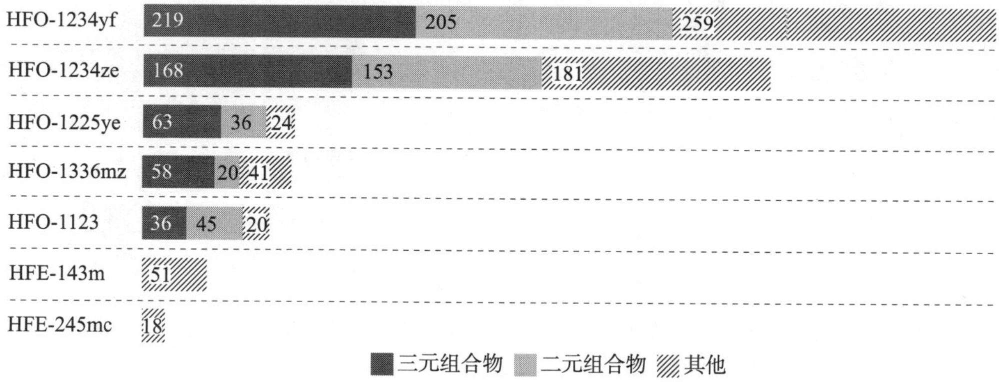

图 8－1－3　第四代制冷剂代表性 HFOs 类和 HFEs 类专利申请量对比

注：图中数字表示申请量，单位为项。

8.1.3　技术来源地

根据申请人所属国别/地区，对专利技术的来源进行统计。如图 8－1－4 所示，日本和美国在第四代制冷剂领域的专利申请遥遥领先，申请量分别达到 433 项和 376 项，两者之和占到该领域申请总量的 65.8%，充分反映了它们在该领域的领导地位。中国和法国申请量分别有 148 项和 103 项，处于第二梯队；澳大利亚、英国、韩国、墨西哥、德国和意大利则占据了申请量排行的第 5～10 位。

图 8－1－5 显示了日本、美国、中国和法国的专利申请逐年变化趋势。可以看出，2005 年之前的申请主要来源于美国和日本，中国和法国相对较少或几乎没有。2005 年之后，美国、日本、法国年申请量开始明显增长，而中国稍显滞后，直至 2009 年才有较为明显的上升。随着国内制冷行业对第四代制冷剂的重视度提升，近几年申请量增长显著，2019 年达到峰值（45 项/年），排名第一。

为进一步了解主要技术来源地的整体技术水平，课题组对多边申请情况进行了分析。如图 8－1－6 所示，日本、美国和法国的多边申请分别达到 236 项、188 项和 75 项，占各自申请总量的 54.5%、50% 和 72.8%。如此高比例的多边申请充分展现了它们在第四代制冷剂领域的研发实力，也彰显了它们在专利布局方面的超前意识。这种做法不仅能够增强它们在该领域的话语权，也为随后的市场推广占得了先机。相比而言，我国尽管申请总量有 148 项，排名全球第三，但是多边申请量仅 11 项，多边申请比例仅为 7.4%。可见，我国制冷剂行业的综合研发实力、专利布局意识和市场策略与发达国家创新主体相比存在巨大差距。

图8-1-4　第四代制冷剂全球专利申请主要技术来源地对比

注：图中数字表示申请量，单位为项。

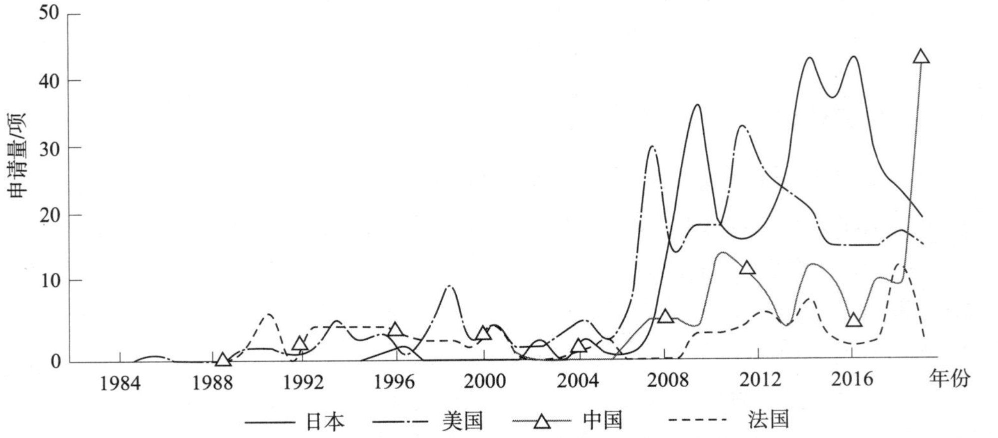

图8-1-5　第四代制冷剂主要技术来源地专利申请量变化趋势

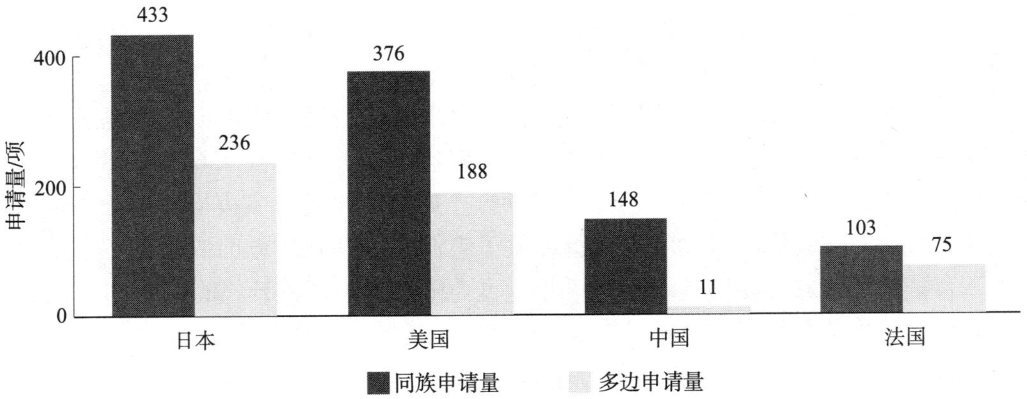

图8-1-6　第四代制冷剂主要技术来源地多边申请对比

8.1.4 目标市场

制冷剂市场与国家/地区的经济发展水平密切相关。图 8－1－7 显示了基于专利申请公开国家/地区的目标市场统计情况，可以看出，第四代制冷剂领域的目标市场主要集中在日本、欧洲、美国、韩国、澳大利亚和加拿大这六个发达国家/地区以及中国、印度和巴西这三个金砖国家。其中，中国、欧洲和美国的市场体量大，相关申请分别有 623 项、494 项和 493 项，占据了榜单的第 2～4 位。日本市场体量相对较小，但源于其较大的本土申请量，以日本为目标市场的相关申请总量达到 650 项，位居全球第一。

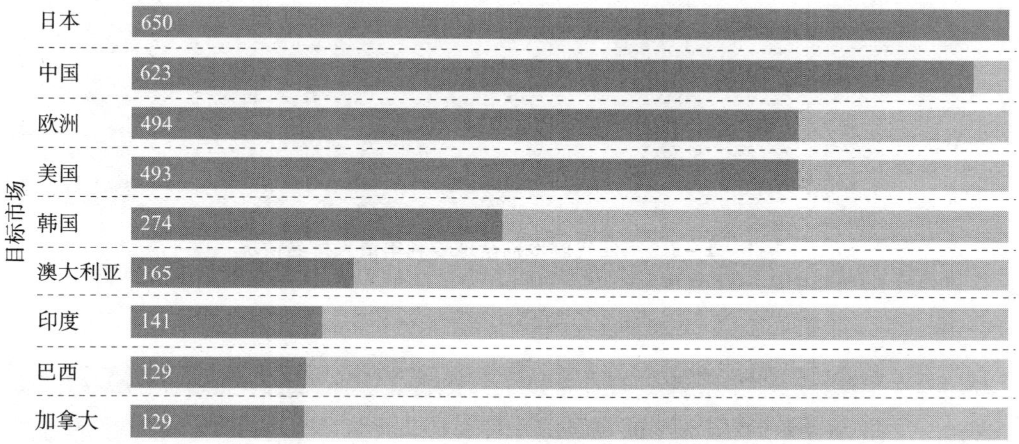

图 8－1－7　第四代制冷剂全球专利申请的目标市场排名情况

注：图中数字表示申请量，单位为项。

值得关注的是，以我国为目标市场的申请总量即中国申请总量（623 项）是国内申请量（148 项）的 4.2 倍。一方面反映了我国在全球制冷市场中的重要地位，另一方面，这预示着国外企业已在中国国内第四代制冷剂领域构筑了大量的专利壁垒，今后我国制冷行业的发展将面临越来越严峻的形势。

8.1.5 主要申请人

在申请人方面，如图 8－1－8 所示，全球第四代制冷剂的专利申请以国外申请为主，位于前五的申请人分别是陶氏杜邦（美国）、阿科玛（法国）、大金（日本）、霍尼韦尔（美国）和旭硝子（日本），其申请量分别为 142 项、102 项、93 项、92 项和 59 项。前十名申请人中，日本公司占到半数，在该领域展现出了雄厚的研发实力。格力电器是申请量最大的中国申请人，有 41 项，居全球第 8 位。

整合各自优势资源，通过技术合作共同开发新产品在制冷剂领域越来越普遍。图 8－1－9显示的是第四代制冷剂领域全球主要合作申请人（统计口径为单项申请有 3 个以上申请人）专利申请排名，包括陶氏杜邦、大金、阿科玛、出光和霍尼韦尔等，均为全球制冷剂领域的龙头企业。这种合作研发的模式有助于加快成果成型，进而通过专利布局达到快速占领甚至垄断市场的目的，非常值得国内创新主体借鉴。

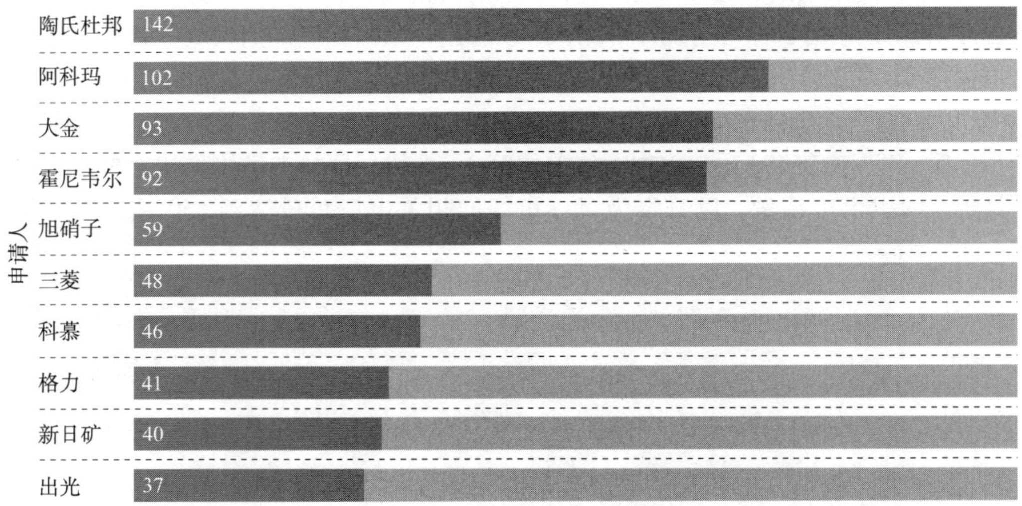

图8－1－8　第四代制冷剂全球专利申请人排名情况

注：图中数字表示申请量，单位为项。

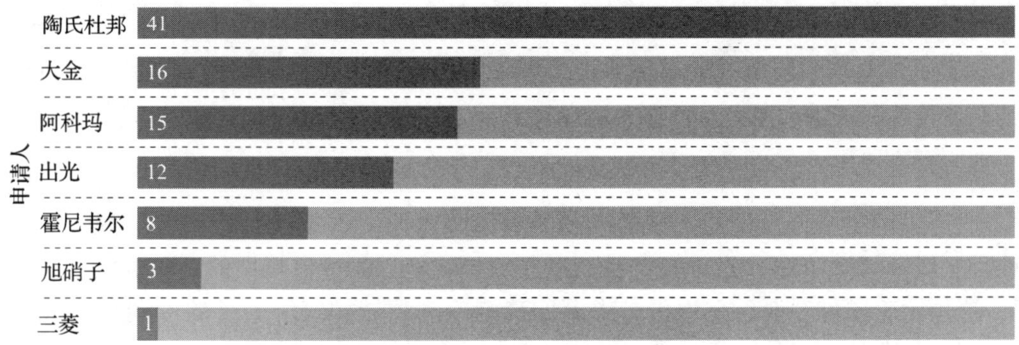

图8－1－9　第四代制冷剂全球主要合作申请人专利申请排名情况

注：图中数字表示申请量，单位为项。

对全球排名前十专利申请人在HFOs领域的研究分布情况作进一步分析。如图8－1－10所示，主要申请人均将研发重点放在HFO－1234yf和/或HFO－1234ze领域。同时，陶氏杜邦提交了大量关于HFO－1336mzz和HFO－1225ye的专利申请，包括大金、旭硝子、三菱、新日矿和出光在内的日本企业对HFO－1123和HFO－1225ye进行了大量研究和专利布局。

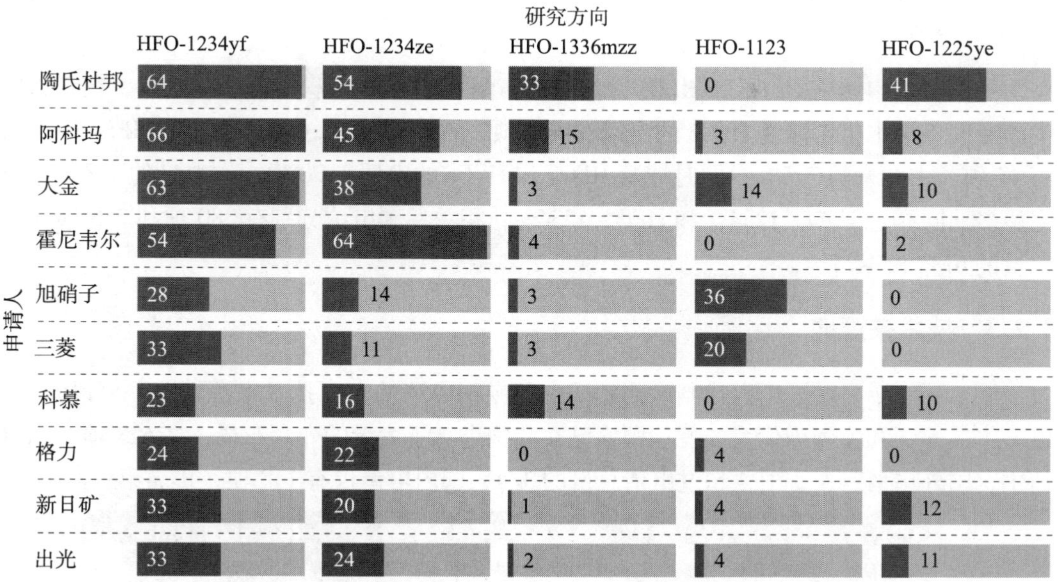

图 8-1-10 HFOs 领域主要申请人不同研究方向专利申请对比

注：图中数字表示申请量，单位为项。

8.2 中国专利申请态势

在第四代制冷剂领域全球专利申请态势分析的基础上，对中国专利申请作进一步分析。经检索，第四代制冷剂领域中国专利申请共计 623 项。

8.2.1 专利申请趋势

图 8-2-1 显示了第四代制冷剂领域中国专利申请趋势。可以看出，该领域中国专利申请与全球申请态势基本同步。2006 年之前，申请量仅有几项，随后以较大幅度稳步上升，2019 年达到峰值 71 项。

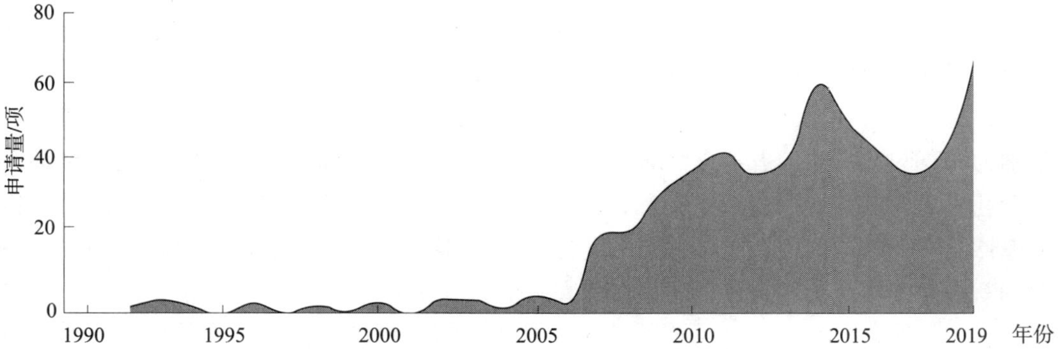

图 8-2-1 第四代制冷剂中国专利申请趋势

8.2.2 技术构成

中国专利申请在 HFOs 和 HFEs 方面的分布情况与全球申请分布基本一致。在 623 项中国专利申请中，仅涉及 HFOs 的申请有 546 项，占总量的 87.6%；仅涉及 HFEs 的申请有 47 项，占总量的 7.5%；同时涉及 HFOs 和 HFEs 的申请有 30 项，占总量的 4.8%。研究最多的同样是 HFO－1234yf 和 HFO－1234ze，相关专利申请分别有 380 项和 275 项，占总量的 61% 和 44.1%。

8.2.3 技术来源地

图 8－2－2 显示了第四代制冷剂领域中国专利申请的主要技术来源情况。可以看出，以日本、美国和法国为代表的发达国家已在我国进行了大量的专利布局，在 623 项专利申请中，国外申请有 475 项，超过申请总量的 3/4，国内申请仅有 148 项，排名第三。

图 8－2－2 第四代制冷剂中国专利申请的主要技术来源地分布

注：图中数字表示申请量，单位为件，存在一件申请的多个申请人来自不同国家/地区的情况，此专利申请分别计入不同的技术来源地的申请量中。

8.2.4 主要申请人

在主要申请人方面，如图 8－2－3 所示，中国专利申请排名前十的申请人与全球专利申请前十申请人相同，仅在排名上有所差异。其中，阿科玛中国专利申请量排名第一，有 76 项，占其全球申请量的 73.8%。杜邦和大金分列第二位和第三位，申请量分别为 67 项和 45 项，占各自全球申请量的 47.2% 和 48.4%。可以看到，国外申请人的专利技术大多在中国进行了布局，而这对中国制冷行业的发展产生了极大阻碍。格力电器是唯一的国内创新主体，申请量为 41 项。这反映了中国制冷行业在第四代制冷剂创新能力方面与国外企业之间存在巨大差距。

进一步地，图 8－2－4 显示了第四代制冷剂领域国内主要申请人的申请情况。除格力之外，中化蓝天、天津大学和巨化位于第二梯队，申请量分别达到 16 件、15 件和 15 件；排名第 5～10 名的申请量均不足 10 件。由此可见，中国申请人在制冷剂领域的研发力量不仅薄弱，而且分散，缺乏具有足够号召力和影响力的引领者。不同于国外创新主体以企业为主的情况，国内排名前十的创新主体中企业仅有 4 家，其他均为科研院所，这在一定程度上也说明该领域的国内企业在专业人才储备、研发投入乃至研发意愿上存在明显不足。

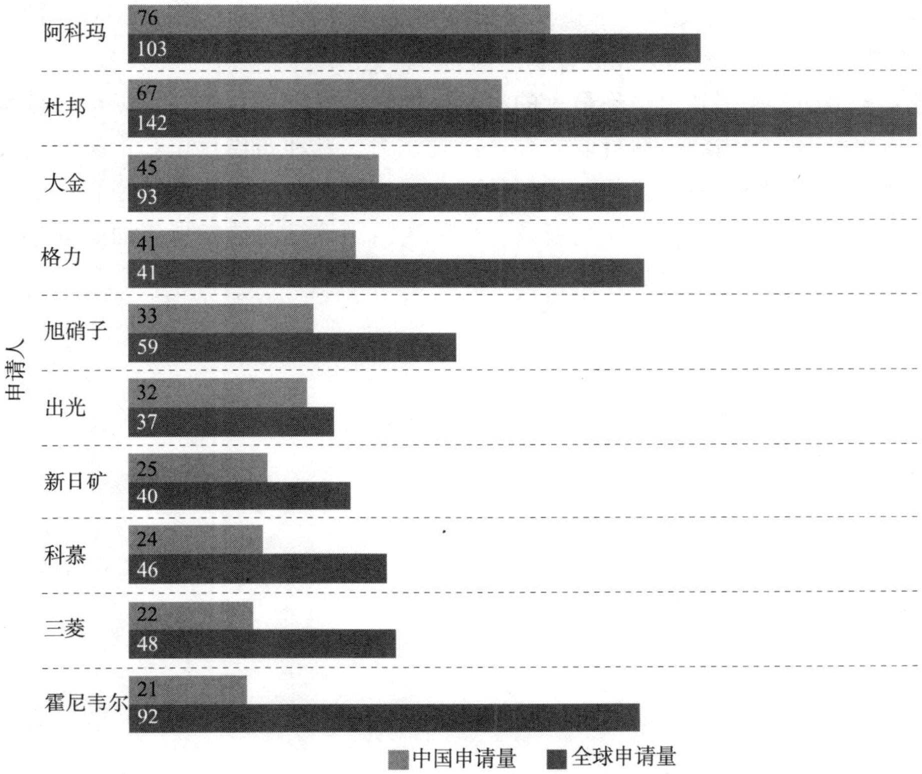

图 8-2-3　第四代制冷剂中国专利申请的主要申请人排名情况

注：图中数字表示申请量，单位为项。

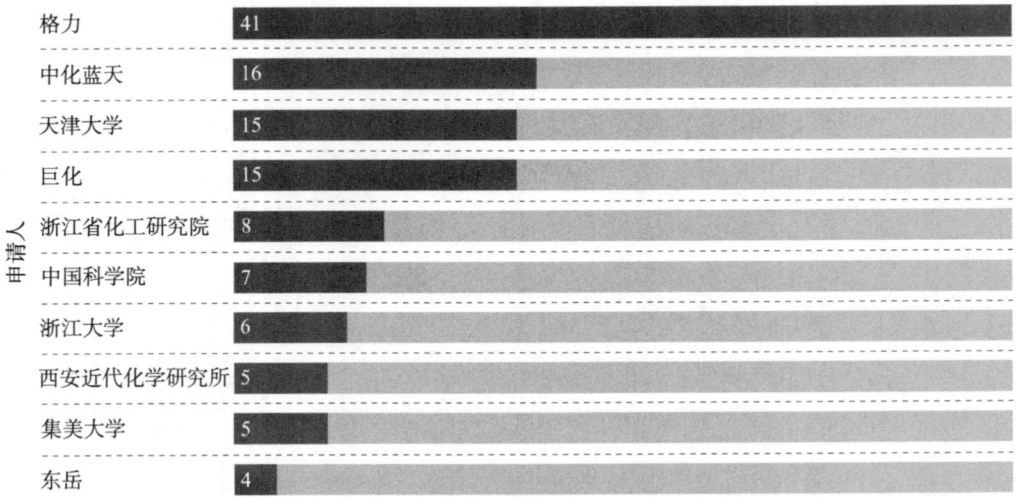

图 8-2-4　第四代制冷剂中国国内申请人专利申请排名情况

注：图中数字表示申请量，单位为项。

8.3 小　　结

通过上文的总体分析可以看出，基于 HFOs 的第四代制冷剂的专利申请在经过近十年的高速增长后，已进入相对平稳的发展期。相关专利申请聚焦于 HFO－1234yf 和 HFO－1234ze，且以二元和三元混合制冷剂为主。

日本、美国、法国和中国是最大的技术来源地。尽管近年中国国内申请量增幅显著，但相比而言，国内制冷剂行业的综合研发实力、专利布局意识和市场策略与发达国家创新主体相比存在巨大差距。以阿科玛、杜邦、大金、霍尼韦尔等为代表的国外申请人已在中国构筑了大量的专利壁垒，今后我国制冷行业的发展将面临越来越严峻的形势。

第 9 章　第四代制冷剂重要专利分析

在 incoPat 检索系统中，有“家族被引证次数”和“扩展同族个数”两个字段，其中“家族被引证次数”表示该专利申请和它的同族申请被在后专利申请的检索报告中引用的次数，“扩展同族个数”表示该专利申请按照特定标准进行统计后的相关同族的数量。

对于一件重要专利申请（假设其为申请 A）而言，因为其技术的基础性和重要性，在后的专利申请通常在其技术上发展而来，当统计在后专利申请的检索报告时，该申请 A 作为相关文献出现的概率会增加。同样，对于重要的专利申请，申请人通常会向多个不同的国家提出申请，也会以该申请或者它的优先权为基础，继续提出新的申请。例如提出分案和共同享有部分优先权的情况。此时，该专利申请的同族数量就会高于一般的专利申请。因此通过对比一个技术领域中所有专利申请的“家族被引证次数”和“扩展同族个数”，可以确定出该技术领域的重要专利申请。

在检索结果中对“家族被引证次数”和“扩展同族个数”进行降序排列后，发现公开号为 WO2004037913A2，申请人为霍尼韦尔的专利申请的“家族被引证次数”和“扩展同族个数”均为最多，其“家族被引证次数”为 707 次，“扩展同族个数”为 2338 次。实际审查工作中也发现专利 WO2004037913A2 被大量申请引用，是诸多专利申请的源点。因此，专利 WO2004037913A2 被认为是第四代制冷剂领域的基础性申请。

研究专利 WO2004037913A2 及其同族申请在不同时间阶段的申请内容即技术内容的发展变化，以及最后的授权情况，可以从一个侧面了解第四代制冷剂的技术发展状况，同时也可以知晓霍尼韦尔的专利布局方式和技术保护策略，帮助企业理解技术发展脉络、扩展思路，提高企业的专利保护水平，具有重要意义。

9.1　专利 WO2004037913A2 的中国同族申请分析

中国作为全球主要的消费市场，重要的专利技术通常会在中国进行专利布局，其主要方式是通过 PCT 的申请途径。因此，我们将分析的目标集中在 WO2004037913A2 的中国同族专利申请上。

首先，确定每件中国专利申请的法律状态，例如授权、驳回、视撤等。通过法律状态了解目前相关技术内容的保护状态。当存在复审和无效宣告请求程序时，表明该申请或者授权专利对于申请人、专利权人或者其竞争对手具有重要的意义。

其次，分析每件申请的权利要求书中的权利要求 1 或者相关权利要求的技术内容。筛选标准是这些权利要求中出现了含有制冷剂成分的组合物。对于已经授权的专利，分析授权文本的权利要求书的相关内容，同时，也参考说明书实施例中的核心技术内容。

9.1.1 中国同族申请的申请策略

通过对162件申请的技术内容进行分类整理，得到申请日和技术内容发展的对应关系如表9-1-1所示[1]，从表9-1-1中可以看出，霍尼韦尔对其第四代制冷剂技术在中国的申请策略。

课题组对表9-1-1中的不同申请时间的申请内容进行对比分析，可以看出这一系列申请技术内容的发展变化和申请人的申请策略，也可以发现其中比较重要的技术内容。

专利WO2004037913A2在中国的同族申请中，最早是申请日为2003年10月27日的申请CN200380107462.3（对应公开号为CN1732243A），涉及的技术内容是含有HFO-1234yf或者HFO-1225ye的组合物，权利要求采用了通式的撰写方式，使用通式对HFO-1234yf或者HFO-1225ye的结构进行保护。该专利申请被驳回，再经过复审程序后，被维持驳回。与此同时，还有11件专利申请于2003年10月27日申请，以专利申请CN200380107462.3为母案，申请人在其后连续进行了10次分案，对应了10件在后申请。

通过对上述162件相关申请分析可以看出，申请人在最初涉及HFO-1234yf和HFO-1225ye氢氟烯烃化合物的基础上，不断衍生出相关的组合物、制备方法、用途等技术方案并进行保护。同时发展出了化合物含氯氟烯烃HCFO-1233zd的相关技术路径。在2020年和2021年仍然在继续提出分案申请，例如专利CN202011462209.1和CN202110380033.3。专利CN202011462209.1请求保护用HFO-1234ze（E）、HFO-1234ze（Z）和HCFO-1233zd（E）来冷却电子元件的方法。而专利CN202110380033.3仍然针对含有氢氟烯烃通式结构的传热组合物的技术方案进行保护。在专利申请过程中，可以看出申请人通过分案不断调整自己的保护策略，例如逐步缩小权利要求的保护范围，实现自己权利的最大化。

---

[1] 对于表9-1-1中使用的标记符号说明如下（后续其他表中的表示方法相同）：

（1）“技术方案”列标记出了该申请权利要求书中涉及的主要或关键技术内容，优先标记组合物的组分组合。如果该申请被授权，则标记的是授权后的权利要求书的内容。

其中使用的“；|”符号组合代表组合物，该组合物中包含了权利要求中列出的主要组成成分，符号“；”前后代表不同的组成成分。例如，“HFO-1234ze；聚亚烷基二醇|”表示该组合物中含有HFO-1234ze和聚亚烷基二醇两种主要组分。“HFO-1234yf|”代表权利要求1中要求保护了含有HFO-1234yf的组分。当出现“（,）”时，括号代表其中的多种成分之间是可以单独或者相互之间进行组合、替换，和括号外的其他成分形成组合物。

（2）对于涉及组合物的申请，组合物的成分通常采用包括、包含等的开放式撰写方式，组合物也可以包括其他各种辅助成分，这些辅助成分没有专门被标记，除非权利要求中明确列出了具体关键成分，例如，润滑剂。

（3）“→”代表制备，即“→”左侧的化合物作为原料，制备得到右侧的产物。

表9-1-1　霍尼韦尔专利WO2004037913A2的中国同族专利申请策略

<table>
<tr><th>申请日</th><th>母案（公开号/技术方案）</th><th>分案（公开号/技术方案）</th></tr>
<tr><td rowspan="10">2003-10-27</td><td rowspan="10">CN1732243A（失效）
HFO-1234yf |
HFO-1225ye |</td><td>CN102140329B（有效）
HFO-1234ze；聚亚烷基二醇 |
HFO-1234ze；多元醇酯 |</td></tr>
<tr><td>CN106147717A（失效）
HFO-1234yf |
HFO-1225 |</td></tr>
<tr><td>CN106085361A（失效）
HFO-1234yf |
HFO-1225 |</td></tr>
<tr><td>CN106085362A（失效）
HFO-1234yf |</td></tr>
<tr><td>CN106118603A（失效）
HFO-1234yf |</td></tr>
<tr><td>CN106753250A（失效）
HFO-1234yf；润滑剂 |
HFO-1234ze；润滑剂 |</td></tr>
<tr><td>CN106753251A（失效）
HFO-1234yf；润滑剂 |
HFO-1234ze；润滑剂 |</td></tr>
<tr><td>CN106590536A（失效）
HFO-1234yf；润滑剂 |
HFO-1234ze；润滑剂 |</td></tr>
<tr><td>CN106833535A（失效）
HFO-1234yf；润滑剂 |
HFO-1234ze；润滑剂 |</td></tr>
<tr><td>CN106634852A（失效）
HFO-1234yf；润滑剂 |
HFO-1234ze；润滑剂 |</td></tr>
</table>

续表

<table>
<tr><th>申请日</th><th>母案（公开号/技术方案）</th><th>分案（公开号/技术方案）</th></tr>
<tr><td>2004-07-21</td><td>CN1852880B（有效）
HFO-1234ze |</td><td>CN103215013B
HFO-1234yf；润滑剂 |
HFO-1234yf；（聚亚烷基二醇，聚亚烷基二醇酯，多元醇酯）|</td></tr>
<tr><td rowspan="6">2004-10-25</td><td rowspan="5">CN1898353B（有效）
HFO-1234ze；润滑剂 |</td><td>CN103215013B（有效）
HFO-1234yf；润滑剂 |
HFO-1234yf；（聚亚烷基二醇，聚亚烷基二醇酯，多元醇酯）|</td></tr>
<tr><td>CN103642461B（有效）
HFO-1234yf；聚亚烷基二醇 |
HFO-1234ze（E）；聚亚烷基二醇 |
HFO-1234yf；聚亚烷基二醇；多元醇酯 |
HFO-1234ze（E）；聚亚烷基二醇；多元醇酯 |</td></tr>
<tr><td>CN103923610B（有效）
HFO-1234yf；HFO-1234ze（E）；聚亚烷基二醇 |</td></tr>
<tr><td>CN103923611B（有效）
HFO-1234yf；聚亚烷基二醇；多元醇酯 |
HFO-1234ze（E）；聚亚烷基二醇；多元醇酯 |</td></tr>
<tr><td>CN103923723B（有效）
HFO-1234ze（E）；聚亚烷基二醇 |
HFO-1234ze（E）；多元醇酯 |</td></tr>
<tr><td>CN1902152B（失效）
HFO-1234ze |</td><td></td></tr>
<tr><td rowspan="4">2005-04-29</td><td rowspan="4">CN101014680B（有效）
HFO-1234ze；（HFC-125，HFC-134，HFC-134a，HFC-152a，HFC-227ea，HFC-236fa，HFC-245fa，HFC-365mfc，R32，R-744）|
HFO-1234ze；润滑剂 |</td><td>CN104194728A（失效）
HFO-1234yf |</td></tr>
<tr><td>CN104194727A（失效）
HFO-1234yf |</td></tr>
<tr><td>CN107286912A（失效）
HFO-1234yf |</td></tr>
<tr><td>CN104178089B（有效）
HFO-1234ze |</td></tr>
</table>

续表

<table>
<tr><th>申请日</th><th>母案（公开号/技术方案）</th><th>分案（公开号/技术方案）</th></tr>
<tr><td rowspan="15">2005-04-29</td><td rowspan="15">CN101014680B（有效）
HFO-1234ze；（HFC-125，HFC-134，HFC-134a，HFC-152a，HFC-227ea，HFC-236fa，HFC-245fa，HFC-365mfc，R32，R-744）|
HFO-1234ze；润滑剂 |</td><td>CN104178090A（失效）
HFO-1234ze |</td></tr>
<tr><td>CN105885800B（有效）
HFO-1234ze |</td></tr>
<tr><td>CN107936926A（失效）
HFO-1234ze |</td></tr>
<tr><td>CN108676548A（失效）
HFO-1234ze |</td></tr>
<tr><td>CN108913098A（失效）
HFO-1234ze |</td></tr>
<tr><td>CN113105870A（审中）
HFO-1234ze |</td></tr>
<tr><td>CN104164216B（有效）
HFO-1234ze；待抛射材料 |</td></tr>
<tr><td>CN105885799B（有效）
HFO-1234ze；待抛射材料 |</td></tr>
<tr><td>CN104194729B（有效）
HFO-1234ze（E）；HFC-134a；润滑剂 |
HFO-1234ze（E）；HFC-227ea；润滑剂 |</td></tr>
<tr><td>CN107974239B（有效）
HFO-1234ze；（HFC-125，HFC-134，HFC-134a，HFC-227ea，HFC-236fa，HFC-245fa，HFC-365mfc，R-744，H_2O，R32）；润滑剂 |</td></tr>
<tr><td>CN104164217B（有效）
HFO-1234ze |
HFO-1234ze；（HFC-125，HFC-134，HFC-134a，HFC-152a，HFC-227ea，HFC-236fa，HFC-245fa，HFC-365mfc，R32，R-744，H_2O）|</td></tr>
<tr><td>CN104164215B（有效）
HFO-1234yf |
HFO-1234yf；（HFC-125，HFC-134，HFC-134a，HFC-152a，HFC-227ea，HFC-236fa，HFC-245fa，HFC-365mfc，R32，R-744）|</td></tr>
<tr><td>CN105907375A（失效）
HFO-1234yf；聚烷二醇 |</td></tr>
</table>

续表

<table>
<tr><th>申请日</th><th>母案（公开号/技术方案）</th><th>分案（公开号/技术方案）</th></tr>
<tr><td rowspan="11">2005－04－29</td><td rowspan="3">CN101014680B（有效）
HFO－1234ze；（HFC－125，HFC－134，HFC－134a，HFC－152a，HFC－227ea，HFC－236fa，HFC－245fa，HFC－365mfc，R32，R－744）|
HFO－1234ze；润滑剂 |</td><td>CN104194726B（有效）
HFO－1234yf；聚烷撑二醇 |
HFO－1234yf；多元醇酯 |</td></tr>
<tr><td>CN103146348B（有效）
HFO－1234yf；聚烷二醇 |
HFO－1234yf；多元醇酯 |</td></tr>
<tr><td>CN107828383B（有效）
HFO－1234ze（E）；聚亚烷基二醇 |
HFO－1234ze（E）；多元醇酯 |
HFO－1234ze（E）；聚亚烷基二醇；多元醇酯 |</td></tr>
<tr><td>CN1968915B（有效）
HFO－1234ze |</td><td></td></tr>
<tr><td>CN1972887B（失效）
HFO－1234ze |</td><td></td></tr>
<tr><td>CN1976885B（有效）
HFO－1234yf |
HFO－1234ze |</td><td></td></tr>
<tr><td rowspan="3">CN1973016B（有效）
四氟丙烯；R－744 |
HFO－1234yf；R－744 |
HFO－1234ze；R－744 |</td><td>CN104845588A（失效）
HFO－1234ze；R－744 |</td></tr>
<tr><td>CN104817999B（有效）
HFO－1234ze（E）；R－744 |
喷雾的材料；抛射剂 |</td></tr>
<tr><td>CN108753258A（失效）
HFO－1234yf；R－744 |
HFO－1234ze；R－744 |</td></tr>
<tr><td rowspan="2">CN1977025B（有效）
HFO－1234ze（E）；HFC－134a |
HFO－1234ze（E）；HFC－152a |
HFO－1234ze（E）；HFC－227ea |
HFO－1234ze（E）；HFC－125 |</td><td>CN103396766B（有效）
HFO－1234ze（E）；HFC－125 |
HFO－1234ze（E）；HFC－134a |
HFO－1234ze（E）；HFC－152a |
HFO－1234ze（E）；HFC－227ea |</td></tr>
<tr><td>CN105623615A（失效）
HFO－1234ze（E）；HFC－125 |
HFO－1234ze（E）；HFC－134a |
HFO－1234ze（E）；HFC－152a |
HFO－1234ze（E）；HFC－227ea |</td></tr>
</table>

续表

申请日	母案（公开号/技术方案）	分案（公开号/技术方案）
2005－04－29		CN105567172A（失效） HFO－1234ze（E）；HFC－125 | HFO－1234ze（E）；HFC－134a | HFO－1234ze（E）；HFC－152a | HFO－1234ze（E）；HFC－227ea |
2006－06－26	CN101283071B（有效） HCFO－1233zd；HFC；HCFC；CFC |	CN103497738B（有效） HFCO－1233zd |
		CN105733015A（审中） HFCO－1233zd（E）|
		CN107011863B（有效） HCFO－1233zd |
		CN107011862B（有效） HFO－1234yf | HFO－1234ze | HCFO－1233zd |
		CN106947433A（失效） HFO－1234yf；（HFC－125，HFC－134，HFC－134a，HFC－152a，HFC－227ea，HFC－236fa，HFC－245fa，HFC－365mfc，R32，R－744，H_2O）|
		CN106833537A（失效） HFO－1234yf；其他
		CN112480870A（审中） HFO－1234ze（E）；HFO－1234ze（Z）| HFO－1234ze（E）| HFO－1234ze（Z）| HCFO－1233zd（E）|
		CN105733513B（有效） HCFO－1233zd；HFC－134 | HCFO－1233zd；HFC－152 | HCFO－1233zd；HFC－227ea | HCFO－1233zd；R－744 |

续表

申请日	母案（公开号/技术方案）	分案（公开号/技术方案）
2006-06-26	CN101248153B（有效） HCFO-1233zd；（丁烷，异丁烷，正戊烷，异戊烷，环戊烷）| HFO-1233xf；（丁烷，异丁烷，正戊烷，异戊烷，环戊烷）|	CN103497351B（失效） HFO-1234ze；HFCO-1233zd；R-744 | HFO-1234ze；HFCO-1233zd；H_2O；R-744 |
		CN107043472A（失效） HFO-1234ze；其他 |
		CN107090092A（失效） HFO-1234ze；其他 |
		CN107090094A（失效） HFO-1234ze；其他助剂 |
		CN107090095A（失效） HFO-1234ze；其他助剂 |
		CN107090096A（失效） HFO-1234ze；其他助剂 |
		CN106977761B（失效） HFCO-1233zd |
		CN107090093B（失效） HFCO-1233zd；共发泡剂 |
2006-11-03	CN101351426B（失效） 制备	
	CN101495431A（失效） 制备	
	CN101351430A（失效） 制备	
	CN101351427B（有效） HFO-1234yf |	CN103274895B（失效） 1，1，1，2，3-五氟丙烷→HFO-1234yf | 1，1，1，3-四氟-2-氯丙烷→HFO-1234ze |
	CN101356143A（失效） HFO-1234yf |	

续表

<table>
<tr><th>申请日</th><th>母案（公开号/技术方案）</th><th>分案（公开号/技术方案）</th></tr>
<tr><td rowspan="2">2007－01－03</td><td>CN101395108B（有效）
HFO－1234yf |</td><td>CN103172488B（有效）
HFO－1234yf |
HFO－1234ze |
HCFC－244bb→HFO－1234yf |</td></tr>
<tr><td>CN101395109B（失效）
HFO－1234yf |</td><td>CN103193584B（失效）
HFO－1234yf |
HFO－1234ze |</td></tr>
<tr><td>2007－03－21</td><td>CN101448913A（失效）
HFO－1234ze；氟化醚 |</td><td>CN103627019A（失效）
HFO－1234ze |
发泡剂</td></tr>
<tr><td rowspan="2">2007－10－26</td><td>CN101177378B（有效）
HFO－1234ze（E）|
HFO－1234ze（Z）|</td><td></td></tr>
<tr><td>CN101553453B（有效）
HFO－1234yf |
HFO－1234ze |</td><td></td></tr>
<tr><td rowspan="2">2007－10－29</td><td>CN101260021B（有效）
HFO－1234ze |</td><td></td></tr>
<tr><td>CN101182280B（有效）
氟化丙烷 |</td><td></td></tr>
<tr><td rowspan="2">2008－07－03</td><td>CN101687737B（有效）
HFO－1234yf |</td><td></td></tr>
<tr><td>CN101796155A（失效）
（HFO－1225，CF3I）；HFC－143a；R－32 |
（HFO－1225，CF3I）；HFC－161；R－32 |</td><td></td></tr>
<tr><td>2008－08－04</td><td>CN101815693B（失效）
HFO－1234yf |
HFO－1234ze |
HCFC－244bb→HFO－1234yf |</td><td>CN104003837B（有效）
HFO－1234yf |
HCFC－244bb |</td></tr>
</table>

续表

申请日	母案（公开号/技术方案）	分案（公开号/技术方案）
2008－08－22	CN101835729A（失效） HFO－1234yf |	CN105753630A（失效） HFO－1234yf |
2008－11－10	CN101440017B（有效） HFO－1234yf |	
2008－11－24	CN101925644A（失效） HFO－1234ze（E）| HFCO－1233zd |	CN105111491A（失效） HFO－1234ze（E）；其他 | HFCO－1233zd；其他 | 发泡剂
		CN105111492A（失效） HFO－1234ze（E）；其他 | HFCO－1233zd；其他 | 发泡剂
2008－12－09	CN101468323A（失效） 制备；方法	CN103351273B（有效） HFO－1234yf |
2009－01－10	CN102015050B（有效） HFCO－1233zd（E）|	CN104046332A（失效） HFCO－1233zd |
		CN104045848A（失效） HFCO－1233zd |
		CN104045849B（有效） HFCO－1233zd（E）| HFCO－1233zd（Z）|
		CN104045850A（失效） HFCO－1233zd |
2009－01－14	CN101492342A（失效） HFO－1233xf→HCFC－244bb |	
2009－03－05	CN101607866B（失效） HCFO－1233xf；HF |	
2009－03－16	CN101544536B（有效） HFO－1234yf；HFO－1225ye |	
2009－03－19	CN101597209A（失效） HFO－1234yf |	CN103467241A（失效） HFO－1234yf | HCFC－244bb→HFO－1234yf |
		CN105001041A（失效） HFO－1234yf |

续表

<table>
<tr><th>申请日</th><th>母案（公开号/技术方案）</th><th>分案（公开号/技术方案）</th></tr>
<tr><td>2009-05-15</td><td>CN102026944A（失效）
HFO-1234yf |
HCFO-1233xf→HCFC-244bb→HFO-1234yf |</td><td></td></tr>
<tr><td rowspan="4">2009-07-30</td><td rowspan="4">CN101665681B（失效）
HFO-1234ze；R32 |
HFO-1234ze；HFC-125；R32 |
HFO-1234ze；丁烷；R32 |</td><td>CN104059613A（失效）
HFO-1234yf；R32；其他 |
HFO-1234ze；R32；其他 |</td></tr>
<tr><td>CN107739594A（审中）
HFO-1234ze（E）；HFC-125；R32 |
HFO-1234ze（E）；HFC-125；HFC-152a |</td></tr>
<tr><td>CN107384322A（失效）
HFO-1234yf；HFC-125；R32 |
HFO-1234ze（E）；HFC-125；R32 |
HFO-1234ze（E）；HFC-152a；R32 |</td></tr>
<tr><td>CN107384323A（失效）
HFO-1234yf；HFC-125；R32 |
HFO-1234ze（E）；HFC-125；R32 |
HFO-1234ze（E）；HFC-152a；R32 |</td></tr>
<tr><td>2009-07-31</td><td>CN101665405B（失效）
HFO-1234yf |</td><td>N106977363A（审中）
HFO-1234yf；HFO-1225ye；三氟丙炔 | TFP</td></tr>
<tr><td>2009-08-07</td><td>CN101665403B（失效）
HCFC-244bb |</td><td></td></tr>
<tr><td>2009-11-19</td><td>CN102281932B（失效）
HCFO-1233zd（E）|</td><td></td></tr>
<tr><td>2009-12-04</td><td>CN102307965B（有效）
HCFO-1233zd（E）|</td><td>CN105462562B（有效）
HCFO-1233zd |</td></tr>
<tr><td>2009-12-16</td><td>CN102264860B（有效）
HFCO-1233zd（E）|</td><td>CN104910867A（失效）
HCFO-1233zd（E）|</td></tr>
<tr><td>2010-05-03</td><td>CN102439108A（失效）
HFO-1234ze；HFC-125；HFC-134a；R32 |</td><td></td></tr>
</table>

续表

申请日	母案（公开号/技术方案）	分案（公开号/技术方案）
2010－05－07	CN102803427B（有效） HFO－1234ze；HFC－125；HFC－134a；HFC－32 丨 HFO－1234yf；HFO－1234ze；HFC－125；HFC－134a；HFC－32 丨	CN106905926B（有效） HFO－1234yf；HFC－125；HFC－134a；R32 丨
		CN106905925A（失效） HFO－1234yf；HFC－125；HFC－134a；R32 丨 HFO－1234ze；HFC－125；HFC－134a；R32 丨 HFO－1234yf；HFO－1234ze；HFC－125；HFC－134a；R32 丨
2010－08－02	CN102575045B（有效） HCFO－1233zd；含胺催化剂 丨	CN107022103B（有效） HFCO－1233zd 丨
2010－09－08	CN102596869A（失效） HCFO－1233zd；其他 丨 单氯三氟丙烯；其他 丨	CN107022343A（失效） HCFO－1233zd 丨 单氯三氟丙烯；其他成分 丨
2010－09－28	CN102782077B（有效） HCFO－1233zd（E）丨	CN106190037A（失效） HFCO－1233zd（E）；HFCO－1233zd（Z）丨
2010－12－16	CN102753624A（失效） HFO－1234ze 丨	CN104592468A（失效） HFO－1234ze 丨
		CN106084163A（失效） HFO－1234ze；多元醇；表面活性剂；非胺催化剂 丨
2011－05－05	CN102971394B（有效） HFO－1234ze；HFC－134a 丨 HFO－1234yf；HFO－1234ze；HFC－134a 丨	CN105754553B（有效） HFO－1234ze；HFC－134a 丨
2011－06－22	CN103052614A（失效） HFO－1234yf 丨 HCFO－1233xf→HCFC－244bb→HFO－1234yf 丨	CN105037080B（有效） HCFC－244bb 丨
		CN107011112A（失效） HFO－1234yf 丨
2011－07－27	CN103108937B（失效） 装置；方法	

续表

<table>
<tr><th>申请日</th><th>母案（公开号/技术方案）</th><th>分案（公开号/技术方案）</th></tr>
<tr><td rowspan="4">2011－10－07</td><td rowspan="4">CN103249701A（失效）
HFO－1234yf |
HFO－1225ye |</td><td>CN106167445B（有效）
HFO－1234yf |
HFC－236ea→HFO－1234yf |</td></tr>
<tr><td>CN107986936A（失效）
HFO－1234yf |
HFO－1234ze |
HFO－1225 |
脱氟化氢</td></tr>
<tr><td>CN107986937A（失效）
HFO－1234yf |
HFO－1234ze |
HFO－1225 |
脱氟化氢</td></tr>
<tr><td>CN108117477A（审中）
HFO－1234yf | HFO－1234ze |
HFO－1225 |
脱氟化氢</td></tr>
<tr><td rowspan="2">2011－11－14</td><td rowspan="2">CN103328423A（失效）
HFO－1234yf |</td><td>CN106278803A（审中）
HFO－1234yf |</td></tr>
<tr><td>CN106278804A（失效）
HFO－1234yf |</td></tr>
<tr><td>2012－05－02</td><td>CN103635558A（失效）
HFO－1234yf；HFO－1234ze；HFC－125；HFC－134a；R32 |</td><td></td></tr>
<tr><td>2012－09－21</td><td>CN104271650B（有效）
HCFO－1233zd；环戊烷 |</td><td></td></tr>
<tr><td>2012－09－29</td><td>CN103946195B（有效）
HFO－1234yf |
HCFC－244bb→HFO－1234yf |</td><td></td></tr>
</table>

续表

申请日	母案（公开号/技术方案）	分案（公开号/技术方案）
2012－10－10	CN103946193B（有效） HFO－1234yf 丨	CN107954828A（审中） HFO－1234yf 丨 脱氯化氢
	CN103946194A（失效） HFO－1234yf 丨 HCFC－244bb→HFO－1234yf 丨	CN107973694A（审中） HFO－1234yf 丨 脱氯化氢
2012－12－03	CN104114820B（有效） HFO－1234yf；HFO－1234ze（E）丨	CN107011861A（失效） HFO－1234ze 丨
2013－02－11	CN104093811A（失效） HFO－1234ze；HFC－125；HFC－134a；HFC－32 丨 HFC－125；HFC－134a；HFC－32 丨	CN107674650A（失效） HFO－1234yf；HFO－1234ze；HFC－134a；HFC－125；R32 丨 HFO－1234ze；HFCO－1233ze；HFC－134a；HFC－125；R32 丨 HFO－1234ze；HFC－134a；HFC－125；R32 丨
		CN107746703A（失效） HFO－1234yf；HFO－1234ze；HFC－134a；HFC－125；R32 丨 HFO－1234ze；HFCO－1233ze；HFC－134a；HFC－125；R32 丨 HFO－1234ze；HFC－134a；HFC－125；R32 丨
2014－02－25	CN105189689A（失效） HFO－1234ze（E）；R32 丨	

9.1.2 中国同族申请的法律状态

通过检索确定了专利 WO2004037913A2 和其同族对应的中国专利申请。经统计，在 incoPAT 检索系统中专利 WO2004037913A2 对应的全部中国同族专利申请为 162 件。其中通过 PCT 途径进入中国的为 49 件，其他 113 件全部为该 49 件申请的分案申请。在 162 件中国专利申请中，全部要求了优先权。其中优先权日最早为 2002 年 10 月 25 日，最晚为 2014 年 2 月 24 日。根据要求的优先权日的变化范围可以看出，这些专利申请中的技术内容存在不同，而且技术还在不断发展和变化。

图9－1－1显示了这些中国同族专利申请目前的法律状态情况（法律状态检索日期为2021年11月5日）。

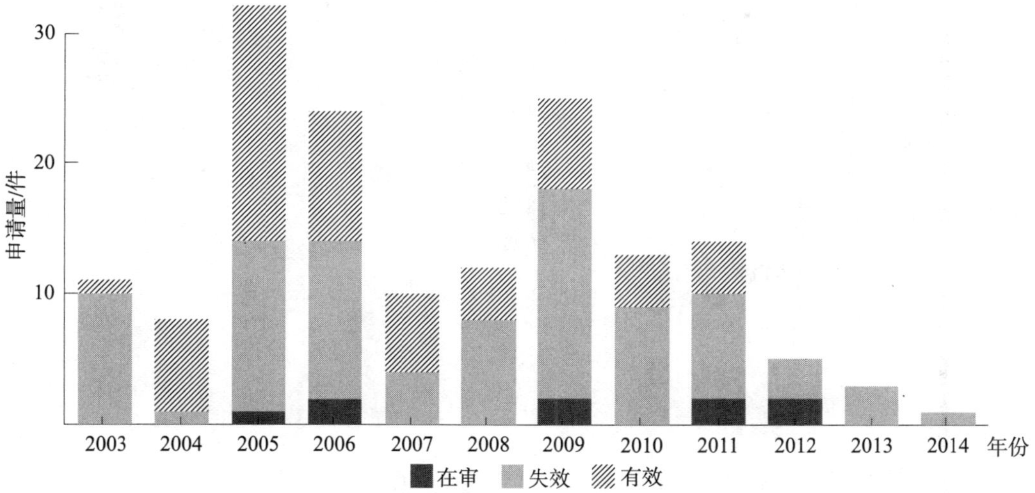

图9－1－1　霍尼韦尔 WO2004037913A2 中国同族专利申请的法律状态

9.1.3　中国同族申请的技术内容分析

图9－1－2（见文前彩色插图第3页）～图9－1－5展示了霍尼韦尔的基础专利WO2004037913A2的162件中国同族申请中所涉及的包含第四代制冷剂的组合物的组合方式。

首先，三氟一氯丙烯（HCFO－1233）可以和不同的成分形成制冷剂组合物，例如，氢氟烃类化合物（HFC－134、HFC－152）；二氧化碳；烷烃（环戊烷、异丁烷）。其也可作为发泡剂组合物的成分，或者单独应用。从图中可以看出，涉及该部分技术方案的专利申请中有一半以上获得了授权，目前有两件专利还处于在审查中。

其次，对于含有HFO－1234yf的组合物，该类组合物中的其他组成成分相对较少，主要是二氧化碳、HFC－32、HFC－134a、HFC－125，以及同其他氢氟烯烃之间的组合。此外，也涉及包含HFO－1234yf和润滑剂等辅助成分形成的制冷剂组合物。在申请过程中，制冷剂组合物中的组分在逐渐增加。从专利申请撰写的角度来说，权利要求的技术方案的保护范围在不断缩小，或者说进一步出现了优选的技术方案。该类制冷剂组合物的组分可以包括五种，例如，标记14中的CN102803427B，对应的专利申请号是CN201080030854.4。该授权专利中保护了组分为HFO－1234yf、HFO－1234ze、HFC－125、HFC－134a和R32构成的五组分换热组合物，且详细限定了各组分的用量配比。这种组合出现的专利申请数量较多，虽然只有两件获得了授权，但是也可以说明，该配比的组合物可能是相对重要的衍生技术。

此外，标记1中的涉及HFO－1234yf的专利申请的件数最多，获得授权的比例同样最高，这些专利不仅涉及含有HFO－1234yf的组合物，也涉及相关的制备方法等技术内容，其申请量和授权量显示出HFO－1234yf的重要性。

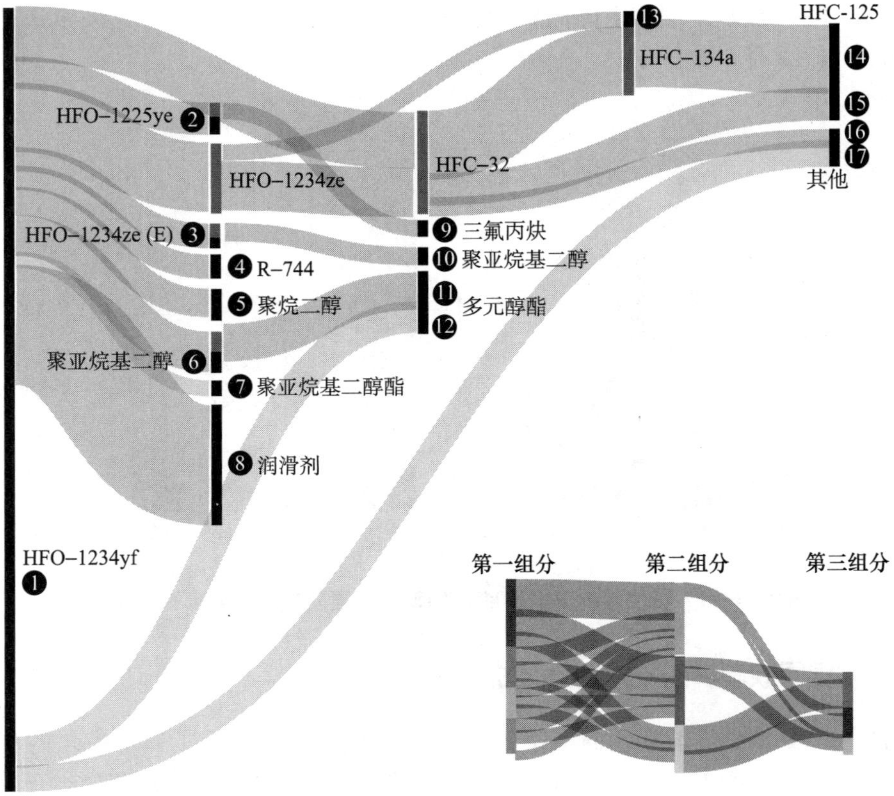

1	CN1976885B	■
	CN104164215B	■
	CN107011862B	■
	CN101351427B	■
	CN101395108B	■
	CN103172488B	■
	CN101553453B	■
	CN101687737B	■
	CN104003837B	■
	CN101440017B	■
	CN103351273B	■
	CN106167445B	■
	CN103946195B	■
	CN103946193B	■
	CN101815693B	□
	CN101665405B	□
	CN101395109B	□
	CN103193584B	□
	CN1732243A	□
	CN106147717A	□
	CN106085361A	□
	CN106085362A	□
	CN106118603A	□
	CN104194727A	□
	CN104194728A	□
	CN107286912A	□
	CN101356143A	□
	CN101835729A	□
	CN105753630A	□
	CN101597209A	□
	CN103467241A	□
	CN105001041A	□
	CN102026944A	□
	CN103052614A	□
	CN107011112A	□
	CN103249701A	□
	CN107986936A	□
	CN107986937A	□
	CN108117477A	▩
	CN103328423A	□
	CN106278803A	▩
	CN106278804A	□
	CN103946194A	□
	CN107954828A	▩
	CN107973694A	▩
2	CN101544536B	■
3	CN104114820B	■
4	CN1973016B	■
	CN108753258A	□
5	CN104194726B	■
	CN103146348B	■
	CN105907375A	□
6	CN103642461B	■
	CN103215013B	■
7	CN103215013B	■
8	CN103215013B	■
	CN106753250A	□
	CN106753251A	□
	CN106590536A	□
9	CN106977363A	▩
	CN106833535A	□
	CN106634852A	□
10	CN103923610B	■
11	CN103923611B	□
	CN103642461B	□
12	CN103215013B	■
	CN103146348B	■
	CN104194726B	■
13	CN102971394B	■
14	CN102803427B	■
	CN106905926B	■
	CN103635558A	□
	CN106905925A	□
	CN107674650A	□
	CN107746703A	□
	CN106905925A	□
	CN107384322A	□
15	CN107384323A	□
16	CN104059613A	□
17	CN106833537A	□

■ 有效　▩ 审中　□ 失效

图9-1-3　霍尼韦尔WO2004037913A2专利族中涉及的第四代制冷剂包含HFO-1234yf的组合物

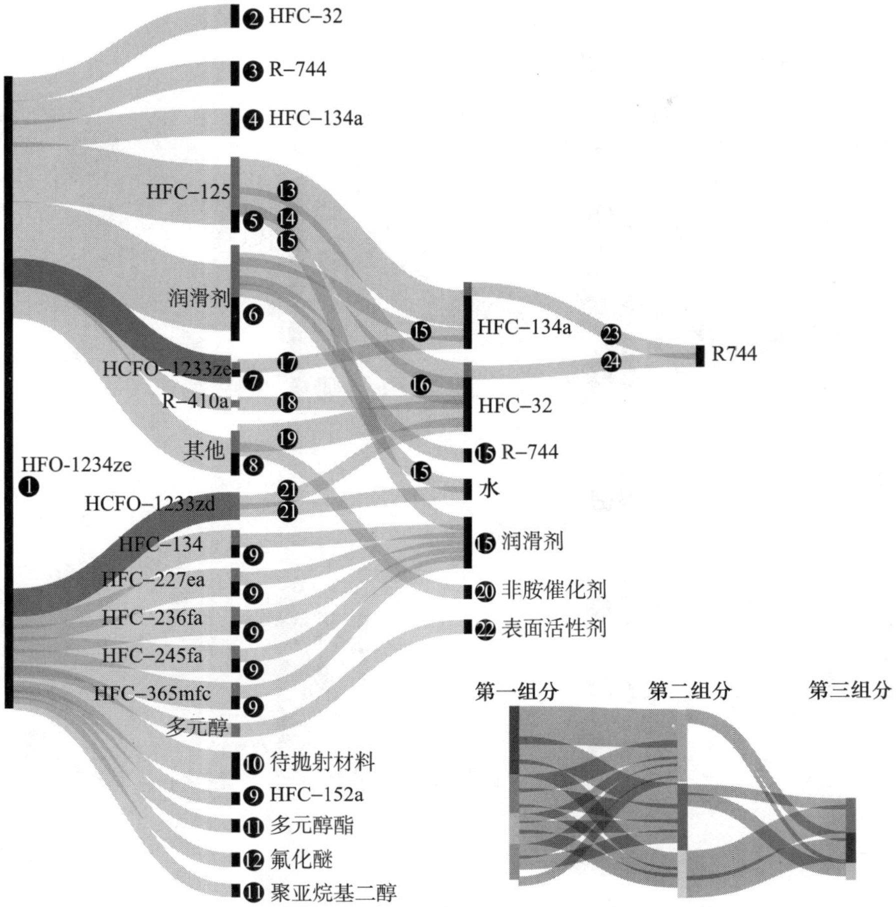

① CN1852880B ■
CN1968915B ■
CN104164217B ■
CN104178089B ■
CN105885800B ■
CN1976885B ■
CN108117477A ■（审中）
CN113105870A ■（审中）
CN1972887B □
CN1902152B □
CN103193584B □
CN104178090A □
CN107936926A □
CN108676548A □
CN108913098A □
CN103627019A □
CN102753624A □
CN104592468A □
CN107011861A □
CN107986936A □
CN107986937A □
CN101014680B ■
CN101553453B ■
CN101815693B □
CN101260021B ■
② CN101014680B ■
CN1973016B ■
CN104845588A □
CN108753258A □
CN107986937A □
③ CN101014680B ■
CN101553453B ■
CN101815693B □
CN101260021B ■
CN101014680B ■
CN1973016B ■
CN104845588A □
CN108753258A □
④ CN101014680B ■
CN105754553B ■
CN102971394B ■
⑤ CN101014680B ■
⑥ CN107974239B ■
CN1898353B ■
CN106833535A □
CN106753251A □
CN106753250A □
CN106634852A □
CN106590536A □
⑦ CN107674650A □
CN107090092A □
CN107090094A □
⑧ CN107090096A □
⑨ CN101014680B ■
⑩ CN105885799B ■
CN104164216B ■
⑪ CN102140329B ■
⑫ CN101448913A □
⑬ CN102803427B ■
CN107746703A □
CN107674650A □
CN106905925A □
CN102439108A □
⑭ CN107011862B ■
⑮ CN103172488B ■
⑯ CN107974239B ■
CN101014680B ■
⑰ CN107746703A □
⑱ CN101665681B □
⑲ CN104059613A □
CN107043472A □
⑳ CN107090095A □
㉑ CN103497351B ■
㉒ CN106084163A □
㉓ CN104093811A □
㉔ CN103497351B ■

■ 有效　■ 审中　□ 失效

图 9-1-4　霍尼韦尔 WO2004037913A2 专利族中涉及的第四代制冷剂包含 HFO-1234ze 的组合物

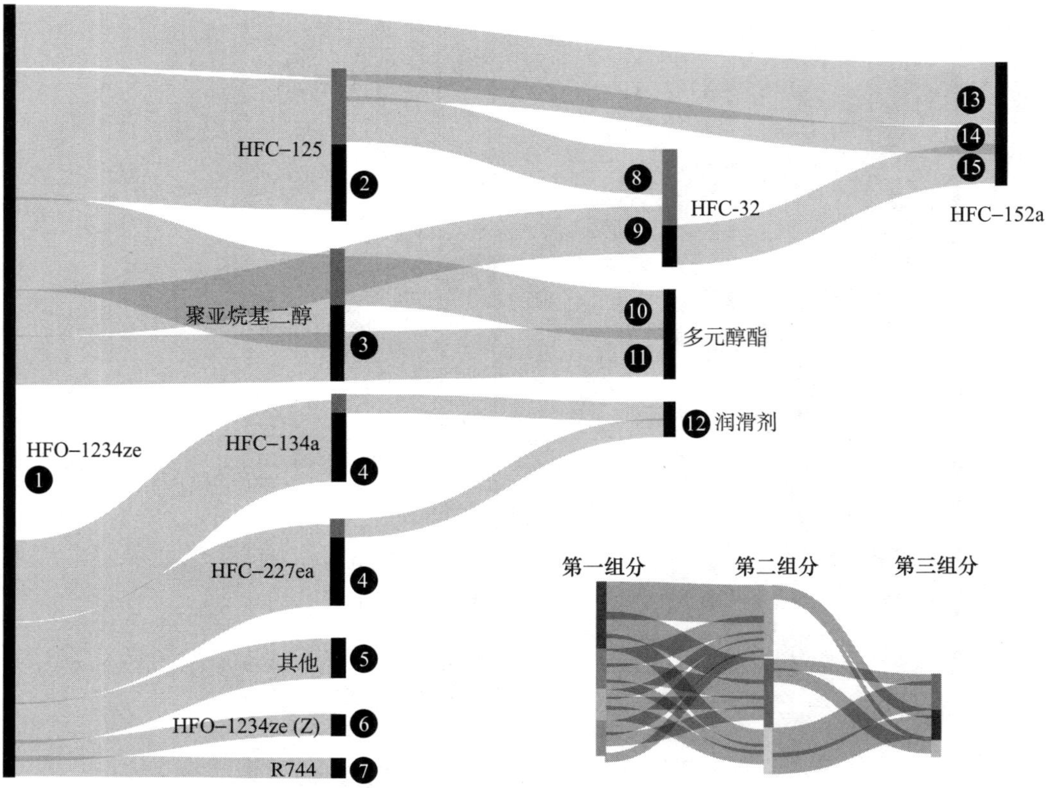

① CN101177378B ■
CN112480870A ▨
CN101925644A □
② CN103396766B ■
CN1977025B ■
CN105623615A □
CN105567172A □
③ CN103923723B ■
CN107828383B ■
CN103642461B ■
④ CN1977025B ■
CN103396766B ■
CN105623615A □
CN105567172A □
⑤ CN105111491A □
CN105111492A □
⑥ CN112480870A ▨
⑦ CN104817999B ■
⑧ CN107739594A ▨
CN107384322A □
CN107384323A □
⑨ CN105189689A □
⑩ CN103923611B ■
CN107828383B ■
CN103642461B ■
⑪ CN103923723B ■
CN107828383B ■
⑫ CN104194729B ■
⑬ CN1977025B ■
CN103396766B ■
CN105623615A □
CN105567172A □
⑭ CN107739594A ▨
⑮ CN107384322A □
CN107384323A □

■ 有效　▨ 审中　□ 失效

图 9-1-5　霍尼韦尔 WO2004037913A2 专利族中涉及的第四代制冷剂包含 HFO-1234ze（E）的组合物

对于含有 HFO－1234ze，或者其异构体的组合物，其整体申请量和授权量同样较高，而且组合物中的其他组成成分较多，例如，HFO－1234ze 组合物中的第二组分可以是多种不同的氢氟烷烃。二氧化碳作为组分之一，可以出现在两组分、三组分和四组分的组合物中，类似的，HFC－134a 和 HFC－32 也是应用较多的组分。并且，涉及组分二氧化碳、HFC－134a 和 HFC－32 组合物的专利申请获得授权的比例较高。针对 HFO－1234ze 的 E 型异构体，组合物中进一步包括 HFC－152a 组分的专利申请数量增多，其中有两件获得了授权，一件仍然在审查中。

针对包含 HCFO－1233、HFO－1234yf 和 HFO－1234ze 三种含氟烯烃的组合物而言，HFC－134a、HFC－32 和二氧化碳是在这些专利中出现次数较高的其他组成成分，表明含有这三种组分的组合物可能是重点研究方向。

9.2 基于专利 WO2004037913A2 的引文分析

专利 WO2004037913A2 的“家族被引证次数”最多，高达 707 次。“被引证次数”代表了该专利申请（含同族）被在后申请引用的次数，将在后申请记为“施引申请”，将被在后的申请（施引申请）引证或者引用的在先申请记为“被引申请”。当被引申请的技术内容为基础技术或者重要技术时，在后技术如果由其发展而来，当这些在后技术的所有人申请专利并进入审查阶段后，通常在检索报告中也会引用之前的专利申请文件。因此，被引证的次数越高，表明该被引申请的价值越高。其作为基础或者重要技术，需要特别关注。通过研究施引申请，判断在后技术的发展趋势，能够帮助企业确定研发战略，或者在基础技术上进行快速跟进研发。此外，也可以根据文献之间的引证关系，确定不同技术和工艺路线，规避专利保护或者选择合适的合作方。

如下以专利 WO2004037913A2 和其同族作为基础，继续进行引证文献的分析。

9.2.1 基于引文的竞争对手分析

9.2.1.1 数据获取与处理

审查员在对专利申请进行审查时会给出检索报告，检索报告中标注了其中引用文献的类型，例如 R、E、PX、PY、X、Y、A 等。其中涉及 R、E、X、Y 的类型，代表该引用的文献中存在和该申请权利要求请求保护的技术方案相同或者类似的技术内容。如果检索报告中标记的类型均为 A 类，则代表审查员没有检索到能够影响该申请技术方案新颖性或者创造性的现有技术文献。这种情况表明，被审查的专利申请权利要求请求保护的技术方案可能属于新技术，或者对已有技术进行了较大程度的改进和发展。这样的权利要求的授权可能性较高，而且容易提前预判授权的保护范围。

以专利 WO2004037913A2 和其同族作为基础，确定①专利 WO2004037913A2 的检索报告中引用的 X 或 Y 类文献。②专利 WO2004037913A2 作为被引证的申请出现在在后专利申请的检索报告中，并且引证类型为 X 或 Y。确定这些在后的专利申请，即分析专利 WO2004037913A2 作为“施引申请”和“被引申请”时，其对应的“被引申请”和“施引申请”的内容，对技术发展和申请人的竞争关系进行研究。

通过图 9－2－1 所示的检索方法，找到和专利 WO2004037913A2（作为 A）内容相关的专利申请文献 B1、B2、C1 和 C2。

图 9－2－1　引证文件检索方法

课题组从中筛选出引证类型为 X（影响新颖性或单篇影响创造性的文献）、E（抵触申请）、R（重复授权）的专利申请文献。这些专利申请文献均是在审查时出现在检索报告中，被认为能够破坏该专利申请（即被审查的专利申请）的新颖性或是破坏创造性的文献。说明这些专利申请文献的技术内容之间是相同或者非常类似的，它们之间具有十分紧密的技术关联度。由于技术内容本身在专利申请中不断发生变化，当筛选的次数增多时，和起始文献 A 相关的技术内容会发生较大的改变。因此，将引证的次数均设定为前后各两次。即向前引证两次和向后被引证两次。这样可以保证技术内容的演变不至于明显不同于起始文献 A。

9.2.1.2　技术原创者与技术跟随者

课题组分析了上述得到的被引证文献和施引文献的申请人，并对这些申请人被引证、施引证的次数和被引证和施引证的专利申请的数量进行了统计，如图 9－2－2 所示。

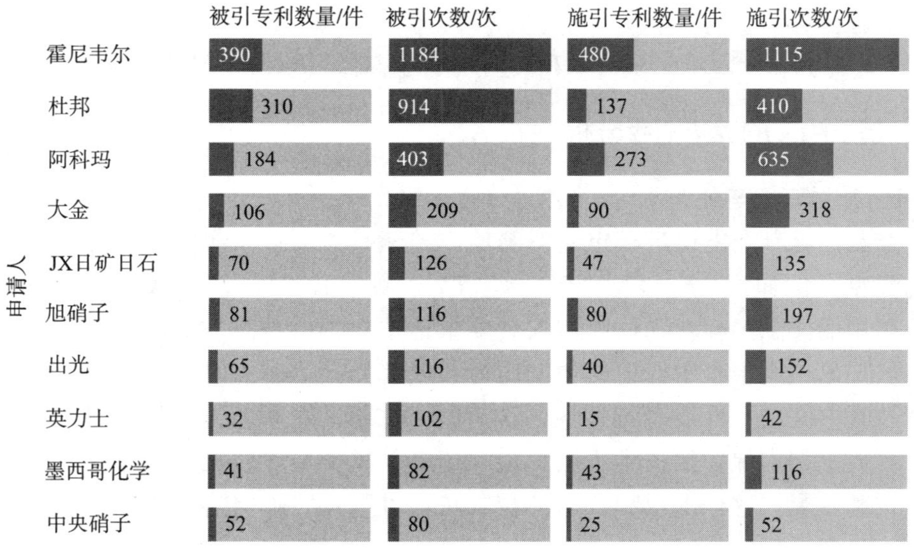

图 9－2－2　第四代制冷剂领域专利的主要被引证申请人和主要施引申请人

从图9-2-2中可以看出，霍尼韦尔不论是被引证次数还是施引证次数都排名靠前。霍尼韦尔共有390件专利申请被引证了1184次，同时霍尼韦尔也有480件专利申请引用在前公开的申请1115次。杜邦的被引证次数位居第二，其共有310件专利文献被引证了914次。阿科玛的施引证次数位居第二，其共有273件专利申请被审查员引证了635次。

此外，大金、JX日矿日石、旭硝子、出光、英力士、墨西哥化学、中央硝子也有一定数量的被引证专利和施引证专利，说明上述企业在专利WO2004037913A2涉及的技术领域中也是主要参与者和发展者。

由于专利WO2004037913A2和同族的特殊性，审查员在检索报告中引用的对比文件可以是申请人自己的在先申请。因此，存在以申请人自己的在先申请破坏在后申请新颖性或者创造性的情况，课题组排除了上述引证数据集中的申请人自引证的情况。而仅统计申请人的专利申请被其他竞争对手引用的情况（即该申请人的专利申请公开了其竞争对手专利申请的发明构思），以及申请人的专利申请施引其他竞争对手的情况（即其他竞争对手的专利申请公开了该申请人专利申请的发明构思）。也就是说，如果一个申请人被其他竞争对手引用的次数越多，说明该申请人的专利申请越多地公开了其竞争对手专利申请的发明构思，进而说明该申请人可能是制冷剂领域的技术原创者。而如果一个申请人施引其他竞争对手专利申请的次数越多，说明该申请人的专利申请要求保护的技术方案越多地被其竞争对手的在先专利申请所公开，反映该申请人更可能是制冷剂领域的技术跟随者。

图9-2-3显示了主要申请人的被引证次数和施引证次数的情况。横坐标表示该申请人的专利申请被其他竞争对手引证的次数，即该申请人的专利申请公开其他竞争对手的专利申请的发明构思的次数。引证次数越多，表示该申请人的专利申请被别人模仿的越多。纵坐标表示该申请人的专利申请引证其他竞争对手的专利申请的次数，即该申请人的专利申请的发明构思被其他竞争对手的专利申请公开的次数。该次数越多，表示该申请人的专利申请越可能是模仿、追随他人的技术。

从图9-2-3可以看出，霍尼韦尔和杜邦两家公司是第四代制冷剂领域主要的技术原创者。杜邦被其他竞争对手施引768次，而引证其他竞争对手的专利申请265次。霍尼韦尔被其他竞争对手施引701次，而引证其他竞争对手的专利申请632次。反映出杜邦和霍尼韦尔在第四代制冷剂领域的技术领先地位。

杜邦在1958年通过氟代乙烯和卤甲烷热解制得了HFO-1234yf（US2931840A）。早期HFO-1234yf主要用作聚合单体和共聚单体，合成方法局限于实验室研究，代表合成路线有氟代丙醇脱水法（EP0328148A1和US7026520B1）和三氟乙酰丙酮液相氟化法等。[1]

[1] BANKS R E, BARLOW M G, NICKKHOAMIRY M. Preparation of 2, 3, 3, 3-tetrafluoropropene from trifluoroacetyl acetone and sulphur tetrafluoride [J]. Journal of Fluorine Chemistry, 1997, 82 (2): 171-174.

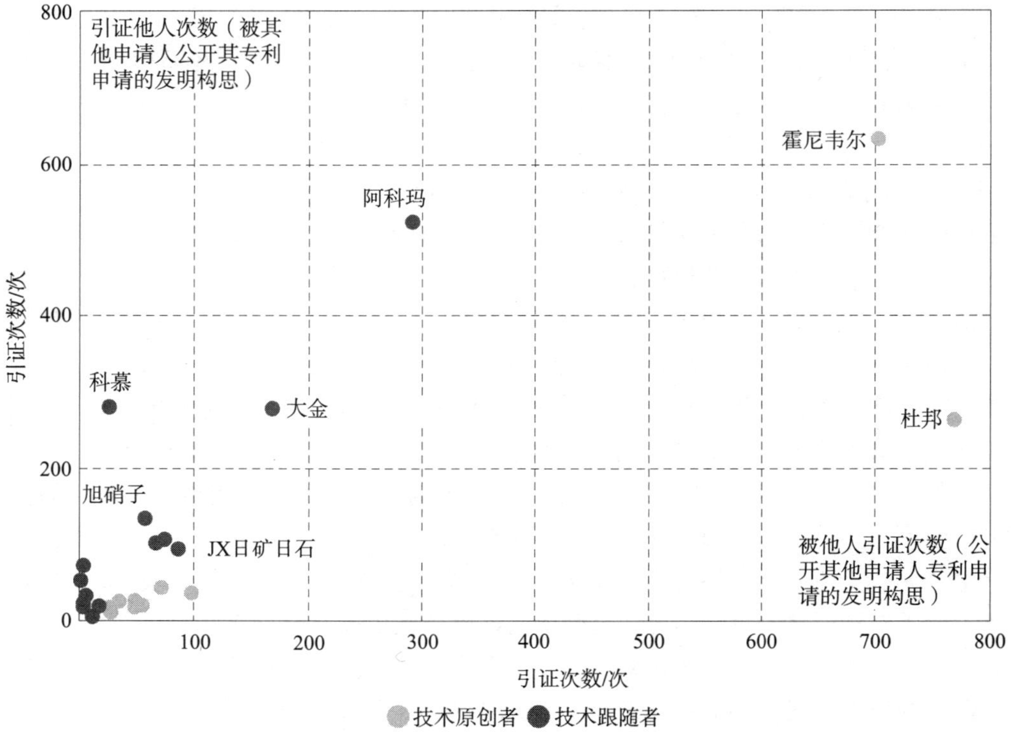

图9-2-3　第四代制冷剂领域技术原创者和技术跟随者

随后在1990年，大金首次提出HFO-1234yf可以作为制冷剂使用，并且制冷性能与R12、R22或R502相当。

随着HFC-134a淘汰日期的日益临近，在2004年之后，HFO-1234yf的研究进入高速发展时期。霍尼韦尔重点开拓了HFO-1234yf的制备路线，并在一年之内推出了7条新的合成路线，占其首创路线总数的近一半，并且在随后几年仍然维持一定的开创能力。霍尼韦尔是HFO-1234yf制备路线的领先者。杜邦虽然是首创路线最多的公司，但是在2004~2005年仅推出了一条新的制备路线，2006年才开始推出较多的首创路线，因此，杜邦在制备路线的及时性方面逊于霍尼韦尔，其中，代表合成路线有1，1，1，2，2-五氟丙烷（HFC-245cb）和1，1，1，2，3-五氟丙烷（HFC-245eb）脱氟化氢法（WO2008054779A1、US2006106263A1、WO2008030439A2、WO2009052064A2、WO2007117391A1、US20070112228A1、WO2008002499A2）；1，1，2，3-四氟丙烯三步氟化法（US20070197842A1、WO2009026526A1、WO2009009421A1）；1，1，1，3-四氟丙烯（HFO-1234ze）异构化法（WO2008030443A1）；3，3-二氟-1，1，1，2，2，-五氟丙烷（HCFC-225ca）和1，2，3，3，3-五氟丙烷（1225ye）加氢脱卤法（WO2008060614A3、WO2008030440A2）。

大金、阿科玛在2006~2007年才首创出HFO-1234yf制备路线，在路线开拓能力上落后于霍尼韦尔和杜邦。中国申请人中仅有西安近代化学研究所、东岳分别给出了新的制备路线，反映出它们在第四代制冷剂领域的技术追随地位。

9.2.1.3 主要竞争对手引证网络

本小节主要分析了作为技术原创者的杜邦和霍尼韦尔，以及作为技术跟随者的阿科玛、科慕、大金、旭硝子、JX 日矿日石之间的技术关联关系。

图 9－2－4 显示了第四代制冷剂领域主要竞争对手之间的引证关联关系。竞争对手之间的弦表示该竞争对手之间存在相互引证的关系，弦在连接某一申请人一端的宽度表示该申请人专利的被引证次数。因此，弦的两端宽度不一致，比如，杜邦的专利申请被霍尼韦尔引证了 205 次，而霍尼韦尔的专利申请被杜邦引证了 112 次。

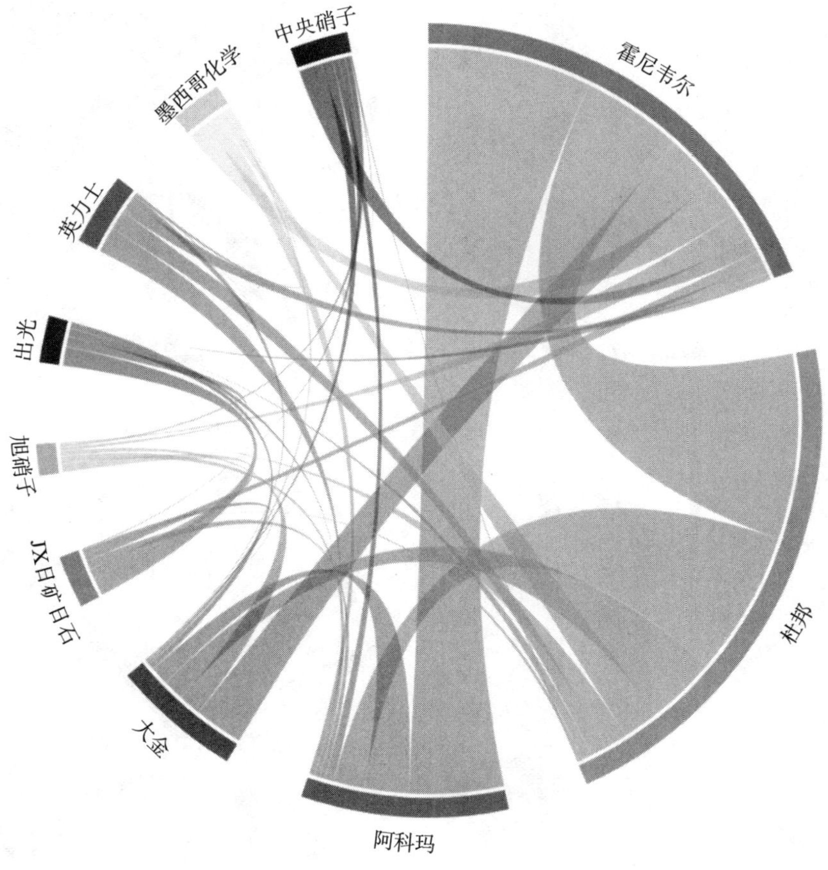

图 9－2－4 第四代制冷剂领域主要竞争对手专利引证情况

将图 9－2－4 按照竞争对手进行拆分可以更详细地看出每个竞争对手的专利被引证和施引证情况。

杜邦的专利是被引证次数最多的（768 次），连接杜邦一端的弦的宽度都比另一端的弦宽度更宽，说明杜邦被其他竞争对手引证专利的次数比杜邦施引其他竞争对手专利的次数要多，反映出杜邦作为该领域技术创新者的地位。施引杜邦专利的主要竞争对手包括霍尼韦尔（205 次）、阿科玛（158 次）、大金（74 次）、墨西哥化学（42 次）

和旭硝子（25 次）。

霍尼韦尔的被引证次数位居第二（701 次）。引证霍尼韦尔次数最多的竞争对手是阿科玛（182 次），其次是杜邦（112 次）。

阿科玛施引专利次数最多是来自霍尼韦尔（182 次）和杜邦（158 次）。同时阿科玛的专利也被霍尼韦尔引证了 105 次，而仅被杜邦引证了 34 次。这反映阿科玛可能与霍尼韦尔的专利技术方案类似度更高。

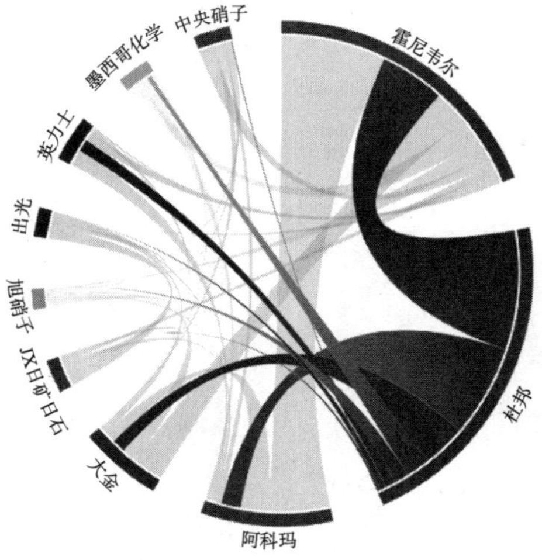

(a) 杜邦

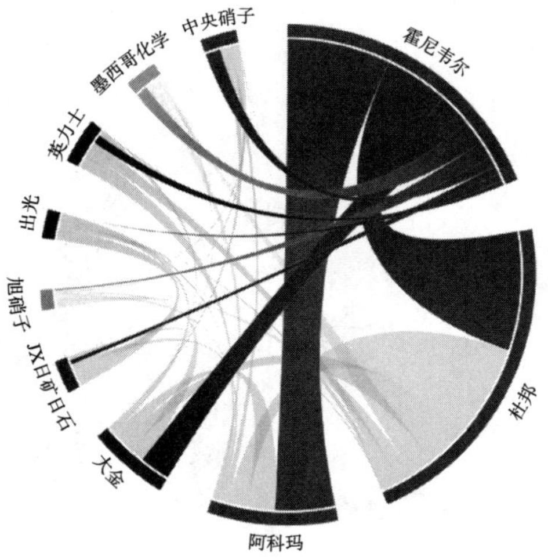

(b) 霍尼韦尔

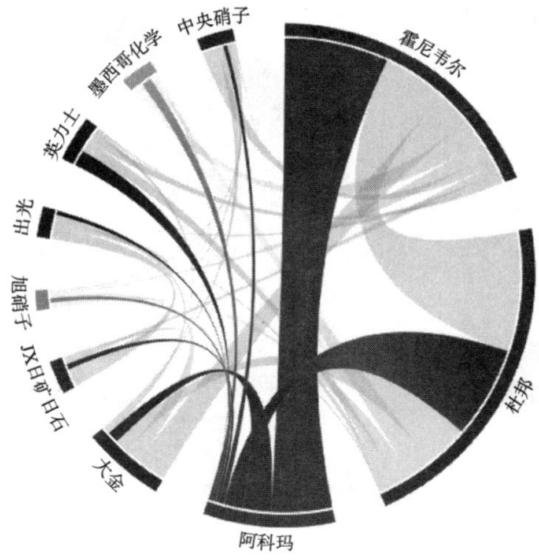

(c) 阿科玛

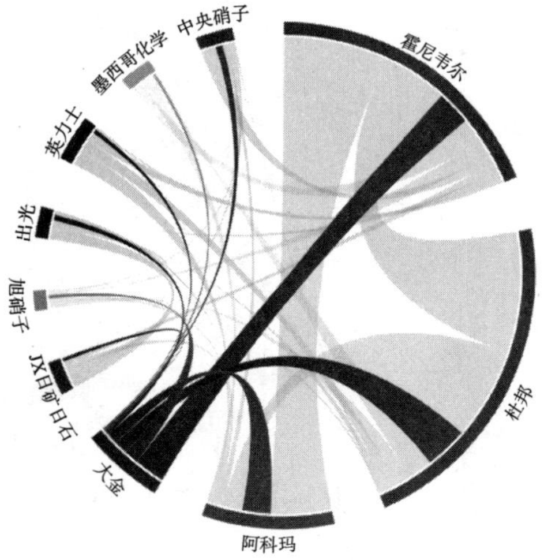

(d) 大金

图 9-2-5　第四代制冷剂领域主要竞争对手专利引证情况（按企业分类）

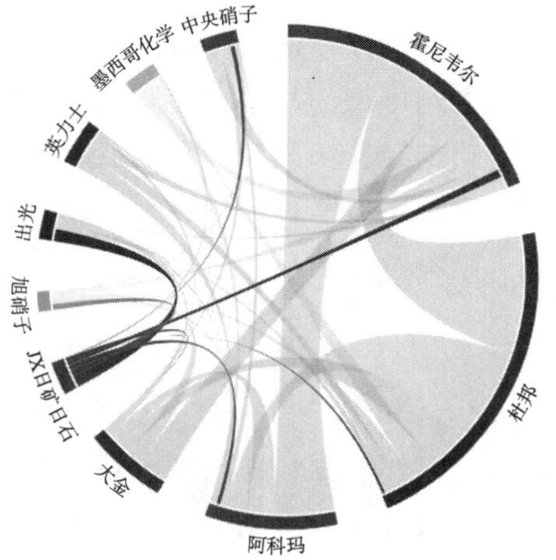

(e) JX日矿日石

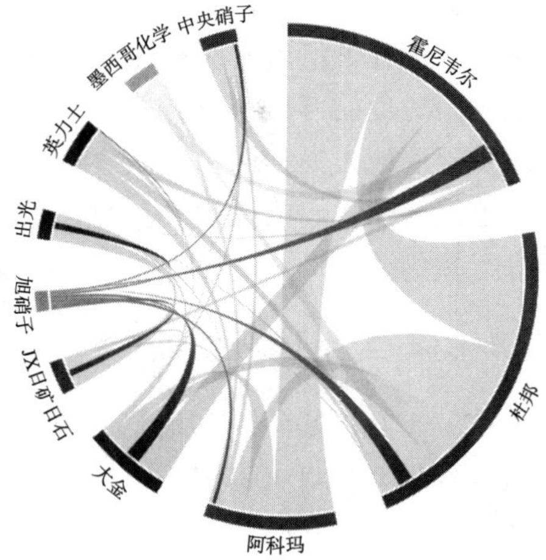

(f) 旭硝子

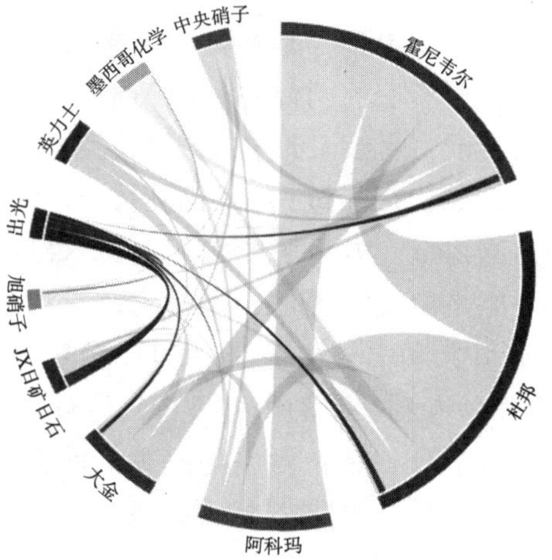

(g) 出光

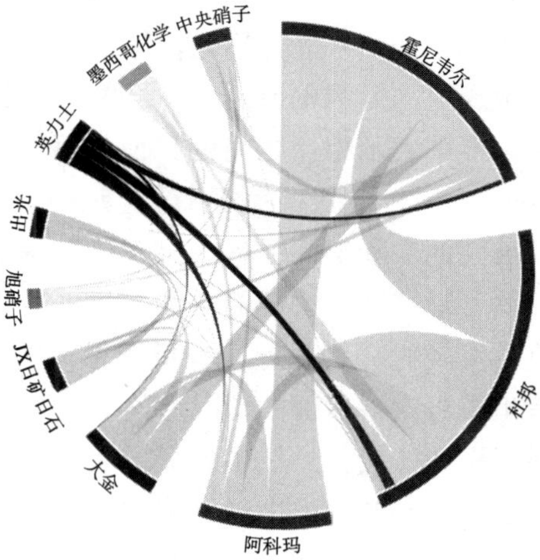

(h) 英力士

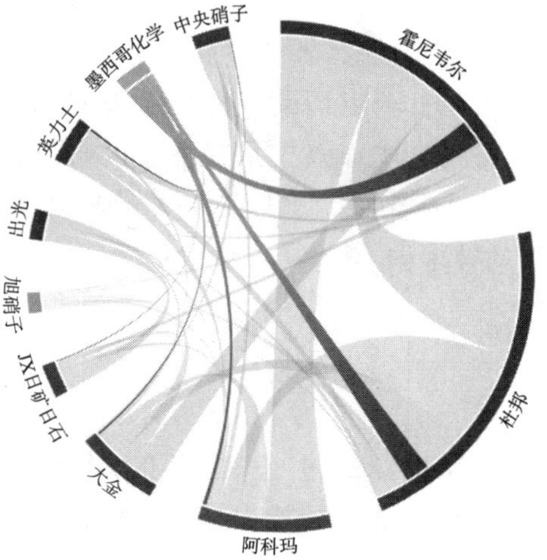

(i) 墨西哥化学

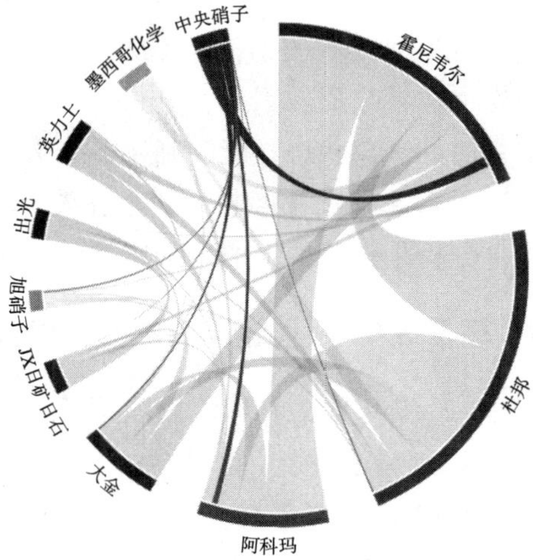

(j) 中央硝子

图 9-2-5 第四代制冷剂领域主要竞争对手专利引证情况（按企业分类）（续）

通过分析申请人之前的引证关系，可以确定在该技术领域的技术发展过程。通过后续进一步分析各个申请人专利在中国的授权情况，可以确定不同申请人之间各自的技术特色。同时也能够提示我们关注重点申请人专利申请的技术发展脉络，学习如何扩展技术、规避他人专利保护范围、专利申请策略的经验。只有研究重点申请人的历史状况，才能帮助我们更好地发展自己的技术，避免走弯路，同时也能够对未来的技术发展进行预判。

9.2.2 X/E/R 类引证文献分析

图9－2－6（见文前彩色插图第4页）展示了专利申请之间的引证关系，可以看出霍尼韦尔的专利 WO2004037913A2 作为基础性专利，对后续技术的发展和变化具有重要影响。在该专利和其同族专利基础上，衍生出大量的中国专利申请，形成了不同的专利引证链。

其中，以中心点为基础的第一层圆形上的点代表专利 WO2004037913A2 和其全部同族申请，用公开号进行标记。第二层圆形上的专利申请，是在其检索报告中引证了第一层圆形上的专利申请。第一层圆形和第二层圆形上的两件专利申请通过灰色的线条进行连接来表示相互之间的引证关系，以此类推，后续又形成了不同层次的引证关系。其中，一些专利申请的引证链延伸较短。例如，在经过一次引证后，有些专利没有继续被其他专利申请引证。出现这种情况的原因，一方面可能是相关技术已经比较成熟，没有继续进行改进的空间，另一方面可能是出现了更适合的技术，导致该技术不再具备发展优势。此外，也可能是因为该施引专利申请本身为时间上较新的申请，还没有出现再次被引证的情况。这些需要结合相关专利文献的内容进行具体分析。

对于引证链较长的技术发展路线，证明该技术分支具备发展和改进的前景，后续的专利申请在其基础上进行不断的改进和发展，这些技术路径上的竞争对手可能会很多。例如：专利 WO2004037913A2 的同族申请 US2004256594A1 在中国衍生出的最长的被引证路径是6次，最新的申请是 CN111548770A 和 CN111139036A。而且该分支中的专利 CN101297016A（杜邦）也被更多的中国申请所引证，表明专利 CN101297016A 的技术内容也非常重要。因此，分析这些引证链上的专利申请请求保护的技术内容和专利申请目前的法律状态，能够确定重要技术的发展路线和该技术路线上的技术保护情况。在第9.2.3节的内容中，课题组选择最长的引证路线，即以专利 US2004256594A1 为起点，分析了该路线上的专利申请请求保护的技术内容。

9.2.3 基于 X/E/R 引证文献的技术路线分析

图9－2－7（见文前彩色插图第5～6页）显示了基于专利 US2004256594A1 被引证的技术发展路线。首先对专利 US2004256594A1 进行简要的说明。专利 US2004256594A1 可以被看作霍尼韦尔 WO2004037913A2 的同族申请，该申请的权利要求请求保护包含 HFO－1234 和 HFO－1225 的传热组合物，其中权利要求1使用了通式的撰写方式。在权利要求9中开始限定具体成分可以是 HFO－1234。在2007年10月9

日进行了授权公告，授权的权利要求 1 仍然出现了通式，但是使用了含量等特征进行限定。在权利要求 4～5 中开始出现 HFO－1234yf 和 HFO－1225。在 2018 年 3 月 27 日的再审决定中，上述权利要求均被撤销。从当时被授权的文本可以看出，专利 US2004256594A1 涉及的正是 HFO－1234yf 的核心专利。

专利 US2004256594A1 在中国对应的同族申请为 CN101014680A（申请号为 CN20058001353.6）。该申请的公开文本中权利要求 1 仍然涉及了通式定义的传热组合物产品。而在授权文本中的权利要求则变成了用途权利要求。权利要求 1 内容如下：

“1. 一种传热组合物在汽车空气调节系统和装置中的用途，所述传热组合物包含（i）致冷剂，其包含至少 50% 重量的 1，3，3，3－四氟丙烯（HFO－1234ze），和（ii）润滑剂，其选自聚烷二醇（PAG）和/或多元醇酯（POE）。”

该中国授权专利最终保护的是用途，而且涉及的组合物中的核心成分是 HFO－1234ze，即相当于保护了可以实际应用的制冷剂基础成分的用途，该专利目前仍然有效。

此外，因为该系列的同族专利申请中记载了多种不同的制冷剂成分组合，例如上述授权专利 CN101014680B 的权利要求 5 如下：

“5. 根据权利要求 1－4 中任一权利要求所述的用途，其中所述组合物另外包含一种或一种以上选自由下列各物组成的群组的化合物：二氟甲烷（HFC－32）、五氟乙烷（HFC－125）、1，1，2，2－四氟乙烷（HFC－134）、1，1，1，2－四氟乙烷（HFC－134a）、二氟乙烷（HFC－152a）、1，1，1，2，3，3，3－七氟丙烷（HFC－227ea）、1，1，1，3，3，3－六氟丙烷（HFC－236fa）、1，1，1，3，3－五氟丙烷（HFC－245fa）、1，1，1，3，3－五氟丁烷（HFC－365mfc）、CO_2 和所述物质中的两者或两者以上的组合。”

因此在其后的技术发展中，可以看到后面的申请人或者霍尼韦尔自己都对相关的各种组合进行了选择和优化，其中也包括对组合物的成分进行了发展，比较典型的是格力被授权的专利 CN110878194B 中 HFE－143a、HFC－134a、HFC－227ea 和 CF3I 的四组分组合物。该组合物中，将氢氟烯烃替换为了氢氟醚。

图 9－2－7 展示了基于专利 US2004256594A1 的技术分支路线，US2004256594A1 对应的详细分支路线的专利申请和其权利要求中涉及的主要内容如附表 9－1 所示。

作为制冷剂组合物的成分配比，比较重要的是在包含 HFC－134a 的基础上继续进行衍生和发展来降低组合物的 GWP 值。制冷剂组合物的成分配比除了受到环保因素的制约外，也要考虑制冷的效率、制造使用成本等问题。因此，加入 HFO 类的第四代成分降低 GWP 值的同时，也要兼顾其他的性能指标。从图 9－2－7 中可以看出，在已经授权的专利中，涉及两组分 HFO－1234yf 和 HFC－134a 的授权且有效的专利有 1 件（编号为 55），为杜邦的专利 CN105219350B，同时还有 1 件其他申请人的在审专利申请。

从编号为 18 的专利申请 CN106833537A 开始，后续申请对 HFO－1234yf 和其他成分的组合进行了进一步的研究和发展，并且较多的申请都获得了授权。例如编号为 28

的申请中涉及了 HFO－1234yf 和 R－22（二氟一氯甲烷）的组合，但是由于其中包括了含氯的成分，可能并不适合继续发展的要求。而后续的申请中增加了多种不同的氢氟烃的成分，例如 HFC－134a、HFC－161 等，或者和其他不同的 HFO（氢氟烯烃）进行组合。最后，编号为 24 的申请人为天津大学的专利申请发展出四组分和五组分的组合物，其中的共同成分是 CF_3I。

通过引证文献的技术路线分析，结合专利申请的申请日期和公开日期，可以对我国申请人技术路线发展方向提供参考建议，同时也能清楚看出潜在竞争对手的数量。通过关注技术路线上的已授权专利，也能够判断出专利保护覆盖的范围。如果企业选择该分支进行开发研究，例如增加新的组分、改变配比等，需要注意可能的侵权风险。当开发出新性能的产品时，可能也需要获得在前专利权人的授权才能够实施。例如编号 47 和 48 的授权专利，需要关注编号 45 的授权专利的内容。

此外，通过分析发现在该引证路线下，格力作为申请人共申请了 22 件专利，全部获得了授权，目前专利均有效。

9.3 最新技术研判

专利申请本身具有时间上的滞后性，一件专利申请从递交申请到公开通常需要经过一段时间。申请人在提交申请后，也可以根据需要决定申请的公开时间。因此，通过专利申请来跟踪最新技术的发展存在一定的滞后性，而且如何从关键领域的众多申请文件中筛选出有价值的新技术也存在一定的困难。一个相对简单有效的方法是通过查阅专利申请的公开文本或公开的审查信息中的检索报告来快速跟踪最新技术的发展状况。

重要的专利一般会进入不同的国家进行申请，PCT 申请提供了更便利的申请途径。PCT 申请在国际公布的同时，或者在国际公布的一段时间后，会公开该 PCT 申请的检索报告。检索报告中列出了审查员认为最相关的现有技术。如果检索报告中引用的文献的相关类型均为 A 类，表示审查员没有检索到能够影响该申请技术方案新颖性或者创造性的文献。从侧面表明目前公开的专利申请中请求保护的技术可能是相对较新的技术，或者是在目前已有技术的基础上进行了很大程度上的改进。

该分析方法的一个简单示例如下：之前分析的霍尼韦尔的专利 WO2004037913A2 还包括一个同族申请 WO2004037752A2。这两个申请的申请日均为 2003 年 10 月 27 日，均要求了两个相同的美国优先权，优先权日均为 2002 年 10 月 25 日。因此这两件申请属于同族专利申请。专利 WO2004037913A2 在 2005 年 1 月 20 日公开的检索报告中，由美国专利商标局（USPTO）作出，公开号为 WO2004037913A3）引用了 2 篇 Y 类文献——US5788886A 和 US5616275A。

而专利 WO2004037752A2 在 2005 年 7 月 7 日公开的检索报告中（由 USPTO 作出，WO2004037752A3），引用了 3 篇 A 类文献——US6274779A、US5578137A 和 US5250208A。Y 类文献代表需要结合至少一篇其他文献才能影响专利申请的创造性，这种情况说明该申请请求保护的技术和现有技术有一定程度上的不同。A 类文献则表明该申请请求保护的技术明显区别于现有技术的内容。在检索报告公开后，跟踪和研究这两件申请的技术内容，虽然时间上有所滞后，但是也可能发现重要技术的发展方向，进行跟踪和研发，提高研发效率。

根据专利申请能够获得检索报告的难易情况，课题组选择申请日在 2019 年 1 月 1 日之后的欧洲专利局（EPO）和 PCT 申请途径公布的文本，阅读其中能够获得的检索报告，筛选出检索报告中为全 A 类的专利申请。由于中国市场的重要性，还增加了在同样申请日之后的，检索报告中为全 A 的中国专利申请。对这些专利申请的权利要求进行分析来了解目前的技术发展情况，具体内容如附表 9 –2 所示。

将附表 9 –2 按照申请日进行排序，可以看出其中格力有 4 件专利申请，权利要求的内容均为特定组分以特定比例形成的组合物，其中 3 件申请涉及 CF_3I。另外一件涉及 HFO – 1234yf 或 HFO – 1234ze（E）和另外三个组分 HFC – 152a、HFC – 134a、HFC –227ea 形成组合物。

大金有 7 件申请，其中出现较多的成分是 HFO – 1123 和 HFO – 1132。专利申请 WO2019JP24822 中的组合物均涉及了 CF_3I 的成分。而专利申请 WO2020JP23679 涉及了 HFO –1132 的制备。

霍尼韦尔的专利申请 WO2019US55647 的权利要求请求保护的是由 HFP 和 CF_3I 组成的共沸物或类共沸物。而这种组合物实际用途在于纯化 CF_3I。另一件专利申请 WO2019US67587 则包括了 1，2，2 – 三氟 –1 – 三氟甲基环丁烷的共沸组合物。进一步研究发现，该申请具有多件同族申请，包括在美国和欧洲的申请。这些同族申请的最早优先权日是 2018 年 12 月 21 日。该同族申请的技术内容虽然在时间上相对较早，但是将 1，2，2 – 三氟 –1 – 三氟甲基环丁烷作为热传递介质，其后续发展也值得继续关注。

通过对不同专利申请的分析，还可能需要重点关注 CF_3I 的相关技术。此外，大金作为本领域重要的申请人，其对于 HFO –1123 和 HFO –1132 技术的发展也是值得关注的一个方向。其他重要申请人的专利申请还包括科慕的专利申请 WO2019US58005，该专利申请涉及 R410A 替代组合物。虽然 R410A 替代组合物的申请已经较多，值得关注的是该组合物为三组分的 HFO –1234yf、HFC –32 和 R –744。其中 R –744 是二氧化碳，而这三组分之间的特定配比也具有重要的参考价值。

此外，还发现申请人 VOETSCH IND GMBH 的一件专利申请，涉及一种用于冷却装置的制冷剂，制冷剂的组成是 R449A 和 R410A 的混合物，但是该制冷剂有特定的用途。申请人 3M 在专利申请 WO2019IB58037 中提出了一种新的通式结构的氢氟醚类化合物。

除了对上述 2019 年 1 月 1 日之后的申请进行分析之外，课题组也在检索得到的全部第四代制冷剂（含有氢氟烯烃 HFO 相关成分）结果中，对具有全 A 类检索报告的专利申请的申请人进行了简单的统计，发现前五位申请人分别是：霍尼韦尔、阿科玛、杜邦、科慕、大金。该分析结果表明，到目前为止这些公司的技术原创程度相对较高。

9.4 小　　结

本章分析了霍尼韦尔的一项重要基础专利在中国的申请策略，将此项专利申请作为基础进行了引证文献研究，通过其后的文献引证关系，进一步研究了在该项专利申请基础上的技术路线演进。解读了霍尼韦尔在中国的专利申请策略，相同或者类似技术领域中的主要竞争对手，展示了在其基础上的技术路线发展和重要技术的形成过程。发现了第四代制冷剂一个技术领域分支中的申请人之间的引证和竞争关系，确定了重要申请人、技术的发源者和技术贡献者。在涉及氢氟烯烃的第四代制冷剂领域，需要持续关注以下重点申请人：霍尼韦尔、阿科玛、杜邦、科慕、大金。在跟踪这些申请人的最新专利申请和授权情况的同时，也要关注国内技术的相对领先者，例如格力、巨化等申请人的专利布局。

本章提供了一种专利分析的方法，首先确定重要的基础专利申请，分析该专利申请的申请策略。根据其在申请和审查过程中的权利要求请求保护的技术方案的内容和权利要求保护范围的变化，学习技术领先的申请人的专利申请保护策略。而基于引证文献的技术路线研究，一方面可以将其作为企业进一步深入研究的参考，确定该技术分支的技术竞争程度和专利布局的情况，以便衡量投入和产出的比例、实施新技术时的专利壁垒。因为企业的发展动力来自创新，而创新的前提和基础首先是能够在激烈的市场竞争中赢得一席之地。另一方面，从技术分支的不同方向上，确定本领域重要申请人的分布、未来可能的最优技术路线、潜在的技术合作方和竞争对手。同时，通过利用专利申请公布文本中的检索报告，能够帮助我们从侧面筛选和判断可能的最新技术发展方向。检索报告中列为全A文献的专利申请中请求保护的技术方案具有一定的参考价值，但是也不能忽略其中仅列出了部分A类文献（检索报告中还存在X或Y类等文献）的专利申请的技术内容。即检索报告中列出A类文献所对应的权利要求的技术方案，都需要进行仔细的研究。此外，如果检索报告中列出了大量的XY类的参考文献，或者出现了PX、PY和E类文献，一方面表明专利申请中权利要求的撰写范围过大，可能本身的参考价值不高。但是，也可能是该技术领域的竞争非常激烈，以至于出现了很多相似技术内容的申请。因此，研究检索报告的内容，能够帮助我们快速找到相似技术内容的文献，判断该类技术的先进程度和竞争情况。

利用筛选检索报告中引证文献类型的方法，在报告中列出了目前出现的可能属于新技术分支的专利申请和其权利要求涉及的主要技术内容，这些技术值得后续进行重点关注。

附表9-1　技术路线分析相关专利

<table>
<tr><th>序号</th><th>公开号</th><th>申请人</th><th>权利要求涉及的组合物的
主要技术内容</th><th>说明</th><th>法律状态</th></tr>
<tr><td>1</td><td>CN101297016</td><td>杜邦</td><td>HFO-1234yf；（HFO-1234ye，HFO-1243zf，HFC-125，HFC-134，HFC-134a，HFC-143a，HFC-152a，HFC-161，HFC-227ea，HFC-236ea，HFC-236fa，HFC-245fa，HFC-365mfc，CF_3I，R-744，R-32，丙烷，正丁烷，异丁烷，2-甲基丁烷，正戊烷，环戊烷，二甲基醚，CF_3SCF_3）|
HFO-1225ye；（HFO-1234yf，HFO-1234ye，HFO-1234ze，HFO-1243zf，HFC-125，HFC-134，HFC-134a，HFC-143a，HFC-152a，HFC-161，HFC-227ea，HFC-236ea，HFC-236fa，HFC-245fa，HFC-365mfc，CF_3I，R-744，R-32，丙烷，正丁烷，异丁烷，2-甲基丁烷，正戊烷，环戊烷，二甲基醚，CF_3SCF_3）|
HFO-1234ze；（HFO-1234yf，HFO-1234ye，HFO-1243zf，HFC-125，HFC-134，HFC-134a，HFC-143a，HFC-152a，HFC-161，HFC-227ea，HFC-236ea，HFC-236fa，HFC-245fa，HFC-365mfc，CF_3I，R-744，R-32，丙烷，正丁烷，异丁烷，2-甲基丁烷，正戊烷，环戊烷，二甲基醚，CF_3SCF_3）|
HFO-1234ye；（HFO-1243zf，HFC-125，HFC-134，HFC-134a，HFC-143a，HFC-152a，HFC-161，HFC-227ea，HFC-236ea，HFC-236fa，HFC-245fa，HFC-365mfc，CF_3I，R-744，R-32，丙烷，正丁烷，异丁烷，2-甲基丁烷，正戊烷，环戊烷，二甲基醚，CF_3SCF_3）|
HFO-1243zf；（HFC-125，HFC-134，HFC-134a，HFC-143a，HFC-152a，HFC-161，HFC-227ea，HFC-236ea，HFC-236fa，HFC-245fa，HFC-365mfc，CF_3I，R-744，R-32，丙烷，正丁烷，异丁烷，2-甲基丁烷，正戊烷，环戊烷，二甲基醚，CF_3SCF_3）|</td><td>两组分；
多组分；
大量组合；
列表；
基础专利</td><td>驳回-
复审</td></tr>
</table>

续表

序号	公开号	申请人	权利要求涉及的组合物的主要技术内容	说明	法律状态
2	CN101864276	集美大学	HFO－1234ze（E）；HFC－152a；R－32丨	三组分；配比	视撤
3	CN101864277	集美大学	HFO－1234yf；HFC－152a；二甲醚丨	三组分；配比	视撤
4	CN102191017	墨西哥化学	HFO－1234yf；（HFO－1234ye，HFO－1243zf，HFC－125，HFC－134，HFC－134a，HFC－143a，HFC－152a，HFC－161，HFC－227ea，HFC－236ea，HFC－236fa，HFC－245fa，HFC－365mfc，CF_3I，R－744，R－32，丙烷，正丁烷，异丁烷，2－甲基丁烷，正戊烷，环戊烷，二甲基醚，CF_3SCF_3）丨 HFO－1225ye；（HFO－1234ze，HFO－1234yf，HFO－1234ye，HFO－1243zf，HFC－125，HFC－134，HFC－134a，HFC－143a，HFC－152a，HFC－161，HFC－227ea，HFC－236ea，HFC－236fa，HFC－245fa，HFC－365mfc，CF_3I，R－744，R－32，丙烷，正丁烷，异丁烷，2－甲基丁烷，正戊烷，环戊烷，二甲基醚，CF_3SCF_3）丨 HFO－1234ze；（HFO－1234yf，HFO－1234ye，HFO－1243zf，HFC－125，HFC－134，HFC－134a，HFC－143a，HFC－152a，HFC－161，HFC－227ea，HFC－236ea，HFC－236fa，HFC－245fa，HFC－365mfc，CF_3I，R－744，R－32，丙烷，正丁烷，异丁烷，2－甲基丁烷，正戊烷，环戊烷，二甲基醚，CF_3SCF_3）丨	两组分；多组分；包括；大量组合	驳回－复审
5	CN102216413	阿科玛	HFO－1234yf；丙烯丨HFO－1234yf；乙烯丨HFO－1234yf；丙烯；乙烯丨	两组分；三组分	在审
6	CN102229794	东岳	HFO－1234yf；HFC－161丨	两组分；配比	视撤

续表

序号	公开号	申请人	权利要求涉及的组合物的主要技术内容	说明	法律状态
7	CN102317401	阿科玛	HFO－1234yf；HFC－134a；（丙烷，丙烯，乙烯）丨	三组分；多组分；配比	终止
8	CN102408876	阿科玛	HFO－1234ze（E）；HFC－134a；（多元醇酯，PVE）丨	三组分；多组分；	有效－复审
9	CN102482559	阿科玛	HFO－1234yf；R－22丨	用途；两组分	驳回
10	CN102482560	阿科玛	HFO－1234yf；HFC－152a；R－22丨	用途；三组分；配比；替代R－410A	有效
11	CN102712838	杜邦	HFO－1234yf；R－32丨	两组分；包括	驳回
12	CN102732220	天津大学	HFO－1234yf；HFC－152a；HFC－254cb丨HFO－1234yf；（HFE－134，HFE－143，HFC－152a，HFC－245ca，HFC－245fa，HFC－254cb，HFC－236ea）丨	三组分；多组分；配比；有机朗肯循环	视撤
13	CN102753646	墨西哥化学	HFO－1234ze（E）；HFC－134a；HFC－152a丨	三组分；配比	终止
14	CN102884152	阿科玛	HFO－1234yf；HFO－1234ze；R－22丨	三组分；配比	有效
15	CN102959036	墨西哥化学	HFO－1234ze（E）；HFC－134a；HFC－152a；R－32丨HFO－1234ze（E）；（HFC－125，HFC－134a）；（HFC－152a，HFC－161）；（R－32，R－1270，R－290）丨	三组分；多组分	放弃
16	CN103025844	开利公司	HFO－1234yf；HFC－134a；HFC－161丨HFO－1234yf；HFC－161；R－32丨HFO－1234ze；HFC－134a；HFC－161丨	三组分；实施例；通式	有效

续表

序号	公开号	申请人	权利要求涉及的组合物的主要技术内容	说明	法律状态
17	CN103254875	杜邦	HFO－1234yf；HFC－125；CF3I丨HFO－1234yf；HFC－134a；CF_3I丨	三组分	视撤
18	CN103261359	杜邦	HFO－1234ze（E）；HFC－134丨	方法；通式	驳回
19	CN103261360	杜邦	HFO－1234ze（E）；HFC－134丨	方法；两组分；通式	有效
20	CN103282461	霍尼韦尔	HFO－1234yf；HFC－152a；R－32丨（HFO－1234yf，HFO－1234ze）；（HFO－1243zf，HFC－152a）；R－32丨（HFO－1234yf，HFO－1234ze）；HFC－152a；R－32丨	两组分；多组分；通式	视撤
21	CN103462894	霍尼韦尔	HFO－1234yf；表面活性剂丨HFO－1234ze；表面活性剂丨	两组分；多组分；医药组合物；推进剂；不相关	驳回
22	CN103890130	霍尼韦尔	HFO－1234ze（E）；HFC－134a；HFC－152a；R－32丨	四组分；配比	有效
23	CN103937458	西安交通大学；西安交通大学苏州研究院	HCFO－1233zd（E）；HFO－1234yf丨HCFO－1233zd（E）；HFO－1234ze（E）丨HCFO－1233zd（E）；HFO－1234yf；HFO－1234ze（E）丨	两组分；三组分；配比；有机朗肯循环	驳回
24	CN103946334	霍尼韦尔	HFO－1234ze（Z）；HFC－245fa丨	两组分；多种组合物	视撤
25	CN104046331	霍尼韦尔	HFO－1233zd；HFO－1234ze丨（HFO－1233zd，HFC－245fa）；（HFO－1234ze，HFC－134a）丨	两组分；多组分；配比；高温热泵系统	驳回
26	CN104277766	墨西哥化学	HFO－1234ze（E）；HFC－152a；R－32丨	三组分；配比	视撤

续表

序号	公开号	申请人	权利要求涉及的组合物的主要技术内容	说明	法律状态
27	CN104726066	杜邦	HFO－1234ze；R－32｜HFO－1234ze；HFC－125｜HFO－1234ze；HFC－125；HFC－152a｜HFO－1234ze；HFC－125；HFC－134a｜HFO－1234ze；HFC－134a；R－32｜HFO－1234ze；HFC－125；HFC－134a；R－32｜	两组分；三组分；四组分	驳回
28	CN104726067	墨西哥化学	HFO－1234yf；HFC－134a｜	两组分；配比	视撤
29	CN104968756	霍尼韦尔	HFO－1234ze；HFC－125；R－32｜HFO－1234ze；R－32｜	两组分；三组分；多组分；通式	视为放弃
30	CN105001833	天津大学	HFO－1234ze（E）；HFC－152a｜HFO－1234ze（E）；HFC－134a；HFC－152a｜	两组分；三组分；配比	视撤
31	CN105018036	阿科玛	HFO－1234yf；HFC－152a；R－22｜	三组分；配比；替代 R404A	有效
32	CN105219350	杜邦	HFO－1234yf；HFC－134a｜	两组分；配比	有效
33	CN105378022	霍尼韦尔	HFO－1234ze；HFC－227ea｜HFO－1234ze；HFC－134a；HFC－227ea｜	两组分；三组分	视撤
34	CN105531343	阿科玛	HFO－1234yf；HFC－125；R－32；丙烷｜	四组分；配比	有效
35	CN105874031	得凯莫斯公司弗罗里达有限公司	HFO－1234yf；HFC－125；R－32｜	三组分	有效

续表

序号	公开号	申请人	权利要求涉及的组合物的主要技术内容	说明	法律状态
36	CN106010454	阿科玛	HFO－1234ze（E）；HFC－134a；多元醇酯｜	三组分； 多组分； 配比	有效
37	CN106085364	阿科玛	HFO－1234ze；HFC－152a；R－22｜	三组分； 配比	有效
38	CN106715669	中央硝子	HCFO－1233xf；HCFO－1233zd｜	两组分	有效
39	CN106833537	霍尼韦尔	HFO－1234yf；附加组分｜	两组分； 多组分；	视撤
40	CN106978141	杜邦	HFO－1234yf；HFC－152a；R－32｜HFO－1234ze（E）；HFC－152a；R－32｜	三组分； 配比	在审
41	CN107090093	霍尼韦尔	HCFO－1233zd；共发泡剂｜	两组分； 多组分； 通式； 大量成分； 发泡剂； 泡沫体；	有效
42	CN107090094	霍尼韦尔	HFO－1234ze；其他助剂｜	两组分； 多组分； 通式； 发泡剂；	视撤
43	CN107090095	霍尼韦尔	HFO－1234ze；其他助剂｜	两组分； 多组分； 通式； 发泡剂；	视撤
44	CN107429150	霍尼韦尔	HFO－1234ze（E）；HFC－152a；R－22；R－32｜HFO－1234ze（E）；R－22；R－32｜	方法； 三组分； 四组分	视撤

续表

序号	公开号	申请人	权利要求涉及的组合物的主要技术内容	说明	法律状态
45	CN107532074	旭硝子；独立行政法人产业技术总合研究所	HFO－1234yf；R－22｜（HFO－1234yf，HFO－1234ze，HFO－1123，多种 HFO）；（R－22，R－41）｜HFO－1123；R－32｜HFO－1216；HFC－152a｜	两组分；多组分；通式	在审
46	CN107936925	唐建	HFO－1234yf；HFC－134a；丙烷｜	三组分；配比	驳回
47	CN107987797	西安近代化学研究所	HFO－1243zf；HFO－1123；HFC－134｜	三组分；方法限定的产品	有效
48	CN107987798	西安近代化学研究所	HFO－1234yf；HFO－1123；HFC－134a｜（HFO－1243zf，HFO－1234yf）；HFO－1123；HFC－134a｜（HFO－1243zf，HFO－1234yf）；HFO－1123；HFC－125｜（HFO－1243zf，HFO－1234yf）；HFO－1123；HFC－227ea｜（HFO－1243zf，HFO－1234yf）；HFO－1123；CF_3I｜	三组分；方法限定的产品	有效
49	CN108048042	阿科玛	HFO－1234yf；R－22｜	用途；方法；两组分；替代 R404A	有效
50	CN109762526	格力；天津大学	HFO－1234ze（E）；HFC－134a；HFC－227ea｜	三组分；配比	有效
51	CN109804037	阿科玛	HFO－1234yf；HFC－134a；HFC－152a｜制冷剂；多元醇酯润滑剂｜	三组分；多组分；通式；用途；大量组合	在审

续表

序号	公开号	申请人	权利要求涉及的组合物的主要技术内容	说明	法律状态
52	CN109810674	格力；天津大学	HFO－1234yf；HFC－134a；HFC－161丨	三组分；配比；替代R134a	有效
53	CN109852348	格力	HFO－1234ze（E）；HFC－161；CF_3I丨［HFO－1234ze（E），HFC－134a，R－32］；HFC－161；CF_3I丨HFC－161；CF_3I丨HFC－152a；CF_3I；R－32丨	两组分；三组分；配比	有效
54	CN109897604	科慕	HFO－1234yf；HFC－143a；二甲基醚丨HFO－1234yf；HFC－125；正丁烷丨HFO－1234yf；HFC－227ea；二甲基醚丨HFO－1234yf；（HFC－1234ye，HFC－1243zf，HFC－125，HFC－134，HFC－143a，HFC－161，HFC－227ea，HFC－236ea，HFC－236fa，HFC－245fa，HFC－365mfc，CF_3I，R－744，CF_3SCF_3）丨	两组分；三组分；多组分；大量组合	在审
55	CN109897605	科慕	HFO－1234yf；HFC－125；R－32丨	三组分	有效
56	CN109897606	科慕	HFO－1234yf；R－32丨	两组分	在审
57	CN109971428	科慕	HFO－1234yf；HFC－125；CF_3I；R－32丨HFO－1234yf；HFC－134a；CF_3I；R－32丨HFO－1234yf；CF_3I；R－32丨	三组分；四组分；配比	有效
58	CN109971429	科慕	HFO－1234yf；HFC－152a丨	两组分	在审
59	CN109971430	科慕	HFO－1234yf；R－32丨	两组分；配比	在审

续表

序号	公开号	申请人	权利要求涉及的组合物的主要技术内容	说明	法律状态
60	CN109971431	科慕	HFO－1243zf；HFC－134；HFC－227ea丨HFO－1243zf；HFC－227ea；二甲基醚丨HFO－1234ye；（HFC－1243zf，HFC－125，HFC－134，HFC－134a，HFC－143a，HFC－152a，HFC－161，HFC－227ea，HFC－236ea，HFC－236fa，HFC－245fa，HFC－365mfc，CF_3I，R－744，R－32，丙烷，正丁烷，异丁烷，2－甲基丁烷，正戊烷，环戊烷，二甲基醚，CF_3SCF_3）丨HFO－1243zf；（HFC－1243zf，HFC－125，HFC－134，HFC－134a，HFC－143a，HFC－152a，HFC－161，HFC－227ea，HFC－236ea，HFC－236fa，HFC－245fa，HFC－365mfc，CF_3I，R－744，R－32，丙烷，正丁烷，异丁烷，2－甲基丁烷，正戊烷，环戊烷，二甲基醚，CF_3SCF_3）丨	两组分；三组分；多组分；大量组合	在审
61	CN109971433	中国科学院理化技术研究所	HFO－1234yf；HFO－1234zf；丙烷丨HFO－1234ze（E）；HFO－1234zf；丙烷丨HFO－1234zf；CF_3I；丙烷丨	三组分；多组分；配比	有效
62	CN110003859	科慕	HFO－1234yf；HFO－1234ze丨HFO－1234ze；（HFO－1234yf，HFO－1234ye）丨	两组分；多组分	在审
63	CN110257014	格力	HFO－1234yf；HFC－152a；HFC－161；CF_3I丨R1270（丙烯）；HFC－152a；HFC－161；CF_3I丨HFC－152a；HFC－161；CF_3I；二甲醚丨	四组分；配比	有效
64	CN110373157	格力	HFO－1234yf；HFC－161；CF_3I；丙烯丨HFC－161；CF_3I；丙烯；二甲醚丨	四组分；配比	有效
65	CN110564372	科慕	HFO－1234yf；HFC－134a丨	两组分；配比	在审
66	CN110591649	格力	HFO－1234yf；HFC－134a；HFC－227ea丨HFO－1234yf；HFO－1234ze（E）；HFC－134a；HFC－227ea丨	三组分；四组分；配比	有效

续表

序号	公开号	申请人	权利要求涉及的组合物的主要技术内容	说明	法律状态
67	CN110591652	格力	HFO－1234yf；HFO－1234ze（E）；HFC－134a｜	三组分；配比	有效
68	CN110628387	格力	[HFO－1234yf，HFO－1234ze（E），HFC－134a，HFC－152a]；HFO－1243zf；HFC－227ea｜[HFO－1234yf，HFO－1234ze（E），HFC－152a，HFC－134a，HFO－1243zf]；HFE－143a；HFC－227ea｜	四组分；（选二）	有效
69	CN110628388	格力	HFO－1234ze（E）；HFO－1243zf；HFC－134a｜HFO－1243zf；[HFC－134a，HFC－227ea]；[HFO－1234ze（E），HFC－134a，HFC－152a]｜	三组分；配比	有效
70	CN110637075	大金	HFO－1234yf；HFO－1234ze（E）；R－32｜	三组分	在审
71	CN110699043	天津大学	HFO－1234yf；HFC－134a；HFC－152a；CF_3I｜ HFO－1234yf；HFC－125；HFC－134a；HFC－152a；CF_3I｜ HFO－1234ze；HFC－134a；HFC－152a；CF_3I｜ HFO－1234ze（E）；HFC－134a；CF_3I；二甲醚｜ HFO－1234ze（E）；HFC－125；HFC－134a；HFC－152a；CF_3I｜	四组分；五组分；配比	有效
72	CN110746936	金华永和氟化工有限公司	HFC－152a；CF_3I；R－32；丙烷｜HFC－152a；CF_3I；R－32；丙烷；氯乙烷｜	四组分；五组分；替代HCFC－22	有效
73	CN110845996	格力	HFO－1234yf；HFO－1234ze（E）；HFC－134a；HFC－152a｜HFO－1234yf；HFO－1234ze（E）；HFC－152a；HFC－227ea｜	四组分	有效

续表

序号	公开号	申请人	权利要求涉及的组合物的主要技术内容	说明	法律状态
74	CN110845997	格力	HFO－1234yf；HFC－227ea；RC－270｜	三组分	有效
75	CN110878194	格力	HFE－143a；HFC－134a；HFC－227ea；CF_3I｜	四组分；	有效
76	CN110878195	格力	（HFO－1234yf，HFO－1243zf，HFE－143a，HFC－152a，异丁烷，二甲基乙醚）选两种；（二甲基乙醚，环丙烷）选一种；CF_3I｜	四组分；配比	有效
77	CN110878196	格力	HFO－1234yf；HFE－143a；HFC－152a；CF_3I｜	四组分；	有效
78	CN110878197	格力	HFO－1234yf；HFC－125；HFC－134a；HFC－152a｜	四组分；配比	有效
79	CN111004609	湖北瑞能华辉能源管理有限公司	HFC－152a；HFC－161；CF_3I；丙烯｜	四组分；配比	有效
80	CN111004610	湖北绿冷高科节能技术有限公司	HFO－1225ye（Z）；HFC－161；HFC－227ea｜	三组分；配比；替代R134a	有效
81	CN111139035	陈思廷	HFC－161；CF_3I；丙烷｜	三组分；配比	有效
82	CN111139036	陈思廷	HFC－152a；HFC－161；CF_3I｜	三组分；配比	有效

续表

序号	公开号	申请人	权利要求涉及的组合物的主要技术内容	说明	法律状态
83	CN111194343	大金	HFO－1234ze（E）；HFC－134；（HFO－1225ye（E），HCFO－1233zd（E），HCFO－1224yd（Z），HFO－1234ze（Z），HFO－1336mzz（E），HFO－1336mzz（Z），HFO－1225ye（E），HFO－1225ye（Z），HFO－1225zc，HFE－227me，HFC－227ca，HFC－227ea，HFC－236fa，HFC－236ea，HFC－245fa）|	两组分；多组分；通式；实施例	在审
84	CN111423852	格力	HFO－1234yf；HFC－152a；HFC－161|	三组分；	有效
85	CN111542581	霍尼韦尔	HFO－1234yf；CF_3I；R－32|	三组分；多组分	在审
86	CN111548770	格力	HFO－1141；HFC－161；R－32|	三组分；配比	有效
87	CN111556889	霍尼韦尔	HFO－1234yf；HFC－125；CF_3I；R－32|	四组分，配比	在审
88	CN111925775	霍尼韦尔	HFO－1233zd（E）；HFC－134a|（HFO－1233zd，HFC－245fa）；（HFO－1234ze，HFC－134a）|	两组分；多组分；配比	在审
89	CN111944489	浙江衢化氟化学有限公司	HFO－1234yf；HFO－1234ze（E）；HFC－134a；HFC－161；R－32；阻燃剂|	六组分；	有效
90	CN112011311	格力	CF_3I；R－41|	两组分；配比	有效
91	CN112111249	格力	HFO－1234yf；CF_3I；氨|HFO－1243zf；CF_3I；氨|HFC－152a；CF_3I；氨|	三组分；	有效

续表

<table>
<tr><th>序号</th><th>公开号</th><th>申请人</th><th>权利要求涉及的组合物的
主要技术内容</th><th>说明</th><th>法律状态</th></tr>
<tr><td>92</td><td>CN112680193</td><td>格力</td><td>HFO－1243zf；HFC－161；CF_3I；R－32 |</td><td>四组分；
配比</td><td>有效</td></tr>
<tr><td>93</td><td rowspan="2">US2004256594</td><td>霍尼韦尔</td><td>HFO－1234 | HFO－1234；HFO－1225 | HFO－1234ze；HFO－1225 |</td><td>单组分；
多组分；
通式</td><td>公开文本</td></tr>
<tr><td>94</td><td>霍尼韦尔</td><td>HFO－1234yf | HFO－1234yf；HFO－1225 |</td><td>单组分；
多组分；
通式</td><td>终止</td></tr>
</table>

附表 9－2　制冷剂领域最新的技术相关专利

<table>
<tr><th>序号</th><th>申请号</th><th>申请日</th><th>申请人</th><th>技术分支</th><th>说明</th><th>法律状态</th></tr>
<tr><td>1</td><td>CN201910595957</td><td>2019 年
7 月 3 日</td><td>北京建筑大学</td><td>HFC－365mfc；环已烷 |</td><td>非制冷剂；
两组分</td><td>有效</td></tr>
<tr><td>2</td><td>CN201910863329</td><td>2019 年
9 月 12 日</td><td>格力</td><td>HFE－143a；HFO－1243zf；CF_3I | HFE－143a；[HFO－1234yf，HFO－1243zf，HFO－1234ze（E），HFC－152a，HFC－134a，HFC－227ea]；CF_3I |</td><td>组合物；
三组分；
多组分；
配比</td><td>有效</td></tr>
<tr><td>3</td><td>CN201910947435</td><td>2019 年
9 月 30 日</td><td>浙江衢化氟化学有限公司</td><td>HFO－1234yf；HFO－1234ze（E）；HFC－134a；HFC－32 |</td><td>组合物；
四组分；
配比</td><td>有效</td></tr>
<tr><td>4</td><td>CN201910983362</td><td>2019 年
10 月 16 日</td><td>格力</td><td>HFO－1234yf；HFC－152a；HFC－134a；HFC－227ea | HFO－1234ze（E）；HFC－152a；HFC－134a；HFC－227ea |</td><td>组合物；
四组分；
配比</td><td>有效</td></tr>
</table>

续表

序号	申请号	申请日	申请人	技术分支	说明	法律状态
5	CN201910983365	2019年10月16日	格力	HFE－143a；（HFC－134a，HFC－227ea）；[HFO－1234yf，HFO－1234ze（E），HFO－1243zf，HFC－152a]；CF_3I｜	组合物；四组分；配比	有效
6	CN202011268732	2020年11月13日	格力	HFO－1123；（丙烷，丙烯）；CF_3I｜	组合物；三组分；配比	有效
7	EP19171357	2019年4月26日	VOETSCH IND GMBH	R449A；R410A ｜ R449A；R466A｜ R410A＝50% HFC－32；50% HFC－125｜ R466A ＝ 49% HFC － 32；11.5% HFC － 125；39.5% CF_3I｜ R449A＝24.9% HFO－1234yf；26.1% HFC － 134a；25.1% HFC － 125；23.9% HFC － 32｜	组合物；多组分；配比；装置	无
8	WO2019JP24822	2019年6月21日	大金	HFO － 1234yf；HFC － 125；HFC－32；CF_3I｜ HFO－1234ze；HFC－125；HFC－32；CF_3I｜ HFO－1132（E）；CF_3I｜ HFO－1123；HFC－32；CF_3I｜ HFO－1132（E）；HFC－32；CF_3I｜ HFC－125；HFC－32；CF_3I｜ HFC－32；CF_3I｜	组合物；两组分；多组分；配比	无
9	WO2019US58005	2019年10月25日	科慕	HFO－1234yf；HFC－32；R－744｜	组合物；三组分；配比；R410A替代	无

续表

序号	申请号	申请日	申请人	技术分支	说明	法律状态
10	WO2019US67587	2019年12月19日	霍尼韦尔	1，2，2-三氟-1-三氟甲基环丁烷；反式-1，2-二氯乙烯丨1，2，2-三氟-1-三氟甲基环丁烷；正戊烷丨1，2，2-三氟-1-三氟甲基环丁烷；环戊烷丨	组合物；两组分；配比	无
11	WO2020IB62008	2020年12月16日	安吉拉通力测试技术有限公司	HFC-134a；HFC-32；R-744丨	组合物；三组分；配比	无
12	WO2020JP01281	2020年1月16日	大金	HCFC-142；［HCO-1130（E），HCO-1130（Z），HCO-140，HCFC-141，HCFO-1131（E），HCFO-1131（Z），HCFO-1122a，HCFC-133，HCFC-133b］丨（HFO-1123，HFC-32，HFC-143，HFC-161，HFC-143，HCFC-123，HFC-152）；HCFC-142；［HCO-1130（E），HCO-1130（Z），HCO-140，HCFC-141，HCFO-1131（E），HCFO-1131（Z），HCFO-1122a，HCFC-133，HCFC-133b］丨	组合物；两组分；多组分	无
13	WO2020JP14230	2020年3月27日	大金	HFO-1123；（HFO-1132a，HFO-1141，HFC-23）丨	组合物；两组分；多组分	无

第10章　第四代制冷剂主流产品替代品分析

规避侵权风险，以相对较低的成本逐步实现制冷剂产品升级换代以确保产业良性可持续发展是国内制冷剂行业的首要目标，而在现有专利技术的基础上做好可行性技术挖掘有望成为当前解决业内燃眉之急的有效备选方案。

本章旨在以二氟一氯甲烷（HCFC－22）、HFC－134a和HFC－410A为当前主流产品的代表，通过梳理国外申请人在国内布局的替代品专利申请，整合比对同类技术，探析申请特点及配方的组配内在规律，并结合示例性配方，阐述识别侵权“雷区”和在现有技术基础上挖掘潜在可行性替代方案的基本思路，以期为国内制冷剂行业更好的发展提供参考。

10.1　分析数据来源

10.1.1　专利申请文件的选定

以检索获得的1229项专利申请为基础，通过设定下列条件进行筛选：

（1）专利申请文件中明确记载可用于替代HCFC－22、HFC－134a和/或HFC－410A；

（2）国外申请人；

（3）存在中国同族申请。

筛选结果如表10－1－1所示。

表10－1－1　代表性主流产品的替代品专利申请量

代表性主流产品	HFC－410A	HFC－134a	HCFC－22
替代品的专利申请量/项	70	63	21

10.1.2　配方提取

一项专利申请可能存在多件中国同族申请。针对如表10－1－1所示筛选出的专利申请（项），整理所有的中国同族申请（件）并阅读其权利要求书，包括公开文本和授权文本（若授权），提取其中记载的二元和三元混合工质配方。在提取过程中，去除以下两类方案：

第一，明显不属于第四代制冷剂的方案，即不含有HFOs、HFEs和天然工质中至少一种的配方；

第二，圈地式申请，明显无授权前景的方案。

记录法律状态，汇总以供分析使用。

10.2 替代品专利分析

10.2.1 HCFC－22的替代品分析

HCFC－22是替代CFC－12的重要工质，其具有优良的热力性质、传热性质和理化性质，被广泛应用于家用空调器、冰箱及工业制冷领域。然而，HCFC－22属于消耗臭氧层物质，且GWP值较高（1700），按照《蒙特利尔破坏臭氧层物质管制议定书》的要求及第19次缔约方大会通过的加速淘汰HCFCs的时间表，到2025年，中国的消费量与生产量须在基准年（2009—2010年）平均水平基础上削减67.5%，2030年完成淘汰。中国是目前全球最大的HCFCs生产国和使用国，在淘汰期限日益临近之际，寻求HCFC－22的多元化替代品对国内制冷行业意义重大。

10.2.1.1 二元混合制冷剂替代品

表10－2－1显示了用于替代HCFC－22的第四代二元混合制冷剂配方及相应专利申请信息。可以看出，国外申请人在国内布局的专利申请中明确记载可用于替代HCFC－22的二元方案很少，仅有7件申请，10组配方。这些申请集中于2010年前后，2015年和2016年的两件也仅是前案的分案申请，且绝大多数目前已处于失效状态。在技术层面，各配方选用的组分种类非常集中，使用的HFOs包括HFO－1234yf、HFO－1234ze、HFO－1234ze（E）和HFO－1243zf，与之配对的组分则基本上选自第三代制冷剂中常用的HCs和HFCs类物质，包括HC－290、HC－1270、HC－1150、HFC－32、HFC－125、HFC－152a和HFC－134a等。

表10－2－1 替代HCFC－22的二元混合剂制冷剂配方及相应专利申请

组分一	组分二	相关申请号及状态*
HFO－1234yf	HC－290	CN200980146131，CN201610131819
HFO－1234yf	HC－1270	CN200980146131，CN201610131819
HFO－1234yf	HC－1150	CN200980146131，CN201610131819
HFO－1234ze	HFC－32	CN200980146245（有效），CN201510042086
HFO－1234ze	HFC－125	CN200980146245（有效），CN201510042086
HFO－1234ze（E）	HFC－152a	CN201180009625
HFO－1234yf	HFC－245cb	CN201280042669
HFO－1234ze（E）	HFC－245cb	CN201280042669
HFO－1243zf	HFC－245cb	CN201280042669
HFO－1234yf	HFC－134a	CN201280068744

注：* 表中申请号未标记状态均为失效。

10.2.1.2 三元混合制冷剂替代品

相比于二元混合制冷剂，涉及替代 HCFC－22 的三元制冷剂的申请量相对较多，共涉及16件申请，76组配方，包括重复配方（即组分完全相同的配方1组，记录重复配方时排除母案和分案记载同一配方的情形，以下同）。如表10－2－2所示，罗地亚有机精炼有限公司早在2002年便已提出了基于三氟甲氧基五氟乙烷和/或三氟甲氧基二氟甲烷两种 HFEs 的三元配方（CN200380104727.4 和 CN200380109220.8），当配方含有两者之一时，组分二选自 HFC－125、HFC－134、HFC－134a、HFC－227ea 和六氟环丙烷这五种高氟取代的 $C_{2\sim3}$烷烃中的任意一种，组分三选自 HC－290、HC－600、HC－600a、HC－1270 和环丁烷这五种烷烃；当同时含有两种 HFEs 时，组分三选自前述烷烃。届时还没有提出第四代制冷剂的概念，但是配方上已经呈现在组分选择方面的倾向性。

表10－2－2 替代 HCFC－22 的三元混合剂制冷剂配方及相应专利申请

组分一	组分二	组分三	相关申请号及状态*
三氟甲氧基五氟乙烷	HFC－125	HC－600	CN200380104727 CN200380109220
三氟甲氧基五氟乙烷	HFC－125	HC－600a	
三氟甲氧基二氟甲烷	HFC－134a	HC－600	
三氟甲氧基二氟甲烷	HFC－134	HC－600	
三氟甲氧基二氟甲烷	三氟甲氧基五氟乙烷	HC－600	
三氟甲氧基二氟甲烷	HFC－227ea	HC－600	
三氟甲氧基二氟甲烷	HFC－134a	HC－600a	
三氟甲氧基二氟甲烷	HFC－134	HC－600a	
三氟甲氧基二氟甲烷	三氟甲氧基五氟乙烷	HC－600a	
三氟甲氧基二氟甲烷	HFC－227ea	HC－600a	
三氟甲氧基五氟乙烷	六氟环丙烷	HC－600	
三氟甲氧基五氟乙烷	六氟环丙烷	HC－600a	
三氟甲氧基五氟乙烷	HFC－125	HC－290	CN200380104727
三氟甲氧基五氟乙烷	HFC－125	HC－1270	
三氟甲氧基五氟乙烷	HFC－125	环丁烷	
三氟甲氧基二氟甲烷	HFC－134a	HC－290	
三氟甲氧基二氟甲烷	HFC－134	HC－290	
三氟甲氧基二氟甲烷	三氟甲氧基五氟乙烷	HC－290	
三氟甲氧基二氟甲烷	HFC－227ea	HC－290	
三氟甲氧基二氟甲烷	HFC－134a	HC－1270	

续表

组分一	组分二	组分三	相关申请号及状态*
三氟甲氧基二氟甲烷	HFC－134	HC－1270	CN200380104727
三氟甲氧基二氟甲烷	三氟甲氧基五氟乙烷	HC－1270	
三氟甲氧基二氟甲烷	HFC－227ea	HC－1270	
三氟甲氧基二氟甲烷	HFC－134a	环丁烷	
三氟甲氧基二氟甲烷	HFC－134	环丁烷	
三氟甲氧基二氟甲烷	三氟甲氧基五氟乙烷	环丁烷	
三氟甲氧基二氟甲烷	HFC－227ea	环丁烷	
三氟甲氧基五氟乙烷	六氟环丙烷	HC－290	
三氟甲氧基五氟乙烷	六氟环丙烷	HC－1270	
三氟甲氧基五氟乙烷	六氟环丙烷	环丁烷	
HFO－1234ze	HFC－1234yf	HFC－134a	CN201510800415
HFO－1234ze	HFC－1234yf	HFC－32	
HFO－1234ze	HFC－1234yf	HFC－125	
HFO－1234ze	HFC－1234yf	R744	
HFO－1234yf	HFC－134a	HFC－32	CN200980122297（有效） CN200980146245（有效）
HFO－1234yf	HFC－152a	HFC－32	CN200980122003（有效）
HFO－1234yf	HFC－134a	HFC－152a	CN200980122002（有效） CN200980146245
HFO－1234yf	HFC－32	HC－290	CN200980146095
HFO－1234yf	HFC－32	HC－1270	
HFO－1234yf	HFC－32	HC－1150	
HFO－1234ze	HFC－125	HFC－152a	CN200980146245 CN201510042086
HFO－1234ze	HFC－125	HFC－134a	
HFO－1234ze	HFC－32	HFC－134a	
HFO－1234yf	HFC－152a	HFC－125	CN200980146245（有效）
HFO－1234yf	HFC－134a	HFC－125	
HFO－1234ze（E）	HFC－152a	HFC－134a	CN201180009625

续表

组分一	组分二	组分三	相关申请号及状态*
HFO－1234yf	HFC－245cb	HFC－134a	CN201280042669
HFO－1234ze（E）	HFC－245cb	HFC－134a	
HFO－1243zf	HFC－245cb	HFC－134a	
HFO－1234yf	HFC－245cb	HFC－32	
HFO－1234ze（E）	HFC－245cb	HFC－32	
HFO－1243zf	HFC－245cb	HFC－32	
HFO－1234yf	HFC－152a	HFC－32	CN201280040758 CN201611164187
HFO－1234ze（E）	HFC－152a	HFC－32	
HFO－1234yf	HFO－1243zf	HFC－32	CN201280040758
HFO－1234ze（E）	HFO－1243zf	HFC－32	
HFO－1123	HFC－125	HFC－32	CN201880036499
HFO－1123	HFC－125	HFO－1243zf	
HFO－1123	HFC－125	HFC－143a	
HFO－1123	HFC－125	HFC－134a	
HFO－1123	HFC－125	HFC－161	
HFO－1123	HFC－125	HFO－1336mmz	
HFO－1123	HFC－125	HFO－1345fz	
HFO－1123	HFC－125	HFO－1354mfy	
HFO－1123	HFC－125	HFC－245fa	
HFO－1123	HFC－125	HFO－1243yf	
HFO－1123	HFC－125	HFC－134	
HFO－1123	HFC－125	HFC－152a	
HFO－1123	HFC－125	HFC－365mfc	
HFO－1123	HFC－125	HC－600	
HFO－1123	HFC－125	HFC－227ea	
HFO－1123	HFC－125	HFO－1233zd	
HFO－1123	HFC－125	HC－601a	
HFO－1123	HFC－125	HC－601	
HFO－1123	HFC－125	HC－290	
HFO－1234yf	HFC－32	R13I1	CN201880084238（审中）

注：*表中申请号未标记状态均为失效。

HFOs 作为第四代制冷剂被提出后，短期内对替代 HCFC－22 的第四代三元混合制冷剂的研究起到了一定的促进作用。2007—2011 年陆续出现了 12 件国外相关申请。公开的配方具有与二元混合制冷剂相同的特点，HFOs 组分集中于 HFO－1234yf、HFO－1234ze、HFO－1234ze（E）和 HFO－1243zf，配对组分则选自第三代制冷剂中常用的 HCs 和 HFCs 类组分。随着对 HFOs 的研究深入，2017 年应用于 HCFC－22 替代的 HFOs 类物质延伸至 HFO－1123，专利 CN201880036499.8 涉及了一系列包含 HFO－1123 和 HFC－125 的三元工质，组分三的可选类别囊括了常见的 HCs 和 HFCs 以及其他数种 HFOs 共计 19 种化合物。

10.2.1.3 特点分析

从上文二元和三元混合制冷剂的情况可以了解到，用于替代 HCFC－22 的第四代制冷剂中，无论二元还是三元制冷剂的相关专利申请量都不多，申请缺乏延续性且已多年未出现新申请，现有申请大部分也已处于失效状态。这反映出 HCFC－22 替代品并非国外申请人开展第四代制冷剂专利布局的重点。尽管国内还有一定的 HCFC－22 市场，但淘汰进程日益临近且第三代主流产品更新换代已正式拉开序幕，对 HCFC－22 的关注度会越来越低，相关申请会更少，直至趋无。

在配方的组成方面，二元和三元在组分选择方面具有极大的共通性，大体上反映出了混合型第四代制冷剂研究初期的特点，即在确定 HFOs 可作为第四代制冷剂备选方案的基础上，尝试将 HFO－1234yf、HFO－1234ze 等几种最具前景的 HFOs 类化合物与上一代产品中的代表性组分组配，以初步确定具有潜在应用价值的配方。

此外，值得注意的是，两类申请中目前处于有效状态的均是于 2008 年提出，其中二元配方中使用的 HFOs 均为 HFO－1234ze（HFO－1234ze/HFC－32，HFO－1234ze/HFC－125），而三元配方中使用的均为 HFO－1234yf（HFO－1234yf/HFC－134a/HFC－32，HFO－1234yf/HFC－134a/HFC－125，HFO－1234yf/HFC－152a/HFC－32，HFO－1234yf/HFC－152a/HFC－125，HFO－1234yf/HFC－134a/HFC－152a）。在其他申请均已失效的背景下，这在一定程度上说明了前述配方的重要性，值得业内关注。

10.2.2 HFC－134a 的替代品分析

HFC－134a（即 1，1，1，2－四氟乙烷）由美国国家标准与技术研究院（NATI）首先提出，无毒且不可燃，ODP 值为 0，具有与 CFC－12 相比相似的热力学性质，是国际公认的性能优越的 CFCs 替代品。目前，HFC－134a 已被广泛应用于汽车空调、家用冰箱、中温制冷和工业制冷等领域，它是组配混合制冷剂的一种重要备选组分。然而 HFC－134a 的 GWP 值高达 1430，属于基加利修正案中列出的需要削减的 HFCs 制冷剂，因此相关替代品研究是当前第四代制冷剂领域的一项重要研究内容。

10.2.2.1 二元混合制冷剂

表 10－2－3 列出了用于替代 HFC－134a 的第四代二元混合制冷剂配方及相应申请信息。可以看出，自 2005～2018 年国外创新主体在国内布局的相关申请共计 34 件，时间跨度上具有很好的延续性。杜邦、霍尼韦尔和阿科玛是这些申请的主要申请人，展现了三者在该领域的雄厚研发实力。

表10-2-3　替代HFC-134a的二元混合剂制冷剂配方及相应专利申请

组分一	组分二	相关申请号及状态*
PFBE	2，2-二甲基丁烷	CN200680014388
PFBE	2，3-二甲基丁烷	
PFBE	2-甲基戊烷	
PFBE	3-甲基戊烷	
PFBE	环戊烷	
PFBE	甲基环戊烷	
HFO-1234yf	R13I1	CN200780022317
HFO-1234yf	HFC-134a	
HFO-1234yf	HFC-152a	
HFO-1225ye	R13I1	
HFO-1225ye	HFC-134a	
HFO-1225ye	HFC-152a	
四氟丙烯	七氟丁烯	CN200780035213（有效）
HFO-1225ye	HFO-1234yf	CN200880100202
HFO-1225ye	HFC-125	
HFO-1225ye	环丙烷	
HFO-1225ye	HC-1270	
HFO-1225ye	HFC-161	
HFO-1225ye	R717	
HFO-1225ye	HFC-152a	
四氟丙烯	溴氟丙烯	CN201410319247，CN200880013714
HFO-1234yf	BFO-1215B1	CN201410319247（有效） CN200880013714（有效）
HFO-1234ze	BFO-1215B1	
HFO-1234ze（E）	甲醇	CN200880020241，CN201310472698（有效）
HFO-1234ze（E）	乙醇	CN200880020241（有效） CN201310472698（有效）
HFO-1234ze（E）	异丙醇	CN200880020241，CN201310472698
HFO-1234ze（E）	丙醇	CN200880020241
HFO-1234ze（E）	叔丁醇	
HFO-1234ze（E）	异丁醇	
HFO-1234ze（E）	2-乙基己醇	

续表

组分一	组分二	相关申请号及状态*
HFO－1234ze	HFC－32	CN200980146245，CN201510042086
HFO－1234ze	HFC－125	
HFO－1234yf	HC－1270	CN201510111440（有效），CN200980146232
HFO－1234yf	环丙烷	CN200980146232（有效）
HFO－1234yf	HFC－134a	CN201080038152，CN201510072704
HFO－1234ze（E）	HFC－161	CN201180009658
HFO－1234ze（E）	HFC－152a	CN201180009588，CN201180009627，CN201180009625
HFO－1234ze（E）	HFC－134a	CN201180060499，CN201180060471
HFO－1234ze（E）	HFC－134	CN201180060499（有效），CN201180060471
HFO－1234yf	HFC－134a	CN201180019363（有效）
HFO－1234yf	HCFO－1233zd（E）	CN201180065331，CN201710224124，CN201710223953
HFO－1234ze（E）	HCFO－1233zd（E）	
HFO－1234yf	HFC－134a	CN201280021694
HFO－1234ze	HFC－32	CN201280036056
HFO－1234ze	R717	CN201280035210（有效）
HFO－1132	HFC－32	CN201280024166（有效）
HFO－1132	HFC－152a	
HFO－1132	HFC－134	
HFO－1132	HFC－134a	
HFO－1132	HFC－125	
HFO－1123	HFC－32	CN201280024148（有效）
HFO－1234ze（E）	HFO－1234yf	CN201780019272（审中）
HFO－1234ze（E）	HFC－227ea	
HFO－1234ze（E）	HFC－32	
HFO－1234yf	HFC－227ea	
HFO－1234yf	HFC－32	
HFO－1234yf	HFO－1234ze（E）	CN201880019124
HFO－1336mzz（E）	环戊烷	CN201880019408（审中）
HFO－1234ze（E）	HFO－1336mzz（E）	CN201980081407（审中）
HFO－1234yf	HC－1270	CN201980064472（审中）

注：*表中申请号未标记状态均为失效。

专利申请中记载的二元配方共有60组，使用的HFOs以HFO-1234yf、HFO-1234ze、HFO-1234ze（E）、HFO-1225ye和HFO-1132为主，HFO-1234ze（E）相关配方17组，位居第一。这些配方秉持了混合型第四代制冷剂研究的基本组配思路，组分二主要选自低碳烷烃/烯烃（如环丙烷、HC-1270）、天然工质（如R717）、代表性的第三代制冷剂组分（如HFC-32、HFC-125、HFC-152a等）和其他低碳HFOs类化合物。2005年，杜邦探索了3，3，4，4，5，5，6，6，6-九氟-1-己烯PFBE在HFC-134a制冷剂替代品中的应用，将PFBE与选自2，2-二甲基丁烷、2，3-二甲基丁烷、2-甲基戊烷、3-甲基戊烷、环戊烷和甲基环戊烷的一种$C_{5\sim6}$烷烃组合，得到了6组二元配方，但选用原料的成本较高，后续未再有相关报道。2007年，霍尼韦尔以HFO-1234ze（E）为主剂，在专利CN200880020241.5中涉及了其与一系列醇的组合应用，但是仅甲醇和乙醇的部分方案获得授权。2010年，霍尼韦尔在CN201180065331.8、CN201710224124.1和CN201710223953.8 3件专利申请中提出了HCFOs在新一代制冷剂中的应用，将HCFO-1233zd（Z）分别与HFO-1234yf和HFO-1234ze（E）组合，得到了2组配方。这几件申请提出了新的思路，在一定程度上拓展了业内在组配混合工质时的组分选择范围。

此外，值得注意的是，60组配方中包含6组重复配方：3组HFO-1234yf/HFC-134a，HFO-1225ye/HFC-152a、HFO-1234ze/HFC-32和HFO-1234yf/HC-1270各1组。这表明这几组配方具有更高的重要性，业内人员可给予更多关注。

10.2.2.2 三元混合制冷剂

国外申请人在中国国内布局用于替代HFC-134a的第四代三元混合制冷剂晚于二元工质，但自2008年出现首件申请后基本上每年都会有新申请，至今共计30件。截至检索日，其中的10件处于专利权有效状态，6件在审，其他则处于失效状态。不同于HCFC-22存在较高比例因未缴年费而失效的情况，这些申请授权后断缴年费的情况较少，例如前述首件申请CN200980146245.2获得授权后至今仍处于有效状态。

配方组成方面，如表10-2-4所示，HFC-134a替代用三元混合工质的组分一同样聚焦于数种最具代表性的C_2或C_3的HFOs类化合物。依据相关配方数量，所有114组配方中组分一主要包括HFO-1123（41组）、HFO-1132（20组）、HFO-1234ze（E）（18组）、HFO-1234yf（12组）、HFO-1234ze（12组）、HFO-1243zf（3组）、HFO-1132a（3组）和HFO-1234ze（Z）（1组）。组分二和组分三主要选自第三代制冷剂中常见的HCs和HFCs类组分以及结构相近的HFOs类化合物，其中使用频次较高的有HFC-125、HFC-32、HFC-134、HFC-152a和HFC-134a，分别涉及38、36、25、24和17组配方。与此同时，霍尼韦尔和大金还对HCFOs类化合物在三元替代品中作为配对组分的应用进行了摸索，种类包括HCFO-1233zd、HCFO-1233zd（E）和HCFO-1224yd（Z）。

114组配方中有7组重复配方，包括HFO-1234yf/HFC-134a/HFC-32、HFO-1234yf/HFC-134a/HFC-152a和HFO-1234yf/HFC-125/HFC-32各1组，HFO-1234ze/HFC-32/HFC-134a和HFO-1234ze/HFC-32/HFC-152a各2组。对于这些

重复提出申请的配方，研究时可给予更多关注。

表 10-2-4　替代 HFC-134a 的三元混合剂制冷剂配方及相应专利申请

组分一	组分二	组分三	相关申请号及状态*
HFO-1234yf	HFC-152a	HFC-134a	CN2009801462452
HFO-1234ze	HFC-125	HFC-152a	
HFO-1234ze	HFC-125	HFC-134a	
HFO-1234ze	HFC-32	HFC-134a	
HFO-1234yf	HFC-125	HFC-152a	CN2009801462452（有效）
HFO-1234yf	HFC-125	HFC-134a	
HFO-1234yf	HFC-32	HFC-134a	
HFO-1234yf	HFC-152a	HC-290	CN201510111440（有效）
HFO-1234ze（Z）	R744	HFO-1225yez	CN201080063844（有效） CN201610096274
HFO-1234yf	HFC-134a	HFC-32	CN201080038152 CN201080040351
HFO-1234ze（E）	HFC-161	HFC-134a	CN201180009658
HFO-1234ze（E）	HFC-152a	HFC-134a	CN201180009588 CN201180009627 CN201180009625
HFO-1243zf	HFC-32	HFC-152a	CN2011800229265
HFO-1243zf	HFC-32	HFO-1234yf	
HFO-1243zf	HFC-32	HFO-1234ze	
HFO-1234ze	HFC-32	HFC-134a	CN201610439926
HFO-1234ze	HFC-32	HFO-1234yf	
HFO-1234ze	HFC-32	HFC-152a	CN201610439926（有效）
HFO-1234ze	HFC-125	HFC-32	CN201180022916（有效）
HFO-1234yf	HFC-125	HFC-32	
HFO-1123	HC-290	HFC-152a	CN201280024148
HFO-1123	HC-1270	HFC-152a	
HFO-1123	HC-600a	HFC-152a	
HFO-1123	HC-601	HFC-152a	
HFO-1123	HC-601a	HFC-152a	

续表

组分一	组分二	组分三	相关申请号及状态*
HFO－1123	HC－290	HFC－134	CN201280024148
HFO－1123	HC－1270	HFC－134	
HFO－1123	HC－600a	HFC－134	
HFO－1123	HC－601	HFC－134	
HFO－1123	HC－601a	HFC－134	
HFO－1123	HC－290	HFC－125	
HFO－1123	HC－1270	HFC－125	
HFO－1123	HC－600a	HFC－125	
HFO－1123	HC－601	HFC－125	
HFO－1123	HC－601a	HFC－125	
HFO－1123	HC－290	HFC－32	CN201280024148（有效）
HFO－1123	HC－1270	HFC－32	
HFO－1123	HC－600a	HFC－32	
HFO－1123	HC－601	HFC－32	
HFO－1123	HC－601a	HFC－32	
HFO－1132	HC－290	HFC－32	CN201280024166（有效）
HFO－1132	HC－1270	HFC－32	
HFO－1132	HC－600a	HFC－32	
HFO－1132	HC－601	HFC－32	
HFO－1132	HC－601a	HFC－32	
HFO－1132	HC－290	HFC－152a	
HFO－1132	HC－1270	HFC－152a	
HFO－1132	HC－600a	HFC－152a	
HFO－1132	HC－601	HFC－152a	
HFO－1132	HC－601a	HFC－152a	
HFO－1132	HC－290	HFC－134	
HFO－1132	HC－1270	HFC－134	
HFO－1132	HC－600a	HFC－134	
HFO－1132	HC－601	HFC－134	
HFO－1132	HC－601a	HFC－134	
HFO－1132	HC－290	HFC－125	

续表

组分一	组分二	组分三	相关申请号及状态*
HFO－1132	HC－1270	HFC－125	CN201280024166（有效）
HFO－1132	HC－600a	HFC－125	
HFO－1132	HC－601	HFC－125	
HFO－1132	HC－601a	HFC－125	
HFO－1234ze	HFC－32	HFC－152a	CN201280042712
四氟丙烯	HFC－32	HFC－134a	CN201380012162
HFO－1234yf	HFC－32	HFC－152a	CN201611164187
HFO－1234ze（E）	HFC－32	HFC－152a	
HFO－1234ze	HFC－227ea	HFC－134a	CN201380076529
HFO－1234ze	HFC－125	HCFO－1233zd	CN201480027095
HFO－1234yf	HFC－125	HCFO－1233zd	
HFO－1234ze	HFC－32	HFC－152a	CN201480027102
HFO－1234ze	HFC－32	HFC－134a	
HFO－1123	HFC－32	HFO－1234yf	CN201580009586（有效）
HFO－1123	HFC－32	HFO－1234ze（E）	CN201911108177（审中）
HFO－1234yf	HFC－134a	HFC－152a	CN201780062362（有效）
HFO－1123	HFC－125	HFC－32	CN201880036499（审中）
HFO－1123	HFC－125	HFO－1243zf	
HFO－1123	HFC－125	HFC－143a	
HFO－1123	HFC－125	HFC－134a	
HFO－1123	HFC－125	HFC－161	
HFO－1123	HFC－125	HFO－1336mzz	
HFO－1123	HFC－125	HFO－1345fz	
HFO－1123	HFC－125	HFO－1354mfy	
HFO－1123	HFC－125	HFC－245fa	
HFO－1123	HFC－125	HFO－1234yf	
HFO－1123	HFC－125	HFC－134	
HFO－1123	HFC－125	HFC－152a	
HFO－1123	HFC－125	HFC－365mfc	
HFO－1123	HFC－125	HC－600	
HFO－1123	HFC－125	HFC－227ea	

续表

组分一	组分二	组分三	相关申请号及状态*
HFO-1123	HFC-125	HFO-1233zd	CN201880036499（审中）
HFO-1123	HFC-125	HC-601a	
HFO-1123	HFC-125	HC-601	
HFO-1123	HFC-125	HC-290	
HFO-1234yf	R13I1	HFC-134a	CN201811626582（审中）
HFO-1234ze（E）	R13I1	HFC-134a	
HFO-1234yf	HFC-125	HFC-32	CN201880019998（有效）
HFO-1234ze（E）	HFC-134	HCFO-1233zd（E）	CN201880065752（审中）
HFO-1234ze（E）	HFC-134	HCFO-1224yd（Z）	
HFO-1234ze（E）	HFC-134	HFO-1234ze（Z）	
HFO-1234ze（E）	HFC-134	HFO-1336mzz（E）	
HFO-1234ze（E）	HFC-134	HFO-1336mzz（Z）	
HFO-1234ze（E）	HFC-134	HFO-1225ye（E）	
HFO-1234ze（E）	HFC-134	HFO-1225ye（Z）	
HFO-1234ze（E）	HFC-134	HFO-1225zc	
HFO-1234ze（E）	HFC-134	HFC-227ca	
HFO-1234ze（E）	HFC-134	HFC-227ea	
HFO-1234ze（E）	HFC-134	HFC-236fa	
HFO-1234ze（E）	HFC-134	HFC-236ea	
HFO-1234ze（E）	HFC-134	HFC-245fa	
HFO-1234ze（E）	HFC-134	HFE-227me	
HFO-1132a	HFC-152a	HFO-1234yf	CN201980054110（审中）
HFO-1132a	HFC-32	HFO-1234yf	
HFO-1132a	HFC-32	HFO-1234ze（E）	
R744	HFC-32	HFC-134a	CN201980054123（审中）
R744	HFC-32	HFO-1234yf	
R744	HFC-32	HFO-1234ze	

注：* 表中申请号未标记状态均为失效。

10.2.2.3 特点分析

国外申请人在中国国内布局的第四代制冷剂申请中，明确用于替代 HFC-134a 的二元和三元混合制冷剂的相关申请量适中，时间上整体呈现出很好的延续性。作为申请人，全球制冷剂领域的头部企业如杜邦、霍尼韦尔、阿科玛、大金和旭硝子均在国内进行了相应的专利布局。

对照列出的申请可以看出，国外申请人申请时大量采用重复申请和分案申请的策略。通过同期提交多个申请，可以达到一案多审、择优而取的效果；在母案审查结论不如预期时，以分案形式就相同方案再次提出申请，也是基于相同的目的。

明确用于替代 HFC－134a 的二元和三元配方有近 200 组，通过这些配方能够看到组配思路与前文分析 HCFC－22 替代品特点时描述的一致，都是将代表性的 HFOs 类化合物作为组分一，随后再与常见的第三代制冷剂组分组合，以获取潜在的可行性方案。在此思路下，通过初步试验或模拟运算确定具有可用性的组分后，以正交配对的方式进行组合获取多个并列的技术方案（即配方），进而提出申请，成为当前普遍的专利申请和布局模式。例如，旭硝子以 HFO－1132 或 HFO－1123 为组分一，HC－290、HC－1270、HC－600a、HC－601 或 HC－601a 为组分二，HFC－32、HFC－152a、HFC－134 或HFC－125 为组分三，通过组分之间的正交组合，形成了 40 组配方（具体可参见专利 CN201280024166.6 和 CN201280024148.8）；又如阿科玛的专利 CN201880036499.8 中，HFO－1123/HFC－125 的组合逐一与 HCs、HFCs 和 HFOs 类组分配合，得到了 19 组配方。

中国国内申请人在专利挖掘和布局方面缺少经验，上述申请和配方研究策略非常值得国内申请人借鉴。

10.2.3 HFC－410A 的替代品分析

HFC－410A 是 HFC－32 和 HFC－125 以 50：50 的质量比混合而成的二元制冷剂。高效热传递、低压力损失、低温度漂移，较少的制冷剂充注量，更安静和高效的压缩机，这些优势令 HFC－410A 相比于其他替代 HCFC－22 的环保制冷剂而言有着明显优势。目前，HFC－410A 是国内制冷空调领域应用最为广泛的制冷剂之一，但是由于具有较高的 GWP 值（2000），其同样被列入了需要实施减排的温室气体，因此针对 HFC－410A 替代品的研究也是制冷剂行业的研究热点。

10.2.3.1 二元混合制冷剂

如表 10－2－5 所示，2008～2018 年国外申请人在国内布局的用于替代 HFC－R410A 的第四代二元混合制冷剂申请共计 16 件，申请人以杜邦、大金、阿科玛和 AGC 为主。相比于制冷剂领域的同期申请量，相关申请所占比例较低。目前，包括 2008 年提出的申请 CN200980146232.5 和 CN201510111440.9 在内的 5 件专利处于有效状态，2017 年以后提出的 5 件申请在审，其他申请则处于失效状态。

这些申请中共记载有 21 组二元配方。其中，2017 年之前的配方主要围绕以 HFO－1234yf、HFO－1234ze、HFO－1234ze（E）和 HFO－1243zf 为代表的氟代丙烯进行研究，将其与低 GWP 的天然工质、HCs 或 HFCs 类制冷剂组分组合。2017 年提出的申请中，FO－1216 和 HCFO－1224yd 首次被尝试用作第四代混合制冷剂的组分。与此同时，自 2017 年起以 HFO－1141、HFO－1123、HFO－1132a 和 HFO－1132 为代表的氟代乙烯在二元制冷剂中的应用逐渐增多，主要与天然工质配合使用。

表10－2－5　替代HFC－410A的二元混合剂制冷剂配方及相应专利申请

<table>
<tr><th>组分一</th><th>组分二</th><th>相关申请号及状态*</th></tr>
<tr><td>HFO－1234yf</td><td>HC－1270</td><td>CN200980146232，CN201510111440（有效）</td></tr>
<tr><td>HFO－1234yf</td><td>环丙烷</td><td>CN200980146232（有效）</td></tr>
<tr><td>HFO－1234ze</td><td>HFC－32</td><td rowspan="2">CN200980146245，CN201510042086</td></tr>
<tr><td>HFO－1234ze</td><td>HFC－125</td></tr>
<tr><td>HFO－1234yf</td><td>HFC－32</td><td>CN201180004783（有效）
CN201610050064（有效）</td></tr>
<tr><td>HFO－1234ze（E）</td><td>HFC－152a</td><td>CN201180009625</td></tr>
<tr><td>HFO－1234yf</td><td>氨</td><td>CN201210029919（有效）</td></tr>
<tr><td>HFO－1234yf</td><td>HFC－134a</td><td>CN201280068744</td></tr>
<tr><td>HFO－1243zf</td><td>氨</td><td>CN201280016782</td></tr>
<tr><td>HFO－1234ze</td><td>FO－1216</td><td rowspan="2">CN201880048893（审中）</td></tr>
<tr><td>HFO－1243zf</td><td>FO－1216</td></tr>
<tr><td>HFO－1234yf</td><td>HCFO－1224yd</td><td rowspan="2">CN201880046066</td></tr>
<tr><td>HFO－1234ze（E）</td><td>HCFO－1224yd</td></tr>
<tr><td>HFO－1123</td><td>HFC－32</td><td>CN201880018070（审中）</td></tr>
<tr><td>HFO－1132a</td><td>R13I1</td><td>CN201980074170（审中）</td></tr>
<tr><td>HFO－1234yf</td><td>HC－290</td><td rowspan="2">CN201980062479（审中）</td></tr>
<tr><td>HFO－1234yf</td><td>乙烷</td></tr>
<tr><td>HFO－1141</td><td>R744</td><td rowspan="4">CN201980027803（审中）</td></tr>
<tr><td>HFO－1132（E）</td><td>R744</td></tr>
<tr><td>HFO－1132（Z）</td><td>R744</td></tr>
<tr><td>TFP</td><td>R744</td></tr>
</table>

注：*表中申请号未标记状态均为失效。

10.2.3.2　三元混合制冷剂

表10－2－6显示的是用于替代HFC－410A的第四代三元混合制冷剂配方及相应申请信息。可以看出，自2008年起国外创新主体在国内布局共计48件相关申请，时间维度上显示了很好的延续性。从审查结果来看，2008～2010年的申请由于出现较早而具有较高的授权率，授权驳回比达到11∶2；2011～2014年申请授权率下降明显，除2件在审外，授权驳回比仅为2∶7；2014年之后的申请中，审结案件包括授权和驳回各1件，其他均处于在审状态。授权专利中有3件因未缴年费而失效，整体上呈现出较好的稳定性。

上述申请中共记载有85组三元配方。对比可以发现，这些配方中的组分选配具有与替代HFC-134的三元混合工质极为相近的特点，作为第四代制冷剂代表性组分的HFOs主要选自HFO-1234yf、HFO-1123、HFO-1234ze、HFO-1243zf、HFO-1234ze（E）和HFO-1132a；组分二和组分三则以天然工质（如R744）、第三代制冷剂中常见的HCs和HFCs类组分以及结构相近的HFOs类化合物为主。作为非HFOs类组分，HFC-32、R744和HFC-134a在85组配方中的使用频次尤为突出，分别涉及了56组、23组和16组配方。

表10-2-6 替代HFC-410A的三元混合剂制冷剂配方及相应专利申请

<table>
<tr><th>组分一</th><th>组分二</th><th>组分三</th><th>相关申请号及状态*</th></tr>
<tr><td rowspan="8">HFO-1234yf</td><td>HFC-32</td><td>HFC-125</td><td>CN200980125795（有效）</td></tr>
<tr><td>HFC-152a</td><td>HC-290</td><td>CN201510111440（有效）
CN200980146232</td></tr>
<tr><td>HFC-152a</td><td>环丙烷</td><td rowspan="2">CN200980146232（有效）</td></tr>
<tr><td>HFC-134a</td><td>环丙烷</td></tr>
<tr><td>HFC-152a</td><td>HFC-134a</td><td>CN200980146245</td></tr>
<tr><td>HFC-152a</td><td>HFC-125</td><td rowspan="3">CN200980146245（有效）</td></tr>
<tr><td>HFC-134a</td><td>HFC-125</td></tr>
<tr><td>HFC-134a</td><td>HFC-32</td></tr>
<tr><td rowspan="3">HFO-1234ze</td><td>HFC-152a</td><td>HFC-125</td><td rowspan="3">CN200980146245
CN201510042086</td></tr>
<tr><td>HFC-134a</td><td>HFC-125</td></tr>
<tr><td>HFC-134a</td><td>HFC-32</td></tr>
<tr><td rowspan="5">HFO-1234yf</td><td>HFC-134a</td><td>HC-290</td><td rowspan="3">CN201080007773</td></tr>
<tr><td>HFC-134a</td><td>HC-1270</td></tr>
<tr><td>HFC-134a</td><td>HC-1150</td></tr>
<tr><td>HFC-134a</td><td>HFC-32</td><td>CN201080040355
CN201510454269（有效）</td></tr>
<tr><td>HFC-152a</td><td>HFC-32</td><td>CN201080040360（有效）
CN201510337319（有效）</td></tr>
<tr><td rowspan="3">HFO-1243zf</td><td>HFC-152a</td><td>HFC-32</td><td rowspan="3">CN201180022926</td></tr>
<tr><td>HFO-1234yf</td><td>HFC-32</td></tr>
<tr><td>HFO-1234ze</td><td>HFC-32</td></tr>
<tr><td>四氟丙烯</td><td>HFC-134a</td><td>HFC-161</td><td>CN201180039390（有效）</td></tr>
<tr><td>HFO-1234ze（E）</td><td>HFC-152a</td><td>HFC-134a</td><td>CN201180009625</td></tr>
</table>

续表

组分一	组分二	组分三	相关申请号及状态*
HFO－1234yf	HFC－134a	HFC－245cb	CN201280042669
HFO－1234ze（E）	HFC－134a	HFC－245cb	
HFO－1243zf	HFC－134a	HFC－245cb	
HFO－1234yf	HFC－32	HFC－245cb	
HFO－1234ze（E）	HFC－32	HFC－245cb	
HFO－1243zf	HFC－32	HFC－245cb	
HFO－1234ze	HFC－32	R744	CN201280043117
HFO－1234ze	HFC－32	HC－600	CN201280078187
	HFC－32	HC－600a	
	HFC－32	HFC－125	CN201380070489
	HFC－32	R744	CN201380044252
HCFO－1233xf	HFO－1234ze（E）	HF	CN201480016723（有效）
	HFO－1234ze（Z）	HF	
	HFO－1243zf	HF	
	HCFO－1233zd（E）	HF	
	HFO－1225zc	HF	
	HFO－1225ye	HF	
	HFC－245fa	HF	
	HCFC－244bb	HF	
HFO－1234yf	HFC－32	HFC－125	CN201480055589（有效）
	C1－3（氢）卤烃化合物	HF	CN201480016728（审中） CN202010984357（审中）
HFO－1234ze	HFC－32	HFC－125	CN201510346692
	HFO－1123	氢氟烃	CN201580009642（审中）
HFO－1234ze（E）	HFO－1123	HFC－32	CN201911108177（审中）
HFO－1234yf	HFO－1123	HFC－32	CN201580006515（有效）
HFO－1132（E）	HFC－32	HFC－125	CN201580029973
HFO－1123	HFO－1234yf	HFC－32	CN201780055085（审中）
	HFO－1234ze（E）	HFC－32	
	HFC－152a	HFC－32	
	HFC－161	HFC－32	

续表

组分一	组分二	组分三	相关申请号及状态*
HFO－1123	HC－290	HFC－32	CN201780055085（审中）
	HC－1270	HFC－32	
	R744	HFC－32	
HFO－1234yf	HFO－1123	HFO－1132（E）	CN201880080765（有效） CN201880079656（审中） CN201880081165（审中）
	HFO－1123	HFC－32	CN201880018070（审中）
	HFO－1132a	HFC－32	CN201880051258（审中）
	HFO－1132（E）	HFC－32	CN201880081357（审中） CN201880080863（审中）
	R744	HFC－32	CN201880065873（审中）
HFO－1123	HFC－32	R13I1	CN201811639229（审中）
	HFC－32	HFC－125	
	HFO－1132（E）	HFC－32	CN201880080811（审中） CN201880081636
HFO－1234ze	FO－1216	氢氟醚	CN201880048893（审中）
HFO－1243zf	FO－1216	氢氟醚	
HFO－1234yf	HFC－32	HFC－125	CN201980054059（审中）
	HFO－1123	HFO－1132（E）	201980058743（审中） 201980058502（审中）
	HFO－1132a	HFC－32	CN201980047468（审中）
	FO－1114	HFC－32	
	HFO－1123	HFC－32	CN201980058828（审中）
	HFO－1132a	HFC－32	
	HFO－1132（E）	HFC－32	
	FO－1114	HFC－32	
	HFC－32	R744	CN201980070768（审中）
HFO－1123	HFO－1234yf	R744	CN201980045902（审中）
	HFO－1234ze	R744	
	HFC－32	R744	
	HFC－134a	R744	
	HFC－125	R744	

续表

组分一	组分二	组分三	相关申请号及状态*
HFO - 1132a	R13I1	HFC - 32	CN201980074170（审中）
	R13I1	R14	
	R13I1	R116	
	R13I1	R744	
HFO - 1234yf	HFC - 32	R744	CN202010146616（审中）
	HFC - 125	R744	CN202010146611（审中）
R744	HFC - 32	HFO - 1141	CN202010146723（审中）
	HFC - 32	HFO - 1132a	
	HFC - 32	HFC - 41	
	HFC - 32	R13I1	
	HFC - 32	HFC - 161	
	HFC - 32	HC - 290	
	HFC - 32	HC - 1270	
	HFC - 32	HC - 170	
	HFC - 32	HC - 1150	
	HFC - 32	乙炔	

注：* 表中申请号未标记状态均为失效。

85组配方中有16组重复配方，包括HFO - 1123/HFC - 32/HFO - 1234ze（E），HFO - 1123/HFC - 32/R744，HFO - 1234ze/HFC - 32/HFC - 125，HFO - 1234ze/HFC - 32/R744，HFO - 1234yf/HFC - 32/FO - 1114，HFO - 1234yf/HFC - 32/HFC - 134a，HFO - 1234yf/HFC - 32/HFO - 1132（E）各1组；HFO - 1234yf/HFC - 32/HFC - 125，HFO - 1234yf/HFC - 32/HFO - 1132a，HFO - 1234yf/HFC - 32/R744各2组；3组HFO - 1234yf/HFC - 32/HFO - 1123。相比于HCFC - 22和HFC - 134a，HFC - 410A替代品中的重复配方明显更多，一方面说明这些配方具有相对更高的价值，另一方面也反映出在用于替代HFC - 410A的第四代制冷剂研发领域竞争态势更为激烈。

10.2.3.3 特点分析

国外申请人在中国国内布局的明确用于替代HFC - 410A的二元和三元混合制冷剂的相关申请呈现出与第10.2.2.3节中描述HFC - 134a替代配方时基本相同的申请特点，并且在组分选择方面也具有很高的相似性，仅非HFOs类的高频次组分的种类有所差异。

10.3 HFC－410A 配方挖掘示例

国外制冷剂领域头部企业已经在中国国内针对第四代制冷剂构筑了大量的专利壁垒。规避侵权风险，以相对较低的成本逐步实现制冷剂产品升级以确保产业良性可持续发展是国内制冷剂行业的首要目标。鉴于中国国内制冷剂行业缺乏完善的研发体系和足够的人才技术储备，在现有专利技术的基础上做好可行性技术挖掘有望成为业内解决当前燃眉之急的有效方案。

本节将以 HFO－1234yf/HFC－32/HFC－125 三元配方为例，梳理涉及替代 HFC－410A 的相关专利申请，整合比对同类技术，探讨识别侵权雷区和在现有技术基础上挖掘潜在可行性替代方案的基本思路。

10.3.1 专利申请解析

HFO－1234yf/HFC－32/HFC－125 是指由 2，3，3，3－四氟丙烯、二氟甲烷和五氟乙烷按照一定配比组成的三元混合工质。国外申请人在国内布局的包含前述配方的制冷剂领域申请中，明确记载可用于替代 HCFC－410 的申请共计 3 件，分别是专利 CN200980125795.6、CN201480055589.3 和 CN201980054059.X。

10.3.1.1 专利 CN200980125795.6

专利 CN200980125795.6 由大金于 2008 年提出，2013 年获得授权，后因未缴年费而于 2019 年 6 月 30 日终止。该申请的公开文本和授权文本相同，其中的权利要求 1 如下：

“1. 一种制冷剂组合物，其特征在于：在包含二氟甲烷（HFC－32）、五氟乙烷（HFC－125）和 2，3，3，3－四氟丙烯（HFO－1234yf）的制冷剂组合物的三角图中，各成分（HFC－32/HFC－125/HFO－1234yf）处于以（0/21/79 质量%）、[1]（16.6/25.3/58.1 质量%）和（0/28.4/71.6 质量%）的各点包围的范围内，且必须包含 HFC－32。”

申请的说明书中指出：该制冷剂组合物具有不燃性；ODP 值为 0，GWP 值约 800～1000，仅为 HFC－410A 的 1/2 以下；具有良好的冷冻能力，能够得到与以往使用 HFC－410A 作为制冷剂的热泵同等或其以上的循环性能。

为证实上述技术效果，说明书中记载了 4 个具体的 HFC32/HFC125/HFO1234yf 组合物实施例，组成分别是：(4/23/73)、(15/25/60)、(2/26/72) 和 (10/25/65)。[2]

10.3.1.2 专利 CN201480055589.3

专利 CN201480055589.3 由得凯莫斯公司弗罗里达有限公司（美国）于 2013 年提出，2016 年获得授权，目前处于专利权有效状态。

---

[1] （0/21/79 质量%）是指质量分数分别为 0、21%、79%，原文如此，下同。——编辑注

[2] 括号内数值分别表示各组分的质量分数，下同。——编辑注

该申请公开文本的权利要求1如下：

"1. 一种制冷剂组合物，包含：a. 11%～28%（质量分数）的二氟甲烷；b. 34%～59%的五氟乙烷；以及 c. 21%～38%（质量分数）的2，3，3，3－四氟丙烯。"

说明书中指出：所述制冷剂气体具有不易燃性，不损耗臭氧，具有显著更低的直接全球变暖潜势值，并且具有更低的压缩机排放温度。

为证实上述技术效果，说明书中记载了6个具体的HFC32/HFC125/HFO1234yf组合物实施例，组成分别是（11/59/30）、（22/57/21）、（28/34/38）、（11/51/38）、（20/50/30）和（19/46/35）。[1]

该申请授权文本的权利要求1如下：

"1. 一种制冷剂组合物，由以下物质组成：a. 11%（质量分数）的二氟甲烷；b. 59%（质量分数）的五氟乙烷；以及 c. 30%（质量分数）的2，3，3，3－四氟丙烯。"

10.3.1.3　专利 CN201980054059.X

专利CN201980054059.X由大金于2018年提出，目前处于在审状态。

该申请公开文本的权利要求4如下（权利要求1～3为其他配方）：

"4. 一种含有制冷剂的组合物，其特征在于，所述制冷剂含有二氟甲烷R32、五氟乙烷R125和2，3，3，3－四氟丙烯R1234yf，该三成分的总浓度为99.5%（质量分数）以上，并且，该三成分的质量比在以该三成分为各顶点的三角组成图中在以以下点A、点B、点C和点D这四点为顶点的四边形所围成的区域的范围内，点A（R32/R125/R1234yf＝62.2/36.8/1.0 质量%）、点B（R32/R125/R1234yf＝36.5/30.0/33.5 质量%）、点C（R32/R125/R1234yf＝26.2/57.5/16.3 质量%）、点D（R32/R125/R1234yf＝45.8/53.2/1.0 质量%）。"

说明书中指出：该发明的制冷剂组合物具有具备与R410A同等的制冷能力和COP、并且GWP小（2000以下）的特性。

为证实上述技术效果，说明书中记载了11个具体的HFC32/HFC125/HFO1234yf组合物实施例，组成分别是：点A（62.2/36.8/1.0）、点B（36.5/30.0/33.5）、点C（26.2/57.5/16.3）、点D（45.8/53.2/1.0）、点E（28.3/51.6/20.1）、点F（51.9/47.1/1.0）、点G（35.4/50.3/14.3）、点H（43.0/31.7/25.3）、（51.7/45.7/2.6）、（53.4/41.4/5.2）和（55.1/37.1/7.8）。

10.3.2　侵权雷区

为更加清晰地呈现上述3件专利申请中HFO－1234yf/HFC－32/HFC－125的技术方案，图10－3－1（见文前彩色插图第7页）以三角组成图的形式示出了各权利要求的范围，并以不同颜色表示不同的法律状态，其中橙色代表授权专利且处于有效状态，蓝色代表申请处于在审状态，灰色则代表相关范围处于失效状态。

---

[1] 括号内数值分别表示各组分的质量分数，下同。——编辑注

雷区是专利领域界定是否侵权时的俗语，包括两种情形：他人专利处于有效状态时权利要求的保护范围；在审申请的权利要求的保护范围。后者因仅是存在侵权风险，取决于审查结论，因此实质上是潜在雷区。从图 10 - 3 - 1 中不难看出，关于 HFO - 1234yf/HFC - 32/HFC - 125 三元混合工质，上述 3 件申请构筑了两处雷区。第一处源于 CN201480055589. 3 授权专利的权利要求 1，范围涉及（HFO - 1234yf/HFC - 32/HFC - 125 = 30/11/59）一个点。第二处源于专利 CN201980054059. X，该申请处于在审状态，审查结论未定，因此属于潜在雷区。关于专利 CN200980125795. 6，尽管其于 2013 年被授予专利权，但因未缴年费已处于失效状态，因此与经审查未授权的情形相当，已成为公众可自由实施的公开技术。

10. 3. 3 可行性技术挖掘

组分配比是影响组合物性能的重要因素，但在偏差不大的情况下性能通常较为相近。进而，当几个相邻点被证实均可解决某一技术问题时，基于这几个点圈定范围内的方案会被认为具有相同或相近的技术效果。

这种“由点及面”在组合物领域已达成共识，是申请人基于实验结果合理概括权利要求的范围以及后续审查时界定权利要求概括是否恰当的常规思路。这一思路为制冷剂领域的技术人员在现有技术基础上挖掘潜在可行性替代方案提供了依据。课题组认为，实际操作时可依照以下步骤进行：

第一，选定目标配方后，统计汇总所有相关申请的实施例（点）；

第二，根据实施例划定基本范围；在此过程中，宜尽量压缩范围以避免过度扩展/推测导致不确定性提升；

第三，对照现有专利申请，排除雷区和潜在雷区；

第四，在剩余范围内界定优先级，考虑因素可包括具有更低 GWP 值的区域，具有更低易燃性的区域，与失效专利重叠的区域等；

第五，试验以确定可行性。

单一一篇现有技术提供的信息有限。相比直接试验失效区域的方案，上述做法综合了现有同类技术，通过相互印证，更具科学性和可靠性。

参照上述步骤，对 HFO - 1234yf/HFC - 32/HFC - 125 三元配方的潜在可行性方案进行探索，结果如图 10 - 3 - 1 所示的步骤 2 - 4。在图 10 - 3 - 1 所示步骤 1 的基础上，图 10 - 3 - 1 所示的步骤 2 中增加了专利 CN200980125795. 6、CN201480055589. 3 和 CN201980054059. X 中记载的所有实施例的具体配方（以黑点显示），并据此圈定了基本范围，以斜纹区域表示（步骤 3）。

借鉴现有技术，图 10 - 3 - 1 所示的步骤 4 中标示了 HFO - 1234yf/HFC - 32/HFC - 125 三元配方的可燃性界线以及 GWP 变化趋势。可燃性界线的左侧为不易燃区域，而右侧为易燃区域。由于 HFO - 1234yf 具有明显更低的 GWP 值，因此三角图中，越靠近上方的配方具有越低的 GWP 值。

在排除雷区和潜在雷区之后，基于更低 GWP 值和更低易燃性的因素考虑，在剩余的基本范围内以红底渐变的方式标示了潜在可行性替代方案的范围及相应的优先级，颜色越深表示优先级越高。进而，可依照从深红到浅红的顺序开展试验以确定方案的可行性。

10.4 小　　结

本章以 HCFC－22、HFC－134a 和 HFC－410A 为代表，通过梳理国外申请人在国内布局的替代品专利申请，整合比对同类技术，探析了申请特点及配方的组配内在规律，并对在现有技术基础上挖掘潜在可行性替代方案的基本思路进行了探讨。现总结如下。

首先，针对以 HFC－134a 和 HFC－410A 为代表的第三代制冷剂主流产品，全球制冷剂领域的头部企业如杜邦、霍尼韦尔、阿科玛、大金等已在中国国内就其第四代制冷剂替代品进行了长期且相当数量的专利布局，并且在申请时大量采用重复申请和分案申请的策略，从而构筑了大量的专利壁垒。

其次，对相关申请中二元和三元混合工质配方的分析结果显示，针对不同替代对象，新配方在组分选择方面具有很高的相似性，作为组分一的 HFOs 主要选自 HFO－1234yf、HFO－1234ze、HFO－1234ze（E）、HFO－1123、HFO－1243zf 和 HFO－1132a，配对组分则以天然工质（如 R744）、第三代制冷剂中常见的 HCs 和 HFCs 类组分以及结构相近的 HFOs 类化合物为主。替代对象不同，非 HFOs 类的高频次组分的种类亦有所差异。研究表明，通过初步试验或模拟运算确定具有可用性的组分后，以正交配对的方式进行组合获取多个并列的技术方案（即配方）进而提出申请，已成为当前普遍的专利申请和布局模式。

最后，通过梳理替代品相关申请，可发现受关注度高的重点配方，上文第 10.3.3 节介绍的方法则为如何整合现有同类技术并在此基础上挖掘潜在的可行性替代方案提供了借鉴思路。

第 11 章　第四代制冷剂研究结论与建议

《蒙特利尔破坏臭氧层物质管制议定书（基加利修正案）》的生效正式拉开了由第三代制冷剂（HFCs）向第四代产品转换的序幕，未来 10 ~ 15 年内第四代制冷剂将逐步占据主流市场。然而国内制冷剂行业研究进展缓慢，缺乏自主技术，面对国外的专利壁垒，如何避免“卡脖子”，在不影响行业良性发展的前提下顺利完成制冷剂产品的升级换代对国内制冷剂行业是一项巨大挑战。在此背景下，课题组对第四代制冷剂开展了研究，内容包括：从全球和中国两个角度对第四代制冷剂领域的专利申请进行总体分析；剖析基础专利 WO2004037913A2，探究第四代制冷剂的技术发展脉络和原研者的专利布局策略；以 HCFC - 22、HFC - 134a 和 HFC - 410A 为主流产品代表，梳理国外申请人在国内布局的替代品专利申请，探析申请特点及配方组配内在规律，并对如何在现有技术基础上挖掘潜在可行性替代方案的思路进行探讨。

11.1　结　　论

11.1.1　专利申请概况

基于 HFOs 的第四代制冷剂的专利申请在经过近十年的高速增长后，已进入相对平稳的发展期。相关申请聚焦于 HFO - 1234yf 和 HFO - 1234ze，且以二元和三元混合制冷剂为主。日本、美国、法国和中国是最大的技术来源地。尽管近年中国国内申请量增幅显著，但相比而言，国内制冷剂行业缺乏完善的研发体系和足够的人才技术储备，综合研发实力、专利布局意识和市场策略与发达国家创新主体相比存在巨大差距。以阿科玛、杜邦、大金、霍尼韦尔等为代表的国外申请人已在中国国内构筑了大量的专利壁垒，今后我国制冷行业的发展将面临越来越严峻的形势。

11.1.2　重要专利分析

课题组分析了霍尼韦尔的氢氟烯烃制冷剂的基础专利 WO2004037913A2 在中国的同族申请、分案申请、后续系列申请的情况。在此基础上，进行了该专利的专利引文分析，研究了与上述基础专利内容相关的专利申请的申请人分布，即本领域主要竞争对手之间的专利引证关系。同时进一步通过专利引文研究了在该专利基础上的技术发展路线，确定了具体技术分支和在霍尼韦尔之后的其他申请人对技术发展方向的选择和贡献。最后，利用专利检索报告的特点，列出了自 2019 年 1 月 1 日之后提交的 PCT 申请公开文本的检索报告中为全 A 类的文献中权利要求主要涉及的技术方案，筛选出可能是新技术发展方向的专利技术。

分析结果表明，在基础专利 WO2004037913A2 的基础上，霍尼韦尔发展出组合物、关键成分四氟丙烯的制备方法、组合物不同用途的多种技术方案，构建了完善的专利壁垒。在这些相近的技术领域，存在大金、JX 日矿日石等多个竞争对手，并且研究领域存在交叉。而进一步技术路线的发展显示了在以 HFO－1234 作为主要成分的制冷剂组合物的基础上，加入不同的氢氟烃等组分，调整比例，可以实现对现有制冷剂的替代。国外企业在低组分数的组合物专利布局中具备优势，我国企业（如格力）在含有更多成分的组合物方面的布局比较完善，但是实施这些专利可能会受到在前专利权人的制约。

同时，制冷剂组合物的研究中进一步出现了针对二氧化碳、烷烃、CF_3I 等的组合方式。作为 WO2004037913A2 基础专利的一个分支领域，使用四氟乙烷作为其中的一个组分具有相对重要的地位，包括 CF_3I、HFC－32、二氧化碳、HCFC－142、HFO－1123 成分的组合物申请也是值得继续关注的一个方向。

课题组提供了一种利用重要专利的检索报告（专利引文）中引证文献的相关度类型来进行专利分析的方法。该方法将重要专利作为基础，进行引证文献分析。通过对引文的连续追踪，利用检索报告中文献相关度类型，确定技术内容非常接近的专利申请。分析申请人之间的引证关系图谱，找到技术的起源和随后的竞争发展态势，发现了第四代制冷剂一个技术领域分支中的申请人之间的引证和竞争关系，确定了重要申请人和技术的发源者和贡献者。

通过引文连续追踪到目前最新申请为止，课题组对引证链条上的专利申请的技术内容进行梳理，从霍尼韦尔的基础专利的技术方案开始，可以清楚看出在中国后续衍生出的技术分支和目前专利的授权状况，确定主要的技术发展路线，以及在该分支上的主要申请人，为后一步继续进行该系列的跟踪研发改进提供有益的参考。而利用 PCT 途径的国际公布文本中的检索报告存在全 A 类文献的情况，帮助我们从一个侧面来筛选可能的最新技术方向，提供了从另一个角度发现重要技术分支和竞争对手的方法。

11.1.3 主流产品替代品分析

规避侵权风险，以相对较低的成本逐步实现制冷剂产品升级以确保产业良性可持续发展是国内制冷剂行业的首要目标，在现有专利技术的基础上做好可行性技术挖掘有望成为解决业内当前燃眉之急的有效方案。专利分析结果表明：

（1）针对第三代制冷剂主流产品，全球制冷剂领域的头部企业如杜邦、霍尼韦尔、阿科玛、大金等已在国内就其第四代制冷剂替代品进行了长期且相当数量的专利布局，并且在申请时大量采用重复申请和分案申请的策略，从而构筑了强大的专利壁垒。

（2）二元和三元混合工质配方的分析结果显示，针对不同替代对象，新配方在组分选择方面具有很高的相似性，作为组分一的 HFOs 主要选自 HFO－1234yf、HFO－1234ze、HFO－1234ze（E）、HFO－1123、HFO－1243zf 和 HFO－1132a，配对组分则以天然工质、第三代制冷剂中常见的 HCs 和 HFCs 类组分以及结构相近的 HFOs 类化合物为主。替代对象不同，非 HFOs 类的高频次组分的种类亦有所差异。通过初步试验或模拟运算确定适用组分后，以正交配对的方式进行组合获取多个并列的技术方案（即配方）进而提出申请，已成为当前普遍的专利申请和布局模式。

（3）“由点及面”在组合物领域较为普遍，是申请人基于实施例（点）合理概括权利要求的范围以及后续审查时判定权利要求概括是否恰当的常规思路，这也为制冷剂领域的技术人员在现有技术基础上挖掘潜在可行性替代方案提供了依据。通过梳理替代品相关申请确定目标配方后，可基于涉及该配方的所有相关申请，依照汇总实施例（点）—划定基本可实施范围—排除专利雷区—界定优先级—试验的总体思路挖掘可行性方案。这种方式综合了现有同类技术，通过相互印证，更具科学性和可靠性。

11.2 建　　议

制冷剂行业正处于第三代制冷剂向第四代转换的关键节点。作为最大的发展中国家，我国制冷剂领域的产品更新对上下游产业影响巨大，但国内新产品研发进展缓慢，缺乏自主技术，因此面临的形势异常严峻。对此课题组认为，可以从以下 4 个方面开展相关提升工作。

一是加大政策扶持和资金投入。国内制冷剂领域的发展起步晚，缺乏足够的人才和技术储备，从长期来看，加强政策和资金扶持，引进国际高水平人才，推进合作研发，是确保制冷剂行业良性可持续发展的必要举措。

二是进一步加强知识产权培训，提升业内专利挖掘与布局的意识和水平。

三是强化业内对已有专利申请的统计和技术分析。依托专利大数据，整理并深入分析第四代制冷剂专利技术，剖析配方组配规律，注重在现有技术的基础上挖掘可行性替代方案，这有助于破除专利壁垒，使国内制冷剂产品以较低成本实现更新换代成为可能。

四是建立针对全球业内头部企业的专利申请跟踪与分析机制。深度挖掘专利申请特别是基础专利中的技术信息，结合上下引证专利链条，探究对手的技术发展路线、重点研发方向和专利布局策略，取长补短，借此提高自身研发的针对性和前瞻性，并在专利布局中有所体现，这对促进国内制冷行业的快速发展实现“弯道超车”具有重要意义。

关键技术三

相 变 储 能 材 料

第 12 章　相变储能材料概论

12.1　技术现状

能源是人类赖以生存的基础，随着人类生活及生产活动的高速发展，对能源需求越来越大，化石能源日益枯竭，能源利用带来的污染问题也越来越严重。如何提高能源利用效率，最大限度利用低品位能源，开发可利用的新能源，成为当今社会研究的热点。❶

相变储能材料是可在一定的温度范围内，利用材料本身相态或结构变化过程中的吸热和放热，进行热能存储和温度调控的材料。根据对热量的不同利用方式可分为对温度进行调控和对热量进行存储两大类。

12.1.1　国外发展情况

相变储能材料在国外的研究始于 20 世纪 50 年代，具体发展情况如表 12－1－1 所示。

表 12－1－1　相变储能材料在国外的发展情况

时间	事件
20 世纪 50 年代	Maria Telkes 博士观察到了硼砂相变吸热降温的效果，并研究了其相变循环次数
20 世纪 60 年代	美国 NASA 展开了相变材料应用研究，以控制温度对航天器内宇航员与仪器的影响
20 世纪 70 年代	对传统无机盐、无机水合盐、金属等相变材料进行了连续和系统的研究和应用
1980 年	美国 Birchenall 等提出采用合金作为相变材料；Telkes 对 $Na_2SO_4 \cdot 10H_2O$ 等水合盐相变材料做了大量研究，建成世界第一座 PCM 被动太阳房
1989 年	Kedl 和 Stoval 第一次研究制成浸有十八烷、石蜡的相变墙板
1991 年	德国利用 Na_2SO_4/SiO_2 制成高温蓄热砖，建立太阳能中央接收塔蓄热系统
1995 年	Feldman 等采用两种方法制备相变储能石膏板，日本利用 Al－Si 合金相变储能材料进行工业余热回收应用研究
2000 年	Neeper 对注入脂肪酸和石蜡相变材料的石膏板的热动态特性进行测试
2006 年	Hammou 等设计了一个含相变材料的混合热能存储系统

❶　江羽，王倩，王冬，等. 高温相变储能微胶囊研究进展［J］. 工程科学学报，2021，43（1）：108－116.

12.1.2 国内发展情况

国内对相变储能材料的研究起步相对较晚。20世纪70年代末期，中国科技大学、华中师范大学和广州能源研究所等单位开始对无机相变材料进行研究。进入20世纪90年代之后，国内科研机构逐步开始关注有机相变材料。具体情况如表12-1-2所示。

表12-1-2 相变储能材料在国内的发展情况

时间	事件
20世纪70年代末	中国科技大学、华中师范大学、广州能源研究所等单位开始对无机盐、无机水合盐、金属相变材料的研究
1978年	对相变材料的理论和应用开展详细研究；对 $Na_2SO_4 \cdot 10H_2O$ 等水合盐的相图、储存、成核作用、过冷、热物性进行系统研究；西藏太阳能研究示范中心和华中师范大学共同利用西藏盐湖盛产的芒硝和硼砂等无机水合盐类矿产加入独特的悬浮剂等，成功研制出太阳能高密度储能材料
20世纪90年代初	开展对硅铝合金的研究和应用
20世纪90年代	开展对有机相变材料的研究
2008年	“863计划”研究将金属相变储能锅炉应用于太阳能发电

12.1.3 相变储能材料分类

相变储能材料根据其相变形式、相变温度和材料组成，可分为不同种类，如图12-1-1所示。[1]

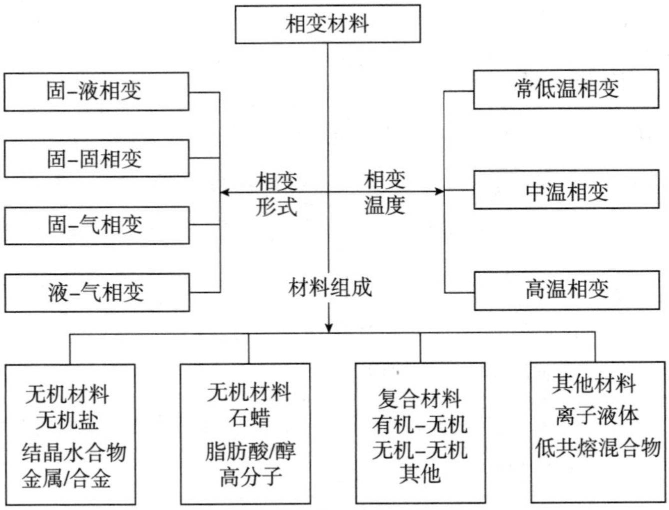

图12-1-1 相变储能材料的分类

[1] 张向倩. 相变储能材料的研究进展与应用［J］. 现代化工，2019，39（4）：67-70.

12.1.4 相变机理

从热力学角度分析，相变储热材料的蓄热机理可分为物理机理和化学机理。❶物理机理主要是基于根据材料内分子的排布规律的变化，如图 12－1－2 所示。

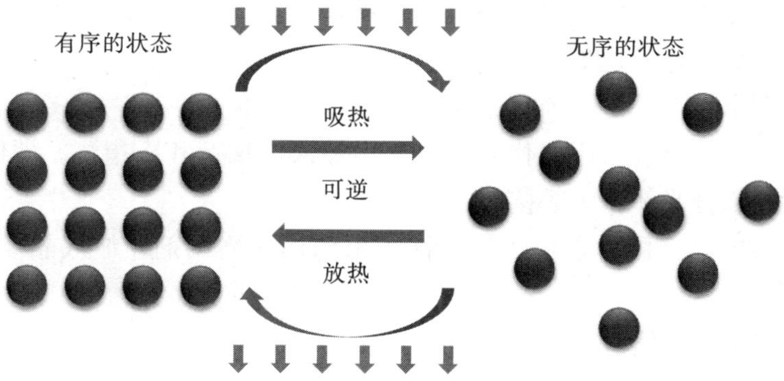

图 12－1－2 相变储能材料的物理相变机理

化学机理主要是基于材料内分子键的断裂与重组，具体如图 12－1－3 所示。

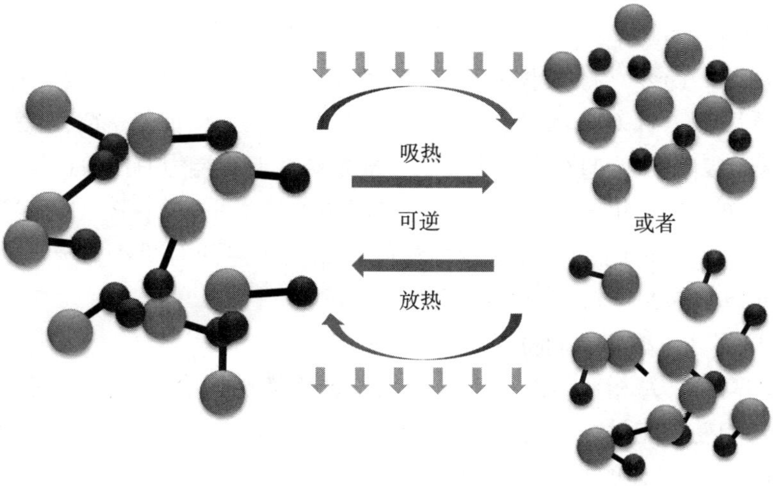

图 12－1－3 相变储能材料的化学相变机理

12.1.5 代表性技术

12.1.5.1 无机相变储能材料

（1）概述

无机相变储能材料包括无机水合盐、熔融盐、金属合金相变储能材料等，其中以

---

❶ 王成君，苏琼，段志英，等．基于多孔支撑体的形状稳定复合相变储能材料的研究进展［J］．化工进展，2021，40（3）：1483－1493．

无机水合盐为主。典型的水合盐有 $Na_2SO_4 \cdot 10H_2O$（芒硝）、$MgCl_2 \cdot 6H_2O$（镁硝石）和六水氯化钙（$CaCl_2 \cdot 6H_2O$）。

无机水合盐的相变过程包括：①水合盐在加热条件下解吸结晶水，并吸收热量；②无机盐和水结合形成水合盐，并在冷却过程中释放热量。其优点在于中性、廉价、导热系数大和密度大，是中低温相变材料的重要一类；存在的缺陷主要是在相变过程中容易发生相分离和过冷现象。

（2）代表性技术

针对过冷缺陷，目前采用的代表性技术为加入成核剂和冷指法，即保留一部分冷区，使未融化的部分晶体作为成核剂。

针对相分离缺陷，目前采用的代表性技术为加入增稠剂、加入晶体结构改变剂、振动和封装。❶

12.1.5.2 有机相变储能材料

（1）有机小分子相变储能材料

有机小分子相变储能材料主要包括石蜡、酯、羧酸和多元醇。其特点在于，同系物相变温度和相变焓随着碳链增长而增大。有机小分子相变储能材料的优点为固体成型好、无过冷和析出，性能稳定、无毒、无腐蚀。但也存在导热系数小、密度小、单位体积储热能力差的缺陷；通常需要将几种有机相变材料复合，弥补不足，得到性能更好的相变材料。此外，有机小分子相变储能材料在相变过程中容易产生液相，应用条件和范围受限制。针对该问题，尽管采用微囊包封技术可在一定程度上加以解决，但目前微胶囊包封技术普遍存在包裹率低、成本高、储热能力有限等问题。

目前，有机小分子相变储能材料主要采用两种技术手段制备。①匹配多种多元醇类小分子相变材料，得到具有合适相变温度和相变潜热的有机小分子复合相变材料；②采用高分子基体包封有机小分子材料。❷

（2）有机高分子相变储能材料

代表性的高分子基相变储能材料包括以高聚物为基体的复合相变储能材料、接枝型结晶高聚物相变储能材料和交联型结晶高聚物相变储能材料。

① 以高聚物为基体的复合相变储能材料

该类相变储能材料是通过以高聚物为基体，以有机或无机相变材料为相变介质，经物理共混，制备得到的形状稳定的复合材料。代表性例子包括脂肪酸/高分子基复合相变储能材料；多元醇/高分子基复合相变储能材料；石蜡/高分子基复合相变储能材料；PEG/高分子基复合相变储能材料。

② 接枝型结晶高聚物相变储能材料

接枝型结晶高聚物相变储能材料多以具有反应性官能团的 PEG 作为相变介质，以具有反应性官能团的纤维素及其衍生物为基体，将 PEG 接枝在熔点高、强度大、结构

---

❶ 王温馨．水合盐相变储能材料的研究进展［J］．化学通报，2021，84（4）：330－337.

❷ 于永生，井强山，孙雅倩．低温相变储能材料研究进展［J］．化工进展，2010，29（5）：896－913.

稳定的基体高分子上，形成的相变储能材料。在加热过程中，当低熔点的结晶性高分子支链发生从晶态到无定形态的相变时，由于其接枝在尚未融化的高熔点的高分子主链上，该种高分子骨架材料支撑起整个材料的结构并且限制了低熔点高分子的宏观流动性，材料在整体上仍保持其固体状态，从而可以利用低熔点高分子支链的这种相变来实现固态相变储能之目的。

③ 交联型结晶高聚物相变储能材料

交联型高聚物相变储能材料主要用结晶性很好的 PEG 为软段，以衍生自 4，4′-二苯基甲烷二异氰酸酯（MDI）或季戊四醇（PETA）的链段等为硬段，合成具有交联聚氨酯结构的固-固相变储能材料。

高分子基相变储能材料具有热能储存量大、温度可调控、不出现液态、不需要容器、体积变化小和容易与其他材料结合等特点，因而被广泛地应用于太阳能的储存和利用、智能化自动空调建筑物、玻璃暖房、自动调温服装和被褥、相变储能型空调和储能炊具等民用和军事领域。[1]

12.1.5.3　离子液体类相变储能材料

离子液体类相变储能材料是由有机阳离子和无机或有机阴离子构成，并在室温或室温附近温度下呈液态的盐类相变储能材料。其特点在于：

① 液程范围较宽：离子液体的熔点具有很强的可设计性。

② 分解温度较高：离子液体具有良好的热稳定性。

③ 酸碱性可控：离子液体的酸碱性可控，有助于与其他对酸碱性环境有较高要求的物质形成多组分体系。

④ 密度稳定且方便调整。

离子液体类相变储能材料主要应用于太阳能利用、建筑节能、工业废热回收和军事热红外伪装等领域。[2]

12.1.5.4　相变储能材料的封装技术

相变储能材料能够存储能量，提高能源利用效率，但其在由固态转变为液态时常常易发生泄漏，因而限制了相变储能材料的实际使用。封装可以防止相变储能材料泄漏，增大导热系数，增强力学性能。从而基于更好地应用相变储能材料考虑，有必要对其进行封装，以防止出现泄漏问题。

目前，相变储能材料主要采用以下两种技术进行封装。

（1）与其他物质复合制备定形相变储能材料技术

① 与有机支撑材料共混

该技术主要用于封装有机相变储能材料，代表性示例如下。

• 在将 SBS 与石蜡共混制得定形相变材料基础上，针对石蜡导热率小缺点，加入膨胀石墨，得到具有良好导热性的定形相变储热材料。

---

[1] 郭静，李楠．高分子基相变储能材料的研究进展［J］．合成纤维，2008，27（5）：27-31.

[2] 张航，杨伯伦．离子液体的相变储能利用［J］．中国科学：化学，2016，46（12）：1264-1276.

• 以环氧树脂为基质，石蜡为相变材料，制备相变储能材料。

• 将 PEG 与纤维素等刚性链聚合物进行溶液混合，制备 PEG 固 – 固相变储能材料。

② 以无机多孔材料为基体进行封装

该技术主要通过将多孔材料浸入液态相变储能材料熔体，相变材料被吸入空隙后，冷却实现。代表性示例如下。

• 使硬脂酸和石蜡油经物理吸附，复合在多孔基体中。得到的相变储能材料具有较高的蓄热能力和热稳定性。

• 将多孔介质与有机相变材料复合，形成颗粒型复合材料。得到的相变储能材料具有显著的相变储能功能，和优良耐久性。

• 利用溶液插层法，制备二元脂肪酸/蒙脱土复合相变储能材料，使二元脂肪酸进入蒙脱土的纳米层间，形成稳定复合体系，得到的相变储能材料结构性能优良，具有良好的储热和传热性能，以及较高的稳定性。

（2）相变储能材料微囊化技术

该技术主要通过采用成膜材料把相变材料包覆成微小粒子实现，制得的相变储能材料具有尺寸小，且不存在宏观胶囊缺陷的优点。代表性示例包括。

• 利用尿素或三聚氰胺 – 甲醛预聚体作为壁材，对石蜡进行微囊化包覆，用于空调系统传热介质的蓄热材料微胶囊分散液。

• 以石蜡为相变储能材料，加入阿拉伯树胶和明胶为壁材，乙醇为溶剂，采用复合凝聚法，制备相变材料微囊。[1]

12.1.6 技术发展趋势

当前，相变储能材料领域主要存在如下问题有待进一步解决：

（1）无机相变储能材料存在过冷和相分离问题。

（2）有机小分子相变储能材料导热系数小、密度小、单位体积储热能力差；相变过程中容易产生液相，应用条件和范围受限制；微囊包封技术的包裹率低、成本高、储热能力有限。

（3）开发符合环保要求、可循环利用、性质稳定，耐久性优良、价格低廉、储热性能好的新材料。

（4）开发广谱温度范围的系列相变储能材料以适合不同温度的使用要求。

（5）推进现有相变储能材料工业化进程，开拓相变储能材料应用的新领域。

12.1.7 技术发展方向

今后，相变储能材料的发展预期将主要体现在以下几个方面：

（1）进一步筛选符合环保的低价的有机相变储能材料。如可再生的脂肪酸及其衍

---

[1] 王鹏，姜龙，张宝云，等．相变储能材料的研究进展［J］．化学工程与装备，2010，（1）：155 – 157.

生物。对这类相变材料的深入研究，可以进一步提升相变储能建筑材料的生态意义。

（2）开发复合相变储热材料。开发复合相变储热材料是克服单一无机或有机相变材料不足、提高其应用性能的有效途径。

（3）针对相变材料的应用场合，开发多种复合手段和复合技术。针对相变材料的应用场合，开发出多种复合手段和复合技术，研制出多品种的系列复合相变材料是复合相变材料的发展方向之一。

（4）开发多元相变组合材料。在同一蓄热系统中，采用相变温度不同的相变材料合理组合，可以显著提高系统效率，维持相变过程中相变速率的均匀性。这对于蓄热和放热有严格要求的蓄能系统具有重要意义。

（5）进一步关注高温储热和空调储冷。美国国家航空航天局（National Aeronautics and Space Administration，NASA）Lewis 研究中心利用高温相变材料成功地实现了世界上第一套空间太阳能热动力发电系统 2 千瓦电力输出，标志着这一重要的空间电力技术进入了新的阶段。太阳能热动力发电技术是一项新技术，是最有前途的能源解决方案之一，必将极大地推动高温相变储热技术的发展。另外，低温储热技术是当前空调行业研究开发的热点，并将成为重要的节能手段。

（6）纳米复合材料领域的不断发展，为制备高性能复合相变储热材料提供了很好的机遇。纳米材料不仅存在纳米尺寸效应，而且比表面效应大，界面相互作用强。利用纳米材料的特点制备新型高性能纳米复合相变储热材料是制备高性能复合相变材料的新途径。

12.2 产业现状

12.2.1 全球产业政策

近年来受益于节能环保政策和碳排放要求，全球主要国家/地区先后出台大量政策，推动相变储能技术发展。

12.2.1.1 中国产业政策

2017 年，国家发展和改革委员会、财政部、科学技术部、工业和信息化部和国家能源局五部委联合发布《关于促进储能技术与产业发展的指导意见》（发改能源〔2017〕1701 号），提到要集中攻关包括相变储能材料与高温储热技术及储能系统集成技术在内的储能技术和材料、试验示范一批包括大容量新型熔盐储热装置在内的具有产业化潜力的储能技术和装备。

2019 年，国家发展和改革委员会、科学技术部、工业和信息化部和国家能源局印发《贯彻落实〈关于促进储能技术与产业发展的指导意见〉2019—2020 年行动计划》（发改办能源〔2019〕725 号），要求集中攻克制约储能技术应用与发展的规模、效率、成本、寿命、安全性等方面的瓶颈，使我国储能技术在未来 5 ~ 10 年甚至更长期处于国际领先水平。

2020年9月8日，《关于扩大战略性新兴产业投资培育壮大新增长点增长极的指导意见》（发改高技〔2020〕1409号）要求加快突破风光水储互补，先进燃料电池、高效储能与海洋能发电等新能源电力技术瓶颈。

2020年11月10日，《国家能源局综合司关于首批科技创新（储能）试点示范项目的公示》中，可再生能源发电侧、用户侧、电网侧、配合常规火电参与辅助服务等4个主要应用领域共8个项目入选。

2020年12月15日，《2021年能源行业标准计划立项指南》将发电侧储能、电网侧储能设施、抽水蓄能等行业标准计划纳入其中。

2020年12月30日，《关于加快新能源领域新型标准体系建设的指导意见》要求在智慧能源、能源互联网、风电、太阳能、地热能、生物质能、储能、氢能等新兴领域，率先推进新型标准体系建设、发挥示范带动作用。

2021年3月，《中华人民共和国国民经济和社会发展第十四个五年规划和2035年远景目标纲要》中明确提出了“推进‘新能源+储能’等示范工程，进一步探索新模式、新业态”。

2021年4月，国家发展和改革委员会、国家能源局发布了《关于加快推动新型储能发展的指导意见（征求意见稿）》，对新型储能技术的未来发展给出了进一步的指导意见。

12.2.1.2 国外产业政策

2020年12月21日，美国能源部发布了一份储能大挑战路线图报告，进一步提升了储能发展战略地位。设想通过“三大课题”和“五大路径”层层推进美国在储能领域的发展，打造以终端使用为目标、研发和产业相结合的完整的储能产业链，最终构建并维持美国在储能技术领域的全球领先地位，实现2030年美国本土制造能够满足美国所有市场需求的储能技术，并达到“本地创新，本地制造，全球部署”的终极目标。报告中重点探讨了储能领域三个不同的技术方向，包括双向电力储能技术、化学储能和热储能技术、灵活性电源和可控负荷。在化学储能和热储能技术中重点讨论了相变储热等技术。

2020年12月22日，美国国会立法通过了*Better Energy Storage Technology*（*BEST*）法案。该法案将在未来五年内为联邦政府在储能技术研究、开发和示范方面的创新投资提供10亿美元的资金支持。该法案为各州、公用事业公司和储能企业建立一个新的竞争性拨款计划，以在不同应用场景部署储能。进一步证明美国两党支持发展储能技术，以提高电网的可靠性和灵活性；凸显美国国会在建设清洁能源未来方面的关键作用。

2021年1月，美国能源部宣布拨款4700万美元支持含储能在内的变革性能源技术，旨在支持整个能源领域的高风险和具有潜在颠覆性的新技术，加速能源创新技术由实验室向商业转化，包括新型电动汽车动力电池、数据中心效率、电网现代化、减排和储能的进一步发展。[1]

---

[1] 孟海星，宋振．欧美储能政策布局对我国储能产业的挑战与启示［EB/OL］．（2021－02－19）［2021－05－30］．https：//chuneng．bjx．com．cn/news/20210219/1136606．shtml．

12.2.2 产业链构成

从产业链构成看，相变储能材料主要包括上游原料开采和生产、中游储能材料制备和下游储能产品的应用。相变储能技术作为国家战略性新兴产业的一项技术，在航天军工、太阳能利用、电力调峰、废热利用、跨季节储热和储冷、绿色建筑、电子器件热保护、纺织和农业等领域具有广泛应用，市场前景广阔，且对下游产业具有巨大带动作用。

举例来说，相变材料作为纺织品功能助剂（调温），每增加 10 亿元产值，将带动纺织品中间产业链增加 100 亿元产值，促进纺织品终端销售额增加 500 多亿元。由此生产的相变智能调温穿戴产品将为 1 亿人提供舒适的人体温度，极大促进人类健康水平提升。

相变材料作为清洁供热系统的核心储热部件，每增加 10 亿元产值，将带动清洁供热中间产业链增加 30 亿元产值，促进清洁供热终端工程量增加 150 亿元。每年相变储能清洁供热系统将服务于 5000 万平方米采暖面积，为 50 万个家庭提供舒适清洁供暖，相变储能技术的大面积应用必将对减少雾霾和提高环境质量起到积极推动作用。

12.2.3 市场容量和应用领域

12.2.3.1 市场容量

从全球范围看，根据一项调查，全球相变材料的市场规模在 2020 ~ 2025 年内预计以 16.0% 的年复合成长率发展。从 2020 年的 4.23 亿美元，成长到 2025 年 8.89 亿美元的规模。各种产业部门对高能源效率产品的需求扩大，将进一步促进该市场成长。然而，当前也存在诸如相变储能材料的认知度低和激励政策欠缺等制约因素。

从国内市场看，目前中国拥有相变材料生产企业近百家，但企业规模普遍较小，行业内缺少龙头企业。经过调研发现，按销售方式区分，行业内存在两种企业，一种是生产的相变材料仅供应自己公司产品需求，相变材料并不对外销售的企业，主要有江苏启能新能源材料有限公司、北京秦天科技集团有限公司等；另一种是生产的相变材料在供自家产品需求的同时，也对外销售，主要企业包括北京中瑞森新能源科技有限公司、北京广域相变科技有限公司。由于目前相变材料属于新兴产品，产量偏小。2015 年，我国相变材料产量不足 3 万吨。

相变材料在航天军工、可再生能源、新能源汽车、工业节能、绿色建筑、可穿戴设备及智能家居等新兴产业中具有广泛应用，随着“十四五”规划等关键政策的出台，相变材料已列入国家重点专项规划，发展步伐将明显提速，并将获得包括财政补贴、税收优惠及信贷融资等政策扶持。在良好的政策环境下，相变材料前景广阔。[1]

---

[1] 中商产业研究院. 2016—2021 年中国相变材料市场分析报告［EB/OL］.［2021-05-30］. https://www.askci.com/reports/20160530/1018305100693244.shtml.

12.2.3.2 应用领域

相变储能材料可广泛应用于冷藏与冷链运输、热泵供暖、太阳能光热发电、太阳能蓄热、农业大棚、木材与农产品烘干、海水淡化、移动供暖、太阳能工业蒸汽、纺织面料和军事红外示假等多种不同领域，目标市场广阔。

12.2.4 代表性企业和科研主体

在全球范围内，生产高级相变材料的公司主要集中在中国、印度、东南亚、欧洲、日本和美国。原材料也集中在这些地区。特别是，作为高级相变材料的市场领导者，巴斯夫占据了全球约9%的市场份额，其他主要制造商包括Honeywell、Cryopak、Entropy Solutions Inc.、Climator Sweden AB、Phase Change Energy Solutions、Outlast Technologies（以下简称“Outlast”）、Dow Building Solutions、Chemours Company、PCM Energy Ltd.、Rubitherm、Novacab、va - Q - tec、Phase Change Material Products Ltd.、PureTemp、Viking Cold Solutions和日本的三菱、松下等。

目前，我国相变储能材料仍以科研为主，华南理工大学、天津工业大学和中科院化学研究所等高校和科研机构构成了当前我国相变储能材料领域研究的主力军，市场应用尚在初期阶段。

与美国、日本等国家相比，我国储热材料行业发展时间较短，相变储热材料研究起步较晚，技术较不成熟，相关企业数量较少。代表性公司主要有江苏启能新能源科技有限公司、北京秦天科技基团有限公司、北京宇田相变储能科技有限公司、北京华厚能源技术有限公司、北京今日能源科技发展有限公司、北京广域相变科技有限公司、北京中瑞森新能源科技有限公司和南京金合能源材料有限公司等。

12.3 产业需求

当前，全球能源应用进入了关键环节，伴随着全球环境变化和建筑高能耗引起的对环保能源和节能材料的需求，可以预期相变储能材料将逐渐成为低碳经济模式下的必然选择。

统计调查发现，在2010年左右，我国从事相变储能材料的企业在520家左右，其中大部分分布在北京、河北和四川等地。自2010年以来，我国的相变材料市场需求在逐年增加，每年增长速度基本保持在15%～20%。

12.3.1 产业发展存在的问题

近年来，随着低碳意识的加强，相变储能材料开始获得推广和使用，行业也因此取得飞速发展。但是，随着产业发展，相变储能材料产业也遇到了发展瓶颈。

① 相关法规较少，缺乏统一有效的可操作标准。由于缺乏统一的规范，在实际操作中，很多企业没有统一的技术规范要求，导致生产的相变储能材料达不到标准，且存在安全隐患。

② 生产企业招工难。由于其属于化工企业，一线生产存在一定危险性，招工存在

困难。

③ 未形成规模效益。生产企业规模普遍偏小，导致生产成本偏高，难以降低。

④ 没有统一的行业协会。储能领域，按地域、按细分行业存在多个行业协会，但始终缺少统一的行业协会，对产业发展形成制约。[1]

12.3.2 产业发展方向

在相变储能产业中，相变储能材料是基础。因此，在相变储能技术领域，首先要研究和开发相变潜热大、性能稳定和性价比高的相变材料。其次是要扩展相变储能材料在各领域的应用。

除了对传统无机盐、无机水合盐、有机和金属相变材料进行研究外，近年来，对新型相变储能材料的研究出现了从无机到有机，从单一成分到复合材料，从宏观到纳米/微胶囊化的趋势，定形相变材料、相变材料的微胶囊化、功能储能流体等及其在建筑、太阳能领域的应用逐渐成为研究热点。

未来，随着国家和相变储能产业内部逐渐开始从行业角度和产业政策方面多角度大力开展工作，可以预期相变储能材料产业在以下 4 个方面具有较大发展前景。

① 建筑节能。通过相变材料的相变过程储存能量，实现对建筑的温度调节、节省电能等。

② 电子信息领域。随着电子设备向微型化、高集成化和大功率化演进，相变技术在电子信息领域的辅助散热方面应用逐渐成为研究热点。

③ 纤维纺织领域。相变纤维材料的开发为高功能智能纺织品研究提供了新途径。未来，相变材料在开发多功能、舒适性纤维及其纺织品方面具有很大空间。

④ 军事领域。由于相变材料具有高储能密度，并在吸热/放热过程中具有温度不变的特性，因而在热红外伪装和红外假目标方面也有广阔的应用前景。

---

[1] 王顺．低碳经济下中国相变储能材料行业发展瓶颈与对策分析［J］．长沙铁道学院学报（社会科学版），2014，15（4）：343－344.

第 13 章　相变储能材料专利申请概况

截至检索日，全球范围内公开的相变储能材料相关专利共计 26832 项。为了解相变储能材料领域专利申请整体情况，本章将从全球和中国两个层面，对专利申请的申请趋势、技术构成、地域布局和主要申请人等方面进行分析。

13.1　全球专利申请态势

13.1.1　专利申请趋势

图 13－1－1 为相变储能材料全球专利申请趋势。相变储能技术始于 20 世纪 30 年代，20 世纪 70 年代能源危机促使其在发达国家迅速发展，涉及相变储能技术的专利申请也从这个时期开始逐步增长。自此专利申请数量整体呈上升趋势。根据全球专利申请趋势曲线的走势，可以划分为两个阶段。

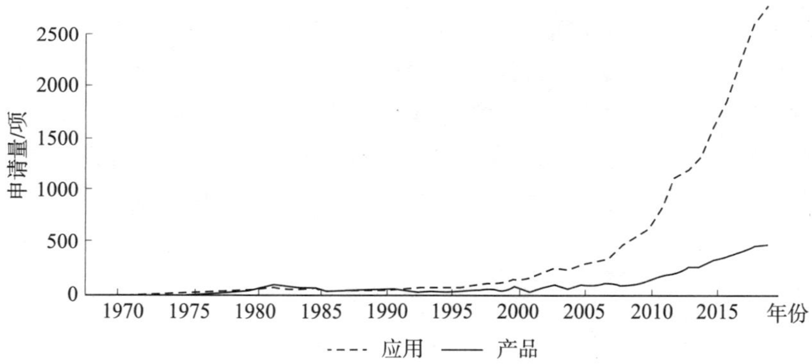

图 13－1－1　相变储能材料全球专利申请趋势

技术起步期（1970～1999 年）：该时期年申请量不大且基本保持平稳，在 20 世纪 90 年代后期出现小幅上升，截至 1999 年底，总申请量达到 2418 项。相变材料的应用最早是以节能为目的，例如 1972 年由美国空军申请了一项涉及利用相变储能材料进行太阳能利用的技术（US3799144A）。此后经过不断发展，逐渐扩展到化工、航天、电子、建筑物保暖等领域。在这一阶段，相变材料的实际应用也取得了很大进展。20 世纪 60 年代，美国的 Apollo 15 就曾使用石蜡作为相变材料存储在飞行器中产生热。[1]

---

[1] BISWAS D R. Thermal energy storage using sodium sulfate deca－hydrate and water［J］. Solar Energy，1997，19（1）：99.

国外研究机构和科研人员对蓄热材料的组成、蓄热容量随热循环变化情况、相变寿命、储存设备等进行了较多研究。

快速增长期（2000 年至今）：进入 21 世纪以来，相变储能材料年专利申请量出现快速增长趋势；其中，以相变储能产品为发明核心的专利申请，年申请量从 21 世纪初的不足 100 项增至近 500 项；以相变储能产品应用为发明核心的专利申请，年申请量从 21 世纪初的不足 300 项，急剧增长至近 3000 项。

13.1.2 技术构成

从技术构成看，在相变储能材料领域的专利申请中，以相变材料产品为发明核心的专利申请共有 5622 项。在以相变材料产品为二级技术分支的专利申请中，进一步划分出以相变材料的化学成分为发明点、以相变材料的制备方法为发明点和其他相变材料三个三级技术分支。其中，以相变材料的制备方法为发明点的三级技术分支下申请量达到 3288 项，占全部以相变材料产品为二级技术分支下专利申请量的 58.5%。以相变材料的化学成分为发明点的三级技术分支下申请量为 2170 项，占全部以相变材料产品为二级技术分支下专利申请量的 38.6%。具体技术构成分布如图 13－1－2 所示。

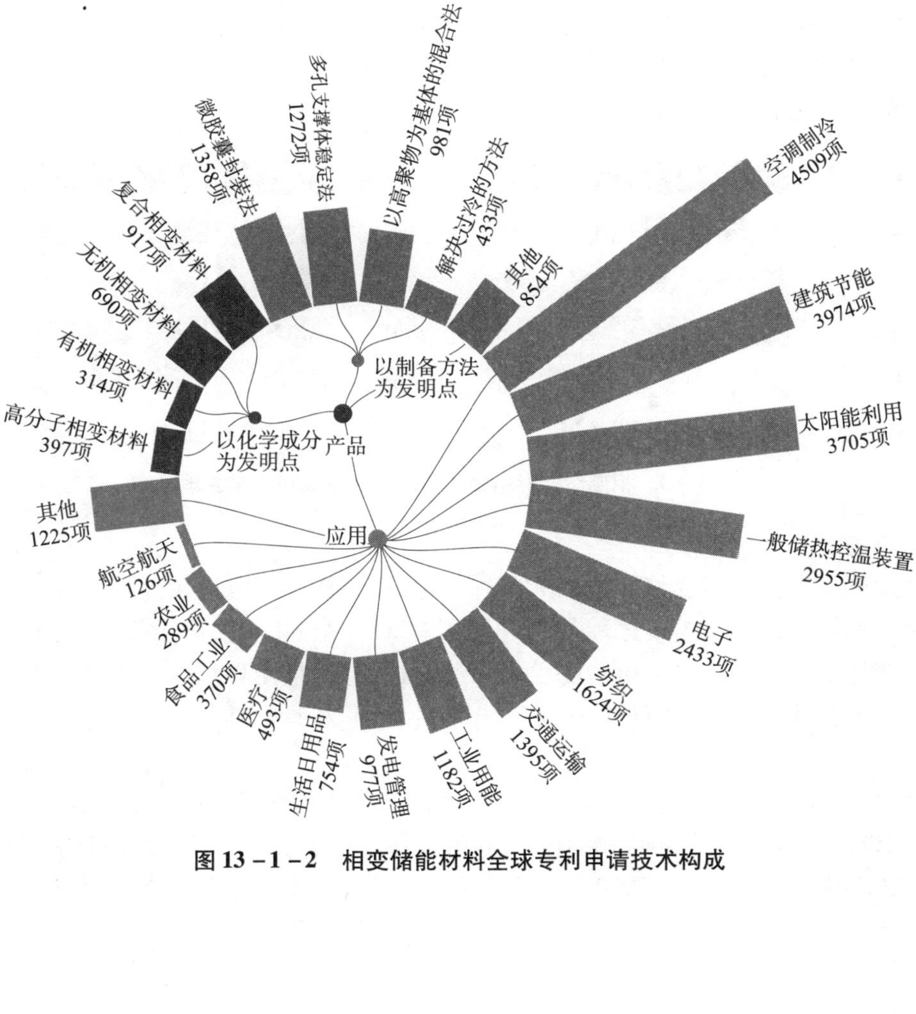

图 13－1－2　相变储能材料全球专利申请技术构成

在以相变储能材料的化学成分为发明点的专利申请，主要集中在以下四个方面：有机相变材料、无机相变材料、高分子相变材料和复合相变材料。其中，有机相变材料、无机相变材料和高分子相变材料分别指代在相变储能产品中，仅包含有机、无机或高分子相变材料中的一类的相变储能产品，复合相变材料是指在相变储能产品中，同时包含多类相变材料的相变储能产品。该四类相变材料在2006年以后年申请量均出现较大幅度的增长。

在以相变储能材料的制备方法为发明点的专利申请，主要集中在以下四个方面：微胶囊封装法、多孔支撑体稳定法、以高聚物为基体的常规混合法和解决相变材料过程的方法。其中，涉及微胶囊封装法和多孔支撑体稳定法的专利申请量占到相变储能材料制备方法的总专利申请量的80.0%，且2000年以来年申请量呈加速上升趋势，成为近年来专利申请的热点。

13.1.3 技术来源地

同族专利分析能够较好反映专利技术的来源地。同族专利申请人一般首先在其所在地或归属地申请专利保护。因此，同族专利首次申请国/地区一定程度上反映了专利技术来源地。对相变储能材料领域同族专利首次申请国/地区进行统计分析显示，52.9%的相变材料产品专利申请来自中国、24.6%来自日本、13.1%来自美国。在相变材料应用的专利申请方面，来自中国的申请占69.3%，韩国、美国、日本、德国也有少量申请，其余为来自其他国家的申请，具体如图13－1－3所示。

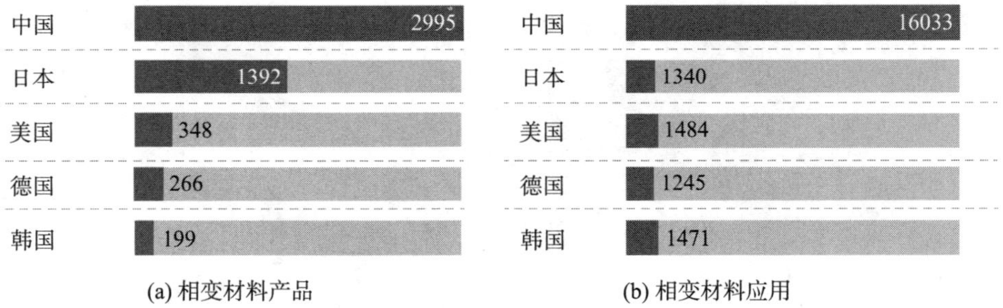

图13－1－3 相变储能材料领域全球申请主要技术来源地分布

注：图中数字表示申请量，单位为项。

通过进一步分析相变储能材料领域主要技术来源地的申请量年度变化趋势，可以发现早期申请主要来自美国、德国和法国。20世纪80年代后至21世纪初，日本成为相变储能材料领域专利申请的主要来源。进入21世纪以后，中国的专利申请迅猛增长，成为相变储能材料领域专利申请的主要来源。具体情况如图13－1－4所示。

日本、美国和德国的专利申请量在20世纪80年代出现了波峰，之后申请量有所下降，在1985～2010年，美国和德国的专利申请量呈稳步增长的趋势，而日本的专利申请量却在震荡中保持平稳。2010年之后，日本、美国、德国、法国的专利申请量均呈现出较快速的增长。

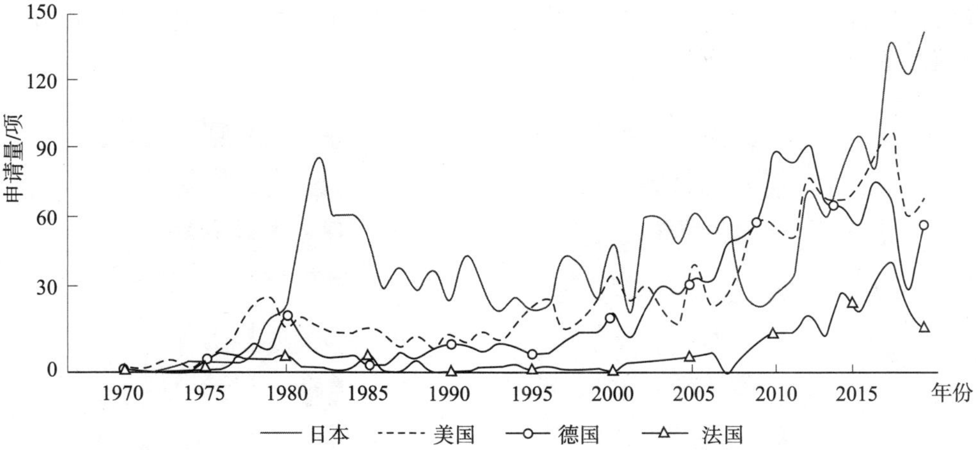

图 13-1-4　相变储能材料主要技术来源地的专利申请趋势

美国在 1976～1982 年，其专利申请量出现了一个小高峰，该时期的专利申请量主要来自陶氏，陶氏在该段时期内的专利申请主要涉及无机相变材料，例如水合 $Mg(NO_3)_2$ 可逆相变材料（US4273666A），包含水合 $Mg(NO_3)_2$ 和 NH_4NO_3 组合物的可逆相变材料（US4283298A），包含水合 $Mg(NO_3)_2$ 和 $MgCl_2$ 组合物的可逆相变材料（US4272392A、US4329242A），包含六水氯化钙与氯化钾的可逆相变组合物（US4613444A、US4412931A）。

而日本申请人的专利申请的小高峰出现稍有滞后，为 1979～1985 年。而带来这一高峰的企业是日本的松下。松下在这一时期共申请了 113 项专利申请。松下的 113 项专利申请中，有 47 项涉及相变材料产品，66 项涉及相变材料在太阳能利用、建筑节能、空调制冷、纺织方面的应用。而在相变材料产品方面，松下在这一时期的专利申请大部分是涉及无机水合盐 $Na_2SO_4 \cdot 10H_2O$ 作为相变材料的技术，要解决的技术问题是过冷的问题。

德国申请人在 1978～1981 年的申请量也出现了一个小波峰，其间的专利申请主要来自布德鲁斯（Buderus AG）。德国布德鲁斯创立于 1731 年，在供热领域拥有 270 多年的丰富经验，专业设计、制造、销售全系列供热产品。德鲁斯在该时期的专利申请主要涉及包含相变材料的蓄热器（DE3018798A1、DE3010849A1、DE3005510A1、DE3018801A1、DE3018799A1、DE3010850A1、DE3005450A1）。

本报告中将同时进入三个以上国家/地区的专利申请定义为多边申请。一项技术同时在多个国家/地区进行布局能够在很大程度上反映该项技术具有较高价值。多边申请量集中的技术方向往往也是专利布局的热点方向。

通过进一步分析相变储能材料领域的多边专利申请情况（见图 13-1-5），可以发现来自中国的专利申请无论在相变材料产品，还是在相变材料应用方面，占比均出现较大幅度下降。这表明尽管我国申请人在相变储能材料领域提交了大量专利申请，但绝大部分专利申请仅在我国提出，在对外专利布局方面存在较大欠缺。近年来，虽然相变储能材料领域我国申请人对外申请出现了一定的增长，但增长幅度仍然相对缓慢，与申请总量相比，占比仍然很低。

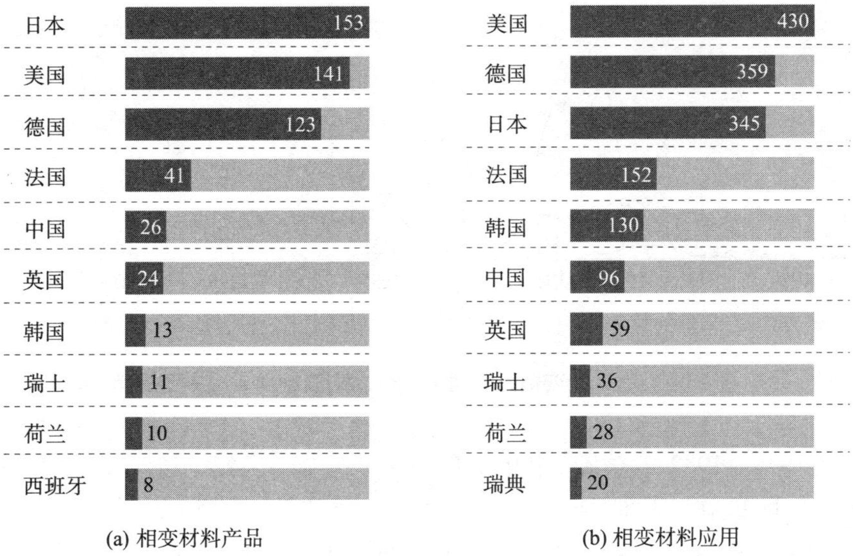

图 13－1－5　相变储能材料全球专利申请主要技术来源地

注：图中数字表示多边专利申请量，单位为项。

13.1.4　目标市场

目标市场分析能够反映技术的主要流向，并且有助于进一步判断全球主要国家/地区对目标市场的重视程度。

图 13－1－6 和图 13－1－7 分别显示了相变储能材料领域全球专利申请和全球多边专利申请的主要目标市场。

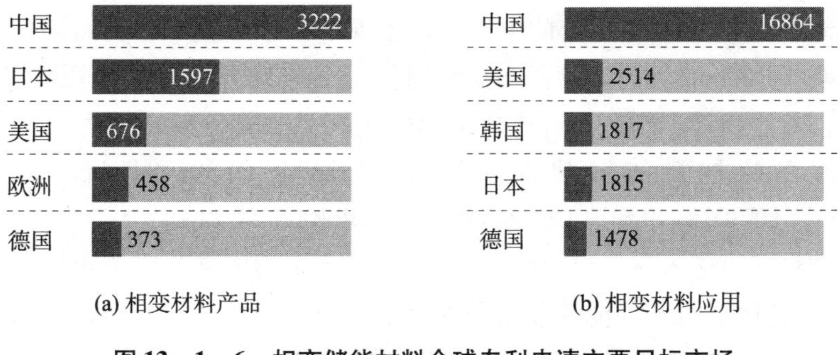

图 13－1－6　相变储能材料全球专利申请主要目标市场

注：图中数字表示申请量，单位为项。

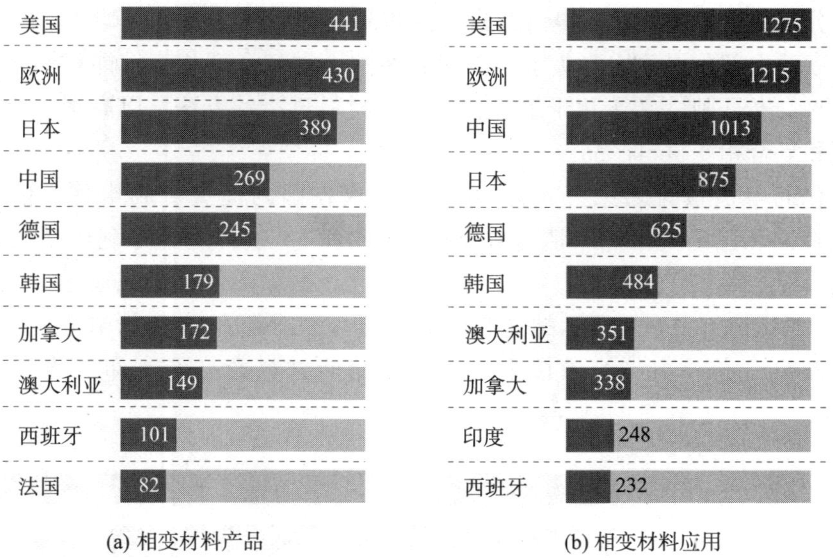

图 13-1-7 相变储能材料全球专利申请主要目标市场

注：图中数字表示多边专利申请量，单位为项。

按全球同族专利申请统计，中国、美国、日本是相变材料产品的主要市场，并且中国市场的比重较大，在相变储能材料产品领域，在中国市场的专利申请占全球专利申请总量的38%（3208件），而在相变储能材料应用领域，在中国市场的专利申请则占全球专利申请总量的56%（16901件）。

但从多边申请量角度统计，在同时进入多个市场的高价值技术中，中国市场所占的比重低于欧美。在相变储能材料产品领域，在中国市场申请的多边专利申请仅有269件，是该领域中国市场总专利申请量的8.4%；而在相变储能材料应用领域，在中国市场申请的多边专利申请仅有1013件，是该领域中国市场总专利申请量的6.0%。

反观美国和日本，在相变储能材料产品领域，美国市场中的多边申请占比为65.3%，日本市场中的多边申请占比为24.3%；在相变储能材料应用领域，美国市场的多边申请占比为70.4%，日本市场中的多边申请占比为36.2%，均远高于我国。可见，我国申请人在本国进行了大量申请，例如在相变储能材料应用领域，申请量最高的三个申请人均为我国空调制冷行业的领军企业——海尔、格力和美的。这三家企业的专利申请绝大多数仅在国内提交。而在相变储能材料产品领域，尽管多为高校申请，绝大多数也仅在国内提交了申请。

13.1.5 主要申请人

13.1.5.1 产品领域的主要申请人

如在第13.1.3节中指出的，52.9%的相变储能材料产品专利申请来源于中国，但具体到申请人个体方面，申请相变储能材料产品方面专利最多的两位企业申请人均来自国外，分别是三菱和松下，申请量分别为175项和167项。从技术上来看，申请量排名第一的三菱大部分申请均聚焦于微胶囊封装法，占其全部相变储能材料产品专利申请的41.7%。松下则主要聚焦于解决相变储能材料过冷的方法、以高聚物为基体的常规混合法和复合相变材料产品。

中石化的申请量排名第三，为48项，但仅在国内提交专利申请。值得注意的是，陶氏杜邦和巴斯夫虽然申请量分别为40项和33项，但其专利申请均以多边申请为主。

此外，如图13－1－8所示的主要申请人排名，排名前13位的申请人中来自日本的申请人达到8位，占据半数以上，在相变储能材料产品专利布局方面表现较为强势。

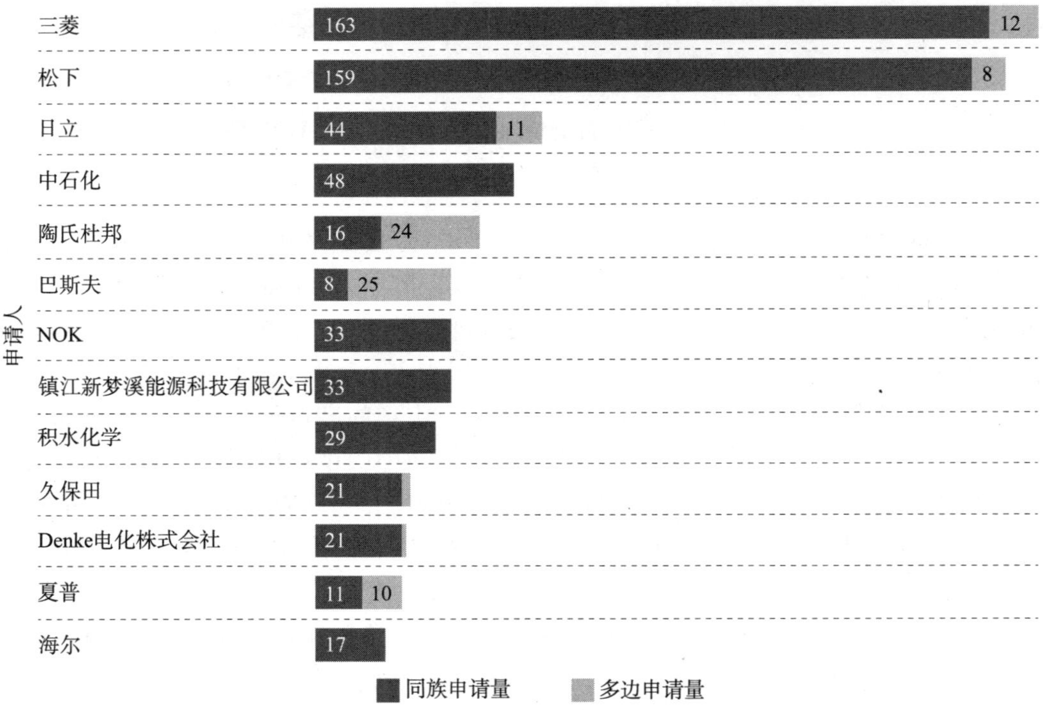

图13－1－8　相变储能材料产品领域全球专利申请主要企业申请人排名

注：图中数字表示申请量，单位为项。

在高校和科研机构类申请人方面，相变储能材料产品全球排名前15位的专利申请人则均为国内高校和科研院所。其中，排名第一的华南理工大学申请量达到61项，超出国内企业类申请人排名第一的中石化。天津工业大学在微胶囊封装法方面有较多研究，累计提出了33件专利申请。北京科技大学以28件专利申请在多孔支撑体稳定法领域专利申请量排名第一。

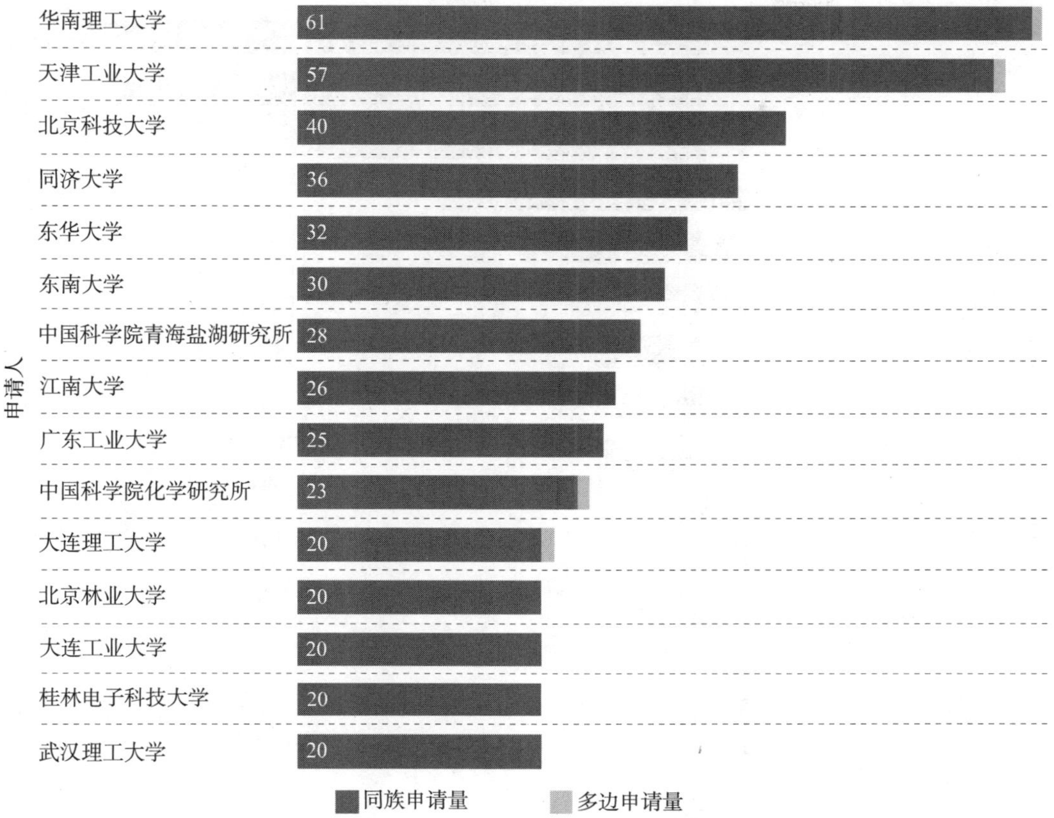

图 13－1－9　相变储能材料产品领域全球专利申请主要高校和科研机构申请人排名

注：图中数字表示申请量，单位为项。

13.1.5.2　应用领域的主要申请人

在相变储能材料应用领域，作为国内白色家电龙头的美的、海尔和格力以较大优势占据企业类申请人全球申请量排名前三。结合图 13－1－8 的企业类相变储能材料产品专利申请数据可以推测，美的、海尔和格力在相变储能材料领域的关注重点主要在于对已有相变储能材料产品的商业化应用，而非产品开发。此外，上述三位申请人也存在多边申请占比过低的问题，不利于开发国际市场。具体数据如图 13－1－10 所示。

总体来看，国内企业和日本企业更倾向于在本国申请专利，而欧美企业则拥有更多的多边申请，多边申请反映更高的专利价值。法奥雷、夏普、法国原子能委员会、Outlast、陶氏杜邦、福特汽车和巴斯夫所拥有的多边申请占比较高。

巴斯夫作为高级相变材料的市场领导者，尽管占据了全球约 9% 的市场份额，但是其在专利申请量上并不突出，仅有 33 项专利，排名第 7 位。但是其多边申请的比例却是所有申请人中最高的。

Outlast 的专利主要涉及相变储能微胶囊为纤维和织物中的应用，其技术最早源自 NASA 的宇航服技术，并通过不断的专利许可最终实现了该技术的产业化。关于相变储能微胶囊技术的转移转化和产业化，将在本报告第 15.1 节中详细介绍。

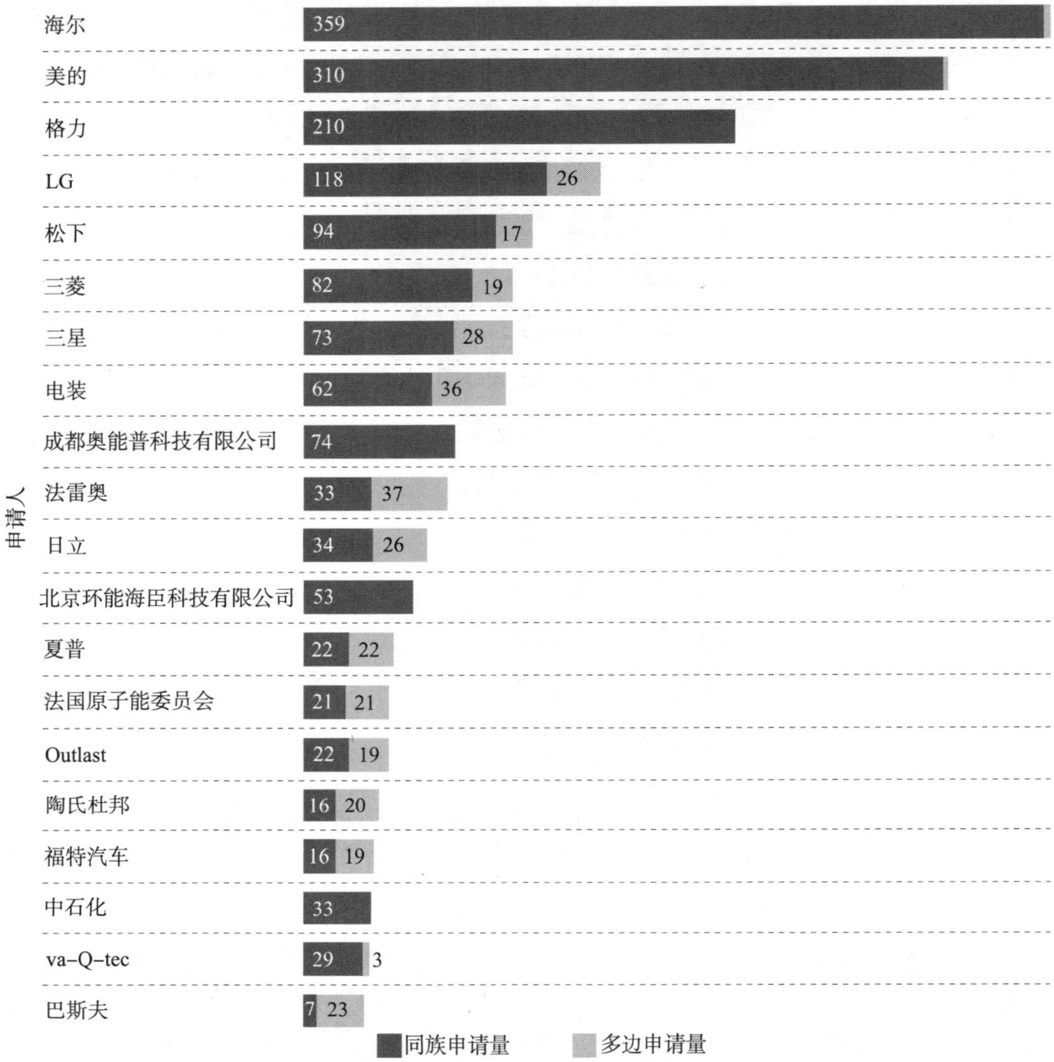

图 13-1-10　相变储能材料应用领域全球专利申请主要企业申请人排名

注：图中数字表示申请量，单位为项。

在相变储能材料应用领域的高校和科研机构申请人方面，与相变储能材料产品领域情况相似，全球排名前15位的均为国内高校和科研机构。高校和科研机构是当前我国相变储能材料领域的主力军，同时也提示了我国相变储能材料领域广阔的产、学、研合作空间（见图13-1-11）。

目前，我国相变储能材料仍以科研为主，华南理工大学、天津工业大学和中科院等高校和科研机构成了当前我国相变储能材料领域研究的主力军。市场应用尚在初期阶段。

从技术上来看，美的、海尔和格力的相变储能材料类专利申请均主要应用于其空调制冷类核心技术领域，同时对于建筑节能领域也有所扩展。在国外申请人方面，LG同样聚焦于相变储能材料在空调制冷领域的应用。三星侧重于使用相变储能材料改善电子器件散热。国内高校和科研机构对于相变储能材料应用的研究则侧重于其在太阳能利用方面的探索。这也显示出高校和科研机构与企业类申请人在应用方面的差异。高校和科研机构更多地聚焦于探索相变储能材料在新兴领域的用途，而企业申请人重点在于利用相变储能材料改善自身核心产品的性能。

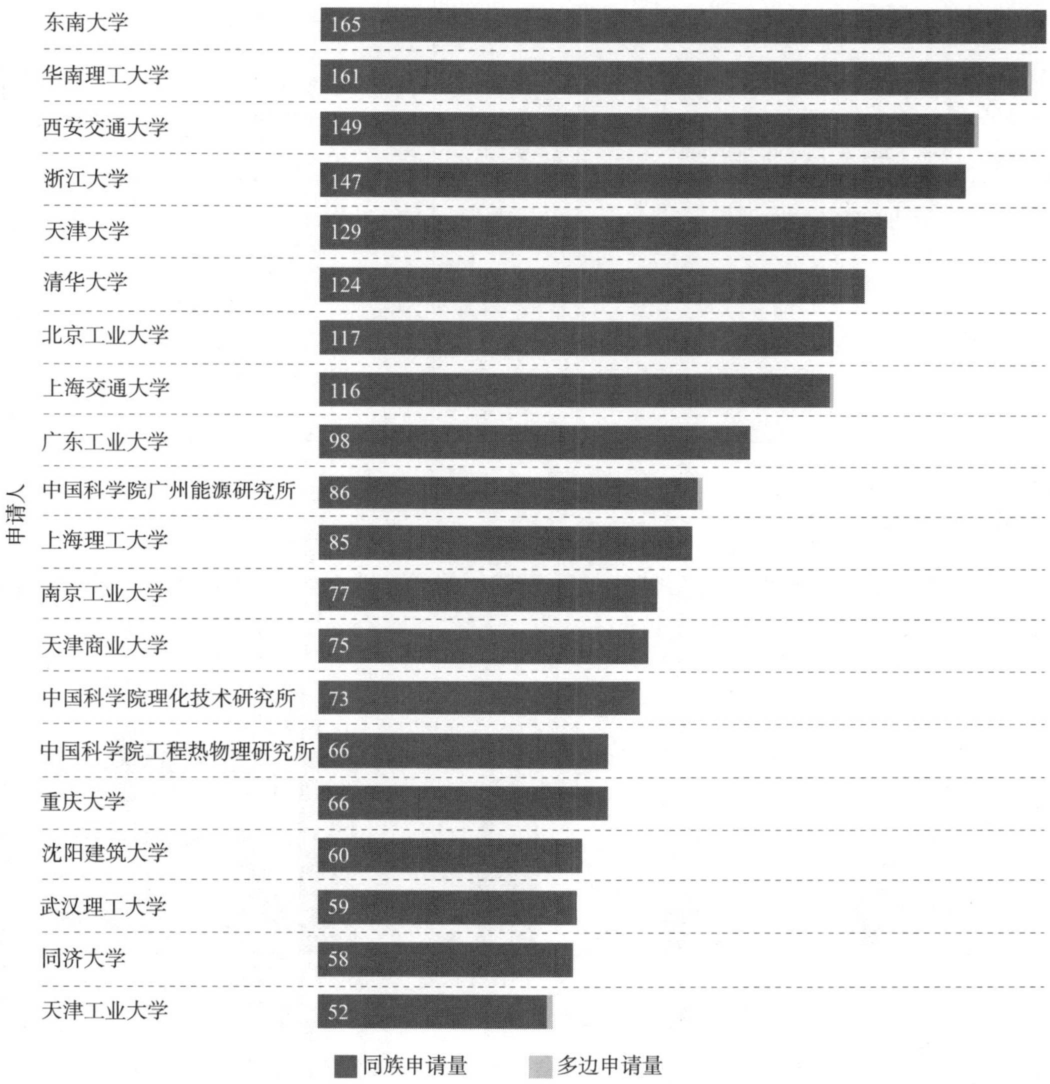

图 13－1－11　相变储能材料应用领域全球专利申请主要高校和科研机构申请人排名

注：图中数字表示申请量，单位为项。

13.1.5.3　其他相变材料制造商的专利申请情况

而市场上相变材料的其他一些主要制造商在专利上的表现非常普通，它们的专利申请情况如表 13－1－1 所示。相比之下，Viking Cold Solutions 和 Rubitherm 的专利申请量稍多，分别为 22 项和 21 项，均是涉及相变材料的应用。其他主要制造商的专利申请量则更少。

表 13-1-1　相变材料主要制造商的专利申请量

企业名称	国家	申请量/项
Viking Cold Solutions	美国	22
Rubitherm	德国	21
PureTemp❶	美国	20
Phase Change Energy Solutions	美国	7
Climator Sweden AB	瑞典	4
Honeywell	美国	4
Chemours Company	美国	1
Cryopak	美国	1

13.1.6　技术集中度

从图 13-1-12 来看，相变储能材料领域的技术较为分散、技术集中度较低，尚没有形成垄断型企业，技术壁垒较低。

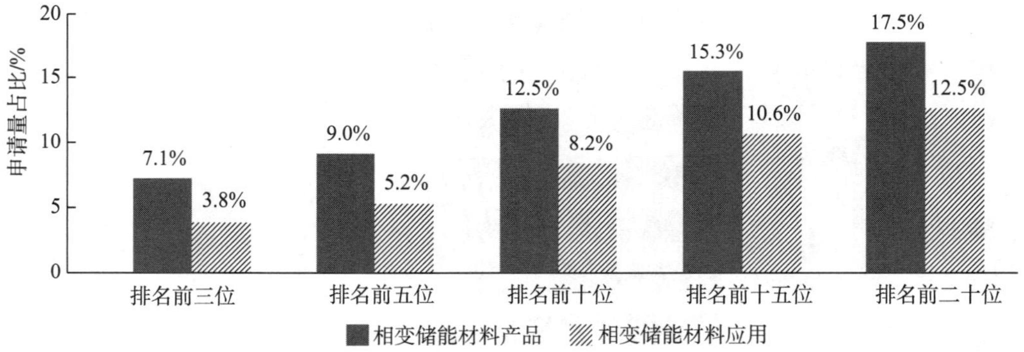

图 13-1-12　相变储能材料领域全球技术集中度分布

在相变储能材料产品领域，申请量排名前三的申请人（三菱、松下和华南理工大学）专利申请量总和仅为 401 项，仅占相变储能材料产品的专利申请总量（5622 项）的 7.1%。甚至排名前 20 位的申请人❷的专利申请总量也仅为 984 项，占相变储

❶ 原名 Entropy Solutions Inc.。

❷ 相变储能材料领域专利申请量排名前 20 位的申请人：三菱、松下、华南理工大学、天津工业大学、中石化、日立、陶氏化学、北京科技大学、清华大学、同济大学、NOK、巴斯夫、镇江新梦溪能源科技有限公司、东南大学、积水化学、中国科学院青海盐湖研究所、江南大学、广东工业大学、中国科学院化学研究所、久保田。

能材料产品的专利申请总量的17.5%。而在相变储能材料应用方面，技术集中度则更低。

13.2 中国专利申请态势

截至检索日，在中国公开的相变储能材料领域专利申请共有18710件。

13.2.1 申请趋势

如图13－2－1所示，在21世纪第一个十年中，相变材料产品和相变材料应用类的专利申请量均呈现出稳步增长趋势，2010年之后两大类专利申请量均急剧增长，2020年的年申请量相较于2010年，增长近5倍，由此可以看出，近十年来相变储能材料的研究与应用正处于一个高速发展阶段。

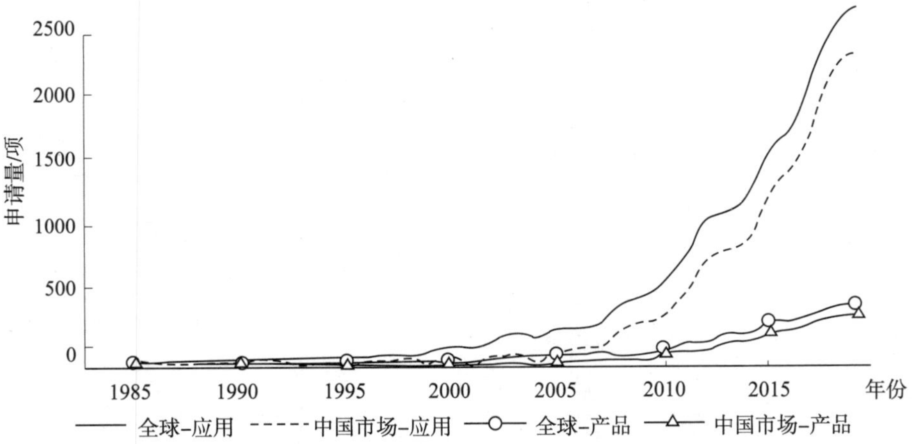

图13－2－1 相变储能材料全球和中国市场专利申请趋势

13.2.2 技术构成

表13－2－1记录了相变储能材料中国市场部分的专利申请技术构成。将其与表13－1－1对比可知，中国市场部分的专利申请技术构成与全球相变储能材料领域专利申请的技术构成一致。相变材料产品专利申请中，以相变材料制备方法作为改进出发点的发明专利申请占比较高，为66.7%，具体到制备方法发明相关的专利申请中，利用微胶囊封装法和多孔支撑体稳定法制备相变储能材料的专利申请量占全部相变储能材料制备方法类专利申请的85.8%，可见上述两类制备方法是近年来的研究热点。通过分析相变储能材料的应用领域可知，相变储能材料应用专利申请主要集中在建筑节能、空调制冷和太阳能利用等方面。

表 13－2－1　相变储能材料中国市场专利申请技术构成　　单位：项

二级技术分支		三级技术分支		四级技术分支	
相变材料产品	3190	以相变材料的化学成分为发明点	1427	高分子相变材料	307
				有机相变材料	161
				无机相变材料	487
				复合相变材料	605
		以相变材料的制备方法为发明点	2127	微胶囊封装法	900
				多孔支撑体稳定法	925
				以高聚物为基体的混合法	585
				解决过冷的方法	234
		其他	202		
相变材料应用	16832	空调制冷	3116		
		建筑节能	3272		
		太阳能利用	3043		
		一般储热控温装置	1961		
		电子	1625		
		纺织	1253		
		交通运输	635		
		工业用能	991		
		发电管理	825		
		生活日用品	621		
		医疗	314		
		食品工业	237		
		农业	235		
		航空航天	98		
		其他	874		

13.2.3　国内和来华专利申请

如图 13－2－2 所示，我国相变储能材料领域的专利申请绝大多数由国内申请人提出（17484 项），来自其他国家/地区的申请占比仅为 6.7%。其他国家/地区的专利申请主要来自美国、日本和德国。国内专利申请的来源省市分布比较广泛，包括北京、江苏、广东、上海、浙江、山东等，其中，北京、江苏和广东三地的申请量均为 2200 件以上。

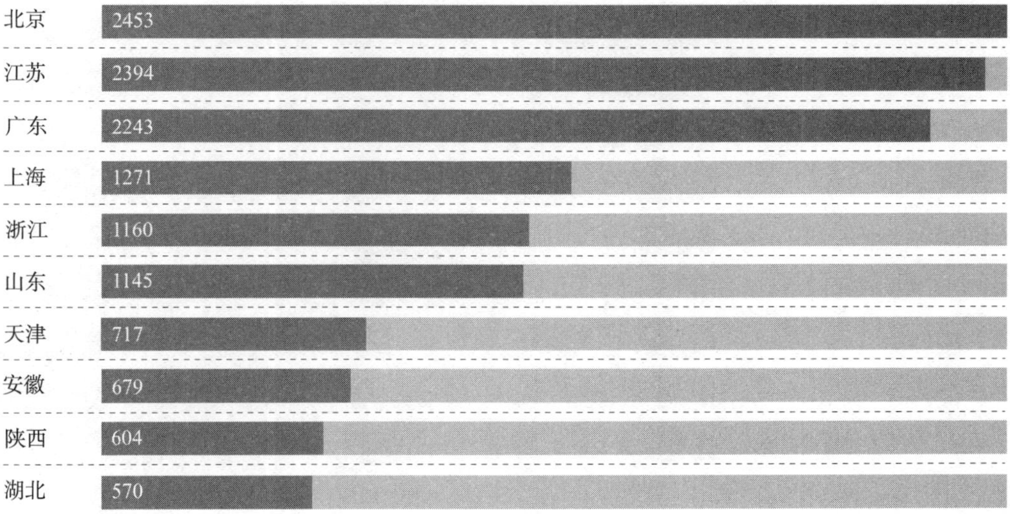

(a) 国内申请人申请

(b) 国外申请人来华申请

图 13－2－2　相变储能材料中国市场国内申请人和国外申请人来源地分布

注：图中数字表示申请量，单位为项。

13.2.4　主要申请人

如图 13－2－3 所示，我国相变储能材料产品领域前十申请人排名中，总体而言，高校和科研院所的比例较高，其中华南理工大学的申请量位列第一。前十位申请人中，企业申请人仅有中石化和镇江新梦溪能源科技有限公司。相较于高校和科研机构，企业申请总体偏少，反映出我国企业在相变材料产品领域的研发相对不足，创新空间巨大，知识产权保护意识亟须加强。

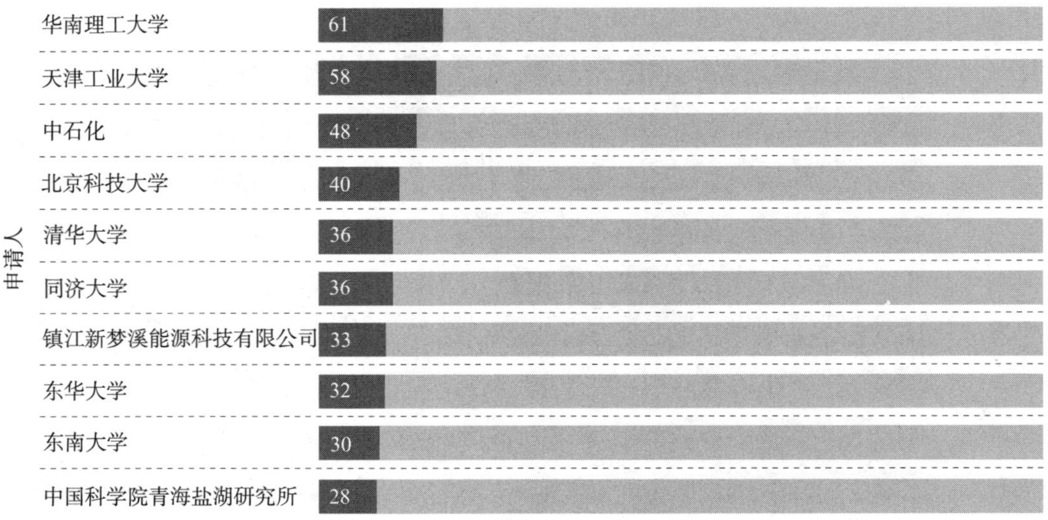

(a) 相变材料产品

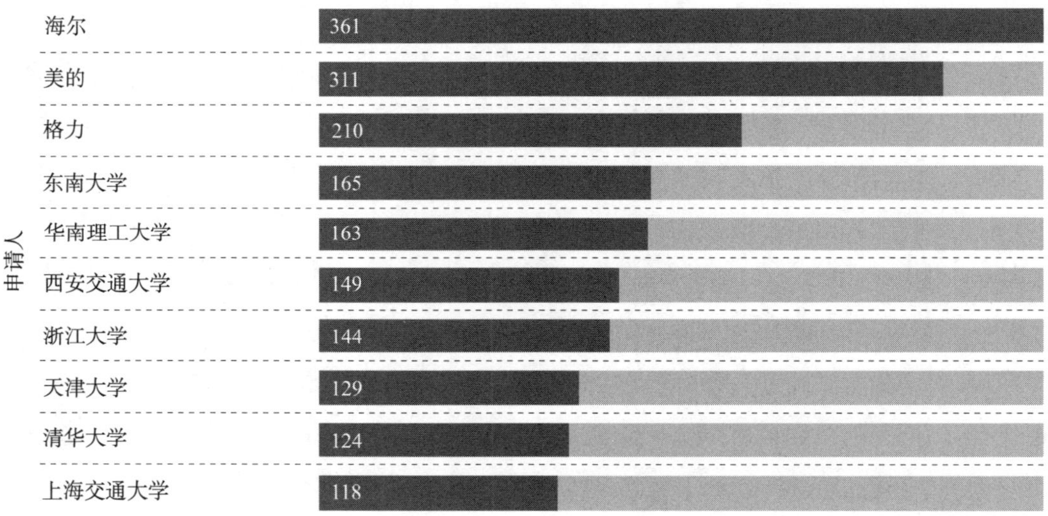

(b) 相变材料应用

图 13－2－3　相变储能材料产品领域中国市场前十专利申请人排名

注：图中数字表示申请量，单位为项。

图 13－2－3 还反映了我国相变储能材料应用领域的申请人总体情况，仍然以高校和科研院所为主。不过值得关注的是，虽然企业申请人只有三家，分别为海尔、美的、格力，但是其申请量位列前三，反映出我国相关企业在相变储能材料应用领域的研发创新较为活跃，专利保护较为充分。而且，海尔、美的与格力均为我国冰箱、空调等家电产品的主要生产商，其相关专利申请也均集中在空调制冷等相关领域，这与表 13－2－1 所反映出的相变材料应用的技术构成是基本一致的。

13.2.5 法律状态

由表 13－2－2 可以看出，在中国 18710 件专利申请中，7458 件处于专利权有效状态中，6903 件已经失效，处于审查中的申请共计 4349 件。其中，来自中国申请人和日本申请人的有效专利申请数量大于其失效专利申请数量，处于审查状态中的来自中国申请人的专利申请量远大于其他四国专利申请人专利申请量的总和。

表 13－2－2 相变储能材料中国市场主要技术来源地的专利申请法律状态 单位：件

来源国家	审中	失效	有效
中国	4066	6387	7031
美国	68	155	100
日本	76	104	123
德国	44	99	72
韩国	20	43	42

图 13－2－4 反映了相变储能材料中国市场主要申请人的专利申请法律状态情况。相较于高校和科研机构申请人，国内企业申请人有效专利数量占比大、失效专利数量占比小，总体呈现出有效专利和在审专利总量大于失效专利量的趋势，预示相变储能材料领域仍然是专利申请的热点所在，主要申请人仍在积极布局专利保护阶段。

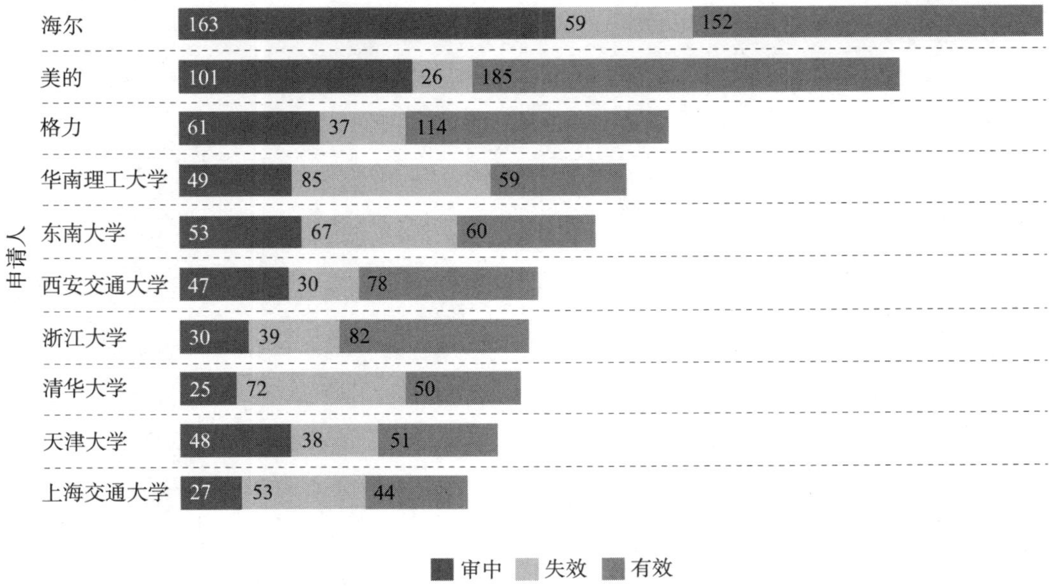

图 13－2－4 相变储能材料中国市场主要申请人的专利申请法律状态

注：图中数字表示专利/专利申请量，单位为件。

13.3 小 结

通过上文的总体分析可以看出，相变储能材料的专利申请在21世纪后进入快速增长阶段。在相变储能产品方面，日本申请人表现较为强势，三菱和松下占据申请量排名前两位。目前，相变储能产品方面的专利申请主要集中于对于相变材料制备方法的改进，约占全部相变储能产品专利申请总量的2/3。在相变储能材料应用方面，美的、海尔和格力以较大优势占据申请量排名前三，其专利申请主要聚焦于已有相变储能材料产品的商业化应用。

我国在相变储能材料领域的研究虽然起步较晚，但发展迅速，约1/2的相变储能材料产品专利申请和2/3的相变储能材料应用由我国提出，且这一状态目前尚未改变。然而，我国在相变储能材料领域，特别是相变储能产品方面，提出专利申请较多的申请人主要为高校和科研机构，企业类专利申请人占比偏少，且专利申请绝大部分由我国提出，反映我国企业在相变储能材料领域的研发相对不足，知识产权保护意识相对薄弱，在今后需要加以改进。

第 14 章　相变材料微胶囊封装关键技术分析

在相变过程中，相变物质的流动、挥发以及晶型转变过程中相变物质的过冷分离等，均会对相变材料的应用产生重要影响。采用微胶囊包封相变物质成为保证相变材料稳定性的重要手段。其通过使用成膜材料将固体或液体相变材料包覆成具有核壳结构的微粒，以提高相变材料囊芯的稳定性和耐久性。目前在全球范围内，日本三菱和中国天津工业大学在相变材料微胶囊化包封方面均提出了大量专利申请，位居该细分技术领域专利申请量的前两名。

本课题分别对三菱和天津工业大学在相变材料微胶囊化方面的专利申请趋势、布局、技术功效、重点专利和技术差异进行分析，探求目前在相变材料微胶囊包封这一细分领域的技术热点和专利壁垒情况。

14.1　三菱微胶囊封装法技术分析

14.1.1　专利申请态势分析

三菱早在 1991 年首次提出关于相变材料微胶囊技术的专利申请。在早期阶段，其基本保持年均两件的申请量。进入 2000 年之后，三菱在相变材料微胶囊技术领域的专利申请出现大幅增长，并保持此趋势至 2007 年。在此期间，三菱累计提出相变材料微胶囊技术领域专利申请达 46 件，占其在此领域全部申请量的 63%。2007 年以后，三菱针对该技术的专利申请量迅速回落。在 2015 年以后未再提出新的专利申请。具体申请情况如图 14－1－1 所示。

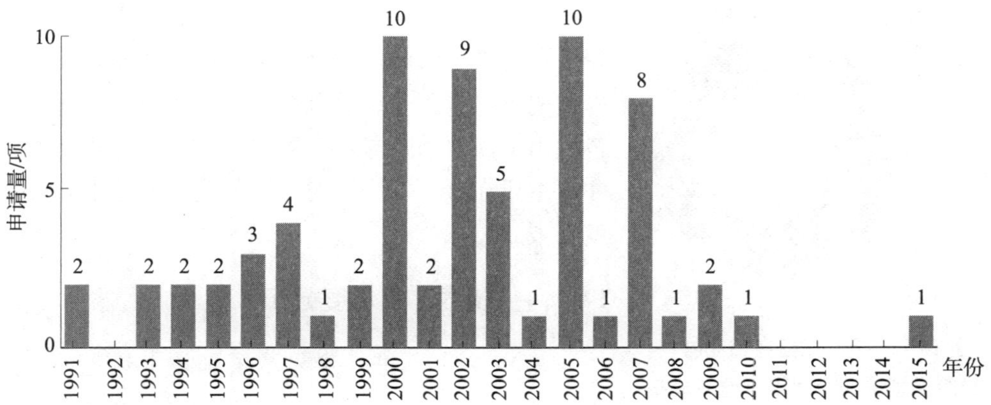

图 14－1－1　三菱在相变材料微胶囊领域的专利申请趋势

从三菱的专利申请态势看，三菱对于相变材料微胶囊技术的研究和专利申请已经中止，但仍需要对其后续变化保持关注。

14.1.2 专利技术布局

如图14－1－2所示，在相变材料微胶囊的具体技术分支方面，三菱研究的技术方向主要包括多元相变材料、复合结构胶囊、工艺条件控制、胶囊中引入功能材料、囊壁包覆方法、囊壁材料选择、微胶囊固化、微胶囊与功能材料混合、微胶囊与基材复合和相变材料选择等方面。其中，研究重点主要聚焦于微胶囊固体化、微胶囊内引入功能性材料、微胶囊与基材复合和制备微胶囊的工艺条件控制四个技术分支。这四个技术分支的专利申请量达到56件，占到其相变材料微胶囊全部申请量的67%。

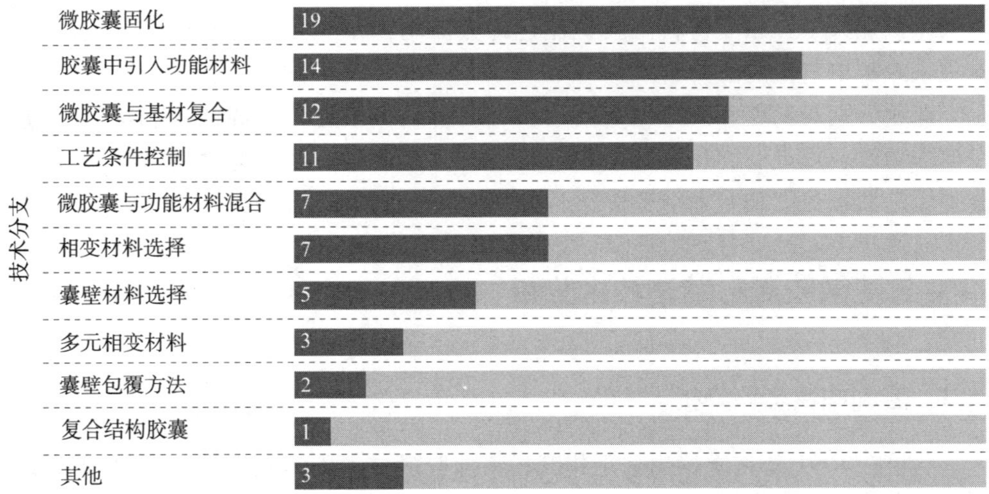

图14－1－2　三菱在相变材料微胶囊领域的专利技术布局

注：图中数字表示申请量，单位为项。

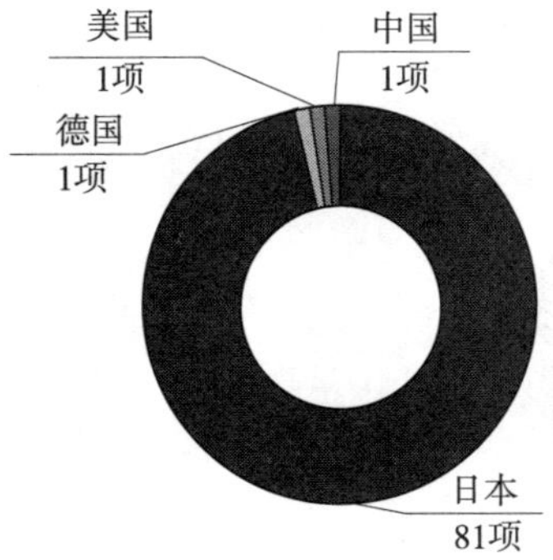

图14－1－3　三菱在相变材料微胶囊领域的专利申请地域分布

14.1.3 专利地域布局

如图14－1－3所示，从申请地域看，三菱涉及相变材料微胶囊的申请绝大部分在日本提出，向国外提出的申请量很少，分别仅在中国、美国、德国三国各提出1项申请。显示三菱对于相变材料微胶囊的关注点主要在日本国内，对于国外竞争对手和市场关注度有限。

14.1.4 技术热点年度分布

图14－1－4进一步显示了其技术热点的年度分布情况，可以看出，三菱在其相变材料微胶囊的研究

期间，对于在微胶囊内部引入功能材料和工艺控制两项涉及微胶囊材料的组成和制备工艺的技术保持了持续的关注。涉及这两项技术分支的专利申请贯穿了三菱涉及相变材料微胶囊专利申请的早期和中期阶段。这两个阶段，尽管年均专利申请量不大，但申请态势较为稳定。进入 2000 年之后，三菱在相变材料微胶囊领域的研究重点逐渐从微胶囊的制备和组成转向微胶囊的形态控制和与外部材料结合方面。在 2005 年前后，提出了多件涉及微胶囊固化（颗粒化）以及与基材复合的专利申请。

	技术手段										
年份	多元相变材料	复合结构胶囊	工艺控制	内部引入功能材料	成囊方法	囊壁材料选择	胶囊固化	与功能材料混合	与基材复合	相变材料选择	其他
1993			1	1							
1994											
1995		1		2	1	1	1				
1996	1		1					1			
1997				1				1			
1998				3							
1999			1								
2000				1							
2001	2		3				1	2		1	1
2002			3	1							2
2003				2		1	2	3	6		
2004				2							
2005			1				10			3	
2006				1							
2007							2		1		
2008						1					
2009			1		1	2	2			1	
2010									1	2	
2011									1		
⋮											
2016							1				
2019									1		
2020									2		

图 14-1-4 三菱相变材料微胶囊领域热点技术随年份分布

注：图中数字表示申请量，单位为项；2012~2015 年无申请，图中未列出。

14.1.5 技术功效分析

图14－1－5显示了三菱相变材料微胶囊领域的技术功效情况，可以发现，微胶囊抗破裂、渗漏问题是三菱在相变材料微胶囊领域关注度最高的问题。针对该问题，其先后单独或组合运用了微胶囊的结构、组成、制备工艺控制、微胶囊固化以及与功能材料混合等八项技术手段加以改进；其中，从专利申请数量上看，采用将微胶囊固化或颗粒化的方式是其解决微胶囊渗漏问题的主要方式。所谓微胶囊固化或颗粒化主要是指通过向制得的微胶囊浆液中加入添加剂等外部组分，通过造粒或多个微胶囊粘结成大颗粒的方式，使得外部组分附着在微胶囊表面上，形成相对较大的固体颗粒或粉末，以改进微胶囊囊壁的机械强度、耐化学性和耐久性。

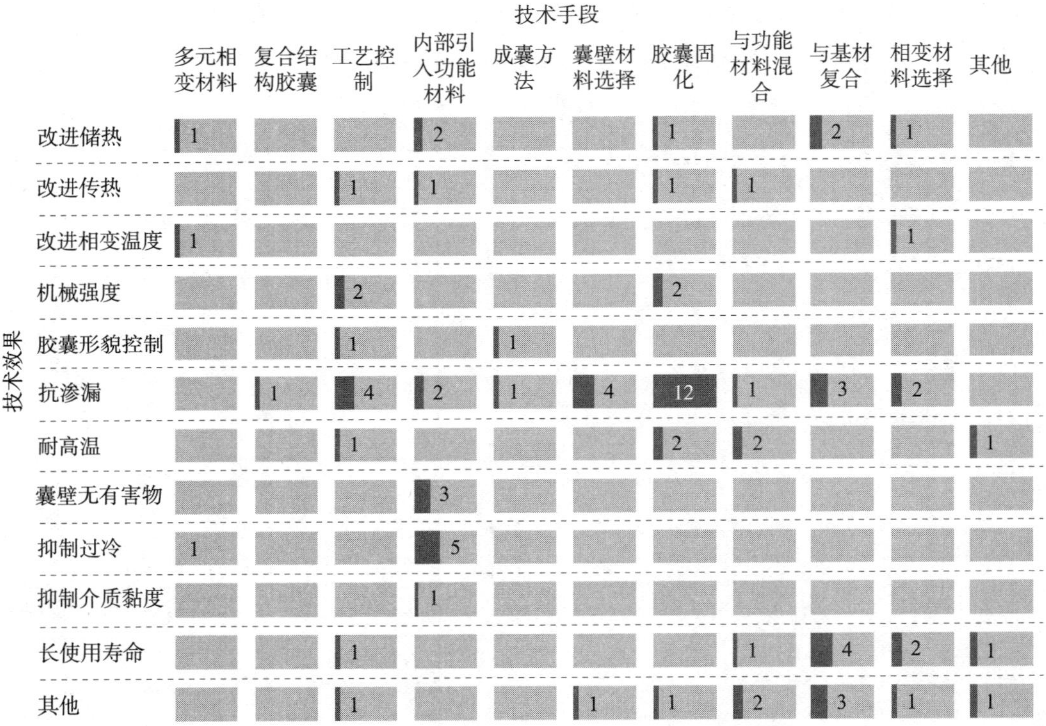

图14－1－5 三菱相变材料微胶囊领域技术功效分析

注：图中数字表示申请量，单位为项。

此外，三菱还重点关注了采用在微胶囊的囊芯或囊壁中引入功能材料的技术，抑制相变期间胶囊内相变材料发生过冷的问题。

14.1.6 重要专利

如第14.1.2节分析的，三菱在相变材料微胶囊封装细分技术领域中，重点关注了采用在胶囊中引入功能材料、固化微胶囊和控制微胶囊制备期间的工艺条件等技术，实现相变材料微胶囊的性能改进，并基于研究成果提出了大量专利申请。下面将具体分析相关技术的重点专利。

14.1.6.1 在微胶囊中引入功能性材料

三菱于1993年首次基于在微胶囊中引入功能材料改进微胶囊性能这一技术要点提出专利申请。随后，对该技术保持了长达14年的持续关注。借助该技术，其通过在胶囊的囊芯或囊壁中引入具有不同功能的功能性材料，实现了抑制相变材料过冷、改进传热、改进储热和除去有害物质残留等多种功能。

涉及该技术的重点专利如下。

申请号：US5456852

申请日：1993年5月6日

发明名称：Microcapsule for heat - storing material

该专利主要通过在微胶囊内添加比相变材料熔点高20～110℃的脂肪酸、醇、酰胺或其混合物等高熔点化合物，实现抑制相变期间发生过冷现象。该专利是三菱关于通过在微胶囊内引入功能性材料改善相变材料微胶囊性能的基础性专利，被引证次数达到101次，是三菱关于该技术主题的专利申请中被引证次数最多的。三菱在日本特许厅、欧洲专利局和德国专利局提交了多件该专利的同族申请。

14.1.6.2 微胶囊固化

相变材料的微胶囊化主要是通过将相变材料分散在乳液中，通过乳液聚合、悬浮聚合或界面聚合的方式，在相变材料分散液滴表面包覆聚合物膜，从而得到包覆相变材料的聚合物微胶囊分散液实现。然而，当以微胶囊分散液形式使用相变材料微胶囊时，由于分散介质的存在，会导致体积大、传热不良和适用范围窄等方面的问题。从而产生了对于使相变材料微胶囊分散体固体化（颗粒化）的需求。但是伴随着将相变材料微胶囊分散液固体化，往往存在由于成型时的外部压力和内部应力导致微胶囊受到损伤，或者在相变温度区间内长期使用后储热效果下降的问题。

三菱针对上述相变材料微胶囊固体化的技术进行了多年研究。在1995年首次提出了针对相变材料微胶囊分散液固体化技术的专利申请，具体如下。

申请号：JPH07133479A

申请日：1995年5月23日

发明名称：储热材料

该专利针对液态相变材料使用不便的问题，提出将相变材料微胶囊固体或粉体化的解决方案。作为三菱相变材料微胶囊固体化技术的首件专利申请，该专利被引证次数达到27次，是三菱关于相变材料微胶囊固体化技术被引证最多的专利申请。

此后，在2001～2009年，三菱针对相变材料微胶囊固体化技术继续提出了12项专利申请。从其技术方案看，分别涉及微胶囊固体尺寸控制、使用外部添加剂造粒等。代表性专利申请如下。

申请号：JP2006096999A

申请日：2005年8月29日

发明名称：微胶囊封装固体储热材料

该专利针对采用常规微胶囊干燥工艺存在的缺陷，提出使用特定种类的黏合剂将相变材料微胶囊黏结在一起的方案。此外，关于采用黏合剂黏结的方式使相变材料微胶囊固体化技术，三菱在同日提交了另3项专利申请，这4项专利申请共同构成了三菱关于该技术的专利组合。

14.1.6.3 关于相变材料微胶囊制备的工艺控制

相变材料微胶囊制备过程的工艺条件控制是三菱在相变材料微胶囊技术领域的另一项研究热点。尽管总体申请量不大，但从时间分布看，其涵盖了1993～2009年的十几年时间，表明三菱对于相变材料微胶囊制备工艺的改进保持了稳定关注。

JP2002080835A是该方向改进的代表性专利申请，其通过控制微胶囊包覆工艺中乳液温度不低于相变材料熔点，实现了对相变材料的规则球形微胶囊包覆，改进了微胶囊的物理牢固性和化学牢固性。

14.2 天津工业大学微胶囊封装法技术分析

14.2.1 专利申请态势分析

天津工业大学是中国国内在相变材料微胶囊领域提出专利申请最多的申请人。自2008年首次就该技术主题提出专利申请以来，累计提出33项专利申请，均为在国内提出，尚未对外提出申请。如图14-2-1所示，其年度申请趋势总体起伏不大，在2012～2017年申请量相对较高，达到4～5件/年，其余时间年均申请量在2件左右，并持续至今。

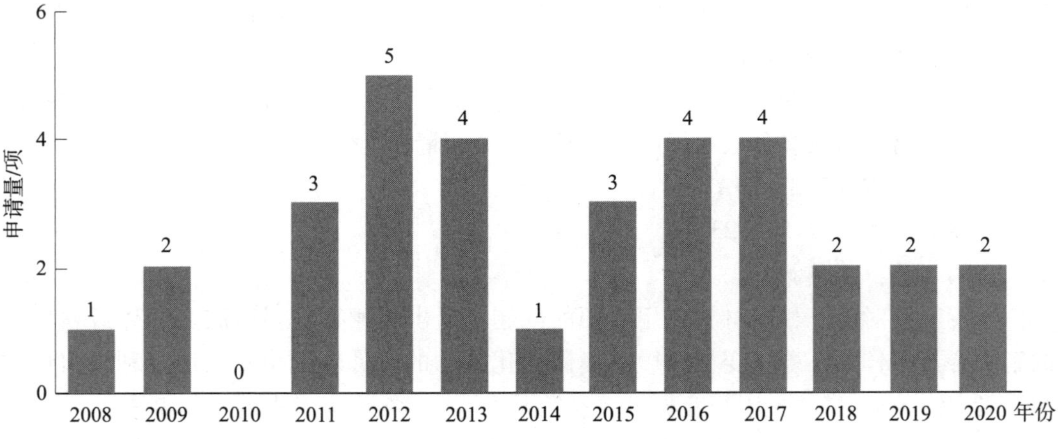

图14-2-1 天津工业大学在相变材料微胶囊领域的专利申请趋势

14.2.2 专利技术布局

图14-2-2显示了天津工业大学在相变材料微胶囊领域专利申请的技术分布情况，可以看出，天津工业大学对于相变材料微胶囊的研究主要集中在对囊壁材料的选

择，在其全部33项专利申请中，共有26项申请涉及该项技术，占全部专利申请的79%。此外，其对于相变材料的组成、微胶囊结构和成囊方法也有一定研究。

图14－2－2　天津工业大学在相变材料微胶囊领域的专利技术布局

注：图中数字表示申请量，单位为项。

14.2.3　技术热点年度分布

图14－2－3显示了天津工业大学研究热点的年度分布情况。从图中可以发现，天津工业大学对于相变材料微胶囊囊壁材料的选择方面，始终保持较高的研究热度，并在2009～2011年和2016～2017年出现了两次申请高峰。近三年来，其研究热点逐步转向在微胶囊内引入功能性材料。

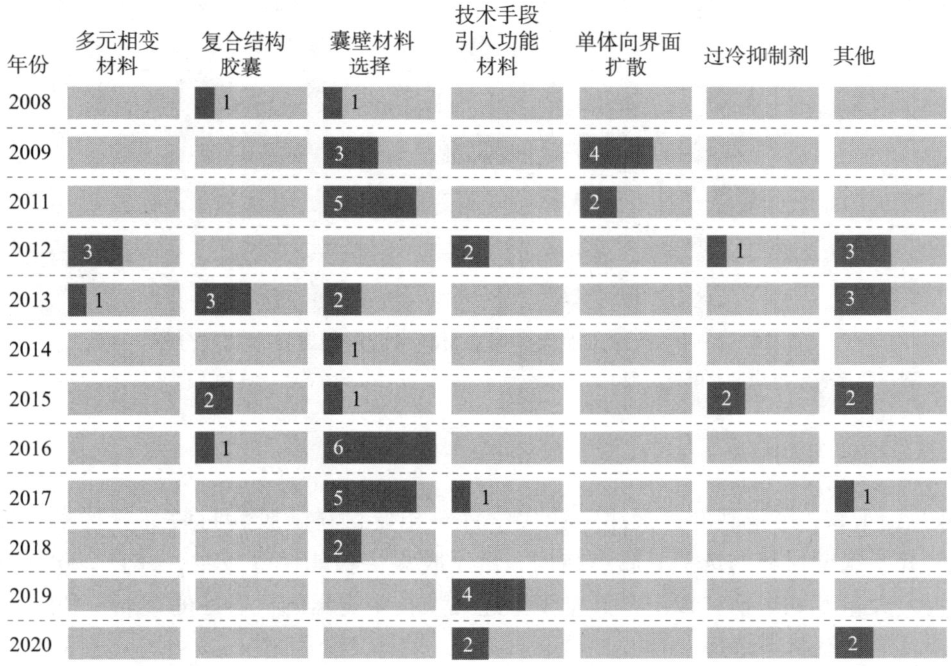

图14－2－3　天津工业大学相变材料微胶囊领域热点技术随年份分布

注：图中数字表示申请量，单位为项。

14.2.4 技术功效分析

图 14-2-4 显示了天津工业大学在相变材料微胶囊领域的技术功效分析情况，可以看出，天津工业大学主要通过选择合适的囊壁材料，解决微胶囊导电、储热、传热、亲水性、形貌控制、无有害物质和抑制过冷等多种技术问题。同时，其还通过研究微胶囊的复合囊壁结构和在微胶囊内部引入功能物质等技术手段，实现了改善微胶囊的抗渗漏性质和赋予微胶囊多重功能的技术效果。

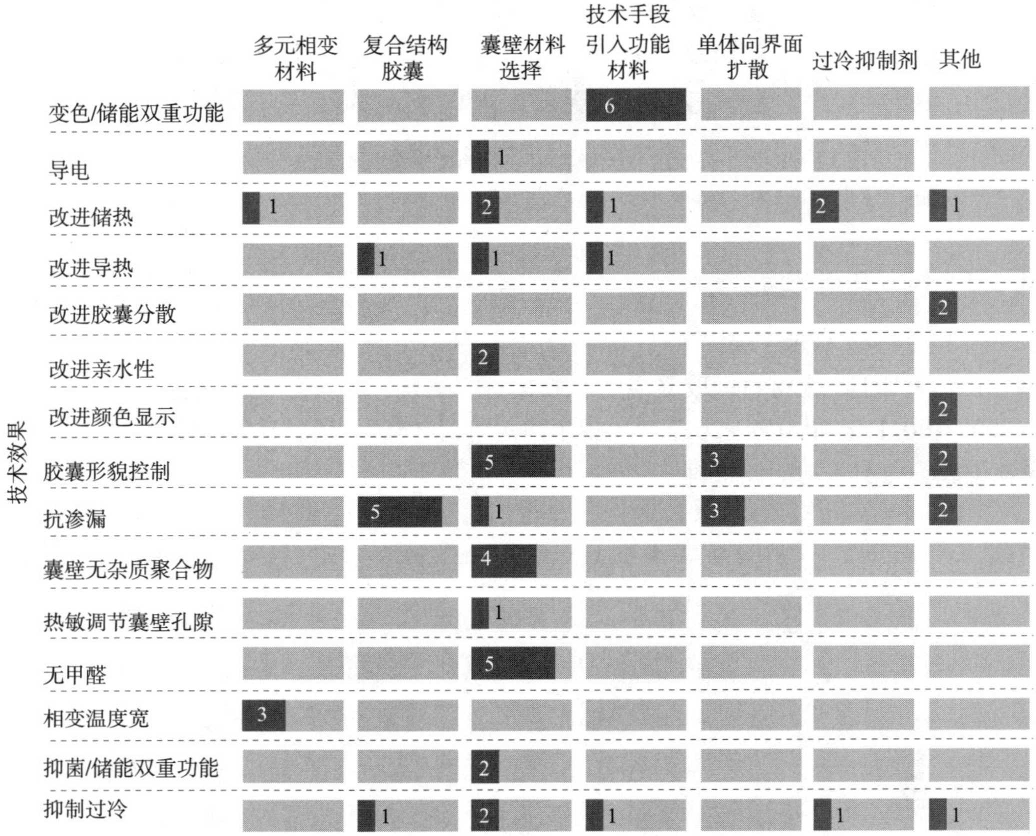

图 14-2-4 天津工业大学相变材料微胶囊领域技术功效分析

注：图中数字表示申请量，单位为项。

14.2.5 重要专利

如第 14.2.2 节记载的，天津工业大学针对相变材料微胶囊封装细分技术领域中，重点研究了囊壁材料的选择、胶囊结构和赋予胶囊多功能性等技术，并自 2008 年以来先后提出大量专利申请。以下是其基于上述几项技术提出的代表性的重点专利申请。

14.2.5.1 囊壁材料选择

通过分析天津工业大学提出的涉及相变材料微胶囊的专利申请可以发现，如何通过选择合适的聚合物作为微胶囊的囊壁材料，始终是其相变材料微胶囊封装技术的研究热点。具体而言，其重点研究了通过采用具有结晶性长支链的丙烯酸系聚合物或油溶性醚化氨基树脂等作为囊壁材料，实现抑制相变过程中发生过冷现象、改进相变材料微胶囊储热性能和减少相变材料微胶囊中杂质含量的技术。

其中，专利 CN102212342A 公开了一种相变材料微胶囊及其制备方法。其通过使用具有 $C_{10\sim50}$直链烷基的（甲基）丙烯酸酯作为可结晶单体，采用乳液聚合包覆相变材料，制备相变材料微胶囊。通过该方法制得的囊壁聚合物具有可在高于相变材料结晶温度 10～20 ℃的温度下结晶的长支链。通过该囊壁聚合物在熔融相变材料中结晶，诱导相变材料发生异相成核结晶，从而实现了在不外加过冷抑制剂的条件下，解决相变材料的过冷结晶问题。同时，由于不需要在囊芯中额外添加过冷抑制剂，提高了囊芯中相变材料的比例，从而进一步提升了相变材料微胶囊的储热性能。

专利 CN105797660A 公开了一种油溶性醚化氨基树脂制备微胶囊的方法。其采用油溶性的醚化氨基树脂与油溶性小分子相变材料混合，形成均一油相；经乳化交联后，形成交联醚化氨基树脂包覆的相变材料微胶囊。该技术克服了使用水溶性三聚氰胺－甲醛树脂等作为囊壁材料工艺中存在的聚合物杂质含量高的缺陷，提升了胶囊化效果，缩短了胶囊化时间，适于工业化生产。

14.2.5.2　成囊方法

相变材料微胶囊的热分解温度通常不高于 150℃。这导致其在某些应用中受到很大限制。研究发现，相变材料微胶囊热分解温度较低的原因主要在于：相变材料的囊芯与囊壁的热膨胀系数不同，囊芯的热膨胀系数大于囊壁，受热时囊芯膨胀速度大于囊壁，从而导致囊壁在内部压力作用下发生破裂。

针对该问题，天津工业大学重点研究了改进成囊方法的技术路线。在其专利 CN101701146B 中公开了一种制备具有高热分解温度的微胶囊的方法。其采用油溶性自由基聚合单体、交联剂、引发剂和有机相变材料形成均匀油相，采用乳化剂水溶液形成水相，并将油相和水相混合形成水包油乳液；在聚合过程中，聚合单体从油相内部扩散到油水界面处发生聚合反应形成囊壁，从而在微胶囊内部预留膨胀空间。由此解决了由于囊芯受热膨胀产生内部压力破碎囊壁的问题。

14.2.5.3　复合结构胶囊

采用多孔支撑体吸附相变材料和采用微胶囊包封相变材料是当前相变储能材料的两个重要发展方向。其较好地缓解了直接使用有机或无机相变材料时容易发生的相变材料泄漏问题，但仍然存在一定不足。具体而言，多孔支撑体通过物理吸附的方式将相变材料吸附至支撑体的孔隙中，虽然能够提高复合材料的导热率和储热能力，但物理吸附的方式在多次相转变后，仍然会出现一定程度的渗漏。采用微胶囊封装相变材料的方式，由于使用了导热性相对较差的聚合物囊壁材料，产生了平衡囊壁厚度与导热性的矛盾。为了解决上述问题，提出了将多孔支撑体吸附和微胶囊包封技术融合使用，从而形成复合结构胶囊的技术。

天津工业大学针对这种复合结构胶囊技术进行了研究，自 2008 年起提出了多件相关主题的专利申请，例如专利 CN103468223A。该专利申请通过先使用油溶性二烯类小分子单体与相变材料形成均一油相，向油相中加入膨胀石墨，使得油相溶液吸附至膨胀石墨中；然后将其加入包含海藻酸盐等水溶性聚合物的水溶液中，悬浮聚合得到黏稠悬浮液；

接着将该悬浮液经锐孔装置，加入凝固浴中，凝固成球状，得到复合结构胶囊。该复合结构胶囊以聚合物为囊壁，囊芯中进一步包含吸附在膨胀石墨孔隙内的相变材料微胶囊。综合了多孔支撑体吸附与微胶囊封装的优点，具有良好的发展前景。

14.2.5.4 引入功能性材料

在相变材料微胶囊中引入热敏变色材料等功能性材料，可实现赋予其在调控温度的同时，进一步显示信息的功能。近年来，天津工业大学在相变材料微胶囊多功能化方面提出了一系列专利申请，例如专利 CN102758355B。其在小分子烷烃相变材料中加入热敏变色染料，然后采用聚合物膜包覆形成具有热敏变色和储能功能的微胶囊。将该微胶囊材料用于制备纺织品，可实现在调节人体周围微环境温度的同时，又使得纺织品具有随温度改变色彩的视觉效果。

14.3 重点申请人技术差异比较

图 14－3－1 显示了三菱与天津工业大学在相变材料微胶囊技术领域研究方向的差异，可以看出，二者在技术方面主要存在以下三方面的差异。

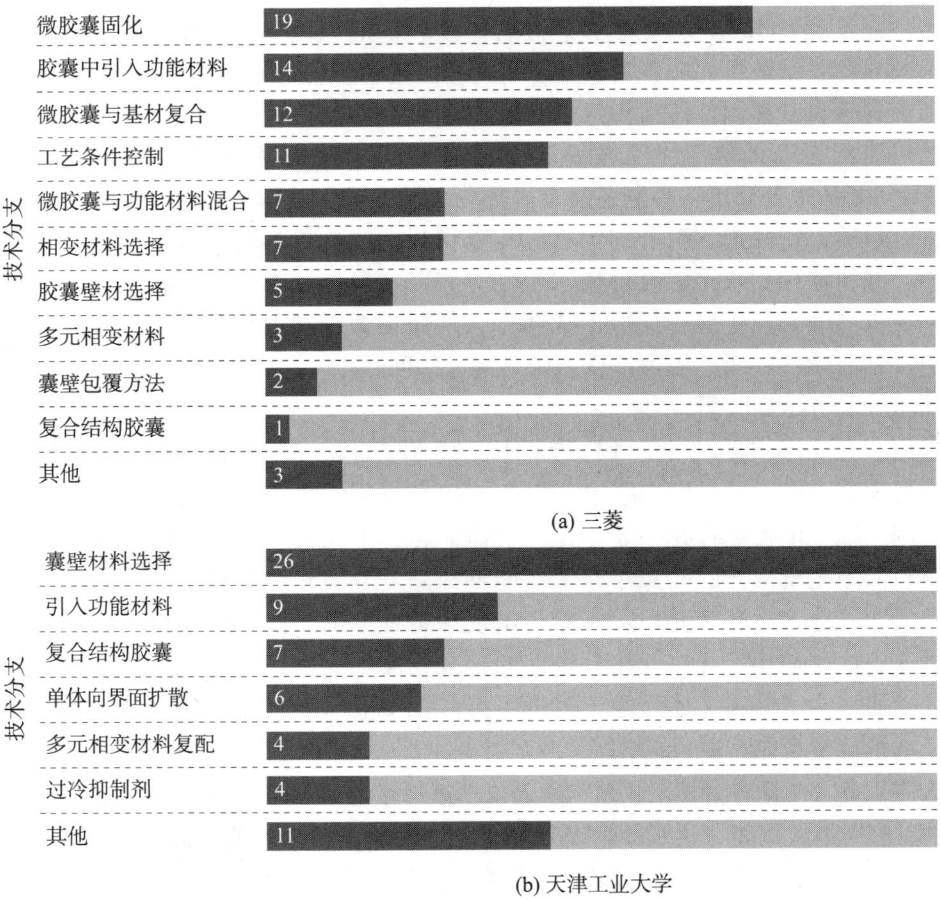

图 14－3－1　三菱与天津工业大学在相变材料微胶囊技术领域研究方向的差异

注：图中数字表示申请量，单位为项。

14.3.1 研究重点不同

三菱重点研究了相变材料微胶囊的固化，天津工业大学研究的重点在于选择合适的囊壁材料。结合第14.1节和第14.2节的内容可知，无论是三菱重点研究的相变材料微胶囊固化技术，还是天津工业大学重点研究的囊壁材料技术，其主要目的均在于改进微胶囊的抗渗漏性和储热性能。即针对改进微胶囊抗渗漏性方面，二者采用了不同的技术路线。三菱主要从对微胶囊的后处理工艺入手，使用外部材料进一步处理得到的微胶囊。天津工业大学主要从微胶囊的制备工艺入手，通过选择合适的囊壁材料结构，实现微胶囊的抗渗漏性和储热性改进。与此同时，天津工业大学通过选择合适的囊壁材料，还进一步实现了在不使用外加过冷抑制剂的条件下，抑制相变材料的过冷现象。

14.3.2 研究的方向不同

对于引入功能性材料技术，三菱与天津工业大学均申请了较多采用在胶囊中引入功能性材料改进微胶囊性能的专利。但结合对二者专利申请的技术功效分析可知，二者通过在胶囊中引入功能性材料所要达到的目的并不相同。三菱采用该技术要解决的仍然是改进相变材料微胶囊的抗渗漏性，抑制过冷、消除有害物质残留和改进储热等；而天津工业大学采用该技术所要实现的主要目的在于赋予相变材料微胶囊储能调温以外的附加功能，而非对于相变材料微胶囊固有性质的进一步改进。由此，二者实际引入的功能性材料种类和性质也差异极大。

14.3.3 研究进展存在明显差异

近年来，三菱对于如何将相变材料微胶囊应用于基体材料中，制备具有相变储能功能的复合材料进行了大量研究。主要包括：①将相变材料微胶囊添加到橡胶或热塑性树脂中，形成橡胶基或树脂基复合材料，例如专利JP2003261716A、JP2008221046A、JP2010184981A、JP2019116570A和JP2020029506A；②将相变材料微胶囊涂布在基材表面上，例如专利JP2003286479A和JP2003306672A等；和③将相变材料分散在纤维材料中形成具有相变调温功能的织物，用于纺织材料领域，例如专利JP2003328298A等。

天津工业大学对于相变材料微胶囊应用的研究目前仅限于引入温敏/热敏变色功能性材料方面，对于如何将相变材料微胶囊与基材复合，形成相变储能/调温功能的复合材料技术，尚未见到明确与之相关的专利申请。

第 15 章　相变材料专利技术成果转化

技术转移是科技成果转化并显著提升经济效益和社会效益的主要途径。专利权是技术转移过程中的关键点，如何有效促进专利权的技术转移，是科技成果实现其价值的关键。对技术转移过程中的有关专利权问题进行探讨，将有助于推进科技成果的产业化、最大限度地保护科技成果所有人与使用人的合法权益，实现国家、社会科技投入与科技产出的良性循环，推动国家与区域经济的持续健康增长。

本章讲述了一个相变材料微胶囊技术如何通过专利权的许可、企业并购、建立行业标准、广泛技术合作，一步步实现技术转移，并使技术产业化落地的美国案例。随后分析了我国目前相变材料领域专利技术转移转化的现状，并对我国高校中重点专利技术及其研发团队进行了梳理。

15.1　美国相变材料微胶囊技术转化分析

20 世纪 70 年代末 80 年代初，NASA 研究开发了微胶囊相变材料在热调节防护服装上的应用技术。此后，该项技术逐渐应用于民用领域。本节介绍了相变材料微胶囊技术由航空航天的技术转化为产业化民用技术的技术转化之路。

15.1.1　技术起源：NASA 的宇航服研究

自 20 世纪 50 年代第一套宇航服面世以来，NASA 一直致力于开发让宇航员保持舒适和凉爽的材料。为了保护宇航员免受太空中极端温度的影响，美国的约翰逊航天中心（Johnson Space Center）的工程师创造了液冷式服装，通过在整个太空服的小通道中的流动水来控制温度。

这种液冷式服装的控温方式属于主动控制温度。到了 20 世纪 80 年代，NASA 开始研究被动控制温度的方法，即无须在太空服中流动液体即可控制温度。相变材料则在这种被动控制温度的方法中受到关注。1987 年，约翰逊航天中心开始积极寻求与私营企业合作，开发用于太空服的相变材料，尤其是在宇航员出舱活动期间用于宇航员手套的相变材料。

此时，位于美国北卡罗来纳州的三角研究与发展有限公司（Triangle Research and Development Corporation，TRDC）与约翰逊航天中心签订了参与第一阶段小型企业创新研究（Phase I Small Business Innovation Research，SBIR）两项协议，以协助 NASA 研发相变材料。在签订这份合同之前，该公司展示了其为美国空军制造的含有浸渍微囊相变材料的纺织面料和纤维的技术（专利 US4756958A）。

TRDC 在随后的研发中，研发出一系列相变材料微胶囊以及其应用技术并提交了相关专利申请，最终获得专利授权。

15.1.2 技术转移及产业化：温控纺织品问世

TRDC 将相变材料微胶囊的专利技术许可给了 Outlast 和 Frisby Technologies（以下简称“Frisby”）两家私营企业，开启了相变材料技术的产业化之路。

15.1.2.1 获得技术许可

在相变材料技术应用到纺织领域的技术转化过程中，TRDC 的专利技术经过了多次技术许可，许可方包括 TRDC、Outlast、Frisby。

（1）TRDC－Outlast 许可协议（1991 年 1 月）

Gateway Technologies 公司（后更名为 Outlast❶），于 1991 年 1 月 22 日，与 TRDC 签署的专利独占许可协议（TRDC－Outlast 协议），获得了 TRDC 的独占许可❷。该许可涉及的专利为 US4756958A、US5366801A，这两项专利涉及具有可逆增强储热性能的纤维和由其制成的织物（见表 15－1－1）。通过此次许可，Gateway Technologies 获得了将相变材料微胶囊应用到纤维及织物中的独占许可权，甚至连 TRDC 自己也不能实施这项技术。

Outlast 在获得了 TRDC 的专利技术之后推出了其相变材料微胶囊产品（商品名 Thermocules®），以及应用了 Thermocules® 的一系列民用产品，包括床上用品、医疗用品、户外装备以及适用于普通和极端条件的全系列服装。

表 15－1－1　TRDC 许可专利清单

序号	公开号	技术方案	最早优先权日
1	US4756958A❸	具有可逆增强储热性能的纤维和由其制成的织物，所述纤维中包含相变材料微胶囊，所述纤维被编织以形成具有增强的储热性能的织物，并且可以由此形成制品	1987 年 8 月 31 日
2	US5366801A❹	一种涂层适于施加到织物上以增强其热特性，所述涂层包括相变材料微胶囊	1992 年 5 月 29 日

① 利用纺丝法将相变材料微胶囊施加到纤维中。

专利 US4756958A 涉及利用纺丝法将相变材料微胶囊施加到纤维中。纺丝法是将相

❶ 1997 年，Gateway Technologies 公司更名为 Outlast Technologies（即 Outlast）。

❷ Frisby 招股说明书［EB/OL］.（1998－03）［2021－05－30］. https://www.sec.gov/Archives/edgar/data/1051904/0000950116－98－000565.txt.

❸ Inpadoc 同族：EP306202A2；EP306202A3；JPH0555607B2；DE3854106D1；DE3854106T2；EP306202B1；JP1851056C；JP5055607B；JPS6485374A；JPH0185374A；CA1315083C；JP1085374A；US4756958A。

❹ Inpadoc 同族：DE69316334D1；DE69316334T2；WO9324241A1；CA2137554A1；CA2137554C；US5366801A；EP611330A1；EP611330A4；EP611330B1。

变微胶囊加入聚合物的溶液或熔体中，再通过湿法纺丝或熔融纺丝工艺制备出含有相变材料的纤维。相变微胶囊被包裹在纤维的内部，使微胶囊的使用寿命大大增加，对织物的手感、柔软度、颜色等性能不会造成较大的影响，同时织物的针织、梭织、染色、后整理、印花等后续工艺也无须进行较大的调整。1988 年，TRDC 将含有石蜡的相变微胶囊加入聚丙烯腈纺丝液中，通过湿法纺丝法成功地制备出具有调温功能的腈纶纤维，并获得了这项专利 US4756958A。

但专利 US4756958A 的权利要求书中并未具体限定所述纤维的成纤聚合物是聚丙烯腈，也未限定具体的纺丝方法。专利 US4756958A 具有较大的保护范围，其独立权利要求为：

1. 一种具有可逆蓄热性能的纤维，包括：一种基材，和多个与所述基材形成一体并分散在整个所述基材中的微胶囊，所述微胶囊含有温度稳定剂，由此纤维在受热或受冷时表现出增强的热稳定性。

……

7. 根据权利要求 1 的具有可逆热存储性能的纤维，其中该纤维包括至少两种类型的单独封装的温度稳定剂。

8. 一种具有可逆热储存性能的纤维，包括：合成聚合物基础材料，和与所述合成聚合物基础材料成一体并分散在整个所述合成聚合物基础材料中的多个防漏微胶囊，所述微胶囊包含链烷烃并且直径范围从 1.0 微米到 10.0 微米。

9. 一种具有可逆储热性能的织物，包括：多根纤维和多个微胶囊，所述微胶囊与形成至少一些所述纤维的基材形成一体并分散在整个基材中，所述微胶囊含有温度稳定剂，由此纤维形成织物在受热或受冷时表现出增强的热稳定性。

② 利用涂层法将相变材料微胶囊施加到织物中。

专利 US5366801A 使用的涂层法是指将相变微胶囊加入分散到涂层剂中，再通过涂层法将涂层固定到织物上，从而使织物具有调温的功能。涂层法属于织物的后整理过程，适用于多种纤维成分的织物，如棉、麻等难以通过纺丝法添加相变微胶囊的织物。

US5366801A 的独立权利要求为：

1. 一种具有增强的储热性能和热响应可重复性的制品，主要包括：选自织物和纤维的基材，以及覆盖所述基材的至少一部分表面，所述表面包括：聚合物黏合剂，以及分散并浸没在所述基材表面上的所述聚合物黏合剂中以被所述聚合物黏合剂包围的多个微胶囊，所述微胶囊含有选自由相变材料和塑料晶体组成的组的温度稳定剂，由此该制品在受热或受冷时表现出增强的热稳定性。

……

11. 一种织物基本上由以下组合组成：（a）底布基材和（b）直接涂覆和覆盖所述基材的至少一部分的柔性聚合物，多个微胶囊分散在整个所述涂层中以便被覆盖并被其包围，所述微胶囊含有选自相变材料和塑料晶体的温度稳定剂并位于所述基材的表面上，由此涂覆的基材在受热或受冷时表现出增强的热稳定性。

由此可见，US4756958A 和 US5366801A 这两项专利几乎涵盖了将相变材料微胶囊施加于纤维或织物上最基本、最常用的方式。

（2）TRDC – Frisby 第一次许可协议（1995 年 5 月）❶

Frisby 成立于 1989 年。1996 年之前，Frisby 集中精力获取专利许可和开发专有技术，以及寻找其相变材料产品的潜在应用，在此期间，公司几乎所有收入均来自美国政府相关的研发合同。1991 年，Frisby 获得了 McDonnell Douglas Corporation❷ 的一份研发合同，研究在军用飞机的航空电子设备冷却系统中使用相变材料微胶囊技术。1996 ~ 1997 年，Frisby 参与了用于改善军用飞机和防护外衣的热管理性能的政府研发项目。

1996 年 3 月，Frisby 开始商业销售其 Thermasorb®（微胶囊化相变材料）和 ComfortTemp®（包含了相变材料微胶囊的泡沫制品）产品。

1995 年 5 月 1 日，Frisby 与 TRDC 签订了许可协议，TRDC 许可给 Frisby 的技术是除“具有可逆增强热存储性能的纤维和织物”以外的相变材料和相变材料微胶囊技术。也就是说，TRDC 授予 Frisby 在再许可、制造、销售、使用散装相变材料和微胶囊相变材料的专有权，但涉及“相变材料微胶囊的纤维和织物”的技术除外。因为涉及“相变材料微胶囊的纤维和织物”的技术已经在此前由 TRDC 独占许可给了 Outlast。

根据 TRDC – Frisby 第一次许可协议，Frisby 需要每年向 TRDC 支付许可费。许可费为 Frisby 每年产品销售额的 1% ~ 5% 以及许可费和特许权使用费收入❸的 12.5% ~ 50%。协议中还设定了每年的最低年费，即如果许可费达不到最低年费，Frisby 也应当向 TRDC 支付该最低年费。该最低年费在许可协议的前 8 年从 15000 美元/年增加到 150000 美元/年，并在此后保持在 150000 美元/年。

表 15 – 1 – 2　TRDC – Frisby 第一次许可协议中 Frisby 每年应向 TRDC 支付的最低年费

年份	最低年费/美元
第一年	15000
第二年、第三年	30000
第四年	54000
第五年	78000
第六年	102000
第七年	126000
第八年及以后每一年	150000

Frisby 于 1998 年 3 月发布的招股说明书中披露了 TRDC – Frisby 第一次许可协议中

❶ Frisby 招股说明书［EB/OL］.（1998 – 03）［2021 – 05 – 30］. https://www.sec.gov/Archives/edgar/data/1051904/0000950116 – 98 – 000565.txt.

❷ 麦克唐纳 – 道格拉斯（McDonnell Douglas Corporation）是一家美国飞机制造商和国防承包商，它制造了一系列著名的民用和军用飞机。1997 年 8 月，其被并入波音公司。

❸ Frisby 将其获得的独占许可的专利技术再次许可给第三方所获得的收益。

涉及的专利（见表15-1-3），可以看出，Frisby确实获得了TRDC所有的与相变材料有关的专利技术，包括TRDC许可给Outlast的一项专利（US5366801及其欧洲同族EP611330B1）。但是由于在TRDC-Frisby中明确说明了要排除“具有可逆增强热存储性能的纤维和织物”有关的技术，因此，即使许可清单中列了这项专利，但Frisby仍然不能使用这项专利所保护的技术，即将相变材料微胶囊应用到纤维或织物上。

表15-1-3　TRDC-Frisby第一次许可协议中涉及的专利清单

序号	申请日	公开号	技术方案	技术领域
1	1987年12月10日	US4807696A	使用封装相变材料的热能储存装置	汽车、航空、电子
2	1989年4月27日	US4911232A	一种利用PCM浆料强化液体传热的方法	汽车、航空、电子
3	1991年7月26日	US5141079A	高速加工用双组分切削液/冷却液	所有领域
4	1991年9月30日	US5224356A	一种利用热能吸收导电灌封材料的方法	电子
5	1991年7月31日	US5290904A	隔热板	防护服
6	1992年5月29日	US5366801A	具有可逆增强热性能织物	防护服
7	1993年11月29日	US5415222A	微气候降温服	防护服
8	1994年7月13日	US5499460A	具有可逆增强储热性能可模压泡沫鞋垫	鞋垫
9	1996年3月19日	US5637389A	热增强泡沫绝热材料	所有领域
10	1993年5月28日	EP611330B1[1]	具有可逆增强热性能织物	防护服

TRDC许可Frisby的专利涉及了相变材料的多个应用，包括使用封装相变材料的热能储存装置、隔热板，利用相变储能材料浆料强化液体传热的方法等，但是，当时能够实现产业化的技术只有两种，一种是将相变材料微胶囊应用在纤维或者织物上，另一种是应用在泡沫中。尽管Frisby获得了如此多的相变材料应用技术，但实际上Frisby实现产业化生产的只有包含了相变材料的泡沫，即ComfortTemp®，而这项技术实际涉及的专利只有US5637389A。

专利US5637389A保护了具有相变材料微胶囊的泡沫（权利要求1~7），以及将该泡沫用于保温容器（比如集装箱）（权利要求8~13），以及具有相变材料微胶囊的泡沫用作柔性热包裹物（比如鞋垫）（权利要求14~16），以及稳定物品温度的方法（权利要求17~18）。专利US5637389A的独立权利要求如下：

1. 一种具有热能储存和绝缘性能的热控材料，当放置在热源和散热器之间时用作热障，并且包括：形成绝缘垫的泡沫基材，多个微胶囊与所述绝缘垫成一体并分散在

---

[1] EP611330A1为US5366801的欧洲同族。

整个绝缘垫中，并且其中所述微胶囊单独地包封并嵌入所述基材内，进一步，其中基本上所有的所述微胶囊彼此间隔开，相邻的相邻微胶囊之间的空间含有基材，所述微胶囊含有相改变材料。

……

8. 一种容器，其特征在于其能够将放置在其中的内容物与外部环境隔离，包括：

基本上共面间隔开的第一壁和第二壁；

形成位于所述第一壁和第二壁之间的绝缘垫的泡沫基材；

多个微胶囊与所述基体材料成一体并分散在整个所述基体材料中，其中所述微胶囊被单独地包封并嵌入所述基体材料中，并且进一步，其中基本上所有的所述微胶囊彼此间隔开，相邻的相邻微胶囊之间的空间包括基材，所述微胶囊含有相变材料；从而容器表现出增强的热稳定性和绝热性能。

……

14. 一种具有热能储存和绝缘特性的热包裹物，用作热源和散热器之间的热障，并且包括：

形成绝缘垫的柔性、弹性泡沫基材；

多个微胶囊与所述绝缘垫成一体并分散在整个所述绝缘垫中，并且其中所述微胶囊单独地包围并包埋在所述基材内，并且其中基本上所有的所述微胶囊彼此间隔开，相邻微胶囊之间的空间包含基材材料，所述微胶囊含有相变材料；由此，热包裹物有助于保持热源和散热器之间的热障。

……

17. 一种稳定物品温度的方法，包括以下步骤：

(a) 对具有基材和多个微胶囊的泡沫进行热充电，所述微胶囊含有分布在基材内的相变材料，使得微胶囊被包围并嵌入基材内，并且其中基本上所有的微胶囊彼此间隔开，相邻的相邻微胶囊之间的空间包含基材，达到相变材料熔化的温度；

(b) 用带热电的泡沫包围物品，由此泡沫在物品和外部环境之间形成屏障，并为其提供延长的热保护。

专利 US5637389A 的技术方案，简单来说，如图 15 - 1 - 1 所示。40 为基材，20 是相变材料微胶囊，42 是基材中的空穴。多个相变材料微胶囊 20 分散在整个基材 40 中。

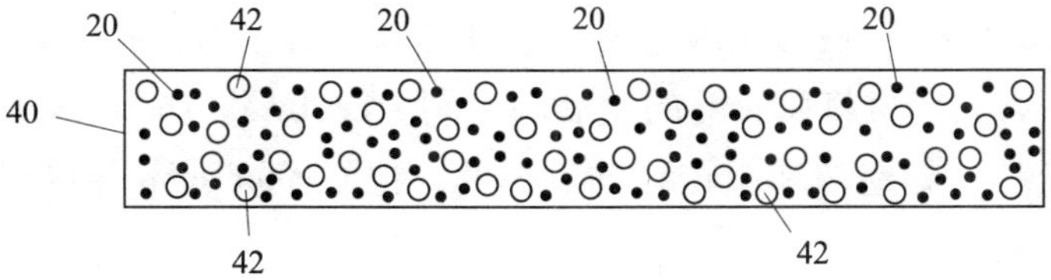

图 15 - 1 - 1　专利 US5637389A 的说明书附图

因此，TRDC 通过 TRDC - Outlast 许可协议将相变材料应用到纤维或织物的技术独占许可给了 Outlast，通过 TRDC - Frisby 第一次许可协议将相变材料应用到泡沫的技术独占许可给了 Frisby。Outlast 和 Frisby 的相变材料应用场景不同，互不干涉。

（3）Outlast－Frisby 第一次许可协议（1998 年 1 月）❶

由于纺织领域市场巨大，为了能够让自己的相变材料应用到纺织品中，1998 年 1 月 1 日，Frisby 与 Outlast 签订了技术许可协议（Outlast－Frisby 第一次许可协议），在该许可协议中规定，Outlast 授予 Frisby 以下权利：可以制造、分许可和销售含有相变材料微胶囊的泡沫制品 ComforTemp®，只要该泡沫制品的厚度大于 2mm，并且该泡沫是用于连接到纤维或织物上的。该协议还规定，Outlast 将在十年内不销售附着厚度超过 2 mm 的 ComforTemp®泡沫的织物或纤维。

根据 Outlast－Frisby 第一次许可协议，1998～2002 年，Frisby 需要每年向 Outlast 支付的最低额度许可费从 150000 美元/年递增到 600000 美元/年，此后每年为 1000000 美元/年，该协议有效期为十年（见表 15－1－4）。

表 15－1－4　Outlast－Frisby 第一次许可协议中 Frisby 每年应向 Outlast 支付的最低年费

年份	最低年费/美元
1998	150000
1999	250000
2000	400000
2001	500000
2002	600000

（4）TRDC －Frisby 第二次许可协议（1998 年 9 月）

1998 年 9 月 24 日，TRDC 与 Frisby 签订了一份新的专利许可协议❷。该协议的主要内容包括：

① Frisby 与 TRDI 同意修改它们于 1995 年 5 月 1 日签订的独占许可协议中的部分条款，并且 Frisby 给予 TRDI 部分期权。

② 原本在 1991 年签订的 TRDC－Outlast 协议中，TRDC 的权利将由 Frisby 获得。也就是说，从此以后，Outlast 的专利许可费就不交给 TRDC，而是交给 Frisby 了。

③ 研发资金。1999～2001 年的每年 1 月 1 日，Frisby 应向 TRDC 提供资金以支持某些 TRDC 涉及微胶囊和相变材料热管理技术的研发项目；TRDC 承诺其未来的研究成果，包括研发信息、专利、改进的专有技术等都一定程度上适用于本许可协议的条款。

除获得 TRDI 技术之外，Frisby 也在独立开发其专有技术，并拥有一系列围绕相变材料微胶囊及包含相变材料微胶囊的制品的专利。Frisby 将 Thermasorb® 相变材料微胶囊销售给中间产品（如泡沫和织物）的制造商，把 ComforTemp® 散热产品销售给最终

❶ Frisby 招股说明书［EB/OL］.（1998－03）［2022－05－30］. https://www.sec.gov/Archives/edgar/data/1051904/0000950116－98－000565.txt.

❷ License Agreement Dated September 24, 1998 Between Frisby Technologies and Triangle Research and Development Corporation［EB/OL］. https://www.lawinsider.com/company/1051904/frisby－technologies－inc?cursor=CjEKEAoKZ3JvdXBfc2l6ZRICCAEKGQoIZ3JvdXBfaWQSDRoLZDZkQ3Y2SFBCaVIYACAB.

成品的制造商，并同时把专利权许可给这些制造商。此外，Frisby 还直接向零售商销售自己的成品产品线。

（5）Outlast－Frisby 第二次许可协议（2001 年 1 月）❶

在 1998 年 1 月，Outlast－Frisby 第一次许可协议签署之后，Outlast 将“厚度大于 2mm 的含有相变材料微胶囊的泡沫制品 ComforTemp®连接到纤维或织物上”的专利技术许可给 Frisby。但 Outlast 随后发现，Frisby 的制造合作伙伴违反了该许可协议的内容，于是在 2000 年 5 月 31 日，Outlast 向 Frisby 提起了专利侵权诉讼。但很快，两家公司就达成了和解，它们重新制定了许可协议，新协议于 2001 年 1 月 1 日生效，在该许可协议中，对相变材料微胶囊应用的泡沫厚度方面作了更加具体的规定。❷

（6）专有技术的分许可

Outlast 和 Frisby 在与 TRDC 签订的许可中，均获得了将其获得的独占许可的专利技术分许可给第三方的权利，也就是说它们可以将其涉及相变材料微胶囊应用到纺织品或泡沫中的技术再许可给它们的下游客户，以避免客户在开发终端产品时面临的知识产权风险。这样不仅可以把它们的相变材料产品卖给客户，还能够从客户手中再收一笔许可费。

以 Frisby 为例❸，Frisby 对其专有技术再许可的对象分为两种，一种是它的竞争对手，也就是生产含有相变材料微胶囊的泡沫制品的制造商；另一种是它的客户，也就是使用含有相变材料微胶囊的泡沫来生产终端产品的制造商，例如鞋履、滑雪板、手套、帽子等。

① 对竞争对手的分许可

1997 年 10 月 23 日，Frisby 与 LMI 签订了一份谅解备忘录，授予 LMI 制造 ComforTemp®特定亲水性聚氨酯泡沫的独家许可。

此外，Foamex 是一家泡沫产品的主要制造商，Frisby 也授予它生产 ComforTemp®聚氨酯泡沫以及将 ComforTemp®聚氨酯泡沫销售到特定应用领域的权利。

② 对客户的分许可

Frisby 分许可的下游客户包括 Marmon 控股公司（Marmon Holdings Inc.）的子公司 Wells Lamont，Cove Shoe Company Inc.（以下简称“Cove Shoe”），Genfoot Inc.（以下简称“Genfoot”），Fly Technologies Inc.（以下简称“Fly Tech”），LaCrosse Footwear Inc.，Thermo Solutions Inc.，Temptop Container Systems Inc. 等。

Frisby 给其下游客户分许可的相关专利如表 15－1－5 所示。

---

❶ Outlast Files Infringement Lawsuit Against Frisby … Again.［EB/OL］.（2006－04－06）［2021－05－30］. https：//www.outsidebusinessjournal.com/brands/outlast－files－infringement－lawsuit－against－frisby－again/.

❷ License Agreement Between Outlast Technologies and Frisby Technologies［EB/OL］. https：//www.sec.gov/Archives/edgar/data/1051904/000095014402003271/g75181ex10－49.txt.

❸ Frisby 招股说明书［EB/OL］.（1998－03）［2021－05－30］. https：//www.sec.gov/Archives/edgar/data/1051904/0000950116－98－000565.txt.

表 15-1-5 Frisby 再许可相变材料微胶囊技术相关专利清单

公开号	原始申请人	被许可人及技术类别	发明名称
US5499460A	TRDC❶	Fly Tech（捕鱼和狩猎装备） Cove Shoe（鞋类） Genfoot（鞋类） Wells Lamont（手套）	具有可逆增强储热性能可模压泡沫鞋垫
US5290904A	TRDC	Fly Tech（捕鱼和狩猎装备） Cove Shoe（鞋类） Genfoot（鞋类） Wells Lamont（手套）	隔热板
US4807696A	TRDC	Fly Tech（捕鱼和狩猎装备） Cove Shoe（鞋类） Wells Lamont（手套） Genfoot（鞋类）	使用包封相变材料的热能储存装置
US4911232A	TRDC	Fly Tech（捕鱼和狩猎装备） Cove Shoe（鞋类） Genfoot（鞋类） Wells Lamont（手套）	一种利用相变储能材料浆料强化液体传热的方法
US5224356A	TRDC	Fly Tech（捕鱼和狩猎装备） Cove Shoe（鞋类） Genfoot（鞋类） Wells Lamont（手套）	一种利用热能吸收导电灌封材料的方法
US5415222A	TRDC	Fly Tech（捕鱼和狩猎装备） Cove Shoe（鞋类） Genfoot（鞋类） Wells Lamont（手套）	微气候降温服
US5366801A	TRDC	Fly Tech（捕鱼和狩猎装备） Cove Shoe（鞋类） Genfoot（鞋类） Wells Lamont（手套）	具有可逆增强热性能织物
US5141079A	TRDC	Wells Lamont（手套）	高速加工用双组分切削液/冷却液

在这些协议中，Frisby 授予这些客户在它们的产品上（例如手套、帽子、保温容器等）使用 Frisby 的产品和商标的专有权，但也要求这些客户每年必须从 Frisby 购买一

❶ 该专利的申请人为个人；Yvonne G. Bryant、David P. Colvin 均是 TRDC 的研究人员。其中，David P. Colvin 是 TRDC 的负责人，同时也是 Frisby 公司创新顾问委员会的成员。

定量的相变材料微胶囊 Thermasorb®和含有相变材料的泡沫 ComforTemp®，并向 Frisby 支付与其专有权有关的预付费用和基于销售额的特许权使用费。该协议还允许这些客户与其他第三方公司签订分许可协议，在这些客户根据这类分许可协议获得了特许权使用费之后，它们还需要从中抽取一定比例付给 Frisby。

15.1.2.2 保护技术秘密

技术秘密是技术持有人通过保密手段来获得技术的事实专有权或垄断权，从而实现权利人的利益。技术秘密不用公开，不需要向特定主体披露信息内容。但缺点是技术秘密一旦泄露，将导致相关垄断权利的丧失。而专利则是以公开换保护。因此，在进行专利保护时保留适当的技术秘密很有必要。只要保护策略适当，在一定程度上保留技术秘密可以使企业既获得一定的权利保护，又不会因某些特定的技术细节被公开而造成创新成果的损失。

TRDC 的两项相关专利也仅仅是保护了相变材料微胶囊应用到纤维和织物上的两种方式，描述了含有相变材料微胶囊的纤维和织物的结构，泛泛指出相变材料可以选自链烷烃、塑料晶体等较为上位的概念。但是 Outlast 和 Frisby 在获得 TRDC 的技术许可之后，它们的相变材料微胶囊以及包含相变材料微胶囊的制品具体是如何制备得到的，包括一些工艺细节，则属于公司的技术秘密。

而技术研发并不是闭门造车，跟产业中的其他优势企业合作研发，能够推进技术不断发展。合作研发过程中，会涉及合作企业对技术秘密的贡献，因此在合作之前签署相关的保密协议尤为重要。

Outlast 于 20 世纪 90 年代在相变材料微胶囊技术上就遭遇了技术秘密的纠纷。Outlast 拥有制造相变材料微胶囊的技术，Baychar 拥有制造具有透湿和调温功能的复合材料的技术，当 Baychar 尝试将相变材料加入到其复合衬垫材料产品中时，两家公司开始了合作。Outlast 与 Baychar 合作研发了加入相变材料的具有透湿和调温功能的复合材料。1997 年 2 月 28 日，Baychar 公司和 Outlast 签署的一项相互保密协议——Baychar - Outlast 保密协议。后来，Baychar 起诉 Outlast 等侵犯了其涉及"经相变材料处理的三层复合材料"的专利权（US6048810A），技术秘密到底属于谁成为是否侵权判定的关键，而技术秘密到底属于谁的判断依据主要是当年 Outlast 与 Baychar 签署的 Baychar - Outlast 保密协议。这一案件将在后文详细介绍。

此外，Frisby 将其选择用于胶囊芯材、壳壁的材料和胶囊成分的原材料作为技术秘密保护。在生产的相变材料微胶囊 Thermasorb®中，其所有的添加剂均不是它自己生产的，全部购买自 3M。因此，Frisby 和 3M 也签订了互惠保密协议。根据该协议，双方均同意对对方的专有信息保密，除非获得对方的书面同意，否则不得使用或泄露该信息。[1]

15.1.2.3 并购竞争对手

Frisby 自成立以来一直处于亏损状态，根据 Frisby 在 1998 年 3 月发布的招股说明书

[1] Frisby 招股说明书［EB/OL］.（1998 - 03）［2021 - 05 - 30］. https：//www.sec.gov/Archives/edgar/data/1051904/0000950116 - 98 - 000565.txt.

中显示，截至1996年和1997年，Frisby净亏损分别为88000美元和920000美元。截至1997年12月31日，Frisby累计亏损为978000美元。❶

由于一直缺乏资金，Frisby于2003年1月，根据美国破产法第11条申请破产保护。Frisby于2003年6月起陆续将部分资产，包括其相变材料商标ComfortTemp®出售给科德宝集团（Carl Freudenberg，KG）。❷

Outlast于2004年5月18日以45.5万美元收购了Frisby的大部分剩余资产。通过这次并购，Outlast获得了Frisby的4件涉及相变材料微胶囊及其应用制品的专利（US6099894A、US6171647B1、US6270836B1、EP1196053A1，见表15-1-6），以及Frisby各种技术许可、相变材料微胶囊产品的Thermasorb®商标、Frisby公司的网站、Frisby研发数据库、测试报告、客户和供应商数据库以及各种办公和实验室设备。❸

Outlast的全球副总裁Brad Poorman表示："我们相信此次收购将进一步增强我们的知识产权，减少市场上的产品混乱，并使我们能够访问Frisby的测试结果、数据和产品开发库。"Outlast的首席财务官Thomas Mandula表示："此次战略收购将进一步推动Outlast产品快速进入全球市场，从而推动更强劲的收入增长。"❹

表15-1-6　Outlast从Frisby处购买的专利清单

序号	公开号	技术方案	最早优先权日
1	US6099894A❺	一种具有改进的机械应力和阻燃性的凝胶涂覆的微胶囊，包含包封在聚合物壳中的非释放材料，以及包含金属氧化物凝胶包衣的包封层	1998年7月27日
2	US6171647B1❻	一种制备凝胶包衣微胶囊的方法，该方法包括：（a）提供微胶囊和水性溶胶的混合物，其中含水溶胶包含至少一种凝胶前体，催化剂，醇和水；（b）在干燥之前喷雾干燥微胶囊和水溶胶的混合物胶凝；以及（c）使喷雾干燥的混合物凝胶化	2000年1月14日

❶ Frisby招股说明书［EB/OL］.（1998-03）［2021-05-30］. https://www.sec.gov/Archives/edgar/data/1051904/0000950116-98-000565.txt.

❷ 科德宝集团是德国家族多元化企业集团，成立于1849年，最初是一家皮革制品生产商，其产品包括家庭用品和清洁产品，汽车零件，纺织品，建筑材料和电信。

❸ Outlast purchases Frisby assets in bankruptcy auction［EB/OL］.（2004-06-01）［2021-05-30］. https://www.outsidebusinessjournal.com/brands/outlast-purchases-frisby-assets-in-bankruptcy-auction/.

❹ Outlast Acquires Frisby Assets［EB/OL］.（2004-05-25）［2021-05-30］. https://sgbonline.com/outlast-acquires-frisby-assets/.

❺ Inpadoc同族：EP1100342A1、EP1100342A4、AU5001599A、WO0005970A1、EP1100342B1、US6270836B1、AT288319T、JP2002521186A、DE69923566D1、DE69923566T2、US6099894A、US6171647B1。

❻ Inpadoc同族：EP1100342A1、EP1100342A4、AU5001599A、WO0005970A1、EP1100342B1、US6270836B1、AT288319T、JP2002521186A、DE69923566D1、DE69923566T2、US6099894A、US6171647B1。

续表

序号	公开号	技术方案	最早优先权日
3	US6270836B1❶	一种热控制材料，包括：基材；以及基材内的多个凝胶涂覆的微胶囊，其中微胶囊包括封装在聚合物壳中的相变材料和连续的金属氧化物凝胶涂层	2000 年 1 月 14 日
4	EP1196053A1❷	一种控温制品，所述制品包括一种基材，和分散在其中的相变材料，所述产品包括鞋类、防护服装等	2000 年 5 月 19 日

15.1.2.4 建立行业标准

在积极获得技术和知识产权之外，Outlast 还建立了相变材料纺织品行业的新标准。2004 年 6 月，Outlast 和美国测试与材料协会（The American Society of Testing and Materials，ASTM）以及科罗拉多州立大学太阳能应用系主任 Douglass Hittle 博士合作，开发了一种用于相变材料的纺织品测试标准——《纺织品材料稳态和动态热性能的试验方法》（ASTM D7024 — 2004）。

该方法将调温纺织品面料夹在热板和冷板之间，在测量材料的动态热性能时，保持控制冷板的温度不变，对热板施加一个随时间正弦变化的热流量，使热板的温度在材料的相变点附近变化。通过测量热板温度的变化幅度，算出纺织品面料的温度调节因子（Temperature regulating factor，TRF），由此对纺织品材料的调温能力进行评价。❸该方法模拟了调温面料在相变点附近的热传导过程，但该标准于 2013 年被 ASTM 撤回。❹

15.1.2.5 广泛企业联盟

（1）与头部企业的股权联盟

2002 年 10 月，杜邦纺织与内饰（DuPont Textiles and Interiors，DTI）❺ 宣布入股 Outlast，两家公司签署了联盟协议，结成股权联盟伙伴关系。该投资的金额未披露。

DTI 负责监督合作关系的全球业务经理 Tim Dummer 认为公司创新和将新产品推向市场的最佳方式是建立战略性第三方联盟，例如与 Outlast 的联盟。Tim Dummer 认为，杜邦已经非常仔细地研究了 Outlast 拥有的知识产权，并认为 Outlast 的知识产权很有价

---

❶ Inpadoc 同族：EP1100342A1、EP1100342A4、AU5001599A、WO0005970A1、EP1100342B1、US6270836B1、AT288319T、JP2002521186A、DE69923566D1、DE69923566T2、US6099894A、US6171647B1。

❷ Inpadoc 同族：JP4741736B2、EP1196053B1、EP1196053A1、EP1196053A4、DE60032899T2、JP2003500088A、DE60032899D1、WO0070983A1、AU5036400A。

❸ 浅谈相变材料在蓄热调温纺织品中的应用［EB/OL］.［2021 - 05 - 30］. http：//www. bixuanzl. com/20170709/682103. html.

❹ Standard Test Method for Steady State and Dynamic Thermal Performance of Textile Materials［EB/OL］.［2021 - 05 - 30］. https：//www. astm. org/Standards/D7024. htm.

❺ 杜邦于 2003 年把纺织纤维部门组建为子公司“杜邦纤维与内饰”（DuPont Textiles and Interiors），该公司使用商标名 INVISTA（英威达），并于 2004 年 4 月被科氏工业集团（Koch Industries）并购。科氏工业集团把自己的子公司 KoSa 与杜邦纤维合并为 INVISTA 公司（英威达公司）。

值，才做出与 Outlast 建立联盟的决定❶。DTI 随后将 Outlast 的相变材料应用到纤维和织物中，推出了一系列调温控温的纺织品。

（2）与欧洲企业建立合资公司❷

2002 年，Outlast 和德国 CF Ploucquet GmbH 签署协议，成立一家合资公司 Outlast Europe GmbH。新公司总部位于德国海登海姆，将负责在整个欧洲销售 Outlast 的所有产品。

CF Ploucquet GmbH 此前一直是 Outlast 在欧洲的合作伙伴，生产相变材料涂层和相变材料多层复合材料。

通过创建这家合资企业，Outlast 拥有了一个覆盖欧洲 15 个以上国家的销售团队，从而顺利打开欧洲市场。

（3）与下游厂商的品牌合作

为了扩大其相变材料的应用市场，Outlast 还与来自美国和世界各地数十家公司合作。

Outlast 与多家服装品牌，例如 Eddie Bauer、Bernette 纺织公司（Bernette Textiles）、Haggar Clothing Co. 达成合作协议，用其含有相变材料的纤维 Smart Fabric Technology™ 生产制造毛衣。

Outlast 还与多家户外用品品牌合作，例如 Etonic、Burton Corporation，将其相变材料的多层复合材料应用到户外用品（如鞋履）中。

Outlast 其他的一些知名合作伙伴还包括 Dillard's Inc.、Jos A. Bank Clothiers Inc.、Marks & Spencer PLC。

通过获得专利技术、并购竞争对手、建立行业标准，与下游厂商建立广泛合作，到 2004 年年底，Outlast 的收入比 2001 年年底的收入增长近 5 倍，公司实现了盈利，现金流为正。到现在，Outlast 已经成为作为相变材料领域的领先厂商，它提供数百种含有 Outlast® 技术的商业化材料，并且与 300 多家户外运动、床上用品、服装和鞋袜公司建立了伙伴合作关系。

15.1.2.6 私募股权公司收购❸

Golden Equity Investments（GEI）是一家位于美国科罗拉多州的私募股权公司，它旨在对各种消费和工业市场的成长型公司进行控制性投资。2012 年 4 月，它收购了 Outlast。

Outlast 的员工队伍和领导团队将继续留任，Outlast 在全球的所有销售、分销和许

---

❶ DuPont becomes equity partner of Outlast [EB/OL]. https://www.outsidebusinessjournal.com/brands/dupont-becomes-equity-partner-of-outlast/.

❷ Did you hear? ... Outlast Technologies Inc. USA and CF Ploucquet GmbH Germany have inked an agreement to launch a joint venture company [EB/OL]. https://www.outsidebusinessjournal.com/brands/did-you-hear-outlast-technologies-inc-usa-and-cf-ploucquet-gmbh-germany-have-inked-an-agreement-to-launch-a-joint-venture-company/.

❸ Outlast Technologies Acquired by Golden Equity Investments [EB/OL]. (2012-04-03) [2021-05-30]. https://sgbonline.com/outlast-technologies-acquired-by-golden-equity-investments/.

可业务将继续照常营业。Outlast 在北美、欧洲和亚洲的业务将保持不变。该公司将保留 Outlast 名称，但作为交易的一部分，Outlast Technologies 将更名为 Outlast Technologies LLC 以适应 GEI 的公司结构要求。

Outlast 称，此次收购将加强本已强大的供应链，使 Outlast 能够保持其作为相变技术行业领导者的地位。

15.1.3 技术创新和应用领域的拓展

尽管从 TRDC 处获得了相变纤维和相变纺织品的独占许可，并且使该技术实现了产业化，Outlast 仍在不断研发将相变材料微胶囊应用到纺织品中的新技术和新的相变材料。

15.1.3.1 纺织品领域的技术创新

在将相变材料应用于纺织品的技术领域中，Outlast 的研发重点从涂层技术到具有反应性官能团的微胶囊，再到调温复合丙烯酸系纤维和调温黏胶纤维，不断调整变化。

目前，Outlast 已经申请了 39 项[1]涉及利用相变材料制备温控纤维和织物的专利，成为微胶囊相变材料创新技术的领导者。

（1）基质涂层技术

最初，Outlast 仅提供丙烯酸纤维产品，并通过基质涂层技术（Matrix coating technology，MCT）的工艺将相变材料微胶囊涂覆到织物上。涉及基质涂层技术的专利包括：WO9534609A1、US6207738B1、US6503976B2。这种涂层技术所采用的是湿式涂料组合物，包括聚合物黏合剂、相变材料微胶囊、表面活性剂、分散剂、消泡剂。制备所述涂料组合物的方法包括以下步骤：①制备第一分散体：将水、表面活性剂、分散剂、相变材料微胶囊和增稠剂混合以产生混合物，再加入消泡剂；②制备第二分散体：混合聚合物胶乳、表面活性剂、分散剂、增稠剂和消泡剂；③将第一分散体和第二分散体混合制成所述涂料组合物。最后，再将所述湿涂层组合物涂覆织物上实现热调节。

此后，Outlast 研发出 4 种新的方法将相变材料微胶囊赋予纤维或织物：具有反应性官能团的微胶囊基质涂层技术、喷涂技术、调温复合纤维和调温黏胶纤维。

（2）具有反应性官能团的微胶囊

2008 年，Outlast 公布了其新的基质涂层技术工艺（US20070173154A1，涉及由具有反应性官能团的微胶囊形成的涂布的制品），该工艺中使用黏合剂和在黏合剂内分散的一组相变材料微胶囊，在织物表面形成涂层。所述相变材料微胶囊的壳包括能够化学键合到基底材料和黏合剂上的官能团。黏合剂选自具有环氧基的含硅聚合物、具有环氧基的聚二元醇和具有环氧基的烃树脂。该工艺进一步提高了天然纤维产品及其床垫产品的温度适应性，并扩展了 Thermocules® 所应用的织物类型。据 Outlast 技术总监

[1] 按照简单同族合并统计。

Mark Hartmann 说，“它提供了贴身衣物所需的温度调节优势和涤纶的吸湿排汗能力。”由这一工艺生产出来的调温织物适用于马球衫和睡衣的棉和涤纶等机织织物。Reebok 和 Marks & Spencer 在产品中使用了 Outlast 的这种产品。

（3）调温泡沫

泡沫法是指将相变微胶囊均匀加入聚氨酯发泡材料中，再进行发泡成型，得到含有相变微胶囊的泡沫材料。泡沫材料本身具有大量的孔状结构，是优良的绝热材料，添加相变微胶囊后，泡沫在相变材料的相变点附近能实现对温度的主动调节，使温度能进一步保持不变。与其他方法相比，泡沫中相变微胶囊的含量更高，因而对温度具有优异的调节能力，泡沫材料的容量大，可以添加不同组成的相变微胶囊，达到在多个温度下都可以实现温度调节的效果。调温泡沫主要通过热熔层压与织物黏合，或者利用泡沫涂层法添加到织物表面，从而实现在纺织品中的应用。Outlast 涉及调温泡沫的专利包括 DE69737569T2、EP981576B1、US5955188A、US5851338A。

（4）调温复合丙烯酸系纤维

2001~2005 年，Outlast 申请了一系列涉及调温复合丙烯酸系纤维的专利，包括 WO0224992A1、WO03027365A1、KR1020030079917A、WO03062513A2、US20050191487A1、WO2006086031A1、US20050208300A1，以及涉及调温复合纤维的熔体纺丝方法的专利，包括 WO0224789A2、US6793856B2 和 US20050208286A1（见图 15-1-2）。

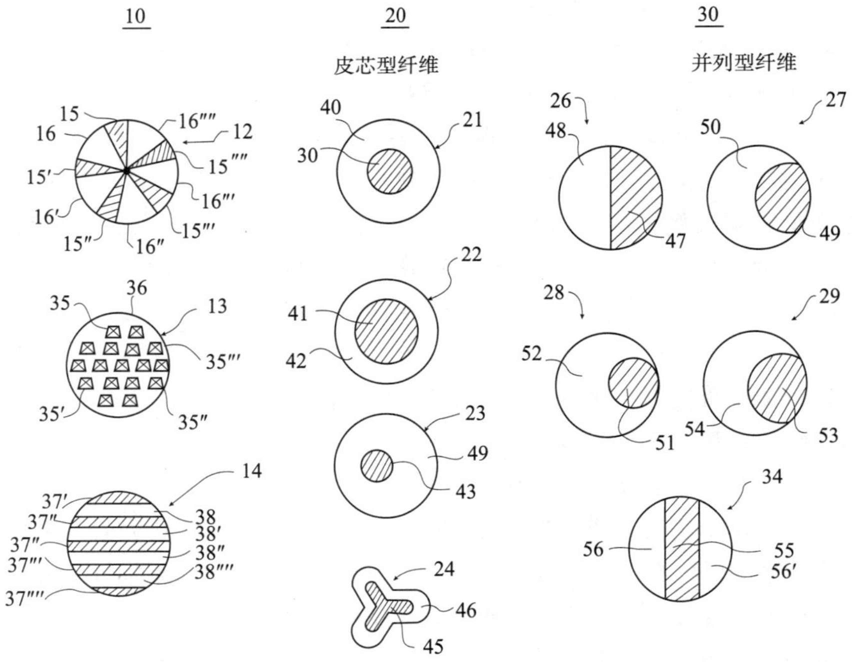

图 15-1-2 多组分纤维的横截面示意

这一系列专利技术要解决的技术问题是，之前的技术中采用熔融纺丝法制备掺入相变材料的丙烯酸系纤维存在相变材料微胶囊在纤维内的分散不充分、纤维性能差、加工性能差、相变材料微胶囊含量较低的问题。为了解决上述问题，该系列专利提供了一种含有相变材料的聚丙烯酸系皮芯或海岛型纤维，所述纤维是皮芯型纤维，其中芯部分的成纤聚合物中分散有相变材料，所述芯部分的成纤聚合物具有以下两个特点：①与相变材料具有部分亲和力，以使得所述纤维材料在聚合物中充分的分散；②包含具有乙酸乙烯酯质量分数为5% ~90%的乙烯－乙酸乙烯酯的共聚物。所述皮芯型或海岛型纤维通过熔融纺丝法制备得到。该专利所涉及的纤维表现出较好的加工性能、较高的强度以及相变材料的填充量更高。所述纤维可应用于纺织品、户外服装、干式潜水装、防护服、鞋类、医用加热层、治疗垫、失禁垫、热/冷敷料、饮料/食品容器、食物加温器、坐垫、电路板层压制品、建筑材料、汽车衬里材料、睡袋、床上用品等（见图15－1－3）。

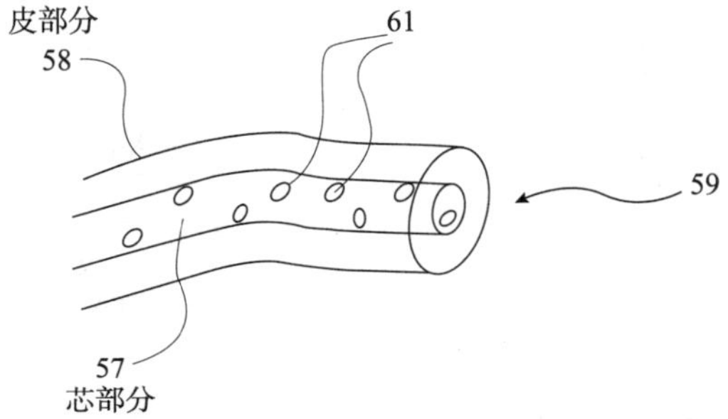

图15－1－3　皮芯型纤维示意

注：61为相变材料。

（5）调温黏胶纤维

纤维素纤维织物由于其较好的吸湿性能而具有穿着舒适性，但如果是在寒冷的天气中穿着，则会由于纤维素纤维的良好吸湿性而使得身体的热量被迅速去除，因此，为了克服纤维素纤维织物在寒冷环境中不保暖的问题，2003年，Outlast开发了调温黏胶纤维，在2013~2017年，Outlast陆续申请了涉及控温黏胶纤维的专利。其中，专利US7244497B2、US7790283B2、US10208403B2的技术方案是在纤维素材料中分散非微胶囊化的相变材料，专利US7579078B2、EP2046572B1、US9920455B2、US9434869B2的技术方案是在纤维素材料中分散包封在微胶囊中的相变材料。

2006年，Outlast利用上述技术与德国的特种黏胶纤维制造商Kelheim Fibers GmbH合作，宣布生产纤维素黏胶。此外，Outlast推出了粘胶床单的床上用品系列。Outlast提供的大多数床上用品产品均采用基质涂层技术工艺制成，可最大程度地负载Thermocules®。使用这种工艺的织物往往手感发硬且较重，不太适合用于制造贴近皮肤佩戴的柔软物品，但适合用在汽车座套、外套（包括夹克、帽子和鞋子）、坚固户外服装（包括冬靴）和床上用品（包括床垫、毯子、羽绒被和枕头）。

15.1.3.2　新的相变材料——功能性聚合物相变材料

自2008年开始，Outlast开始研发新的相变材料，并获得了一种功能性聚合物相变材料（Functional polymeric phase change materials，FP－PCM），涉及的专利包括US20100012883A1、US20100016513A1、WO2010008908A1、WO2010008909A1、WO2010008910A1、US8673448B2、

US9797087B2、US9938365B2、US20150018480A1、US10590321B2、US20200317977A1。

FP－PCM 具有乙酸乙烯酯主链，该主链具有分别基于长链烷基或长链醚基的可结晶侧链，具体具有如下（式1）或（式2）结构所示。

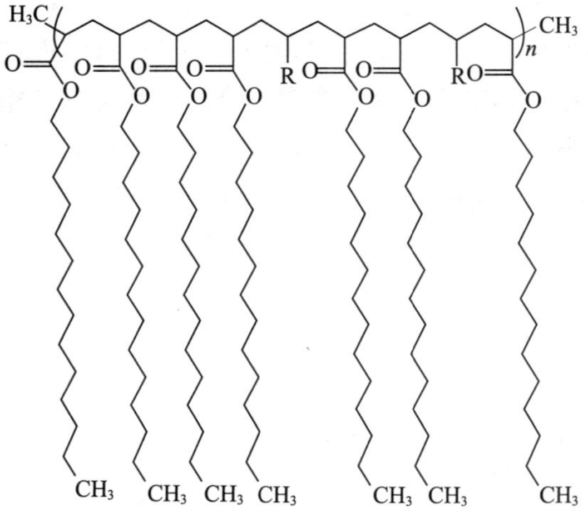

(式1)

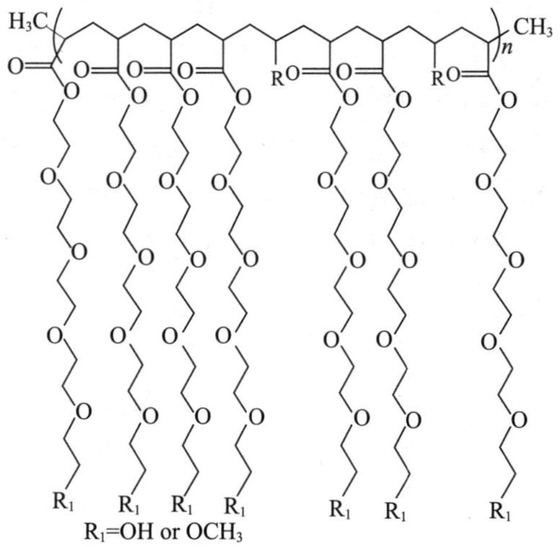

(式2)

上式中 R 为反应性基团，包括酸酐基团、烯基、烷基、醛基、酰胺基、氨基、N－取代的氨基、芳基、羰基、羧基、环氧基、酯基、醚基、缩水甘油基、卤素基、氢化物基、羟基、异氰酸酯基、硫醇基、二硫化物基、脲基和氨基甲酸酯基。

上述功能性聚合物相变材料可以与多种纤维结合，包括天然纤维、人造的有机纤维或无机纤维。所述功能性聚合物相变材料与各种纤维化学结合的示意图如图 15－1－4 所示。

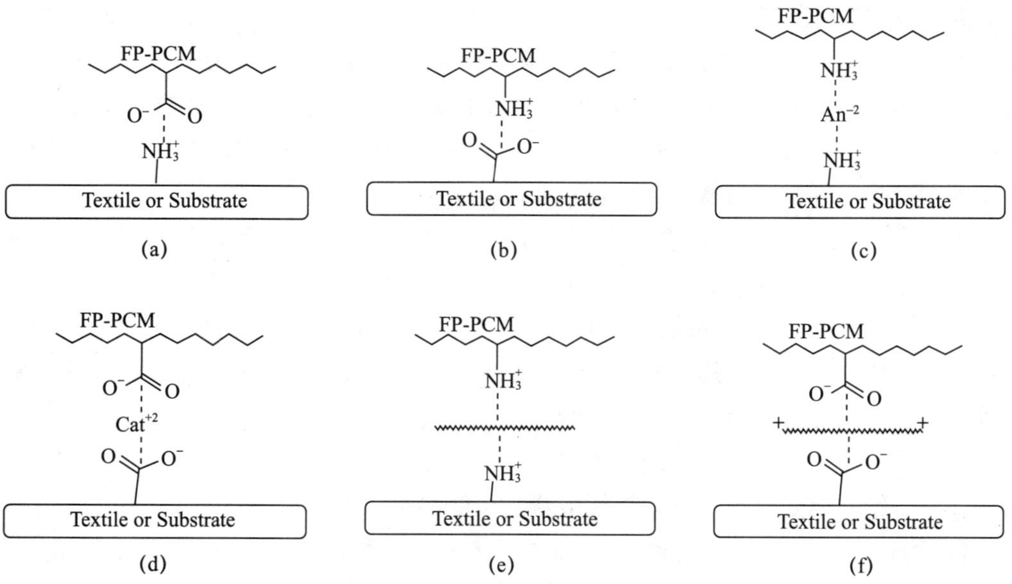

图 15－1－4　功能性聚合物相变材料与织物或基底材料化学结合示意

15.1.3.3 应用领域拓展——调温建筑材料

Outlast 并不满足于相变材料在纺织品中的传统应用，因而积极探索相变材料的其他应用领域。

Outlast 将其开发的功能性聚合物相变材料应用到建筑材料中（例如专利 US8221910B2、EP2558504A4、US10377936B2）。所述建筑材料中包含泡沫绝缘材料、松散填充绝缘体或絮状绝缘材料、相变材料微胶囊、功能性聚合物相变材料，所述功能性聚合物相变材料能够与相变材料微胶囊之间可以实现化学结合，同时功能性聚合物相变材料的侧链能够与泡沫基绝缘材料实现机械缠结。图 15－1－5、图 15－1－6 和图 15－1－7分别展示了功能性聚合物相变材料的泡沫绝缘体、松散填充绝缘体、絮状绝缘体的示意图。图中 FR－PCM 为功能性聚合物相变材料，P－PCM 为现有技术中的其他聚合物相变材料，mPCM 为相变材料微胶囊。

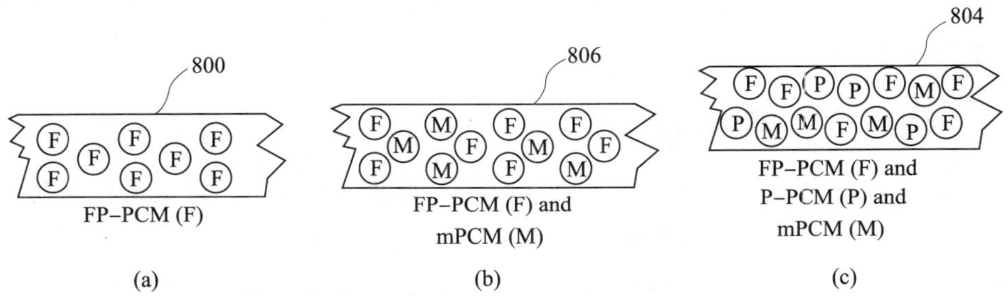

图 15－1－5　掺入了功能性聚合物相变材料的泡沫绝缘体示意

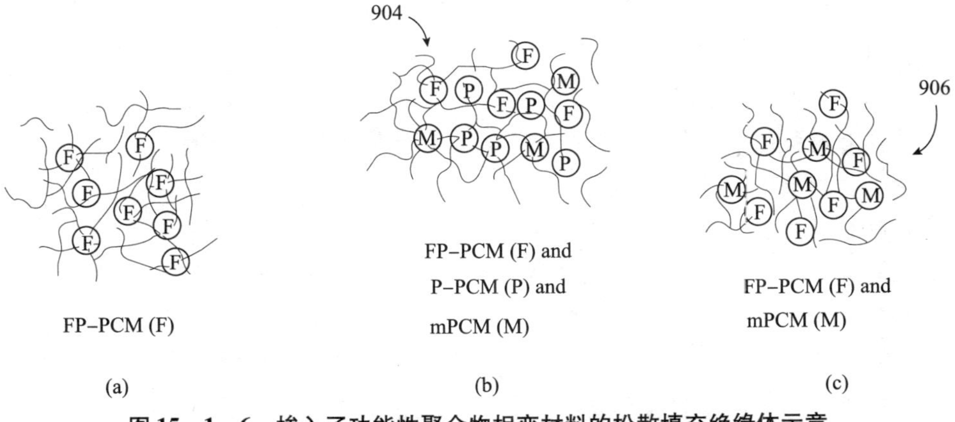

图 15－1－6　掺入了功能性聚合物相变材料的松散填充绝缘体示意

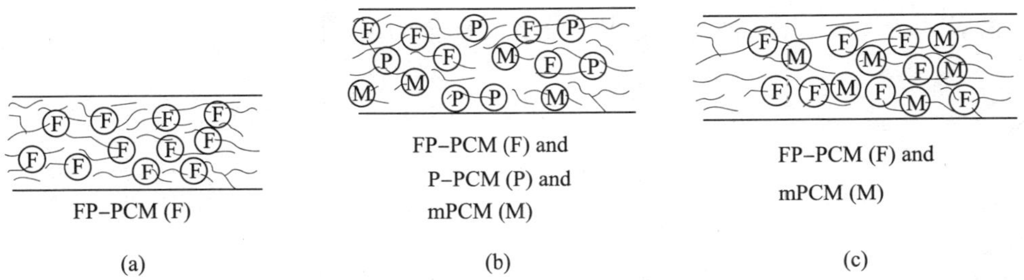

图 15－1－7　掺入了功能性聚合物相变材料的絮状绝缘体示意

15.1.3.4 应用领域拓展——电池热管理

Outlast在其相变产品方面取得了成功，2002～2008年，其销售额增长了400%。首席执行官Greg Roda表示，公司的研发团队定期为相变技术创新和开发新应用，其中的一项新应用就是电池热管理。

在电池热管理方面有了一定的技术基础之后，Outlast成立了新公司Latent Heat Solutions，该公司的产品主要应用在电池热管理方面。随后，Outlast Technologies将部分专利的专利权人变更为Latent Heat Solutions，这些专利涉及电池热管理（US8587945B1、US9392730B2、US10003053B2、US20160223269A1、US10431858B2、USD0911961S）和保温建筑材料（US10377936B2、US9371400B2）。

除了受让其母公司Outlast Technologies的专利，Latent Heat Solutions还申请了一系列关于电池盒的外观设计专利（例如专利USD091961S、EU0038378550001S、GB90038378550001S、GB90038378550003S、GB9003837855004S、GB9003837855005S、GB90038378550006S）。

15.1.4 产业化过程中的知识产权纠纷

Outlast在相变材料微胶囊的产业化过程中，涉及三次诉讼，其中两次是作为原告起诉Frisby侵犯了TRDC的US5366801A专利的专利权。另一次是Outlast和Frisby均作为被告，被Baychar起诉侵犯其涉及多层复合材料的US6048810A专利的专利权。

15.1.4.1 Outlast诉Frisby[1]

Outlast利用US5366801A这件专利先后起诉了Frisby两次。

（1）涉诉专利US5366801A

专利US5366801A的权利要求1为：

一种具有增强的热存储特性和热响应可重复性的制品，主要包括：

选自织物和纤维的基材，和

覆盖所述基材表面的至少一部分的涂层，

所述涂层包括：聚合物黏合剂，和多个微胶囊，所述多个微胶囊分散并浸入在位于所述基材表面的所述黏合剂中以被其包围，

所述微胶囊中包含选自相变材料和塑料晶体的温度稳定材料，从而使制品在受热或受冷时表现出增强的热稳定性。

专利US5366801A的说明书图2（见图15-1-8）和图3（见图15-1-9）显示了权利要求所述技术方案的示意图，其中图3是图2的剖视图。

[1] Outlast Technologies, Inc. v. Frisby Technologies, Inc.［EB/OL］.（2004-01-14）［2021-05-30］. https://casetext.com/case/outlast-technologies-inc-v-frisby-technologies.

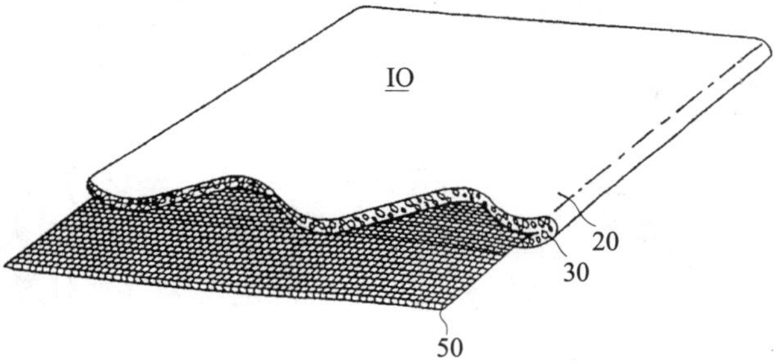

图 15－1－8　US5366801A 说明书附图 2

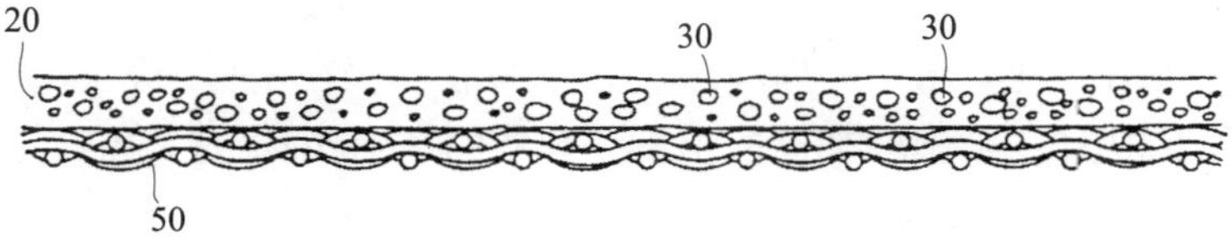

图 15－1－9　US5366801A 说明书附图 3

如图 15－1－8 和图 15－1－9 所示，制品通常由涂层（10）和基材（50）组成，涂层（10）是微胶囊（30）和聚合物黏合剂（20）的混合物。相变材料被封装在微胶囊（30）内，而微胶囊（30）又被聚合物黏合剂（20）包围。这在相变材料的周围形成了“双壁”结构——第一壁由微胶囊（30）形成，第二壁由聚合物黏合剂（20）形成——用于将相变材料保留在制品内。将这种涂层施加到基材的表面以形成调温纺织品。

（2）第一次诉讼（2000 年 5 月 31 日）

由于 Frisby 的合作商违反了许可协议的规定，Outlast 便起诉 Frisby 侵犯其专利 US5366801A 的专利权，随后在 2001 年两家公司很快达成和解，并重新签订了许可协议，对相变材料微胶囊的制造方法和应用的泡沫厚度方面作了更加具体的规定。

（3）第二次诉讼（2004 年 7 月 30 日）

在前文中已经提到，Frisby 于 2003 年 1 月申请破产保护，而且 2004 年 5 月，Outlast 还购买了 Frisby 的大部分剩余资产。为什么在购买了 Frisby 资产两个月之后，Outlast 还要起诉 Frisby 专利侵权呢？

这是因为 Frisby 在 2003 年 6 月，将它的部分资产，包括其商标 ComfortTemp®（包含相变材料的泡沫制品）出售给科德宝集团。2004 年 7 月，Frisby 便与科德宝集团推出联合项目，研发在传统的无纺聚酯棉絮中添加相变材料。因为相变材料微胶囊应用于纤维和织物的技术一直是属于 Outlast 独占的。所以，Outlast 于 2004 年 7 月 30 日起诉指控 Frisby 的产品侵犯了专利 US5366801A 独立权利要求 1 和从属权利要求 2、3 和 6 的专利权。

对于 Outlast 的起诉，Frisby 否认侵权，并以 Outlast 干扰商业关系和贸易诽谤为由提出反诉。当事方提出了简易判决的交叉动议❶。但是，在法院对这一动议作出裁决之前，Frisby 于 2003 年 1 月向美国北中区破产法院申请破产，所有诉讼程序均被中止。

随后，破产法院修改了中止令，允许对侵权简易判决的交叉动议继续进行。2004 年 1 月 14 日，地方法院作出有利于 Frisby 的简易判决，即 Frisby 未侵犯 Outlast 的专利 US5366801A 的专利权。法院的决定是基于其对“在所述基材的表面上”一词的解释。具体而言，法院认为，在专利 US5366801A 的审查过程中，专利权人否认了其技术方案是包括微胶囊浸入织物中，该专利权利要求中所限定的“在所述基材的表面上”的保护范围严格限于仅在织物表面具有微胶囊。因此，由于 Frisby 的被诉侵权产品是通过浸渍无纺布原材料制成的，所以该被控侵权产品不侵犯 US5366801A 的专利权。

Outlast 对地区法院的判决不服，向美国联邦巡回上诉法院提起上诉。Outlast 对其在实审过程中“在所述基材的表面上”的解释是“并非所有的微胶囊都浸入了织物中”，但并不能将对权利要求 1 的理解限定为“微胶囊仅在基材的表面”。

2005 年 5 月 30 日，美国联邦巡回上诉法院支持了 Outlast 的上述观点，因为基于该专利申请文件中的记载“本发明是一种涂覆到表面或基材（即织物或纤维）上并打算保留在表面上的涂层”“在本发明中，微胶囊被放置在基材的表面上以及基材的空隙内，如果有任何这样的空隙的话”“本发明允许更多量的微胶囊位于基材上，因为整个表面而不仅仅是纤维之间的空隙可用于胶囊装载”。可见，专利 US5366801A 保护的发明中，微胶囊不仅分散在织物的表面上，还分散在织物的空隙内。也就是说，不能将该专利的权利要求 1 的保护范围解读为仅在织物表面具有微胶囊，因此，“在所述基材的表面上”不排除通过浸渍或其他方法将微胶囊分散在织物内的产品，该技术特征仅意味着涂层（即微胶囊和聚合物黏合剂的混合物）分散在基材表面的至少一部分上，而不管涂层是否也分散在基材的空隙内。美国联邦巡回上诉法院基于地区法院对权利要求的解释有误，撤销了地区法院的简易判决，至于 Frisby 的产品 ComforTemp®是否侵犯了 US5366801A 的专利权，需要发回地区法院重审❷。

目前并没有后续重审的判决信息，可能 Outlast 与 Frisby、科德宝集团达成了某种和解。

15.1.4.2　Baychar 诉 Outlast、Frisby 等

（1）案情背景

Baychar 是一家专门从事研究和开发功能性材料的公司，其技术主要涉及具有透湿、调温等特性的复合材料层。该公司成立于 1982 年，最初从事美术品的生产和销售，后来转向销售配饰、硬货和软货的表面设计。Baychar 研发了具有透湿和调温功能

---

❶ 简易判决的交叉动议（cross motions for summary judgment），原告或被告可通过简易判决的交叉动议，要求法庭根据证据不经审判直接判己方胜诉。“简易判决的动议”是指对重要的事实没有争点的案件，根据当事人的申请，作为法律问题不经过法庭事实审理作出的判决。申请人必须证明重要事实没有争点，也就是在既有的证据基础上，事实一目了然。如果对方反对但提不出充分的证据进行事实性反驳，争执完全是法律问题，那么申请人就可以得到简易判决。

❷ Outlast Technologies Incorporated v. Frisby Technologies Incorporated，United States Court of Appeals for the Federal Circuit 04 - 1503，DECIDED：March 30，2005.

的复合材料。1997 年，Baychar 先后将该具有透湿和调温功能的复合材料应用于美国乐步公司（Rockport）和罗勒布雷德公司公司（Rollerblade）开发的登山鞋和直排轮滑鞋的透湿内衬中。

Baychar 的产品主要是具有透湿透气和调温功能的多层复合材料，用在登山靴、服装上。Baychar 申请了 51 项专利，其中有 11 项在美国获得了授权，现存的有效专利仅有 1 项。在这 51 项专利申请中，应用了相变材料的专利申请有 14 项。

1995 年，Baychar 研发出了一种三层复合衬垫材料，它包括三层材料，第一层是具有湿气传递功能的内衬，例如聚酯材料，第二层是开孔泡沫层，具有透气性和增强的水分转移能力；第三层是非织造材料层，其具有吸收和透气性能。将这种三层复合衬垫材料应用到靴子中，能够增强湿气从足部的转移。在这一技术的研发获得成功之后，Baychar 尝试改进其三层复合材料，在其中加入相变材料来实现复合衬垫材料的调温效果。1996 年，Baychar 开发出含有相变材料的新型三层复合材料，其中包含用相变材料处理的泡沫层。在 1996 ~ 2000 年，Baychar 根据其研究成果提交了一系列专利申请。

1995 ~ 1998 年，TRDC 向 Outlast 和 Frisby 许可制造和销售包含相变材料的制品的技术。1998 年，Frisby 又将一些相变材料的技术转授权给 Schoeller Textil AG 和 Schoeller Textil USA Inc.（以下简称“Schoeller Textil”）。

1997 ~ 1998 年，Baychar 与众多公司接触，例如 Outlast、Frisby、Schoeller Textil，以寻求合作来制造经相变材料处理的三层复合材料。为了保护其技术秘密，Baychar 与上述 4 家公司分别单独签订了保密协议。其中，Baychar 和 Outlast 于 1997 年 2 月 28 日签署了一项相互保密协议（Baychar – Outlast 保密协议）。

在 Baychar 与这些公司的接触过程中，当事方接触了对方拥有的一些专有信息和商业秘密。Baychar 认为，不迟于 1998 年，Outlast、Frisby、Schoeller Textil 就串通起来使用 Baychar 的专有信息和商业秘密来生产和销售经相变材料处理的三层复合材料。2000 年 4 月，Frisby 和 Schoeller Textil AG 成立了合资企业 Schoeller Frisby Technologies GmbH（以下简称“Schoeller Frisby”）。Baychar 认为，Schoeller Frisby 也在使用 Baychar 的专有技术。

（2）涉诉专利 US6048810A

2000 年 4 月 11 日，Baychar 获得了其含有相变材料的新型三层复合材料的专利权 US6048810A，该专利授权的独立权利要求如下：

1. 一种用于滑雪板靴的内衬，包括：

内衬；

多孔弹性复合材料，所述多孔弹性复合材料由第一泡沫层及非织造材料顶层组成，所述多孔弹性复合材料与内衬相连接；

连接到多孔弹性复合材料上的第二泡沫层；

所述第一泡沫层是网状泡沫或亲水性开孔泡沫中的一种。

……

8. 一种衬里，包括：内部水分转移材料；附着在内部水分转移材料上的第一泡沫层；附着在第一泡沫层上的非织造顶层；并且其中第一泡沫层被处理以具有可逆的增强的热性能。

可见，US6048810A 的独立权利要求 8 涉及 Baychar 经相变材料处理的三层复合材料技术，权利要求 8 要求保护一种衬内，具有三层材料：内部水分转移材料、第一泡沫层、非织造顶层，并以功能性限定的方式限定了第一层泡沫层被处理以具有可逆的增强的热性能。至于用何种方式将相变材料处理到第一层泡沫材料中，该权利要求 8 并未限定，即任何方式都可以，只要能将相变材料处理上去，使得泡沫层具有“可逆的增强的热性能”即可。

（3）诉讼过程

在 Baychar 获得 US6048810A 专利权后，立即对 11 家公司提起了专利侵权诉讼，这 11 家公司包括：提供相变材料微胶囊及其制品的 Outlast、Frisby、Schoeller Textil 和 Schoeller Frisby，以及将相变材料微胶囊的多层材料应用到其鞋履等产品中的户外运动品牌公司 Salomon/North America Inc. 、Black Diamond Equipment、Burton Corporation、New Balance Athletic Shoe Inc. 、Nordica USA Corp. 、Deckers Outdoor Corporation。

Baychar 指控 Outlast、Frisby、Schoeller Textil 和 Schoeller Frisby 违反多项保密协议以及它们的产品 Schoeller - ComforTemp®、ComforTemp®、Outlast 三层复合材料侵犯专利 US6048810A 权利要求 8 的专利权和盗用商业秘密。

Baychar 指控 Salomon/North America Inc. 等户外运动品牌公司的鞋履中均使用了 Schoeller - ComforTemp®、ComforTemp®、Outlas 三层复合材料产品，也侵犯了专利 US6048810A 的权利要求 8 的专利权。

对此，Outlast、Frisby、Schoeller Textil 等被告对 Baychar 提出反诉，认为 Baychar 侵权干扰业务关系（tortious interference with business relationships）以及专利 US6048810A 无效。其中，Outlast 对 Baychar 提出了 6 项反诉：

第一，专利 US6048810A 无效；

第二，Outlast 认为其对专利 US6048810A 拥有衡平法上的所有权[1]；

第三，指控 Baychar 违反了 Baychar - Outlast 保密协议；

第四，指控 Baychar 违反了商业秘密法；

第五，指控 Baychar 侵权干涉合同关系；

第六，指控 Baychar 盗用了 Outlast 的专有信息。

Burton Corporation、Deckers Outdoor Corporation 和 Nordica USA Corp. 3 家户外用品品牌也对 Baychar 提出的专利侵权诉讼提交了一系列简易判决动议。被告共同辩称，第一，涉案专利无效；第二，专利权人 Baychar 不能证明被告各自的产品侵犯了专利 US6048810A 的专利权。

---

[1] 衡平法上的所有权（equitable title），普通法上的所有权（legal title）相对应，衡平法上的所有权和普通法上的所有权，代表英、美等国对物权的一种分类。其中，衡平法上的所有权代表的是物权中的实际利益权利，诸如占有、监护、收益、享用等权利（possession，custody 等）；而普通法上的所有权则多指的是名义上的所有（ownership）。

（4）案件结局

① Baychar 拥有专利 US6048810A

Baychar 和 Outlast 相互指控对方盗用其商业秘密。法院则认为保密协议与专利侵权索赔相互关联，应当通过仲裁来解决这些主张的核心问题：谁是“经相变材料处理的三层复合材料”的知识产权的合法所有者，从而解决 Baychar 和 Outlast 之间关于谁实际拥有生产和销售经相变材料处理的三层复合材料的权利的争议。

尽管我们并不知道 Baychar－Outlast 保密协议的具体内容，也无法获知最终仲裁的判决内容。但是，从专利 US6048810A 的专利权人状态，以及案件其他结果上来看，最终的仲裁结果应当是，Baychar 拥有专利 US6048810A 的技术。

② 专利 US6048810A 有效

被告针对专利 US6048810A 提出了无效宣告请求，无效宣告理由是根据当时的美国专利法第 102 条第 b 款（关于使用公开或销售）和第 e 款（关于现有技术公开）。

第 102 条第 b 款规定，在美国申请专利一年前，该发明已在国内外获准专利或在印刷刊物上公开发表，或在国内公开使用或销售。

第 102 条第 e 款规定，在专利申请人发明之前，该发明已见于他人在美国申请且核准的专利，或他人的国际申请案，符合第 371（c）条第（1）、（2）及（4）款的规定要件者。

关于使用公开或销售，Outlast 等认为涉诉专利 US6048810A 的权利要求 8 无效。因为早在 Baychar 提交申请 US6048810A 之前，Outlast 就已经开始销售一款名为“Alpine TRF3”的 Outlast 产品，该产品具有涉诉专利权利要求 8 中的每一个要素。Alpine TRF3 于 1996 年 3 月 15 日开始销售，在 Baychar 女士访问了 Outlast 并实际购买了一款名为“Alpine TRF3”的 Outlast 产品之后，Baychar 才于 1997 年 8 月 13 日申请了专利 US6048810A。

关于现有技术公开，被告提交了专利 US5763335A 作为现有技术证据❶。

但上述理由并没有成功宣告专利 US6048810A 无效，该专利直到 2017 年保护期满才失效。

③ Outlast 可以在原有的生产规模范围内继续生产 Outlast 的三层复合材料❷

针对 Baychar 要求 Outlast 停止生产和销售经过相变材料处理的三层复合材料的请求，法院认为，被告 Outlast 在过去两年半的时间里一直在生产和销售经过相变材料处理的三层复合材料，而原告 Baychar 没有采取任何行动来阻止 Outlast 这样做。因此，在被告 Outlast 原有的生产规模范围内，法院对于原告 Baychar 要求 Outlast 停止生产和销

❶ 专利 US5763335A 的申请日为 1996 年 5 月 21 日，公开日为 1998 年 6 月 9 日（晚于本申请的申请日为 1997 年 8 月 13 日）。美国专利法第 102（a）（1）条规定“在有效申请日之前已经获得专利，或在出版物中有描述，或公开使用，或销售，或以其他形式为公众所知”为现有技术。第 102（a）（2）条规定“在有效申请日之前由他人有效递交的专利或已公开或已视为公开的专利申请”为现有技术。因此，在美国没有“抵触申请”的概念，由他人递交的“申请在先公开在后”的美国专利申请（类似中国的“抵触申请”）是现有技术，是可以评述创造性的。

❷ Baychar, Inc. v. Frisby Technologies [EB/OL]. https://casetext.com/case/baychar－inc－v－frisby－technologies.

售经过相变材料处理的三层复合材料的请求不予支持。

通过上述法院判决，可以看出，Outlast 的三层复合材料实际上侵犯了 Baychar 的专利 US6048810A 权利要求 8 的专利权。只是 Outlast 利用先用权抗辩，可以在原有范围内继续制造和销售其 Outlast 三层复合材料产品。

④ Schoeller 向 Baychar 支付赔偿金❶

2003 年 2 月，Baychar、Schoeller Textil 和 Schoeller Frisby 达成一项许可协议，并向 Baychar 支付赔偿金，并禁止 Schoeller Textil 和 Schoeller Frisby 将侵权产品在美国使用、制造或销售。虽然并不清楚 Schoeller Textil 和 Schoeller Frisby 与 Baychar 之间的许可协议涵盖哪些内容，但显然在诉讼过程中的证据是有利于 Baychar 的。

⑤ Burton Corporation 等的产品不侵犯专利 US6048810A 的专利权❷

关于产业链下游的户外运动品牌的制造商 Burton Corporation、Deckers Outdoor Corporation、Nordica USA Corp.，法院认为它们的产品中使用的多层复合材料并不侵犯专利 US6048810A 的专利权。

针对 Baychar 对 Burton Corporation 滑雪靴的侵权指控，法院认为，Burton Corporation 滑雪靴仅在鞋垫中含有相变材料，并且这些靴子中使用的鞋垫含有闭孔泡沫不能渗透水蒸气。因此，这些产品均不侵犯专利 US6048810A 的权利要求 8 的专利权，因为它们无法满足对该权利要求的“透气”限制。针对 Baychar 对 Burton Corporation 的另外三款产品，即 2003 Ion Socket HD、2004 SL（Super Light）和 2006 Supreme 的侵权指控，法院认为 Baychar 没有提供充分的证据证明，被诉衬垫系统的顶层为无纺布，因而判定 Burton Corporation 的产品不侵权。

Deckers Outdoor Corporation 出售 3 种包含 Outlast 相变材料的冬靴，其中包含 Minturn、Belmont 和 Tipton。法院认为 3 种产品中的内衬所使用的顶片是经编针织物，不是无纺布。因而判定 Deckers Outdoor Corporation 的产品不侵权。

Nordica USA Corp. 有 8 款滑雪靴，其内衬中包含相变材料涂层的泡沫层。法院认为，被诉侵权产品中不包含无纺布顶层，因为其顶层是针织物。因而判定 Nordica USA Corp. 的产品不侵权。

15.1.5 案例小结

从该案例中可以看出，专利许可和分许可是实现技术转移和产业化的一种重要方式，也是提高技术转移成效最常用的方式。

对许可方（例如专利权人）而言，通过专利许可一方面可以促进技术的商业化；另一方面，专利权人也可以通过收取许可使用费获得研发回报，从而有利于专利权人

---

❶ Eight Outdoor and Snow Sports Companies Brought to Court ... [EB/OL].（2004 - 08 - 30）[2021 - 05 - 30]. https：//sgbonline. com/eight - outdoor - and - snow - sports - companies - brought - to - court/.

❷ Baychar Inc. and Baychar Holdings LLC v. The Burton Corporation, Deckers Ootdoor Corporation, New Balance Athletic Shoe Inc. , and Nordica USA Corp. Defendants [EB/OL] . https：//www. govinfo. gov/content/pkg/USCOURTS - med - 1_ 04 - cv - 00144/pdf/USCOURTS - med - 1_ 04 - cv - 00144 - 0. pdf.

开发新技术。对于被许可方而言，通过专利许可，被许可方可以获得新技术，不必开展研究，可以节约企业的研究和开发费用。此外，获得独占许可或排他许可的企业更有可能提升市场竞争力。

通过对相变材料微胶囊技术在纺织领域的技术转移和产业化过程的分析，以及对TRDC、Outlast、Frisby之间专利许可关系的梳理，课题组得出如下结论：

（1）通过独占许可或排他许可提升企业竞争力

独占许可，是指许可方规定被许可方在一定条件下独占实施其专利的权利，这种许可的特点是许可人本人也不能使用这项权利，同时也不能向任何第三方授予同样内容的许可。

排他许可，是指许可人不在该地域内再与任何第三方签订同样内容的许可合同，但许可人本身仍有权在该地域内使用该项专利。

通过独占许可或排他许可，使得被许可方获得专有技术，并限制进入该行业的竞争对手的数量，保证其市场的领先地位和吸引更多风险投资。

例如，Outlast与TRDC签订的就是独占许可协议（TRDC－Outlast许可协议），即只有Outlast能够生产、制造和销售包含了相变材料微胶囊的调温纤维和调温织物。这使得在此后Frisby与TRDC签订许可协议（TRDC－Frisby第一次许可协议）时，Frisby只获得了将相变材料微胶囊应用到泡沫中的技术。Outlast通过独占许可的方式，保证了它的产品，具体包括服装、床上用品等，没有受到其竞争对手的挑战，占领了大部分的调温纺织品市场。

（2）通过普通许可促进终端产品的商业销售

普通许可，也称非独占许可，即许可人在允许被许可人使用其专利的同时，本人仍保留该地域内使用其专利的权利，同时也可以将其使用权再授予被许可人以外的第三人。

如果希望一项发明能被广泛地开发和利用，给多家参与者提供更多机会，可以通过普通许可的方式。

例如，Frisby生产包含相变材料微胶囊的泡沫制品ComfortTemp®，它的下游客户，例如Wells Lamont、Cove Shoe、Genfoot、Fly Tech、LaCrosse Footwear、Thermo Solutions、Temptop Container Systems分别将其ComfortTemp®应用到滑雪手套、鞋类、保温容器中。这些下游客户的产品并不相互冲突，利用非独占许可的方式给这些下游客户许可涉及相变材料微胶囊的泡沫制品的相关专利技术，可以有助于Frisby的ComfortTemp®应用在更多领域，促进商业销售，扩大市场。

（3）从分许可中获得更多收益

分许可，也称再许可、从属许可，指原专利许可合同的被许可人经许可人的事先同意在一定的条件下将专利权或者其中一部分权利授权给第三方在一定条件下使用。

通过梳理TRDC－Outlast、TRDC－Frisby、Outlast－Frisby和Frisby与其下游客户之间的许可协议可以发现，在许可协议中都授予了被许可人分许可的权利。

分许可的作用在于，一是与普通许可作用类似，可以让更多的企业参与行业种类，促进产品的商业销售；二是增加许可人（例如专利权人的收益），在被许可人向第三方分许可该专利技术并获得特许权使用费之后，被许可人还需要从中抽取一定比例付给许可人，从而使得许可人可以从分许可中获得更多收益。

15.2　我国相变材料领域技术转化现状及重要专利识别

促进科技创新成果转化是实施创新驱动发展战略的重要任务，也是促进科技与经济紧密结合、以科技创新驱动高质量发展的关键环节。专利只有落在产业上才能转化为经济增长动能。将高校科技成果转化为推动经济社会发展的现实动力，是近年来国家和地方层面着力推进的一项重点工作。

本章分析了我国相变材料领域专利技术转化现状，通过多维度、多指标筛选出相变材料领域我国高校的主要研发团队及其所拥有的重要专利，以期识别出潜在的专利转移对象，盘活相变材料领域的高校专利，促进科技创新与市场需求的精准对接。

15.2.1　我国相变材料领域技术转化现状

转让和许可的专利/专利申请情况能够一定程度上体现技术转化的情况。本小节主要分析了相变储能材料领域专利的转让和许可情况，以期能够反映出该领域技术转化的面貌。

图15－2－1显示了相变储能材料领域中国专利的转让和许可数量占该领域中国专利申请总量的比例。涉及转让的专利共有1148件，占相变储能材料领域中国专利申请总量的7%。涉及许可的专利共有91件，占相变储能材料领域中国专利申请总量的1%。可见，尽管我国目前存在17484件涉及相变储能材料的专利申请，但是仅有少数专利有过转让和许可的历史。并且转让历史可能只涉及专利的权属变更，真正实现产业化、产生利润的技术会更少。

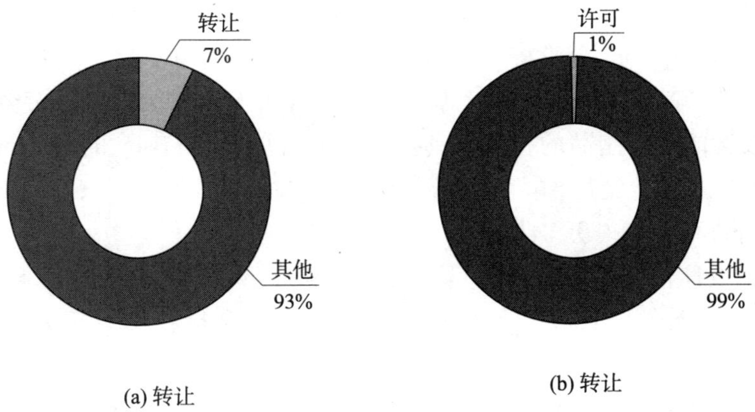

图15－2－1　相变储能材料领域中国专利转让和许可专利占比

图 15－2－2 显示了相变储能材料领域中国高校专利的转让和许可数量占该领域中国高校专利申请总量的比例。涉及转让的专利共有 120 件，占相变储能材料领域中国高校专利申请总量的 2%。涉及许可的专利共有 28 件，占相变储能材料领域中国高校专利申请总量的 1%。可见，我国高校专利中转让和许可的比例非常低。

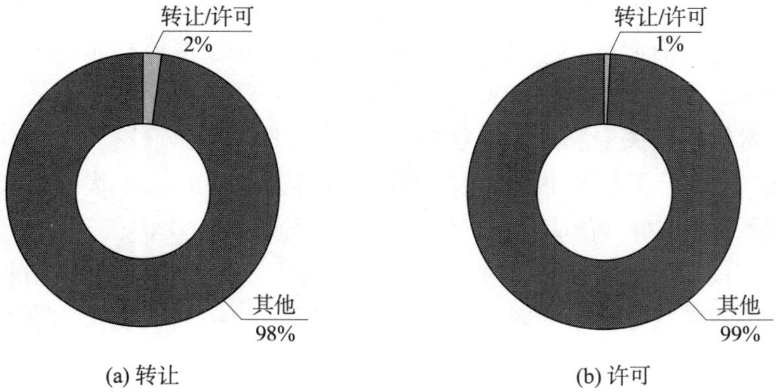

图 15－2－2　相变储能材料领域中国高校专利转让和许可专利占比

高校专利技术转移的比例低，究其原因，一方面，地方高校科研成果并不成熟，缺乏能够直接投入社会生产创造的实用性能，研发项目未考虑市场，从而导致出现大量知识产权成果在最初进行研究时，包括之后的开发和生产，并没有确定具体的应用对象和形成产业化的条件，高校不了解企业需求，相应地导致其研发实施率低。另一方面，很多企业对高校的科研能力还存有疑虑，导致产业和研发脱离。最后，高校和企业之间缺乏科技中介服务，缺乏一个良好的沟通平台，使高校的科研成果转移转化较为困难。

15.2.1.1　技术转化趋势

图 15－2－3 显示了相变储能材料领域的中国专利的转让和许可数量随年份的变化情况。

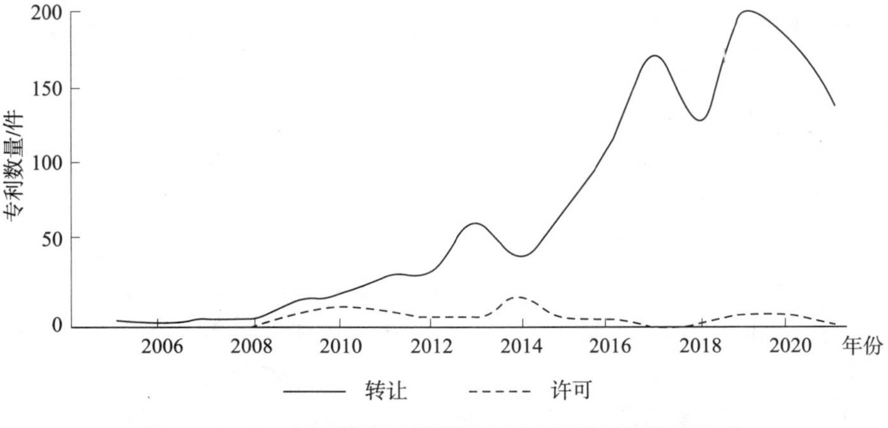

图 15－2－3　相变储能材料领域中国专利转让和许可趋势

2008年，《国家知识产权战略纲要》实施，我国的专利转让数量也随之上升。相变材料领域的相关专利转让数量的变化趋势也与全国的专利转让趋势相同。

我国许可专利数量在2010～2014年较多，2010年有13件专利许可，2011年有11件专利许可，2014年有19件专利许可。此后几年，每年的专利许可数量在10件以内。

2014年许可的19件专利中，有4件是大连工业大学分别许可给温州中纤科技有限公司和廊坊立邦涂料有限公司，这4件专利均涉及多孔支撑体稳定法制备的相变材料（CN101709104B、CN102061148B、CN102093552B、CN102391441B）。

15.2.1.2 技术转移相关专利的法律状态

图15－2－4显示了相变储能材料领域中国转让专利的法律状态。截至2021年8月，这些转让的专利中，有62%（708件）的专利处于有效状态，30%（347件）的专利已经失效，尚有8%（93件）的专利申请还在审查过程中。在失效的转让专利中，9.8%（34件）的专利是由于期限届满失效，70.9%（246件）的专利是由于未缴年费而失效。

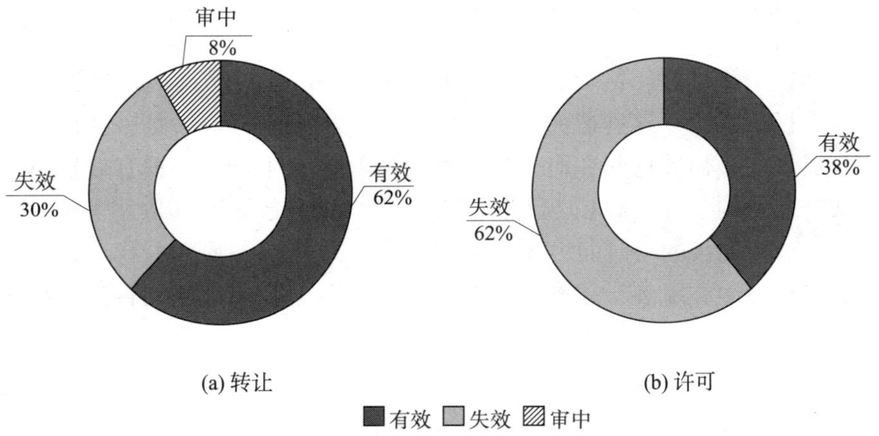

图15－2－4 相变储能材料领域中国转让专利法律状态

许可专利的维持有效率则更低，仅有38%（35件）维持有效，其余62%（56件）已经失效。而这56件失效专利中，仅有2件是由于期限届满失效，93%（52件）的失效专利是因为未缴年费而失效。

这反映出，无论是转让专利还是许可专利，其价值可能并不高，专利权人获得授权之后没有继续缴纳年费维持。

15.2.1.3 技术转移的热点技术

图15－2－5显示了相变储能材料领域转让、许可专利的技术构成。

在相变储能材料产品及其制备方法方面，微胶囊相变材料、高分子相变材料、复合相变材料是技术转移的热点，其中有65件转让专利微胶囊相变材料，10件许可专利涉及高分子相变材料，8件许可专利涉及复合相变材料。

在相变储能材料应用方面，将相变材料应用到太阳能利用、建筑节能、空调制冷、一般储热控温装置中的技术，是技术转移的热点。这几个应用场景也是目前相变材料应用的热点领域。

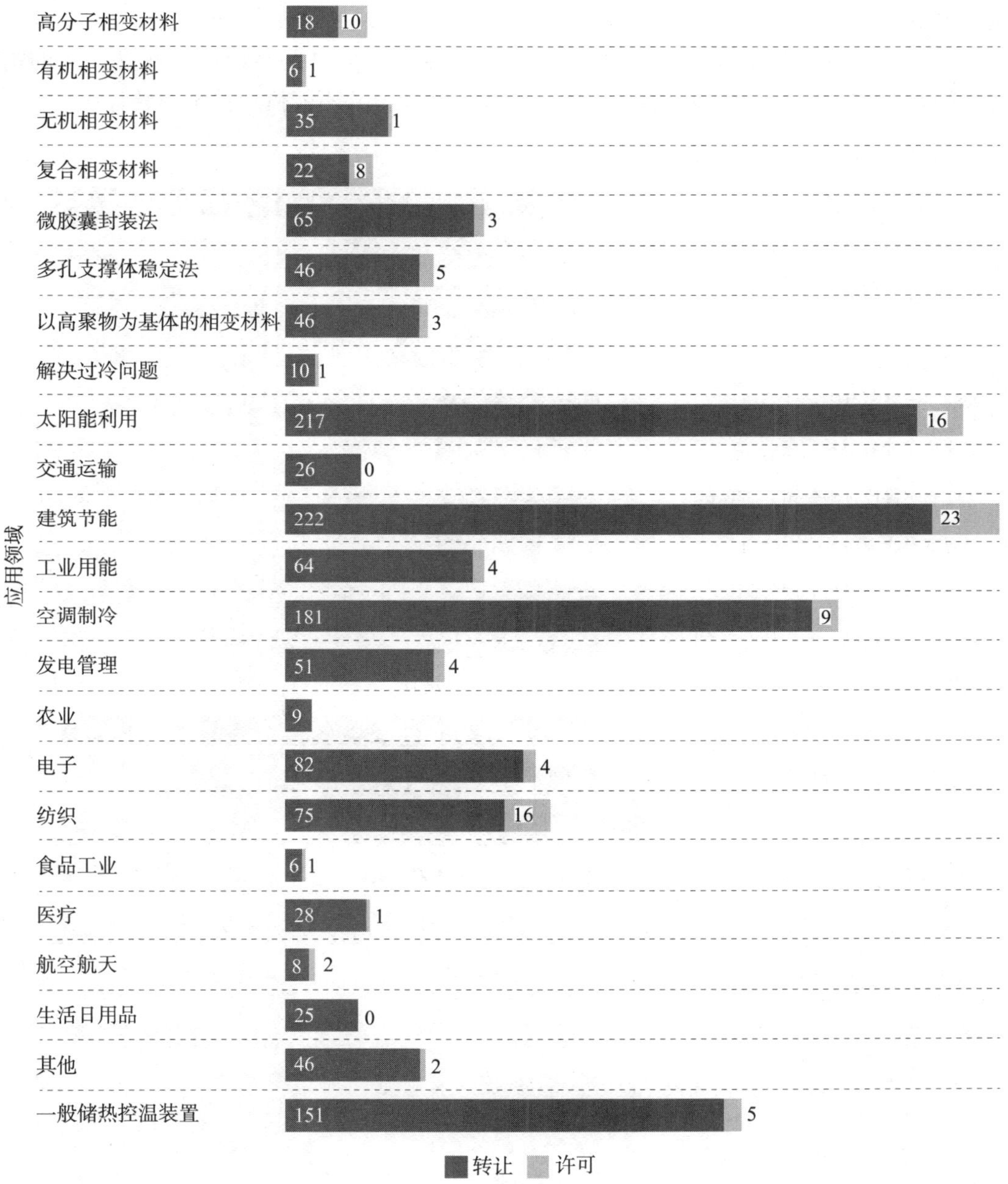

图 15－2－5 相变储能材料领域转让、许可专利的技术构成

注：图中数字表示转让或许可专利数量，单位为件。

15.2.1.4 技术流向分析

本小节分析了相变储能材料领域专利转让和许可的流向，如图 15－2－5 所示。

（1）转让专利流向

由于一些专利存在多次转让的情况，课题组统计了存在转让事件的专利申请的原始申请人和当前专利权人，原始申请人表示其为技术的转让方，当前专利权人表示其为专利的受让方。

图15－2－6显示了相变储能材料领域中国转让专利中主要转让人和受让人的情况。但这些转让中存在较多关联公司之间的专利转让，并不能体现技术的转移。

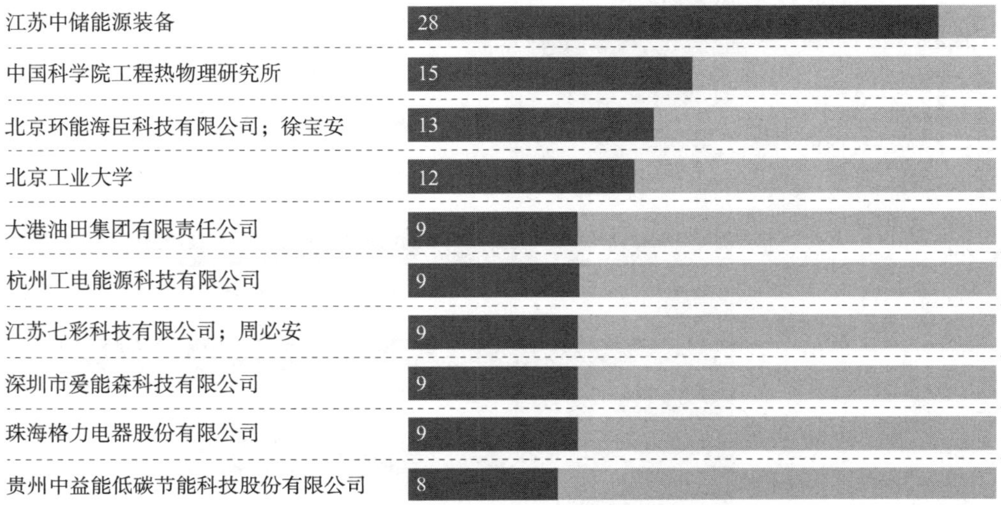

(a) 转让人排名

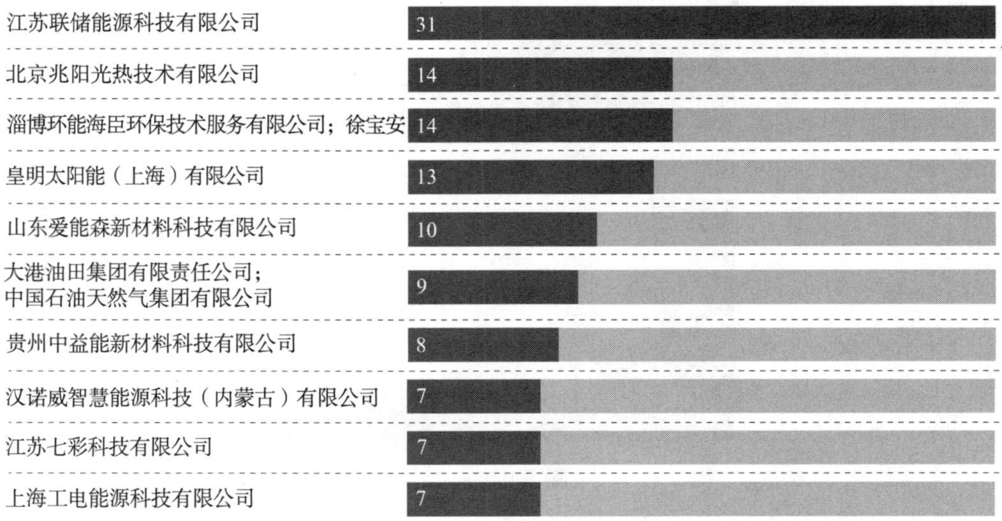

(b) 受让人排名

图15－2－6　相变储能材料领域中国转让专利中转让人和受让人排名

注：图中数字表示转让专利数量，单位为件。

转让专利数量排名第一的是江苏中储能源装备有限公司（以下简称“江苏中储能源装备”），江苏中储能源装备共转让28件专利，其中转让21件专利给江苏联储能源科技有限公司（以下简称“江苏联储能源科技”），而根据天眼查的查询结果，江苏中储能源装备和江苏联储能源科技存在关联关系。江苏中储能源装备的另外7件专利转让给了个人殷苏，他是江苏联储能源科技的董事长、总经理、法人代表。

转让专利数量排名第三的北京环能海臣科技有限公司（和徐宝安），其13件专利全部转让给了淄博环能海臣环保技术服务有限公司（和徐宝安），而根据天眼查的查询结果，这两家公司也存在关联关系。徐宝安是北京环能海臣科技有限公司的执行董事、总经理。

转让专利数量排名第五的大港油田集团有限责任公司，其9件专利的专利权变更为大港油田集团有限责任公司和中国石油天然气集团有限公司共同持有，而中国石油天然气集团有限公司持有大港油田集团有限责任公司的股份。

因此，仅仅通过转让人和受让人的排名情况，并不能充分了解专利转让的具体情况。课题组梳理了我国高校和科研机构申请人和当前专利权人之间的转让流向，图15－2－7所示。

转让专利最多的高校是北京工业大学（转让12件），转让专利最多的科研机构是中国科学院工程热物理研究所（转让15件）。

北京工业大学的12件专利分别转让给了7家企业：河北井矿新能源科技有限公司（4件）、中投亿星新能源投资有限公司（2件）、安徽中家智锐科技有限公司（2件）、龙澳（天津）生物医药技术有限公司（1件）、中国建材检验认证集团厦门宏业有限公司（1件）、北京宇环通高科技有限公司（1件）、国采绿能科技有限公司（1件）。北京工业大学转让的12件专利均涉及相变材料的应用，例如太阳能高温吸热/蓄热器、热能存储单元结构式冷服装置、太阳能回热式硫氰酸钠—氨吸收式冰箱空调及热泵装置、太阳能光伏直流蓄冷冰箱系统、带蓄热器的内燃机排气余热回收系统及控制方法等。

中国科学院工程热物理研究所的15件专利分别转让给了5家单位：葛洲坝中科储能技术有限公司（5件）、江苏中国科学院能源动力研究中心（4件）、中储国能（北京）技术有限公司（3件）、中科中蓝能源科技（北京）有限公司（2件）、中金盛唐新能源科技（北京）有限公司（1件）。中国科学院工程热物理研究所转让的15件专利大多涉及相变材料在太阳能领域的应用，例如，带有双级蓄热的塔式太阳能热发电系统、槽塔结合的双级蓄热太阳能热发电系统、风光互补的储能与发电一体化系统及流程、低温储能发电系统等，以及一般储热装置，例如填充床式高压储热/储冷器、温度自适应的蓄热式压缩空气储能系统等。

（2）许可专利流向

我国相变储能材料领域的许可专利总量较少，仅有91件，许可专利最多的大连工业大学也仅有6件许可专利，其中4件普通许可给廊坊立邦涂料有限公司、2件普通许可给辽阳市亿隆复合材料精细化工厂，1 件普通许可给温州中纤科技有限公司❶。大连工业大学许可给廊坊立邦涂料有限公司的 4 件专利涉及多孔支撑体稳定法制备的相变材料，以及一种具有双键端基相变单体材料；许可给辽阳市亿隆复合材料精细化工厂的专利涉及利用腈纶废丝水解产物制备相变调温纤维的方法（见图 15－2－8）。

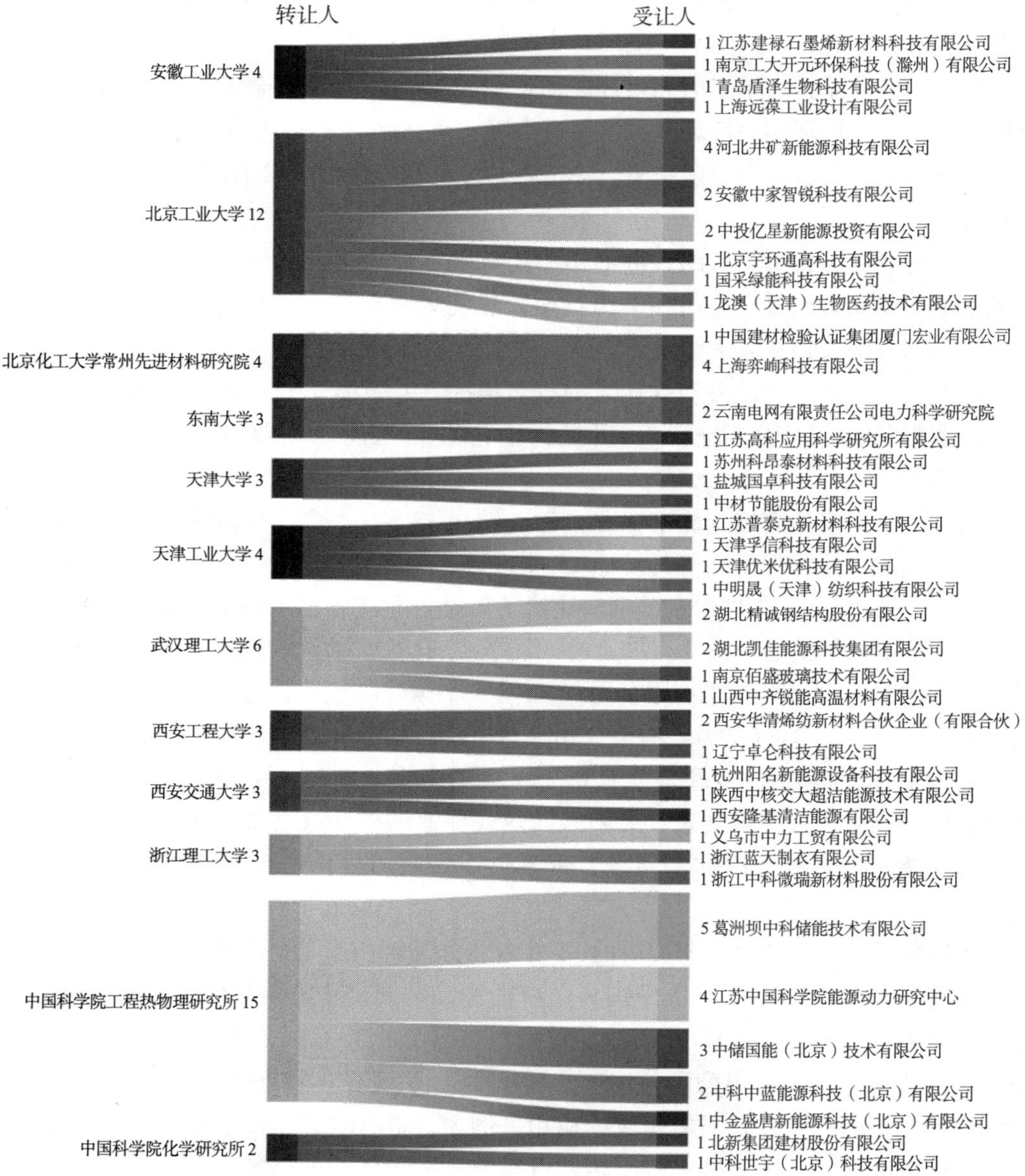

图 15－2－7　相变储能材料领域中国转让专利流向

注：图中数字表示专利转让数量，单位为件。

❶ 与许可给廊坊立邦涂料有限公司的其中 1 件专利相同。

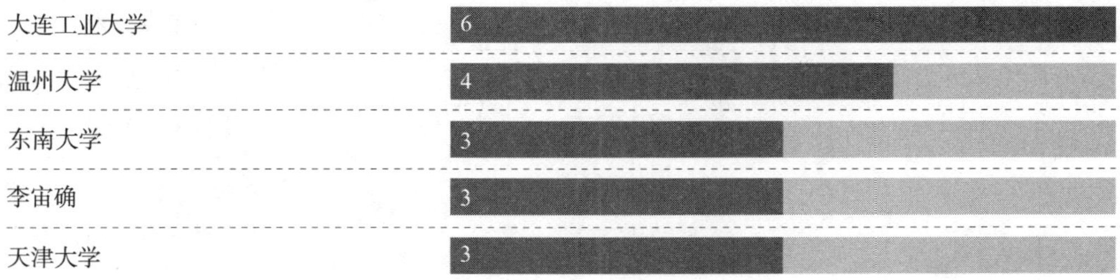

(a) 许可人

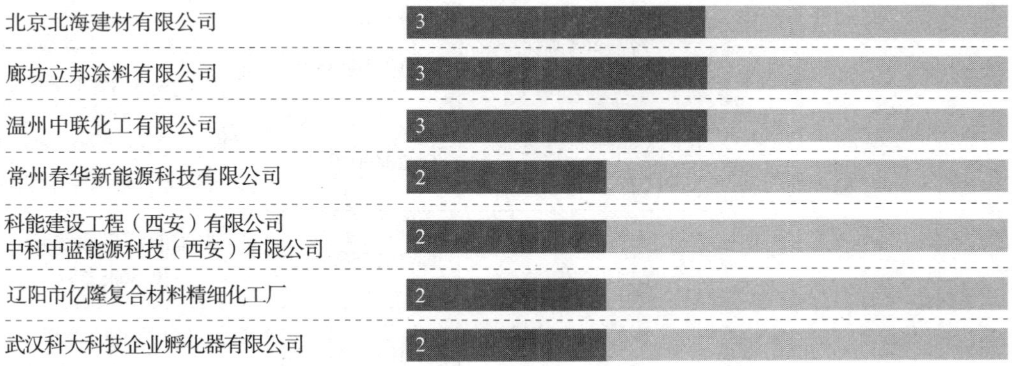

(b) 被许可人

图 15-2-8　相变储能材料领域中国许可专利许可人和被许可人排名

注：图中数字表示许可专利数量，单位为件。

温州大学有 4 件许可专利，其中 3 件分别涉及聚乙二醇/二氧化硅复合相变储能材料、十六胺/二氧化硅复合相变储能材料、二氧化硅基复合相变储能材料，均普通许可给温州中联化工有限公司；另 1 件涉及聚乙二醇/二氧化钛复合相变储能材料的专利，普通许可给福建鸣鸿树脂有限公司。

其中许可专利量排名前五的主体中有一位个人——李宙确，他是北京北海建材有限公司的法人代表，他的 3 件专利均是涉及相变储热交换器，也均是许可给了北京北海建材有限公司。

专利许可的主题中也存在较多这样的个人许可给公司的情况，这并不能反映出实际的技术流向，因此，课题组梳理了我国目前有效专利的许可流向（见表 15-2-1）。温州大学、大连工业大学、武汉科技大学的相关专利均是涉及相变材料产品，例如温州大学许可的技术主要涉及二氧化硅基的复合相变储能材料，大连工业大学许可的技术主要涉及由化学交联法固载的固-固相变材料和互穿网络定型相变材料，武汉科技大学许可的技术主要涉及合金-氧化物复合相变材料。而天津大学、东华大学等许可的技术主要是相变材料的应用方法，并且都与这些大学的学科特色有关，比如天津大学许可的技术主要涉及包含相变材料的建筑材料，而东华大学许可的技术主要涉及相变材料在纺织品中的应用。

表15-2-1　相变储能材料领域专利许可流向

序号	许可人	被许可人	公开号	相关技术
1	温州大学	温州中联化工有限公司	CN109021929B	一种二氧化硅基复合相变储能材料及其制备方法
2	温州大学	温州中联化工有限公司	CN108753256B	十六胺/二氧化硅复合相变储能材料及其制备方法
3	温州大学	温州中联化工有限公司	CN106811179B	聚乙二醇/二氧化硅复合相变储能材料的制备方法
4	温州大学	福建鸣鸿树脂有限公司	CN108504330B	聚乙二醇/二氧化钛复合相变储能材料的制备方法
5	天津大学	天津锋尚智慧能源科技发展有限公司	CN204901901U	一种与空气源热泵结合的相变蓄热地板辐射采暖装置
6	天津大学	天津大学城市规划设计研究院	CN101556082B	太阳能蓄热地源热泵供热水系统
7	天津大学	深圳市优能橡塑制品有限公司	CN102391839B	抑制过冷相变的烷烃微胶囊及其制备与应用
8	大连工业大学	廊坊立邦涂料有限公司	CN102391441B	由化学交联法固载的固-固相变材料的制备方法
9	大连工业大学	廊坊立邦涂料有限公司	CN102061148B	一种互穿网络定型相变材料的制备方法
10	武汉科技大学	武汉科大科技企业孵化器有限公司	CN107988506B	一种复合材料相变蓄热球及其制备方法
11	武汉科技大学	武汉科大科技企业孵化器有限公司	CN106282635B	一种合金-氧化物复相蓄热耐火材料及其制备方法
12	东华大学	浙江万舟控股集团有限公司	CN104911724B	一种环保型储能调温纤维及其制备方法
13	南京林业大学	江苏圣福来能源科技有限公司	CN208720614U	一种便携式冷藏箱
14	唐山师范学院	深圳市安能钻凿设备科技有限公司	CN106631645B	二氧化碳相变致裂用发热剂
15	江苏科技大学	江苏晶琪科技有限公司	CN104748280B	一种LNG动力船空调制冷/供热系统

续表

序号	许可人	被许可人	公开号	相关技术
16	中国矿业大学（北京）	长春邦太硅藻新材料有限公司	CN103553485B	一种具有调温功能的健康环保硅藻土壁材粉的配制方法
17	湖南大学	香江科技股份有限公司	CN103673116B	一种储能式氟泵热管系统及其控制方法
18	中国科学院理化技术研究所	北京梦之墨科技有限公司	CN102296405B	一种含有液体金属的复合型面料
19	中国科学院化学研究所	绍兴上虞迅泰新材料科技有限公司	CN101113322B	单分散相变微胶囊的制备方法
20	中科中蓝能源科技（北京）有限公司	科能建设工程（西安）有限公司；中科中蓝能源科技（西安）有限公司	CN104214061B	一种太阳能热动力系统
21			CN102944131B	一种过热蒸汽存储装置及方法
22	北京浩运金能科技有限公司	常州春华新能源科技有限公司	CN102563339B	一种金属氢化物储氢装置
23	上海卫星工程研究所	上海利正卫星应用技术有限公司	CN102497764B	一种快速响应散热储能装置
24	安徽国电能源设备工程有限公司	安徽四盟能源科技有限公司	CN103411459B	多能源高温蓄热节能装置
25	马鞍山十七冶工程科技有限责任公司	中国十七冶集团有限公司	CN105060830B	一种耐水型秸秆纤维增强的相变储热石膏墙板
26	芜湖市科华新型材料应用有限责任公司	山西耀华电力节能供热有限公司	CN103245004B	计算机控制的自限温复合储能地面集中供暖系统
27	宁波高智创新科技开发有限公司	江苏天佑医用科技有限公司	CN102587149B	一种复合无纺布
28	宁波市瑞通新材料科技有限公司	江苏海纳空调净化设备有限公司	CN102433683B	一种复合超薄无纺布

续表

序号	许可人	被许可人	公开号	相关技术
29	辽宁科隆精细化工股份有限公司	盘锦科隆精细化工有限公司	CN102516949B	一种复合聚乙二醇相变储能材料
30	大庆市三仁新能源科技开发有限公司	北京首创热力股份有限公司	CN101832673B	利用油层套管传导地下热能再利用的方法及装置
31	刘丽荣	辽宁怡东生物科技研发有限公司	CN101613592B	相变蓄热保温材料及其生产方法
32	刘光文	北海市辉煌朗洁环保科技有限公司	CN101113323B	一种泡沫蓄热体及制备方法
33	徐虎林	北京秦天科技发展有限公司	CN100560679C	一种自调温公路相变材料及生产方法
34	平武臣	江门市达能环保节能科技有限公司	CN203744538U	一种热泵热水器
35	许玉林	杭州安靠电源有限公司	CN203367262U	一种 MOS 管的控温结构

15.2.2 高校重点专利识别

我国高校作为国家创新系统中的重要行为主体，每年有大量专利产出，但真正实现产业化的技术很少。为促进高校专利转移，2016 年 4 月，国务院办公厅印发了《国务院办公厅关于促进科技成果转移转化行动方案的通知》，同年 8 月，教育部、科学技术部出台了《教育部 科技部关于加强高等学校科技成果转移转化工作的若干意见》。2017 年以来，《中华人民共和国促进科技成果转化法》（2017 年 11 月 13 日）、《提升高等学校专利质量促进转化运用的若干意见》（2020 年 02 月 21 日）等法律和政策文件陆续出台，明确指出要突出转化应用导向，提出“到 2025 年高校专利质量要明显提升、部分高校专利授权率和实施率达到世界一流高校水平”的战略目标。

本节主要对涉及相变材料产品及其制备方法的专利进行分析，仅涉及相变材料应用的专利不在本节的分析范围。

通常来说，技术研发仅靠其核心发明人的个人影响力远远不够，还需要研发团队的协同攻关，助力实现。研发团队人数越多，可能反映出该研发团队在某一领域内的知识交流越多，从不同维度与深度进行技术探讨与创新合作的可能性越大，进而产出高价值专利的可能性也就越大。而在这种研发团队中居于核心地位的发明人，则是专利的主要贡献者和研发带头人，其技术影响力表现为是否拥有较高的技术实力、在所属技术领域内享有较高的学术声誉。随着高质量成果的产出，通常核心发明人的技术影响力会随之提高。反映在专利上最直接的就是专利的技术价值以及其与市场需求的对应性。因此，本节根据通过对高校专利的发明人合作研发关系的网络分析，筛选出相变材料领域的重要研发团队和核心发明人。再基于这些重要研发团队及其核心发明人的相关专利，筛选了相变材料领域高价值专利，以期促进科技创新与市场需求的精准对接。

15.2.2.1 重点高校筛选

课题组通过对拥有在审和有效专利的高校进行排名，筛选出拥有在审和有效专利较多的高校（见图15－2－9）。在相变储能材料领域在审专利和有效专利量排名前十的高校包括：天津工业大学（32件[1]）、北京科技大学（28件）、华南理工大学（25件）、东南大学（21件）、广东工业大学（19件）、大连理工大学（18件）、北京林业大学（15件）、大连工业大学（15件）、江南大学（15件）和东华大学（14件）。其中，天津工业大学和北京科技大学所拥有的有效专利量最多。

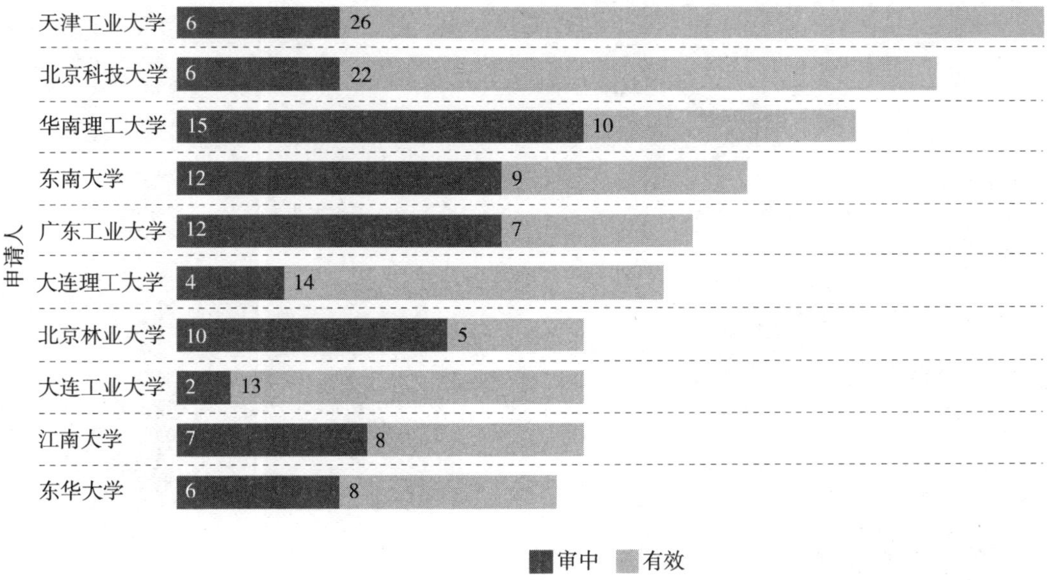

图15－2－9　相变储能材料领域中国高校申请人排名

注：图中数字表示在审和有效专利数量，单位为项。

15.2.2.2 重点高校的主要研发团队和核心发明人识别

在选定要分析的高校之后，分别对上述相变储能材料产品领域的高校发明人团队进行关联关系分析，采用力导布局图的方式，将发明人的合作关系网络可视化，并以

[1] 为在审和有效专利量之和，本节下同。

此识别出主要的研发团队及其核心发明人。

图15－2－10（见文前彩色插图第8页）展示了相变储能材料领域中国高校研究团队关联关系。其中每一个气泡表示一个发明人，气泡大小表示该发明人所持有的在审专利申请和有效专利量之和，每个气泡的颜色代表其所在的高校。气泡之间的连线表示发明人之间的合作研究关系的强度，如果合作专利申请的数量越多，则发明人之间的连线强度越强，发明人之间的连线越粗并且距离越近。

将图15－2－10中的气泡按照不同的高校来分开展示，可以进一步识别每个高校的主要研发团队和核心发明人（见图15－2－11）。

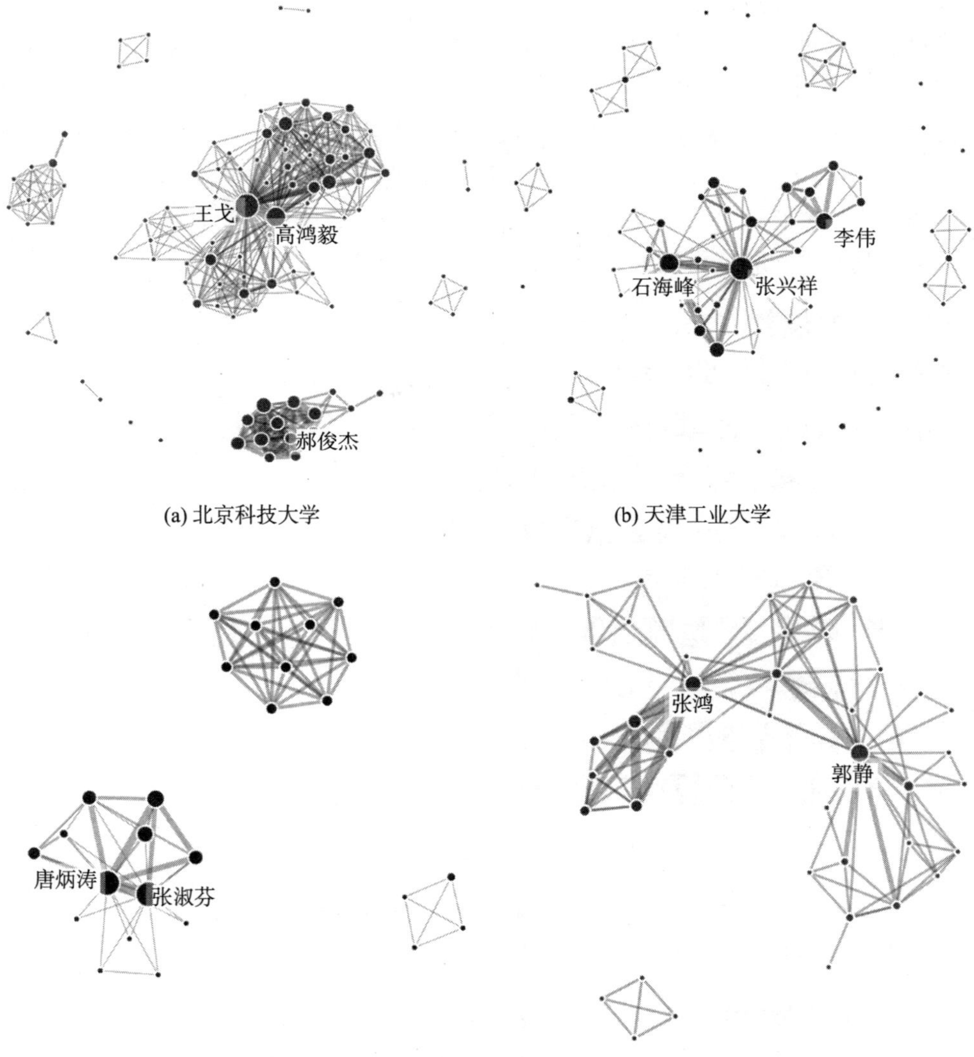

(a) 北京科技大学　(b) 天津工业大学

(c) 大连理工大学　(d) 大连工业大学

图15－2－11　相变储能材料领域中国主要高校的研究团队代表分析

注：图中节点大小表示申请量多少。

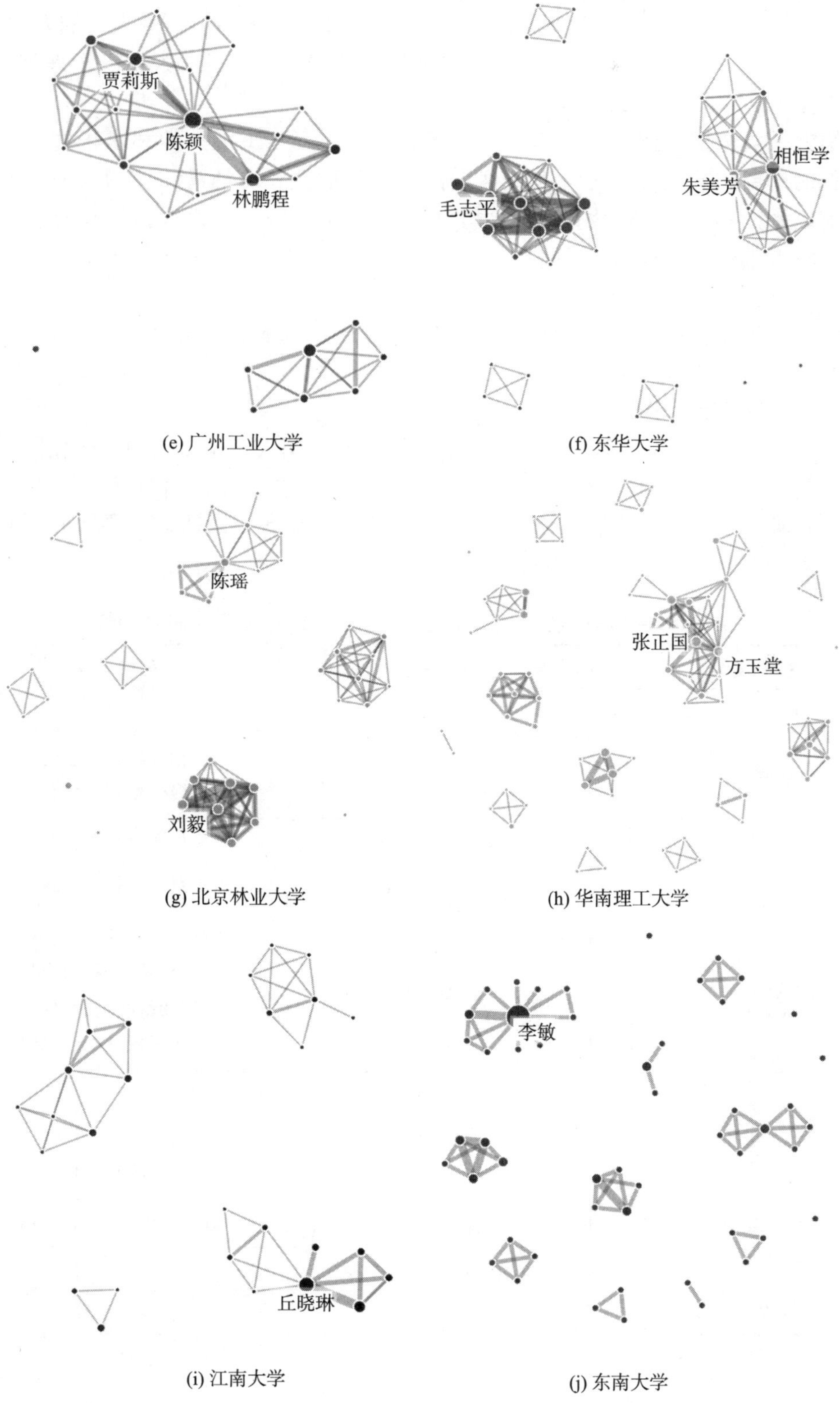

图 15－2－11　相变储能材料领域中国主要高校的研究团队代表分析（续）

相变储能材料领域高校按照研究实力可以划分为三个梯队。第一梯队包括北京科技大学和天津工业大学。这两所高校拥有较为庞大的研究团队，研究人员的人数较多。北京科技大学的研究团队以王戈、高鸿毅团队为代表。天津工业大学以张兴祥、石海峰、李伟团队为代表，其他仅有零星申请。

第二梯队包括大连理工大学、大连工业大学、广州工业大学和东华大学，这四所高校的研究团队规模居中。大连理工大学以张淑芬和唐炳涛团队为代表。大连工业大学以张鸿和郭静团队为代表。广州工业大学以陈颖、林鹏程、贾莉斯团队为代表。东华大学包括两个研发团队，一个是毛志平团队，另一个是朱美芳、相恒学团队。

第三梯队包括北京林业大学、华南理工大学、江南大学、东南大学，这四所高校的研究团队规模较小。

15.2.2.3 重要专利识别

在筛选出核心研发团队之后，课题组通过核心发明人技术影响力、研发团队的人数、专利有效时长、IPC 分类号的数量、同族数量、独立权利要求保护范围等维度的指标对核心研发团队的重要专利进行筛选，并梳理出主要研究团队的主要研究方向（见表 15－2－2）。

表 15－2－2 相变储能材料领域中国高校主要研究团队及研究方向

核心发明人	所属高校	研究方向
王戈、高鸿毅	北京科技大学	复合相变材料
张兴祥	天津工业大学	相变材料微胶囊 聚合物相变材料
李伟	天津工业大学	相变材料微胶囊
石海峰	天津工业大学	聚合物相变材料
张淑芬、唐炳涛	大连理工大学	能量转换型复合相变材料 有机复合相变材料 相变蓄冷复合材料 多功能复合相变材料
张鸿	大连工业大学	复合相变材料 相变调温纤维 固－固相变材料
郭静	大连工业大学	聚合物固－固相变材料
陈颖、林鹏程	广东工业大学	复合相变材料
朱美芳、相恒学	东华大学	相变调温纤维
毛志平	东华大学	复合相变材料

下面逐一对上述重要研发团队的研究重点和专利进行介绍。

（1）王戈、高鸿毅团队（北京科技大学）

王戈和高鸿毅的研究方向包括微介孔异质相变储能材料、纳米孔复合绝热材料等新型节能储能材料的选择性构筑、多功能组装及其蓄/传热、绝热性能研究。

王戈、高鸿毅团队以北京科技大学为申请人的在审和有效专利共有17项，均涉及将相变材料装载在不同的载体中以制备复合相变材料，例如，以中空管状导电聚合物复合纤维气凝胶装载相变芯材制备复合相变材料（CN112226209B）、以由金属有机骨架制备的三维碳纳米管贯穿多孔碳载体装载相变芯材制备复合相变材料（CN108624295B）、以碳纳米管海绵载体材料装载液态金属芯材制备复合相变材料（CN108251072B）、以柔性二氧化硅气凝胶装载相变芯材制备复合相变材料（CN107523275B）、以石墨烯介孔碳材料装载相变芯材制备复合相变材料（CN106957634B）、以3D多孔碳骨架材料装载相变芯材制备复合相变材料（CN106190041B）、以金属有机骨架装载金属盐、配体以及无机相变芯材制备复合相变材料（CN105694820B）、以共价有机凝胶载体装载相变芯材制备复合相变材料（CN105602530B）、以多孔网络聚合物材料吸附相变材料制备得到多孔网络聚合物基复合相变材料（CN104818001B）、以碳材料@ MOFs多孔载体材料为骨架材料吸附相变芯材制备含碳材料金属有机骨架基复合相变材料（CN104745149B）、以金属有机骨架包覆相变材料微胶囊的方法（CN103752239B）。

此外，王戈、高鸿毅团队的部分专利还涉及制备多功能的复合相变材料的方法，例如，兼具储热和催化功能的复合相变材料（CN112827495A）、兼具光热转化功能的复合相变材料（CN110437805B1）、精确控制相变芯材在载体孔道内相变行为的方法（CN104946208B）。

但王戈、高鸿毅团队的上述专利的权利要求均是方法权利要求，大部分专利的独立权利要求限定了较为具体的工艺条件，保护范围较小。

（2）张兴祥、石海峰、李伟团队（天津工业大学）

张兴祥、石海峰、李伟团队以天津工业大学为申请人的在审和有效专利共有25项，李伟和石海峰的研究方向有所差异，李伟团队的研究方向主要是相变材料微胶囊的制备，包括光致变色、热致变色储能胶囊的制备（CN112521929A、CN112473580A），以及以氨基树脂、醋酸纤维素、油溶性烷醇醚化氨基树脂、高分子有机聚合物和二氧化硅聚合物作为壁材，制备相变材料微胶囊（CN105964196B、CN105854748B、CN105797660B）。

石海峰团队的研究方向主要围绕梳状聚合物相变材料进行的，涉及梳状聚合物相变材料（CN104193865B、CN102718905B、CN102351965B、CN104086778A、CN104356306B、CN102060972B、CN102060960B）、梳状聚合物相变材料微胶囊（CN102876297B、CN102212342B、CN102127399B）、将梳状聚合物相变材料制成三明治夹层结构（CN112194809A）以及应用于纤维中以制造调温纤维（CN108360083B）。

张兴祥除了参与李伟和石海峰团队的研究，其研究方向还涉及聚合物基固－固相变材料（CN111303575B、CN108360080A、CN106832156B、CN110698597A、CN103965464B、CN111303575B）。

张兴祥团队有3项专利技术已经转化，1项涉及功能性纳胶囊浆液的自由基乳液聚合制造方法（CN102174142B），包括如下步骤：先将功能性物质与油溶性单体、交联剂和引发剂制成混合液，并把混合液加热到该功能性物质的熔点温度以上，再将混合液与含两亲型嵌段聚合物乳化剂水溶液混合乳化，聚合反应得到功能性纳胶囊浆液。采用该方法制备得到的功能性纳胶囊浆液可以直接用作湿法纺丝的溶剂，制备纺丝原液，制造功能纤维。与现有技术相比，该专利方法生产的功能性纳胶囊浆液直接用于水溶液湿法纺丝工艺中，省去了因固体胶囊重新分散带来的设备增加、能量损耗等问题，并且制造的含功能性纳胶囊因粒径小非常适合纤维的包裹纺丝，不会显著降低纤维的强度。该专利于2011年1月24日申请，2013年1月2日授权，目前已经维持有效近10年。

第二项转化专利为李伟团队的专利技术（CN105797660B），涉及采用以油溶性烷醇醚化氨基树脂为成壁单体，原位制备胶囊的方法。这种简易的胶囊化方法在农药领域、化妆品领域、智能储热调温品领域有广大的应用前景。已于2019年9月18日转让给天津优米优科技有限公司。天津优米优科技有限公司是一家从事温变材料和光变材料等功能性材料研发和生产的企业。

第三项转化专利技术涉及石海峰团队将梳状聚合物相变材料应用到纤维中以制备储热调温纤维的技术（CN108360083B），于2021年3月16日转让给江苏普泰克新材料科技有限公司，该公司是一家主要以高性能纤维及其复合材料研发、生产及销售的公司，产品主要包括各类超高分子量聚乙烯纤维、芳纶纤维、碳纤维织物及其复合材料。

（3）张淑芬、唐炳涛团队（大连理工大学）

张淑芬的研究方向主要涉及染料化学及应用、光转换材料、结构生色材料、生物质材料和精细化工清洁合成新技术研究。唐炳涛的科研工作以高端染/颜的结构设计与功能强化为核心，开展相关应用基础与产业转化研究工作。

张淑芬、唐炳涛团队以大连理工大学为申请人的在审和有效专利共有14项，他们的专利技术涉及包括以下几个方面：

第一，能量转换型复合相变材料，例如，声热能量转换型复合相变储能材料（CN112724935A）、光热能量转换和热能存储定形相变复合材料（CN109852349B）、磁热能量转换复合相变材料（CN107987518B、CN107936931B、CN106010458B、CN104910868B）。

第二，有机复合相变材料，例如，聚醚基复合相变材料（CN109504351B）、由配位交联网络高分子与有机固液相变材料组成的有机复合定形相变材料（CN108102614B）、由配位交联网络高分子、有机固液相变材料和导热增强剂组成的导热增强有机复合定形相变材料（CN108048045B）、导热增强的有机/无机杂化相变储能材料（CN101948674B）。

第三，相变蓄冷复合材料（CN107880854B、CN107794004B）。

第四，多功能复合材料，例如，有机阻燃定形相变储能材料（CN105820540B）、光热转换有机相变染（CN102492309B）。

张淑芬、唐炳涛团队的专利的独立权利要求 1 大多是以产品权利要求的方式对相变材料的结构和组成进行描述，保护范围合理。

（4）张鸿团队（大连工业大学）

张鸿的主要研究方向为化学纤维和生物质纤维材料成型与改性、功能与智能高分子材料合成与制备。

张鸿团队以大连理工大学为申请人的在审和有效专利共有 9 项，其专利技术主要涉及三个方面：

第一，复合相变材料，例如，双网络相变气凝胶（CN111187598B）、互穿网络定型相变材料（CN102061148B）。

第二，相变调温纤维，例如以壳聚糖为基体的相变调温复合纤维（CN110863261A）、海藻酸钙/聚乙二醇酯双网络相变储能纤维（CN103741261B）、将相变单体接枝到成纤聚合物基体上而制备得到的相变储能纤维（CN102492396B）、以互穿网络复合相变材料为储热调温材料，成纤聚合物为基体制成的相变调温纤维（CN102443879B、CN102443878B）。

第三，固－固相变材料，例如，多元复合的 PEGA－NMA/PEG 固－固相变材料（CN102505179B）、由化学交联法固载的固－固相变材料（CN102391441B）。

（5）郭静团队（大连工业大学）

郭静主要研究方向包括高分子基相变材料的创制与应用、基于交联网络的相变复合材料、高分子基定型相变材料、以聚丙烯腈废丝为基体的相变材料研究。

郭静团队以大连理工大学为申请人的在审和有效专利共有 9 项，其研究主要涉及一种具有交联结构的固－固相变材料（CN105237680B），其结构如图 15－2－12 所示。

所述具有交联结构的固－固相变材料以高级脂肪醇与马来酸酐为原料，通过熔融酯化反应合成马来酸双高级脂肪醇酯，然后将马来酸双高级脂肪醇酯加热熔融，加入三烯丙基异氰脲酸酯和引发剂，在氮气保护下，采用熔融反应法获得。该方法以化学键对相变材料进行永久固载，制备了一种稳定交联网络结构的固－固相变材料，避免了材料泄漏问题；所述固－固相变材料结晶焓为 21.12～63.44 J/g，结晶温度在 24.44～32.88 ℃，具有良好的热稳定性，在服装、建筑行业有广泛的应用前景。

随后，郭静申请了包含上述固－固相变材料的纤维和建筑材料的相关专利并获得授权 CN105648578B（具有皮芯结构且芯层在线交联的固－固相变复合纤维）和 CN103881231B（一种基于乙烯－醋酸乙烯酯共聚物的蓄热储能间隔条及其制备方法）。

郭静的另外两项专利涉及利用腈纶废丝制备相变调温纤维的方法（CN102220660B、CN102002342B），这两项专利于 2013 年 6 月 27 日许可给辽阳市亿隆复合材料精细化工厂。但这两项专利已经于 2017 年因未缴年费而失效。

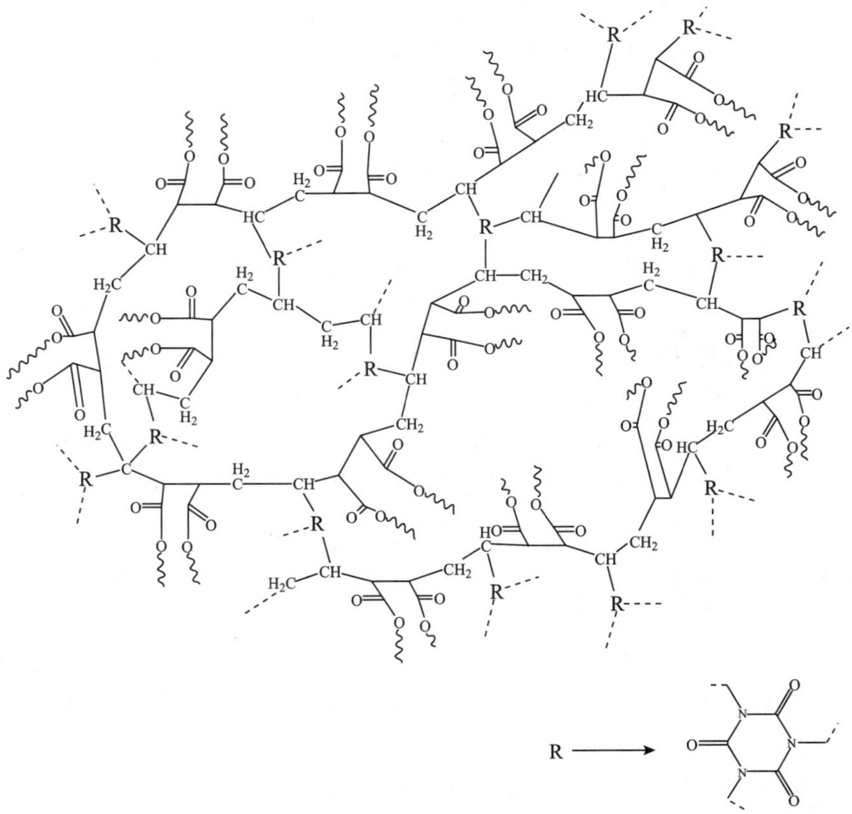

图 15－2－12　CN105237680B 公开的具有交联结构的固－固相变材料

（6）陈颖、林鹏程、贾莉斯团队（广州工业大学）

陈颖的科研方向是射界微尺度流动及传热、能源材料及应用、空调/热泵节能技术。陈颖团队的核心研究人员包括林鹏程和贾莉斯。

以贾莉斯为发明人的大部分的专利/专利申请涉及将相变材料应用到热泵干燥系统（CN213363075U），半导体和电池散热装置（CN211650172U、CN207221947U、CN111120975A、CN106861779A），余热回收热水器（CN205860485U），热泵热水器（CN204513776U、CN110579018B、CN106016742A）和有机工质回收系统（CN108826770A）的技术。

以林鹏程为发明人的专利申请有 6 项，涉及复合相变材料的制备方法，均申请于 2019 ~ 2020 年，目前有 4 件在审，2 件有效。

其中，有效专利 CN111909662B 涉及一种复合相变材料及其制备方法，其权利要求 1 保护一种复合相变材料，其特征在于，所述复合相变材料呈核壳结构；所述核壳结构中的壳层为含有胆甾相液晶的凝胶聚合物，核层为相变材料，所述壳层与所述核层之间径向负载有一维导热材料；所述凝胶聚合物由透明高分子材料制得。该专利的复合相变材料将相变材料作为内核，透明高分子材料具有良好的机械强度和织性模量，使用凝胶聚合物作为壳层将相变材料限域保护起来，可以阻止其泄漏，此外还能增加相变材料的换热面积，使其便于储存和运输；透明高分子材料具有高的透光度，胆甾相液晶的颜色的温敏变化可以显示出来，液晶颜色的变化温度与相变材料的相转化温度范围匹配，实现相变材料的“可视化”；一维导热材料具有很好导热能力，其径向负载于壳层与核层之间，径向排列的阵列纳米结构，阵列的纳米结构能使热量沿着导热材料传输，能够很好地提升相变材料的充放热速度，减少了热量的损失（见图 15－2－13）。

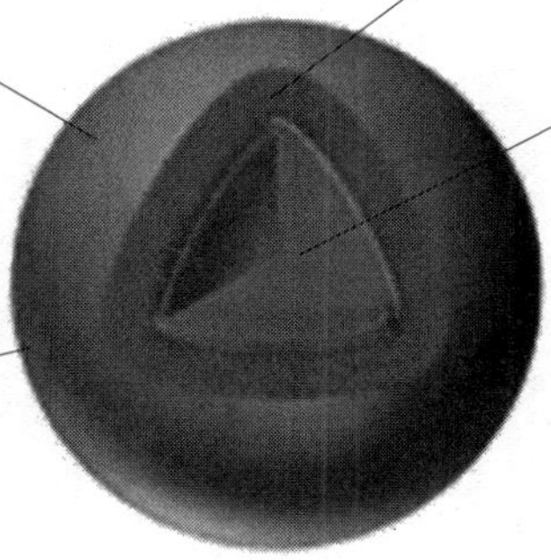

图 15－2－13　CN111909662B 说明书附图

（7）朱美芳、相恒学团队（东华大学）

朱美芳的研究方向是纤维材料的功能化、舒适化和智能化研究。相恒学是朱美芳教授课题组的主要核心研究人员。相恒学的主要研究方向包括生物基高分子材料及其纤维（生物基聚酯、生物质碳管纤维）、热量与应变管理纤维及器件（调温、传感、变色等智能纤维）、通用纤维功能化与高性能化（多功能、催化、高强度等纤维）。

朱美芳团队在相变储能材料领域共有 10 项有效专利，涉及的技术主要是蓄热调温纤维的制备，例如，具有远红外功能的储能调温纤维（CN104928781B）、弹性储能相变纤维（CN104911747B）、具有储能调温功能的聚酯纤维（CN104911746B）、保暖智能型调温聚酰胺纤维（CN104911743B）、具有自发光功能的储能调温纤维（CN104894667B）、可生物降解相变储能材料（CN102702457B）；

此外，朱美芳团队还有 1 项专利涉及梳状高聚物相变储能材料（CN102516471B）。

（8）毛志平团队（东华大学）

毛志平的主要研究成果为纯棉织物无甲醛耐久压烫整理剂的开发；舱外宇航服外层织物防护涂层；水性聚氨酯在纺织品后整理中的应用。

毛志平团队在相变储能材料领域共有 7 项在审和有效专利，涉及的技术主要是以下三个方面：

第一，复合相变材料及其制备方法，以不同的载体装载相变材料，例如，以纤维素海绵/聚氨酯复合材料灌装相变材料（CN110922944A）、以亲油型纤维素海绵吸附石蜡包覆水合盐的反相乳液来制备水合盐/石蜡/纤维素海绵复合相变材料（CN110819311B）、在聚吡咯修饰的纤维素多孔材料上吸附固定相变储热材料（CN110746938B）、纤维素/氮化硼多孔材料装载相变材料以制备得到氮化硼/纤维素封装的热导增强定形相变材料（CN110746937A）、以镀铜多孔材料为载体封装相变材料（CN110607166A）。

第二，抗菌复合相变材料，例如，在相变微胶囊表面原位还原银，制备具有含银的抗菌相变微胶囊（CN110523352A），这样的抗菌相变微胶囊不仅能保持相变微胶囊的高焓值，还具有优良的抗菌性能，在日常纺织品和医用纺织品等领域有极大的应用价值。

第三，相变材料微胶囊的制备，例如利用木质素乳化粒子制备石蜡相变微胶囊（CN110079279A）。

第16章　相变储能材料研究结论与建议

随着碳中和对传统化石燃料资源使用的限制和汽车、空调等高能耗产品需求不断增加，能源供给与需求失衡进一步加剧，如何提高能源利用率与开发可再生能源成为全球研发关注的焦点。充分发展包括相变储能在内的新型储能技术，并将新型储能技术与太阳能、风能等新型可再生能源结合，日益成为解决当前能源供求矛盾的重要途径。在此背景下，课题组针对相变储能材料进行了深入研究，首先，从相变储能材料相关技术在全球和中国专利申请的总体态势入手，梳理了当前相变储能材料领域的研究热点、关键技术和专利布局情况；其次，对相变储能材料领域的关键技术进行了重点分析；最后，课题组对相变储能材料领域的代表性专利技术实施转化情况，以及我国相变储能材料领域专利技术转化现状进行了介绍，并对如何识别重要专利进行了探讨。

16.1　结　　论

16.1.1　专利申请总体分析

相变储能材料产品领域专利申请自20世纪70年代首次出现以来，经历近30年的缓慢发展，在21世纪初迎来申请量急剧增长阶段。日本三菱和松下是全球范围内申请量最大的两位申请人。

我国在相变储能材料领域的研究虽然起步较晚，但近十几年以来，呈现迅猛增长态势。在我国提出的相变储能材料产品类专利申请的申请量已经占全球申请总量的约1/2，应用类专利申请的申请量已占全球申请总量的2/3以上。从申请主体类型看，我国相变储能材料产品领域专利申请以高校和科研机构为主，华南理工大学、天津工业大学、中石化是国内主要申请人。从技术构成看，当前相变储能材料产品的申请热点主要集中在改进相变材料微胶囊封装和多孔支撑体稳定技术，以改进相变储能材料的传热和密封性。国内企业申请主体提出的专利申请更多集中在相变储能材料的应用领域。其中，以格力、美的和海尔为典型代表。

16.1.2　关键技术分析

当前对于相变储能材料产品的研究主要集中在如何改进相变材料封装技术方面，其中尤以相变材料微胶囊封装技术和相变材料多孔支撑体负载技术的开发和改进为重点。旨在通过对上述技术的研究和改进，解决避免相变材料泄漏与提升相变储能材料传热性之间的矛盾。同时期望借助引入功能性材料，在不添加过冷抑制剂的情况下，解决抑制相变材料在相变过程中发生过冷的问题。此外，随着对相变储能产品制备技术研究的日益深入，如何对制得的相变储能微胶囊或多孔支撑体负载相变材料进行后处理，以实现具有期望功能的相变储能复合材料方面，也逐渐成为相变储能材料领域研究的热点。

在相变材料微胶囊封装技术方面，日本三菱和我国天津工业大学是提出专利申请最多的两位申请人，二者的研究重点存在明显差异。从技术构成看，三菱重点研究了相变材料微胶囊的后处理技术，特别是相变材料微胶囊的固化；天津工业大学研究的重点在于相变材料微胶囊的制备技术，以如何囊壁材料技术为代表。从应用研究看，三菱侧重于如何将相变材料微胶囊与基材复合，制备具有相变储能或调温功能的复合材料；天津工业大学聚焦于如何使相变储能材料微胶囊与功能性材料复合，赋予材料热敏/光敏变色性质。从专利布局看，在地域布局方面，二者均主要在本国提出专利申请，对外申请的比例均不高，其中三菱仅有3项对外申请，天津工业大学尚未有对外专利申请；在申请时间分布方面，三菱大部分专利申请在2010年之前提出，天津工业大学则主要在近些年提出专利申请。

16.1.3 技术转移和产业化

专利许可是专利技术转移的重要方式。通过对相变材料微胶囊技术在纺织领域的技术转移和产业化过程的分析，以及对TRDC、Outlast、Frisby之间专利许可关系的梳理，课题组认为，独占许可或排他许可是提升企业竞争力的重要方式；普通许可能够有力促进终端产品的商业销售；分许可是企业获取额外收益的有效途径。

当前，我国相变储能材料领域专利转让和许可数量占比较低，高校专利占比更低。在已经实施、转让和许可的专利中，维持有效的比例也较低。技术转让热点主要发生在太阳能利用、建筑节能和空调制冷方面。

16.2 建　　议

上述分析内容反映出我国相变储能材料行业普遍存在申请主体结构不平衡，海外专利布局欠缺严重，单一主体专利申请量偏低，专利技术实施、转让和许可比例过低的问题。课题组认为，可以从以下几个方面开展相关提升工作。

（1）充分利用PCT途径，加强与高质量知识产权中介机构合作，强化企业海外专利布局。

（2）鼓励企业与高校和科研机构合作研发、共同申请，利用市场驱动，推动高价值专利申请挖掘。

（3）加强知识产权保护中心等公共服务机构对于知识产权保护体系建设的推动作用，强化申请主体的知识产权保护意识。

（4）增加专利成果转化在高校研究人员考核评价体系中的权重，建立高校研究人员晋升专业技术职务多轨道体系，将承担横向科研项目，作为高校研究人员考核的重要指标和专业技术职务聘任依据。

（5）赋予发明人更多的处置权。允许发明人对外协商处置其发明的专利技术，激发发明人进行知识产权转移转化的积极性，从根本上解决高校知识产权转移转化的问题。

（6）建立健全专利技术转移中介机构，探索通过技术转移中介机构，助力科技成果转化的途径。

关键技术四

有机热载体

第 17 章　有机热载体概论

许多工业生产过程需要通过加热达到一定温度水平才能保证生产顺利进行，有的采用直接加热方式，从燃料燃烧或电热获取热量，更多则是采用间接加热方式。这种间接加热过程中用到的传热介质被称为热载体，分为无机热载体和有机热载体两大类。

无机热载体是作为传热介质使用的无机物质的统称，主要包括水/蒸汽、熔盐、液态金属等，这三类无机热载体分别存在蒸汽压力大、凝固点高、价格昂贵等缺点，所以有其特定的适用范围。有机热载体是作为传热介质使用的有机物质的统称❶，主要包括合成芳烃、硅油、矿物油、氟碳氢等有机介质。相比于无机热载体，有机热载体工作温度范围一般在 200 ~ 400 ℃，具有使用温度范围较宽、操作压力小、控温精度高、正常使用情况下无腐蚀。所以有机热载体已经成为除水及蒸汽以外使用最广、用量最大的传热介质。

有机热载体行业处于化石能源产业链下游，在工业生产中有着不可或缺的重要作用，在我国将减缓气候变化的行动纳入“十四五”规划并制定了 2030 年碳达峰计划以及 2060 年碳中和目标（以下简称“双碳”）的大背景下，对能源消费总量和强度的双控以及对能源绿色低碳转型的推进必将显著且深远地影响有机热载体行业的发展，同时，有机热载体技术的升级改造也必将助推我国工业节能降耗和清洁能源技术发展，并在实现“双碳”目标的进程中发挥重要作用。

因此，课题组将对有机热载体专利技术进行全面系统的分析，包括对有机热载体技术全球和中国专利申请状况进行全面分析、对重点产品技术分支——有机硅类热载体进行脉络梳理、对重点应用技术分支——太阳能发电（GSP）用热载体进行重点剖析，以期对我国有机热载体未来发展提供有效的参考和建议，助力有机热载体行业走出发展困境，推动健康良性发展。

17.1　概　　述

有机热载体的分类形式很多。例如，按物态分类可分为液相有机热载体和气相有机热载体；按使用温度分类可分为高温有机热载体和低温有机热载体。相较而言，行业内采用最多的分类方式是按化学组成或制造原料分类，可分为矿物型有机热载体和合成型有机热载体。矿物型有机热载体又称矿物油，是以石油炼制过程中提取出的某

❶ 国家标准化管理委员会. 有机热载体：GB 23971—2009 [S]. 北京：中国标准出版社，2010.

段馏分为原料，经精制、调配功能添加剂等工艺制得，主要成分是烃类混合物，其来源丰富、生产工艺简单，价格低廉，所以应用最为广泛。与其他有机热载体相比，矿物型有机热载体的高温热稳定性较差，使用温度较低，一般为0～310 ℃；且仅能用于液相系统，不可用于气相系统；另外，它在常温下的黏度比较大，凝固点较高，难以用于低温冷却系统；此外，矿物型有机热载体回收价值不高。合成型有机热载体又称合成油，是以石油化工或其他化工产品为原料，经有机合成制得。有些是纯度很高的单一成分的化学品，有些是几种同分异构体的混合物或几种化学性质相近的物质的混合物，使用温度一般为－70～400 ℃，可在较高温度下使用，可用于液相或气相系统、高温加热和低温冷却系统，使用寿命长，大部分回收价值较高，但制作工艺较复杂，价格高[1][2]。

17.2　产业现状

通过对国内外有机热载体产业发展和现状的分析，可以综合性地了解国外有机热载体产业发展的进程和特点，了解我国有机热载体产业发展的优势和劣势，了解核心技术的分布和垄断情况，有助于从中寻找发展机遇，确定发展方向，规避潜在风险。

17.2.1　产业链构成

目前，有机热载体行业的产业链基本完善，主要分为上游、中游、下游三个基本环节。产业链上游为石油初级炼制行业、化工产品生产行业、纳米粉体生产行业和添加剂生产行业；产业链中游为有机热载体研发和制造行业；产业链下游几乎覆盖了工业生产的各个领域，包括石油、化工、化纤、纺织印染、食品医药、木材建材、造纸工业、油漆工业、冶金、机械加工和铸造工业、炼焦工业、空调及电气设备工业、汽车制造业、碳素工业、电子工业、国防科技、能源利用等。

17.2.2　产业发展概述

17.2.2.1　国外发展历程

国外有机热载体的发展与全球经济发展和产业链下游应用需求密切相关。欧美等发达国家工业起步较早且发展迅速，对有机热载体的使用需求也较早。20世纪初，随着化学工业的发展，利用水/蒸汽进行加热的传统方法已无法满足新型工业工艺的要求，人们开始尝试用机械油、汽缸油等有机介质代替水和蒸汽加热，但这些油品在较高温度下使用出现了很多问题，无法满足工业发展的需要。在此背景下，有机热载体产业发展的历程正式开启，至今已经历100多年。根据产业生命周期理论，国外有机热载体的发展历程基本包括以下三个阶段（见表17－2－1）。

---

[1] 鲍求培．导热油应用手册［M］．上海：华东理工大学出版社，2007.

[2] 王骄凌，司荣．有机热载体技术进展综述［C］//中国锅炉水处理协会．第三次全国锅炉水（介）质处理学术交流会论文汇编．出版者不详，2013：1－26.

表 17－2－1　国外有机热载体发展历程

发展时期	时间	发展状况
导入期	20 世纪 20 年代至 40 年代	20 世纪 20 年代末，美国率先研制出一种性能优异的合成型有机热载体——联苯－联苯醚共沸混合物，标志着有机热载体商品化产品的问世。此后，法国、英国、荷兰和德国相继投入合成型有机热载体技术的研究并主导该领域的最新技术。其间，核心技术掌握在少数发达国家企业手中，技术垄断性较强，具有较高的进入壁垒
成长期	20 世纪 50 年代至 70 年代	“二战”后，全球经济迅速复苏，市场需求进一步增长，有机热载体也有一定的发展，其间，各大企业虽占有先发优势，但并未形成完全的技术垄断，不仅掌握关键技术的企业主体有所增加，有机热载体的类型也进一步丰富
快速发展期	20 世纪 80 年代至今	随着工业化进程的推进以及有机热载体生产技术的发展，美国、日本等许多国家相继研究开发了 100 多个导热油商业产品，涵盖了乙基联苯类、烷基萘类、聚烃硅氧类、合成醚类、二醇类等诸多类型，至此，有机热载体开始在欧美等国遍地开花❶❷。同时，随着经济全球化的进一步发展，特别是中国经济的崛起，有机热载体产业进入了快速发展期

17.2.2.2　国内发展历程

我国由于工业起步较晚，有机热载体的发展也相对滞后。根据有机热载体的研发生产水平，我国有机热载体的发展大致分为起步期、成长期和快速发展期三个时期，具体如表 17－2－2 所示。

表 17－2－2　国内有机热载体发展历程

发展时期	时间	发展状况
导入期	20 世纪 60 年代至 80 年代中期	20 世纪 60 年代开始导热油生产，代表厂商为苏州溶剂厂，生产道生仿制油；直至 20 世纪 80 年代以前，国内使用的导热油除道生仿制油外，多采用代用油品，或直接随机器、设备从国外引进；导热油总体用量小，且 2/3 依赖进口；人们对导热油的性能、质量等认识较浅
成长期	20 世纪 80 年代中期至 2010 年	工业化水平有所提高，对导热油的需求进一步增大，对导热油的认识也逐步加深；从单纯仿制逐步过渡到自主研发；但大部分导热油厂家生产规模较小，生产设备简陋，生产工艺不够完善，无序竞争激烈

❶ 姚永辉，赵晓阳，王华，等. 高温导热油的研究进展［J］. 广州化工，2013，41（1）：44－45.

❷ 郭玉，金洪光，牛远方，等. 国内外导热油的研究进展［J］. 河北化工，2008，31（6）：17－19.

续表

发展时期	时间	发展状况
快速发展期	2010年至今	2010年1月1日正式实施《有机热载体》（GB 23971—2009）国家标准，标志着我国导热油市场迈向了一个规范而成熟的快速发展阶段。目前国内矿物型导热油在发展水平上与国外接近，但高温合成导热油的技术与国外的差距仍很大

17.2.3 产业政策

随着工业化进程的推进，对有机热载体的需求越来越大，主要工业国家均出台了一系列政策鼓励、引导、推动有机热载体技术的发展。我国出台的有机热载体行业相关政策如表17-2-3所示。

表17-2-3 有机热载体行业相关政策

时间	发布部门	政策	主要内容
2004年5月26日	国家发展和改革委员会	关于清理规范焦炭行业的若干意见	提出要进行焦炉节能环保改造，鼓励大型企业积极采用导热油换热等节能环保新技术
2005年12月2日	国家发展和改革委员会	产业结构调整指导目录（2005年本）	提出鼓励钢铁行业中导热油换热技术的应用
2011年3月27日	国家发展和改革委员会	产业结构调整指导目录（2011年本）	提出鼓励新能源中太阳能热发电系统，太阳能热水器，太阳能中高温利用等技术研发；鼓励钢铁行业中导热油换热等先进技术的研发与应用
2012年2月27日	工信部	工业节能“十二五”规划	提出示范推广石墨辐射绝热器、综合回收四氯化硅和导热油循环冷却、纳米分散剂等产品和工艺
2012年6月16日	国务院	“十二五”节能环保产业发展规划	指出要重点发展锅炉窑炉、电机及拖动设备、余热余压利用设备等节能技术和装备。导热油加热炉是节能技术和装备之一
2015年5月8日	国务院	中国制造2025	提出加快制造业绿色改造升级。持续提升电机、锅炉、内燃机及电气等终端用能产品能效水平，加快淘汰落后机电产品和技术。高度关注颠覆性新材料对传统材料的影响，做好超导材料、纳米材料等战略前沿材料提前布局和研制。加快基础材料升级换代

续表

时间	发布部门	政策	内容
2016 年 3 月 16 日	国家能源局	电力发展“十三五”规划	提出到 2020 年，要实现太阳能发电总装机容量达到 1.1 亿千瓦，其中光热发电总装机规模 500 万千瓦。导热油是太阳能热发电系统的传热介质
2016 年 6 月 30 日	工信部	工业绿色发展规划（2016—2020）	提出推广清洁高效制造工艺，以热处理等领域为重点，推广高效节能热处理工艺，如有机热载体锅炉等节能锅炉
2020 年 6 月 22 日	国家能源局	关于印发 2020 年能源工作指导意见的通知	提出要提高清洁能源利用水平；加大储能发展力度。导热油是清洁能源利用如太阳能利用系统中的传热介质
2021 年 1 月 1 日	生态环境部	国家危险废物名录（2021 年版）	规定含有持久性有机污染物（PCBs）、多氯三联苯（PCTs）和多溴联苯（PBBs）的电力设备中废弃的介质油、绝缘油、冷却油及导热油为非特定行业的危险废物

17.2.4 行业标准

涉及有机热载体的相关行业标准如表 17－2－4 中所示。

表 17－2－4　有机热载体行业相关标准

颁布时间	颁布国家/单位	标准名称
1989 年	国际标准化组织（ISO）	《润滑油、工业油和相关产品（L 类）：分类，系列 Q，传热导液》（ISO 6743－12）
1993 年	美国	《烃类热传导液评价标准》（ASTM 5372—1993），1999 年修订
1994 年	中国	《有机热载体的分类标准》（GB/T 7631.12—1994）
1998 年	德国	《热传导液热稳定性试验方法标准》（DIN 51528—1998）（首版 1989 年）；《热传导液产品标准》（DIN 51522—1998）（首版 1989 年）
2001 年	美国	《有机热传导液热稳定性评价方法》，2011 年修订
2003 年	ISO	《石油和相关产品——抗氧化油和流体老化性能的测定》（ISO 4263—1）

续表

颁布时间	颁布国家/单位	标准名称
2009年	中石化石油化工科学研究院、中国锅炉水处理协会、宁波特种设备检验检测中心、广州市特种承压设备检验研究院和上海工业锅炉研究所	《有机热载体》（GB 23971—2009）

17.2.5 目标市场

有机热载体的应用领域广泛，拥有广阔的市场前景。以新兴的能源利用领域为例，有机热载体作为太阳能光热发电系统的主流传热介质，其市场容量将随着太阳能光热发电站的建成而不断扩大。目前太阳能热发电系统所用传热介质除了无机熔盐和水/蒸汽之外，多为合成型有机热载体，比如，迪拜950MW光热－光伏发电项目（Moor Energy 1 CSP－PV Project），所用传热介质为陶氏化学生产的DowTherm A；摩洛哥NOOR Ouarzazate电站2018年努奥二期200MW槽式光热发电项目，所用传热介质为伊士曼化工Eastman的Therminol系列；我国中广核德令哈50MW槽式光热发电项目，所用传热介质为伊士曼化工旗下的苏州首诺导热油有限公司生产的Therminol® VP－1。另外，国内外还有多个光热发电站在建或投产，未来几年，太阳能光热发电站将会在工业发达国家实现全面商业化运行，并逐步向工业发展中国家因地制宜地布局扩展，这将为有机热载体提供更大的目标市场。

17.2.6 代表企业和核心产品

有机热载体领域的国内和国外代表企业及其核心产品如表17－2－5和表17－2－6所示。

表17－2－5　国内代表企业和核心产品

企业名称	核心产品	产品类型
中国石化润滑油有限公司	L－QE系列、L－QF30、L－QB300、L－QC320、L－QD330、L－QD340、L－QD350、L－QD400	矿物油型及合成型

续表

企业名称	核心产品	产品类型	
江苏江阴化工一厂	主要生产国家规定的300~350系列	矿物油	
浙江省临安化工厂			
上海石油商品研究室			
上海炼油厂			
上海有机化工研究院			
洛阳石油化工工程公司炼制研究所			
茂名石油化工公司研究所			
上海恒欣化工有限公司			
中国燕山石油化工公司	YD－320/350	矿物油	
	YD－400	合成芳烃	联苯－联苯醚
	YD－350D/350G		氢化三联苯
	YD－350L		二苄基甲苯
	YD－300/325/340		烷基萘
	YD－350/340L		烷基苯
山东恒利石油化工股份有限公司	JQ320/YDF	矿物油	
	HD－340	合成芳烃	氢化三联苯
	HD315/325/310/360		烷基苯
江苏中能化学科技股份有限公司	SCHULTZ® 380/S700/S712/S715/S718	合成芳烃	烷基苯
	SCHULTZ® 720		改性混合芳烃
	SCHULTZ® S730		异丙基联苯
	SCHULTZ® S740		联苯－联苯醚
	SCHULTZ® S750		氢化三联苯
	SCHULTZ® S760		二芳基烷
上海豪森导热油厂	SD－320	合成芳烃	烷基苯

表17-2-6　国外代表企业和核心产品

<table>
<tr><th>企业名称</th><th>核心产品</th><th colspan="2">产品类型</th></tr>
<tr><td>埃索石油公司</td><td>Esso 500</td><td colspan="2" rowspan="5">矿物油</td></tr>
<tr><td>壳牌集团</td><td>Thermia B/C/E</td></tr>
<tr><td>英国石油公司</td><td>Transcal LT</td></tr>
<tr><td>日本丸善</td><td>丸善 200</td></tr>
<tr><td>美国美孚石油公司</td><td>Mobiltherm 600/603/605</td></tr>
<tr><td rowspan="5">美国陶氏化学公司</td><td>Dowtherm 209/A/E/H/L</td><td rowspan="4">合成芳烃</td><td>联苯－联苯醚</td></tr>
<tr><td>Dowtherm Q</td><td>二苯基乙烷</td></tr>
<tr><td>Dowtherm RP</td><td>二芳基烷基</td></tr>
<tr><td>Dowtherm G/LF/J</td><td>烷基苯</td></tr>
<tr><td>Syltherm 800/XLT/HF</td><td colspan="2">硅油型</td></tr>
<tr><td rowspan="7">美国伊士曼化工公司</td><td>THERMINOL® VP－1</td><td rowspan="6">合成芳烃</td><td>联苯－联苯醚</td></tr>
<tr><td>THERMINOL® VP－3</td><td>苯基环己烷＋联环己烷</td></tr>
<tr><td>THERMINOL® VLT</td><td>甲基环己烷＋三甲基戊烷</td></tr>
<tr><td>THERMINOL® LT/59/68/72</td><td>烷基苯</td></tr>
<tr><td>THERMINOL® 62</td><td>异丙基联苯</td></tr>
<tr><td>THERMINOL® 66/75</td><td>三联苯/四联苯</td></tr>
<tr><td>THERMINOL® 44</td><td colspan="2">合成酯类</td></tr>
<tr><td rowspan="2">德国拜耳公司</td><td>Dipnyl</td><td rowspan="2">合成芳烃</td><td>联苯－联苯醚</td></tr>
<tr><td>Barrel－200</td><td>烷基苯</td></tr>
<tr><td rowspan="2">德国赫斯化学公司</td><td>Marioterm S/L</td><td rowspan="2">合成芳烃</td><td>苄基和二苄基甲苯</td></tr>
<tr><td>Marioterm 605</td><td>氯化长链饱和烃</td></tr>
<tr><td>日本燃料技术研究所</td><td>SK－Oil 260、SK－Oil 170</td><td>合成芳烃</td><td>联苯－联苯醚</td></tr>
<tr><td rowspan="3">日本综研化学株式会社</td><td>NeoSK－Oil 500</td><td rowspan="3">合成芳烃</td><td>烷基苯</td></tr>
<tr><td>NeoSK－Oil 1300/1400</td><td>二苄基甲苯</td></tr>
<tr><td>KSK－OIL 280/260/330</td><td>烷基萘</td></tr>
<tr><td rowspan="2">法国道达尔公司</td><td>Seriola 1100/2100/6100</td><td colspan="2">矿物油</td></tr>
<tr><td>Seriola K3120/k1120</td><td>合成芳烃</td><td>烷基苯</td></tr>
<tr><td rowspan="4">法国隆波罗尔公司</td><td>Gilothem ADL/ADX10</td><td rowspan="4">合成芳烃</td><td>烷基苯</td></tr>
<tr><td>Gilothem DO</td><td>联苯－联苯醚</td></tr>
<tr><td>Gilothem TH</td><td>氢化三联苯</td></tr>
<tr><td>Gilothem D12</td><td>脂肪族碳氢化合物</td></tr>
<tr><td>美国戴纳林公司</td><td>HT</td><td colspan="2">聚－α－烯烃型</td></tr>
</table>

17.2.7 产业发展趋势

目前，我国有机热载体产业主要存在以下问题：

第一，国内市场成长迅速，合成型有机热载体需求量增大，但大多依赖进口；矿物型有机热载体国产率高，生产企业众多，但良莠不齐。

第二，相比国外大型公司，国内企业起步较晚，综合实力弱，创新能力不强，产品技术含量普遍较低，且企业普遍缺乏成熟的技术保护机制。

第三，有机热载体的环保、减碳功效还未受到研发产业和应用产业的足够重视，部分有机热载体产品的应用场景较窄、研发成本较高、研发热情不足。

为此，业内人士认为国内有机热载体产业的后续发展需要在以下三个方面予以加强：

第一，对于合成型有机热载体，宜通过合作引进、自主创新以及加强产学研相结合等方式，逐步打破国外技术壁垒，打通产业链条；对于矿物型有机热载体，建议优势企业之间加强合作，严把质量关，提升产品服务意识，进一步规范市场管理，确保我国在矿物型热载体领域的自主技术，提升矿物型热载体产品在全球的竞争优势。

第二，通过合资、并购等方式扩大企业规模，提升企业自主研发能力和综合实力，通过与优质的代理机构合作，提高企业技术成果专利化率，形成健全的技术保护机制。

第三，加强有机热载体在节能减排方面的应用研究，加强对现有高性能产品应用场景的拓展，促进有机热载体行业良性发展。

17.3 技术现状

17.3.1 技术发展历程

有机热载体作为工业传热和加热的重要介质，其发展与工业化进程是同步的。随着工业的发展，传统的水和蒸汽等热载体无法满足工业发展需要，急需寻求性能更好、更稳定的热载体。20 世纪 30 年代初，美国陶氏公司研发出联苯－联苯醚型有机热载体并成功获得专利权，标志一种新型的商业化产品——合成型有机热载体的问世。但这种联苯－联苯醚型有机热载体存在凝固点较高（12 ℃）、低温黏度大、渗透性强、毒性大、气味难闻以及制造成本高等缺点，在应用上有较大的限制。20 世纪 50 年代，美国孟山都（Monsanto）公司研制出氢化三联苯型有机热载体，其能克服联苯－联苯醚型导热油的缺点，高温稳定性好、蒸汽压较低，但低温流动性稍差，且依然存在生产成本高、毒性较大的问题；此时，矿物型有机热载体也应运而生，其特点是安全性高、毒性小、价格低廉，但高温稳定性差、容易发生氧化裂解。之后，随着工业的进一步发展，对热载体的需求不断增加，主要国家随即投入更多精力在综合性能优良的有机热载体的研发上。20 世纪 60 年代，日本推出了乙基联苯系列合成型有机热载体，德国推出了苄基甲苯系列合成型有机热载体，英国推出了聚乙烯醇合成型有机热载体，这些产品克服了联苯－联苯醚型有机热载体凝固点高、气味难闻、渗透性强等缺点，且沸点较高和蒸气压低，因而成为当时较通用的有机热载体。20世纪70年代以后，随着化学研究向高精方向发展，对热载体的性能要求更高，烷基苯、烷基联苯、烷基萘、聚硅氧烷、合成酯、合成醚、二醇等合成型有机热载体相继问世，同时，矿物型有机热载体也迎来了新的发展，各种有机热载体专用添加剂的研制以及加氢技术的广泛应用，使得矿物型有机热载体的性能和品质不断提高，应用范围更加广泛。

17.3.2 关键技术或代表性技术

经历几十年的发展，矿物型有机热载体的关键技术主要集中在精制工艺的改进和功能性添加剂的开发上，目前代表性的工艺是蒸馏和加氢精制，代表性的添加剂有抗氧剂、阻焦剂、分散剂、清净剂、金属减活剂、金属钝化剂和导热填料等。

合成型有机热载体的关键技术主要集中在分子结构的改进上，目前代表性的结构类型包括：联苯－联苯醚型、氢化三联苯型、苄基或二苄基甲苯型、烷基萘型、烷基苯型和烷基联苯醚型等合成芳烃，脂肪烃（包括卤代烃、聚－α－烯烃），有机硅，合成酯等。还包含少量的氟碳氢化合物，磷酸酯，生物基、复合型以及其他的新合成型有机热载体。常见的合成型有机热载体的组成及性能如表17－3－1所示。

表17－3－1 常见的合成型有机热载体性能比较[1]

有机热载体类型	简介	性能
联苯－联苯醚	26.5%联苯和73.5%二苯醚共溶共沸混合物，沸点257 ℃	热稳定性好、使用温度达到400 ℃、积炭倾向小，但熔点高、低温黏度大、渗透性强、毒性大、气味难闻、有致癌作用、生产成本高
氢化三联苯	由邻、间、对三联苯的混合物部分加氢（饱和度40%）获得，使用温度范围为－10～350 ℃	高温稳定性好、蒸汽压低，但低温流动性稍差、生产成本高、毒性较大
苄基甲苯	包括单苄基甲苯（MBT）和二苄基甲苯（DBT）；单苄基甲苯，即由甲苯的加成反应生成二倍体化合物，二苄基甲苯是甲苯加成反应生成的三倍体化合物，且都为苯环外连有一个甲基的化学结构	单苄基甲苯的凝点为－60 ℃以下，具有很好的耐低温特性，适合作为低温冷媒，其沸点为280 ℃，在高温时也可以为汽/液两相热载体。 二苄基甲苯倾点为－32 ℃，沸点390 ℃，耐热性良好

[1] 国家标准化管理委员会．有机热载体：GB 23971—2009［S］．北京：中国标准出版社，2010.

续表

有机热载体类型	简介	性能
烷基萘	主要是甲基萘、二甲基萘、异丙基萘等，使用温度范围为 -30~300 ℃	低毒、低腐蚀性、高导热性、凝点低、闪点较高、对设备无腐蚀、黏度适中，但高温稳定性较差
烷基苯型（苯环型）	短支链烷烃基（包括甲基、乙基、异丙基）与苯环结合的产物，其沸点为 170~180 ℃，凝点为 -80 ℃以下	热稳定性好、高温下降解比较小、不易结焦积炭、低温流动性好、兼容性好、使用寿命长
烷基联苯醚	两个苯环中间一个醚基链接，两个苯环上分别有两个甲基的同分异构体混合物	低温黏度低、使用寿命长
硅油	无机硅氧主链与有机支链相结合而成的有机聚合体，按有机支链的不同分为甲基硅油、甲基苯基硅油和甲基含氢硅油等	优异的耐热性能、闪点高、绝缘性好、耐候性好、疏水性好、表面张力较小、低温流动性好、使用温度范围广、寿命长、无味、无腐蚀、环境友好
聚 -α- 烯烃（PAO）	低碳烯烃（正 C10/CS/C12 烯，多为 C10 烯）齐聚、加氢饱和获得的一种梳状结构的功能液	低温流动性较好、高温稳定性较好、氧化安定性较好、蒸汽压较低、沸点、闪点和燃点较高、无毒、无色、无味，可作为食品级合成型有机热载体
合成酯	由有机酸和醇催化脱水而成，分子中都含有酯类官能团 -COOR，根据分子中的酯基多少和位置分为双酯、多元醇酯以及复酯	热安定性能好、润滑性好、与添加剂融合性好

在代表性的合成型有机热载体中，硅油型有机热载体由于本身特有的化学结构，使得其具有优异的高温稳定性、氧化稳定性、低挥发性、高闪点、高燃点和电绝缘性等特点，同时由于硅油本身具有超强的稳定性，使得其即使在含有一定苯基的情况下仍能保持生理惰性而不具有本体毒性。另外，硅油还可以在保证具有足够的低温性能的前提下，在非常宽的温度范围内保持较好的流动性，并可通过调整侧链上的有机基团的组成和比例（如引入苯基）来提高油品的高温性能。与传统的有机热载体使用大约 1 年更换相比，硅油型有机热载体在约 400 ℃下连续运行 10 年才需进行更换。基于

这些特性，硅油型有机热载体不仅适用于密闭的液相换热系统，更能在一些开放式换热系统中发挥其性能优势。

例如，在槽式太阳能热发电系统中，硅油型有机热载体已经表现出替代传统的联苯－联苯醚传热介质的极大潜力。目前国内已经有以硅油作为传热介质的商业电站在建设当中，如玉门龙腾50 MW槽式光热发电示范项目，瓦克公司的硅油型有机热载体也已经在龙腾位于内蒙古乌拉特中旗的600米槽式集热回路上进行了一段时间的测试运行。太阳能热发电用传统传热介质联苯－联苯醚和新兴传热介质硅油性能对比如表17－3－2所示。

表17－3－2 太阳能发电用有机热载体性能对比

	联苯－联苯醚（73.5%/26.5%）	硅油
投资	初投资和运维成本高。100MW的常规导热油电站，配备10小时储能，导热油用量达到3800吨，综合单价2.5万元，导热油初投资9500万元，每年按2%到3%的补油率，25年电站全生命周期导热油费用是6000万元	50MW硅油的槽式电站，同样配备10小时储能装置，导热油用量是2600吨，综合单价按照4万元算，导热油的初始投资1.04亿元，每年1%到2%的补油费用，全生命周期大概是3900万元
应用温度	293～393 ℃	300～425 ℃
设备材料	碳钢可以满足温度要求	需要使用合金钢
热储备量	低	高
设备压力等级	（由导热油蒸汽压决定）	
导热油辅助系统	结晶点为12 ℃，部分地区需要防凝装置	应用温度为－40～425 ℃，不需要防凝装置
高温稳定性	高温裂解变质	400 ℃高温稳定
阻燃性	易燃	具有良好阻燃性能

在可靠的预期、巨大的市场、有利的政策支持以及成本因素得以改善的情况下，硅油型有机热载体有望成为未来合成型有机热载体的发展方向。

17.3.3 技术发展趋势

有机热载体技术目前存在的主要问题包括：

第一，矿物型热载体技术门槛低，国内外研究进度相差不大，但其综合性能一般，适用范围有限；合成型热载体综合性能优良，适用范围广，但其技术门槛高，技术壁垒难突破。

第二，安全和环保的有机热载体技术更新较慢，难以适应全球能源结构调整的需求，且核心技术掌握在少数大公司手中，技术保密性强，技术垄断严重，现有产品长时间占据市场。

第三，广谱型有机热载体产品较多，适用于特定细分领域的高性能有机热载体的总量相对较低。

为此，业内人士认为国内有机热载体技术的后续发展需要在以下几个方面予以加强：

首先，加快技术更新脚步，开拓技术研发思路，多线并举寻求更多技术突破点，通过自主创新打破市场垄断。

其次，加大对合成型有机热载体的研发投入力度，开发出更多使用温度范围宽、综合性能优良的合成型有机热载体产品，通过联合研发等多种手段打破技术壁垒。

最后，针对特定应用领域开发更多满足特定性能要求的有机热载体产品，使产品定位进一步精细化。

第 18 章　有机热载体专利申请概况

为了解全球和中国有机热载体专利技术的整体态势，通过定量分析的方法，对有机热载体技术领域的全球专利申请和中国专利申请分别从专利申请趋势、技术构成、主要申请人和地域布局等多个方面进行了分析。

18.1　全球专利申请态势

截至检索日，有机热载体领域已公开的专利申请共计 873 项。以下将以这些专利申请为基础数据样本进行分析和研究。

18.1.1　专利申请趋势

从全球专利申请和多边专利申请两个角度分析了专利申请趋势。按多边专利申请统计，全球申请量共有 268 项，占全球申请总量的 30.7%。

从全球专利申请趋势来看，有机热载体全球专利申请整体呈现前缓后快的增长态势，但总体来看年申请量均不大，最低年申请量仅 1 项，最高年申请量为 35 项，说明有机热载体领域技术准入门槛较高，技术整体演进较慢。20 世纪 20～40 年代是有机热载体技术的导入期，其间，技术自然垄断性较强，形成了较高的技术壁垒，因此专利申请总量较低，基本集中在美国、德国、法国等发达国家手中，其中，美国的陶氏作为有机热载体商品化第一家企业在该时间段内的专利申请量为 9 件，占到全球申请量的 1/4 以上。20 世纪 50～70 年代是有机热载体技术的成长期，"二战"后随着全球经济的复苏，助力工业发展的有机热载体技术也迎来了一定的发展，相关技术的专利申请量也出现了一定的增长，但受到石油危机和全球经济严重衰退的影响，20 世纪 70 年代中期有机热载体技术的专利申请量遭遇低谷。20 世纪 80 年代至今是有机热载体技术的快速成长期，随着经济全球化进程的不断加快，工业上对有机热载体的需求也进一步增加，主要国家在有机热载体技术研发上的投入也不断加大，有机热载体专利申请量出现了明显的增长，特别是近 20 年，随着中国经济的崛起，有机热载体全球专利申请量有明显提升。

从多边专利申请趋势来看，专利年申请量整体增长态势较为平稳，没有明显的增长，说明有机热载体核心技术的发展持续性较强，但技术突破点并不多。有机热载体全球专利申请及多边专利申请趋势如图 18－1－1 所示。

从技术角度来看，联苯－联苯醚类合成型有机热载体第一项专利申请（US1882809A）是由陶氏于 1929 年 2 月 21 日提出的，由此开启了陶氏在合成型有机热载体领域的领先优势。对于合成型有机热载体中的另一重要技术分支，有机硅类热载体第一项专利申请（US2335012A）是由美国的亚瑟立德于 1941 年 10 月 15 日提出的。第一项多边专利申请（CH301156A）则是由比利时的优时比公司于 1952 年 8 月 23 日提出的有机硅类热载体多边专利申请。由此看出，在合成型有机热载体中，联苯 - 联苯醚类和有机硅类热载体的专利布局均发生较早，国外相关公司的技术先发优势明显。

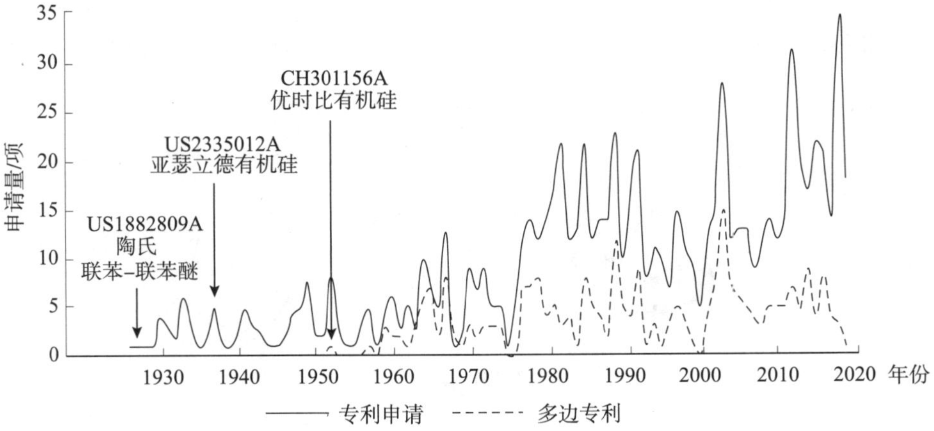

图 18 - 1 - 1　有机热载体全球专利申请及多边专利申请趋势

18. 1. 2　技术构成

18. 1. 2. 1　技术构成分析

经过前期调研、专家咨询和内部讨论，将有机热载体的研究方向聚焦在有机热载体的产品组成上，同时兼顾有机热载体应用领域的分析。在具体研究中，综合行业分类习惯、专利申请量以及研究目的，将有机热载体的类型划分为合成型有机热载体（又称合成油）、矿物型有机热载体（又称矿物油）和纳米流体三类，同时将有机热载体的应用划分为传热流体、冷却/防冻液、液压/润滑油、介电流体、朗肯循环用传热介质、太阳能发电用传热介质、添加剂和其他。合成型有机热载体作为重点专利技术，将其进一步细分为醇/醇醚、合成芳烃、有机硅、氟碳氢、脂肪烃、合成酯、复合型、生物基、聚醚、磷酸酯和其他。

从申请量来看，在不同类型的有机热载体中，申请量占比最大的是合成型有机热载体，其次为矿物型有机热载体，占比最小的为纳米流体。合成型有机热载体属于有机热载体中的主流技术分支，这主要是由于合成型有机热载体相较于矿物型有机热载体在使用温度范围、换热效率、低温黏度等方面具有显著优势，且类型更为丰富，应用范围更为广泛，经济利益更为巨大，因此一直是申请人研究的重点。在有机热载体的不同应用中，申请量占比最大的为传热流体（422 项），其次为冷却/防冻液（152 项），最后是液压/润滑油（130 项），三者占应用总量的 80% 以上，是有机热载体的主要应用领域。有机热载体全球专利申请技术构成如图 18 - 1 - 2 所示。

从申请趋势来看，合成型有机热载体技术出现较早，申请较为连续，申请量在 20 世纪 80 年代之后有大幅提升，且相比于矿物型和纳米流体，申请量优势明显。继合成型有机热载体之后出现的为矿物型有机热载体，但该技术分支在出现早期的多年时间内处于沉寂状态，且在此后的诸多年份出现了申请中断，直到2000年之后该技术分支才出现连续和逐年增多的申请趋势，但年申请量依然远远落后于合成型有机热载体。纳米流体作为依赖于合成型和/或矿物型为基体的技术分支，在20世纪90年代之后才开始出现，直到2005年之后随着纳米技术的不断发展才体现出连续且不断增加的申请趋势。有机热载体领域各技术分支的全球专利申请趋势如图18－1－3所示。

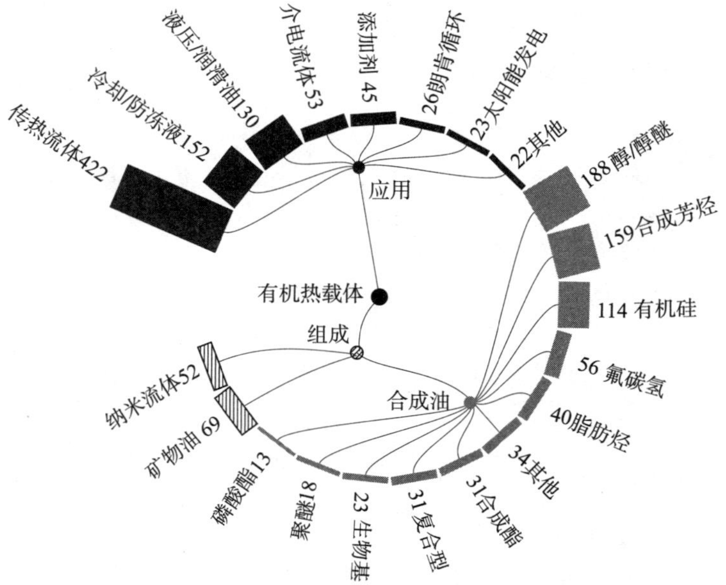

图18－1－2　有机热载体全球专利申请技术构成

注：图中数字表示申请量，单位为项。

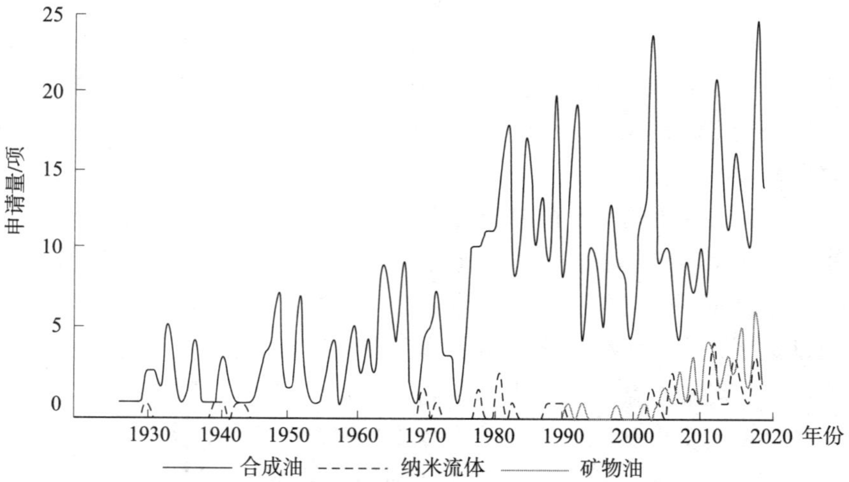

图18－1－3　有机热载体领域各技术分支全球专利申请趋势

在合成型有机热载体中，醇/醇醚类作为冷却/防冻液基础性物质，是申请量排名第一的合成型有机热载体技术分支。合成芳烃类属于最早被研发且综合性能优良的合成型有机热载体，是有机热载体中重要的技术分支之一，一直是创新主体的研发重点，因此申请量也相对较大。有机硅类由于具有诸如良好的耐高低温性能、优异的抗氧化性、闪点高、挥发性小、绝缘性好、表面张力小、对金属无腐蚀、环境压力小等优点，被认为是最有可能替代联苯－联苯醚类的有机热载体，工业应用潜力巨大，也是新兴的太阳能发电系统中的热门传热介质，因此也有较高的申请量占比。三者申请趋势整体上较为平稳，每年都有一定量的申请出现。合成型有机热载体各技术分支全球专利申请趋势如图 18－1－4 所示。

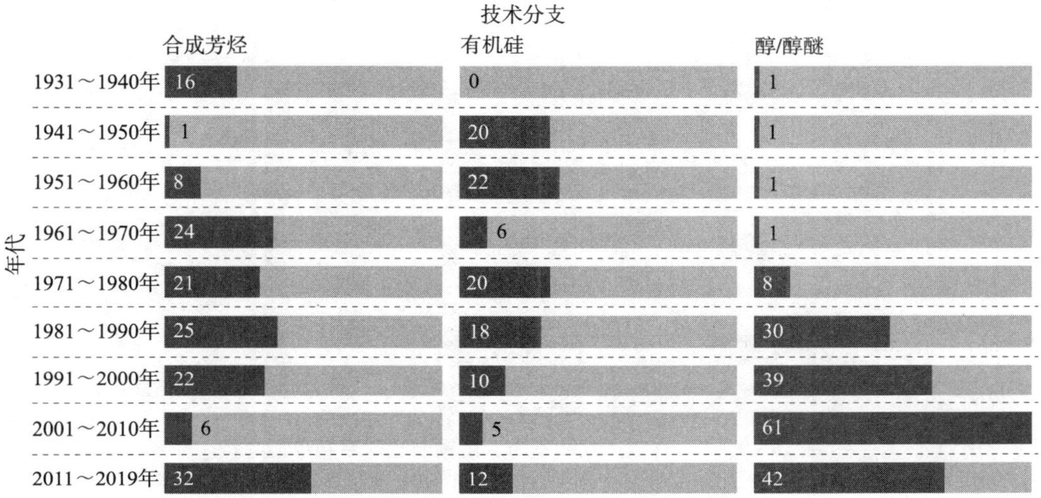

图 18－1－4　合成型有机热载体各技术分支全球专利申请趋势

注：图中数字表示申请量，单位为项。

从有机热载体主要应用的专利申请趋势来看，在 20 世纪 40 年代之前，有机热载体基本用作传热流体，仅少部分应用于冷却/防冻液用途。此后，随着汽车工业等制造业的发展，20 世纪 40 年代，有机热载体作为液压/润滑油这类功能性流体的应用开始出现，并在 20 世纪五六十年代呈现明显增多趋势，在有些年份的申请量甚至超过了传热流体。从 20 世纪 70 年代中期开始，各应用的申请量均呈现明显增长态势，其中增长最显著的是传热流体应用，其次是冷却/防冻液应用。在 2010 年以后，传热流体应用再次出现显著增长，这主要与该时期之后主要国家对清洁能源利用的重视程度越来越高有关。有机热载体不同应用领域的全球专利申请趋势如图 18－1－5 所示。

18.1.2.2　有机热载体类型与应用之间的关联性分析

为进一步了解有机热载体类型与应用之间的关联性，课题组对有机热载体各技术分支在不同应用上的专利申请量进行了分析。通过分析发现，有机硅类热载体最主流的应用是作为无特殊限定的传热流体使用，其次是作为液压/润滑油使用，还有一部分用于太阳能发电用传热介质；合成芳烃的应用分布与有机硅类似，说明二者在性能方面存在很大相似性；醇/醇醚则主要作为冷却/防冻液使用，其次是作为普通的传热流体使用；矿物油、脂肪烃、纳米流体、氟碳氢化合物、聚醚以及复合型有机热载体均主要作为普通的传热流体使用；合成酯和磷酸酯主要作为液压/润滑油使用；生物基有机热载体主要作为介电流体使用。基于上述分析可以看出，有机热载体类型与应用之间存在一定的关联性，说明不同类型有机热载体的性能不尽相同，不同应用对有机热载体的性能要求也不尽相同。合成型有机热载体相对于矿物型有机热载体的应用更为广泛，说明合成型有机热载体的性能相对更为综合全面。有机热载体各技术分支在不同应用上的专利申请量如图 18－1－6 所示。

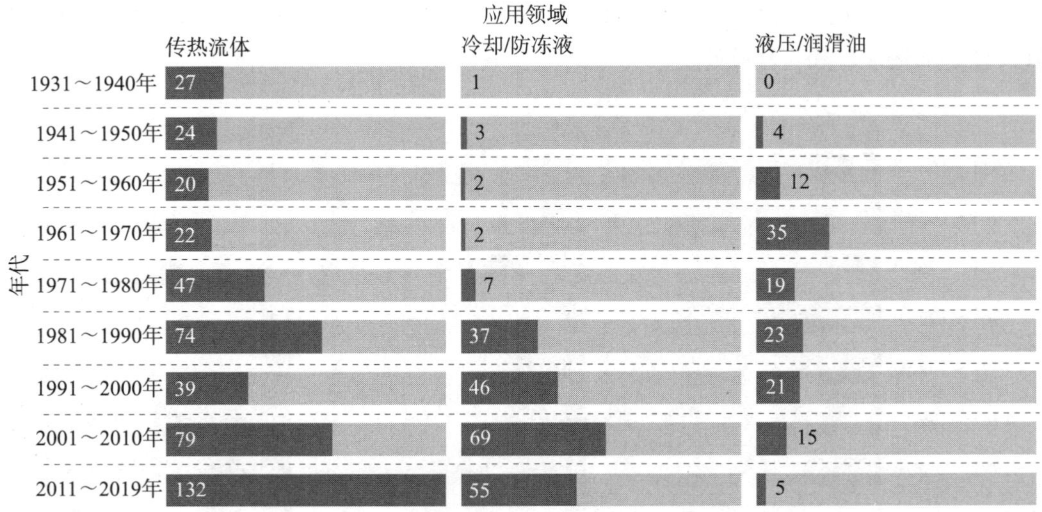

图 18－1－5　有机热载体不同应用领域全球专利申请趋势

注：图中数字表示申请量，单位为项。

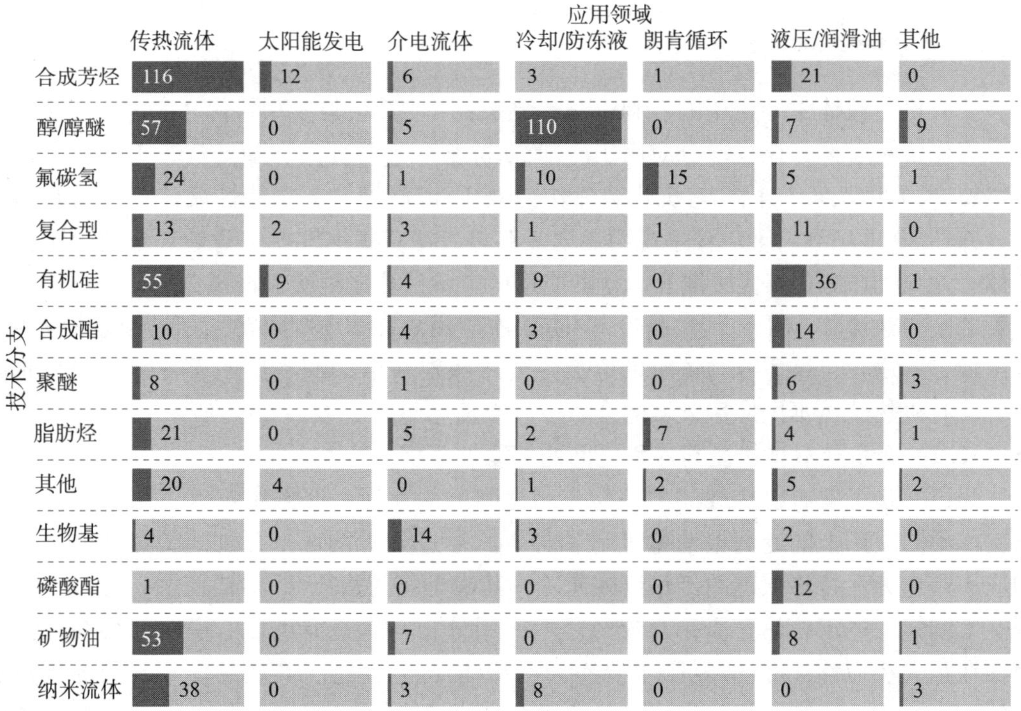

图 18－1－6　有机热载体各技术分支在不同应用领域的专利申请量

注：图中数字表示申请量，单位为项。

18.1.2.3 合成型有机热载体技术手段与技术效果之间的关联性分析

在合成型有机热载体中，醇/醇醚热载体最关注的性能是防腐防锈性能，主要通过使用添加剂以及调整组分来实现该性能提升；其次关注的是低温性能，再次是传热性能，这两个性能的提升也是通过调整组分和使用添加剂来实现。醇/醇醚类热载体关注的性能点主要与其应用场景有关，其最广泛的应用是作为汽车冷却/防冻液使用，因此是否会对发动机造成腐蚀是其首要关注的性能，同时为了满足冬天的使用需求，较低的冰点或者较好的低温性能也是其重点关注的性能。总体来说，调整组分和使用添加剂是醇/醇醚类热载体技术改进的主要方式，而制备工艺对醇/醇醚类热载体的性能影响较弱。醇/醇醚类有机热载体专利技术功效如图 18－1－7 所示。

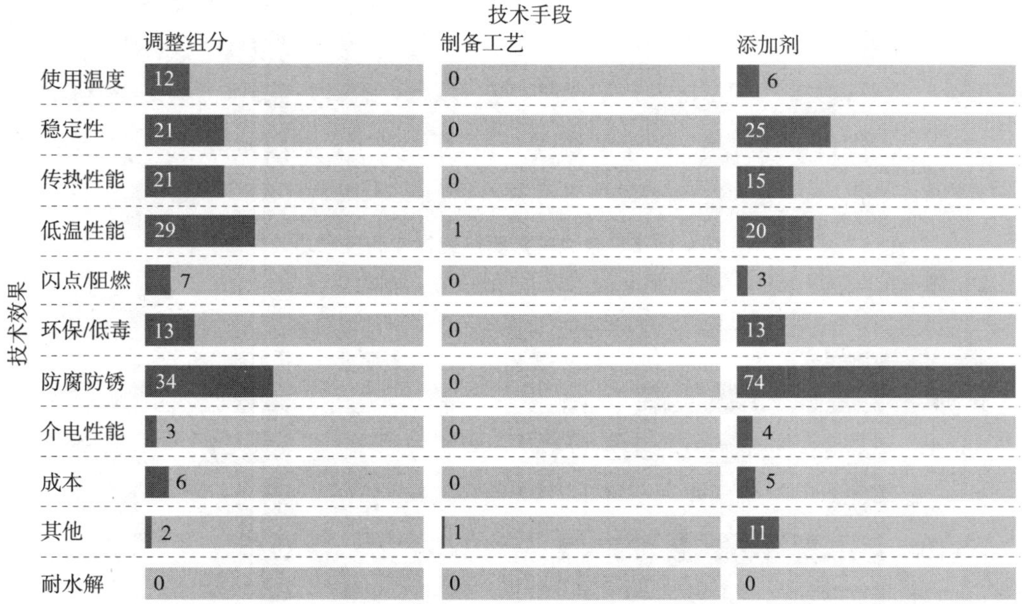

图 18－1－7　醇/醇醚类有机热载体专利技术功效

注：图中数字表示申请量，单位为项。

在合成型有机热载体中，合成芳烃类热载体较为关注的性能集中在使用温度范围、热稳定性、低温性能以及传热性能上，上述性能的提升主要都是通过调整组分来实现，但制备工艺的改进和添加剂的使用也会对这些性能产生一定影响。总体来说，调整组分主要用于实现使用温度范围的拓宽以及热稳定性和低温性能的提升，制备工艺的改进主要用于实现使用温度范围的拓宽、成本的降低以及实现环保/低毒的技术效果；添加剂的使用主要用于实现使用温度范围的拓宽以及低温性能的提升。合成芳烃类热载体专利技术功效如图 18－1－8 所示。

在合成型有机热载体中，有机硅类热载体较为关注的性能与合成芳烃类类似，也是集中在使用温度范围、热稳定性、低温性能以及传热性能上，相比合成芳烃类的最大区别在于增加了对耐水解性能的关注。上述性能的提升主要是通过调整组分来实现，其次是通过使用添加剂来实现，相对来说，制备工艺的改进对这些性能影响较小。有机硅类热载体专利技术功效如图 18－1－9 所示。

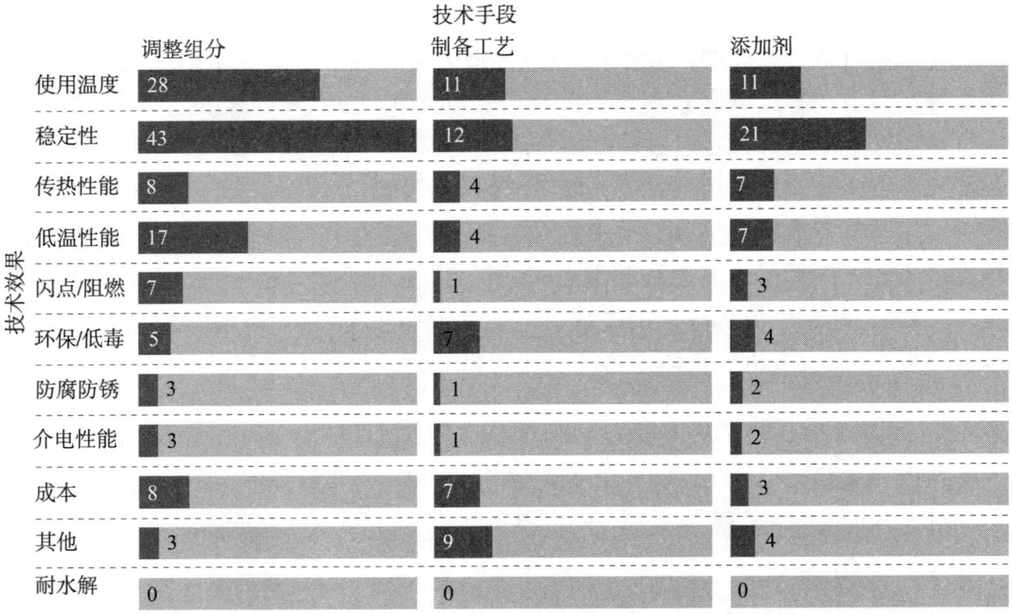

图 18－1－8　合成芳烃类热载体专利技术功效

注：图中数字表示申请量，单位为项。

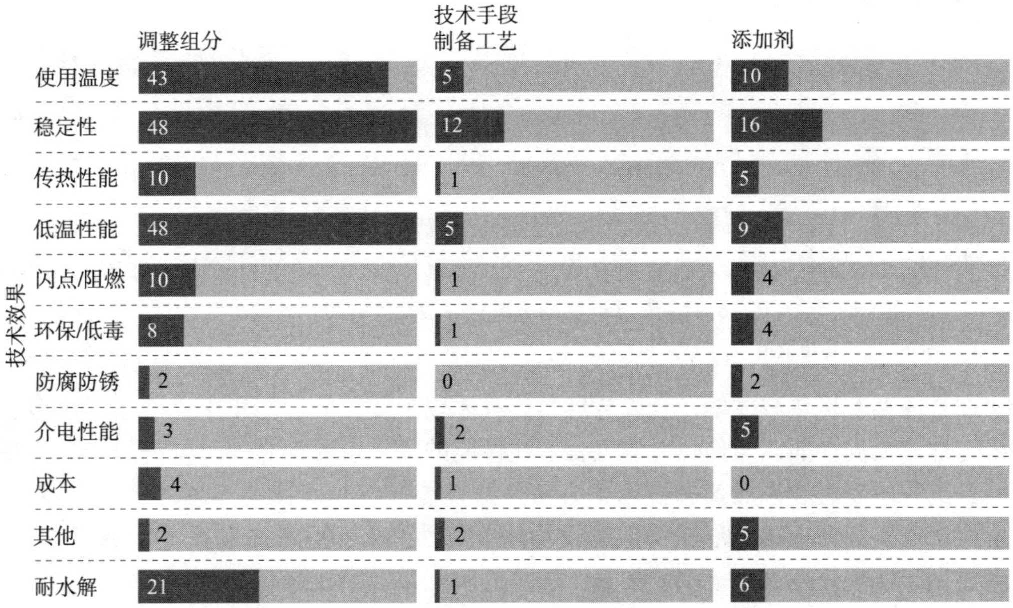

图 18－1－9　有机硅类热载体专利技术功效

注：图中数字表示申请量，单位为项。

18.1.3　技术来源地

18.1.3.1　申请量排名情况

图 18－1－10 显示了有机热载体领域专利申请的主要技术来源地及其申请量排名

情况，图中其他申请量表示除多边申请之外的其他申请。

从图中可以看到，在有机热载体全球专利申请中，申请量排名第一的是美国，其后依次是日本、中国、德国、英国、法国、俄国、韩国等。在上述国家中，美国的多边申请量也是最多的，是有机热载体领域名副其实的技术龙头，其次是德国和日本。不同于专利申请排名情况，日本的多边专利申请量明显低于德国。另外，我国专利申请量虽然排名第三，但是没有一项多边申请，可见我国在有机热载体领域的技术还不够成熟，核心技术或高价值技术较少，专利申请质量和布局意识亟需提升。

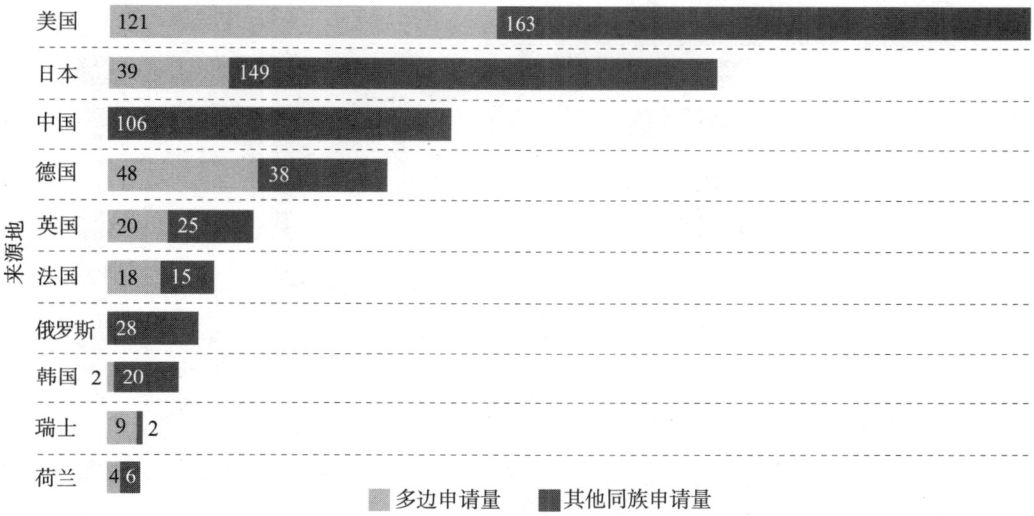

图 18-1-10　有机热载体全球专利申请主要技术来源地及其专利申请量排名

注：图中数字表示申请量，单位为项。

通过对有机热载体的关键技术分支合成型有机热载体的专利申请进行统计分析发现，合成型有机热载体全球专利申请中申请量排名第一位的是美国，其后依次是日本、德国、中国、英国、俄罗斯、法国、韩国等。而在以多边申请统计分析时，相较于同族专利申请排名情况，日本和德国的排名发生互换，这说明德国在合成型有机热载体领域的专利申请的价值和重要性相对更高。另外，专利申请量排名第四的中国，按多边申请量统计时排名跌出前十，可见中国虽然在合成型有机热载体领域的申请量较大，但技术的价值和重要性相比其他申请国还有较大差距。合成型有机热载体全球专利申请主要技术来源地的同族申请量及多边申请量排名如图 18-1-11所示。

18.1.3.2　主要技术来源地的专利申请趋势

美国、日本、德国作为工业化进程较早的代表性国家，在有机热载体技术领域中占据重要地位。为了显示我国与上述国家有机热载体领域技术发展的差异和特点，分析了美国、日本、中国、德国在有机热载体尤其是合成型有机热载体领域的专利申请趋势，如图 18-1-12 和图 18-1-13 所示。

可以看出，20 世纪 70 年代之前，美国的专利申请量相比于其他国家一直占据龙头优势，而20 世纪 70 年代后美国受自身经济滞胀等因素影响，其专利申请龙头地位被日本取而代之，日本成为后起之秀。2009 年之后，随着我国经济的迅速崛起，在经济结构绿色转型的带动下，同时受到国家自主创新政策的鼓励，我国的有机热载体专利申请量异军突起，增长态势迅猛。德国作为制造业大国，对有机热载体的需求程度始终较高，使得其在有机热载体领域的专利申请量处于稳中有升的态势，是有机热载体技术的重要来源国家。从合成型有机热载体的专利申请趋势来看，美国、日本、德国的专利申请趋势与有机热载体整体的申请趋势基本一致，而由于我国矿物型热载体专利申请量的占比相对较大，我国在合成型有机热载体领域的专利申请量有所降低。

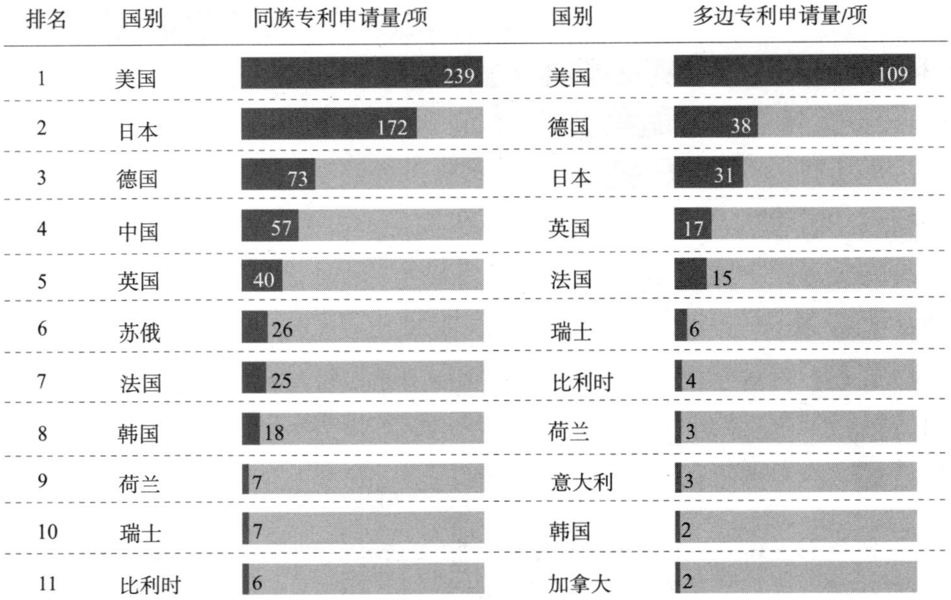

图 18 -1 -11　合成型有机热载体领域专利申请主要技术来源地及其申请量排名情况

注：图中数字表示申请量，单位为项。

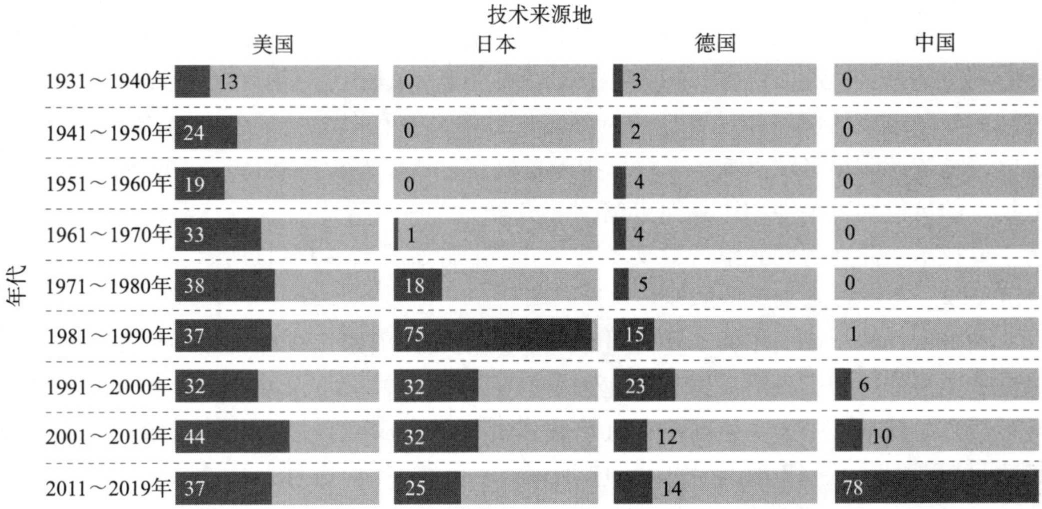

图 18 -1 -12　有机热载体主要技术来源地的专利申请年代分布

注：图中数字表示申请量，单位为项。

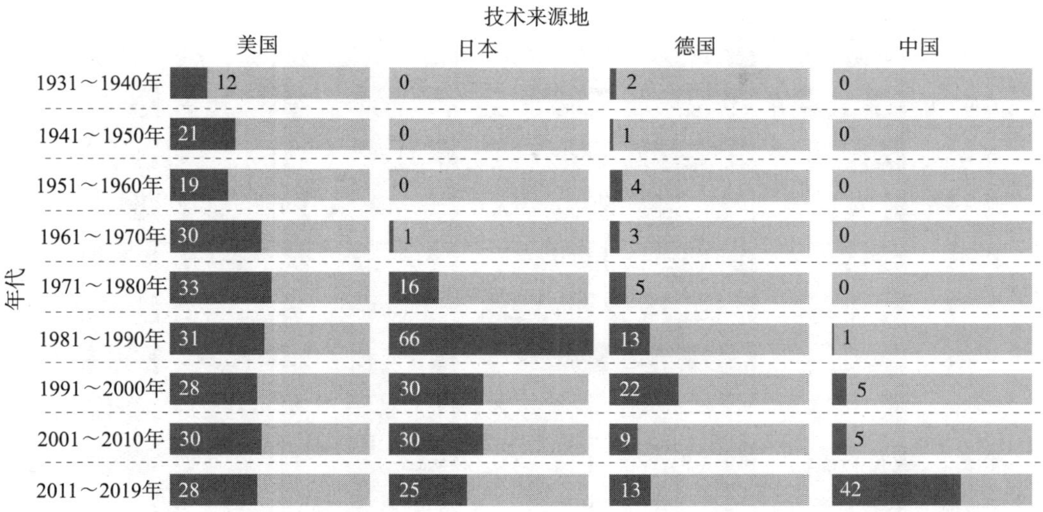

图 18－1－13　合成型有机热载体主要技术来源地的专利申请年代分布

注：图中数字表示申请量，单位为项。

18.1.3.3　主要技术来源地的专利申请技术构成

图 18－1－14 展示的是主要技术来源地在产品类型上的专利申请技术构成情况。从分析结果来看，与中国、日本、德国、英国、法国这些国家相比，除了氟碳氢、矿物油和纳米流体之外，美国在包括有机硅和合成芳烃等在内的技术分支上的申请量均占据全球首位。同时，从美国自身的专利技术构成来看，有机硅、合成芳烃和醇/醇醚的申请量占据前三，矿物油申请量占比相对较小，可见美国的专利技术主要集中在技术门槛较高的有机硅和合成芳烃技术上。日本的专利申请技术构成呈现不同的特点，其在醇/醇醚和氟碳氢化合物技术上的申请量在全球处于遥遥领先的地位，在合成芳烃技术上的申请量也仅次于美国，可见日本在冷却/防冻和传热流体等技术上占据全球领先优势。德国和英国在有机热载体领域的技术发展重点为有机硅技术，法国的技术发展重点为合成芳烃技术。反观我国，由于工业起步较晚，我国仅在矿物油和纳米流体技术领域呈现出优势。虽然在合成芳烃和醇/醇醚技术上有一定申请量，但是与美国和日本相比还存在较大的差距，此外在有机硅技术上也处于明显的弱势地位。

进一步地，从主要技术来源地在应用领域上的专利申请技术构成来看，主要技术来源地的专利申请基本集中在传热流体基础应用上，除此之外，重点布局的应用领域是液压/润滑油和冷却/防冻液，在这两个应用领域占据全球优势地位的是美国和日本，其中美国在液压/润滑油应用领域中占有优势，日本则在冷却/防冻液应用领域中占有优势。在新兴的太阳能发电用传热介质的应用上，德国占有明显优势，其次是美国和日本。主要技术来源地在应用领域上的专利申请技术构成如图 18－1－15 所示。

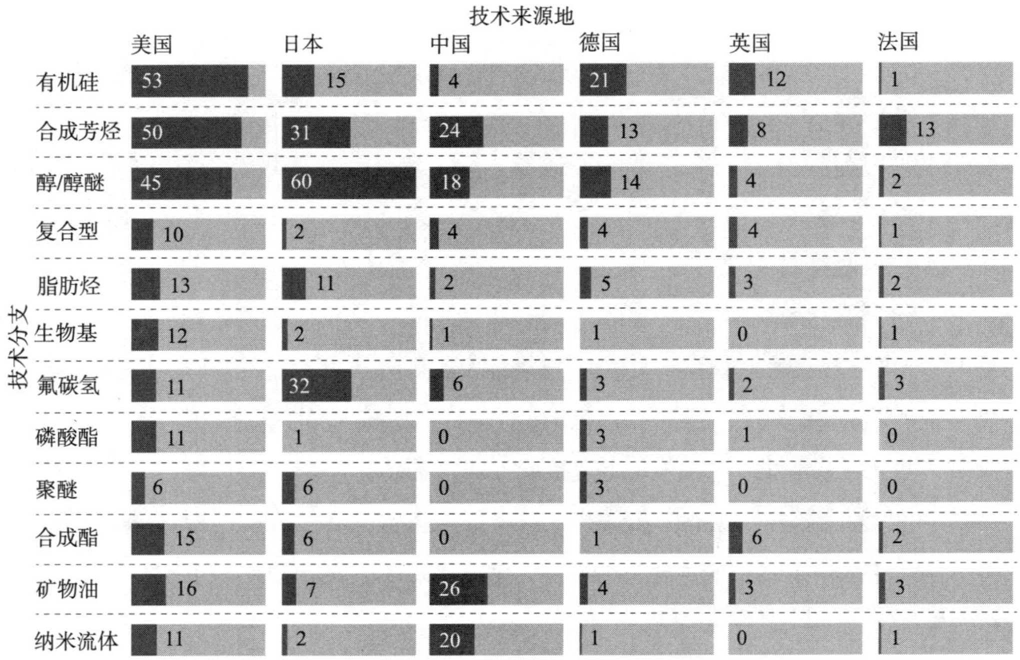

图18-1-14　主要技术来源地在产品类型上的专利申请技术构成

注：图中数字表示申请量，单位为项。

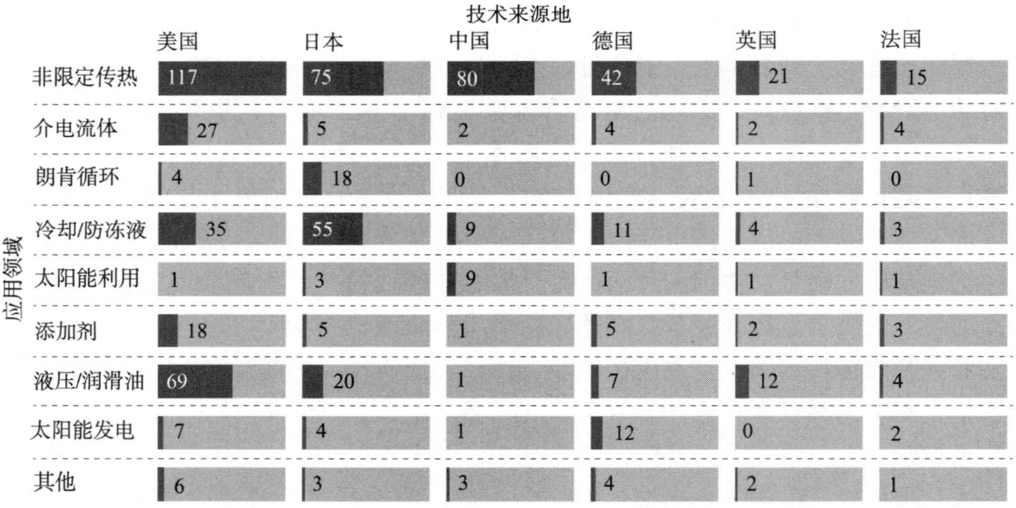

图18-1-15　主要技术来源地在应用领域上的专利申请技术构成

注：图中数字表示申请量，单位为项。

18.1.4　目标市场

目标市场分析能够反映出技术的主要流向，并且有助于进一步判断全球主要国家/地区对目标市场的重视程度。

通过对目标市场的分析可知，有机热载体的目标市场主要是美国、日本和中国。一方面是由于这些国家本身的申请量较大，在本国公开的申请也相对较多；另一方面在于美国、日本和中国是世界上三大经济体，对工业热载体的需求度高，市场前景较为广阔。合成型有机热载体的目标市场主要是日本、美国和德国。美国、日本、德国本身就是合成型有机热载体申请量排名前三的国家，可见相比于有机热载体整体，排名发生变化的原因主要在于不同国家在合成型有机热载体领域本身申请量的变化，大部分国家的专利申请会选择首先在本国申请。有机热载体和合成型有机热载体全球专利申请的主要目标市场排名如图 18－1－16 所示。

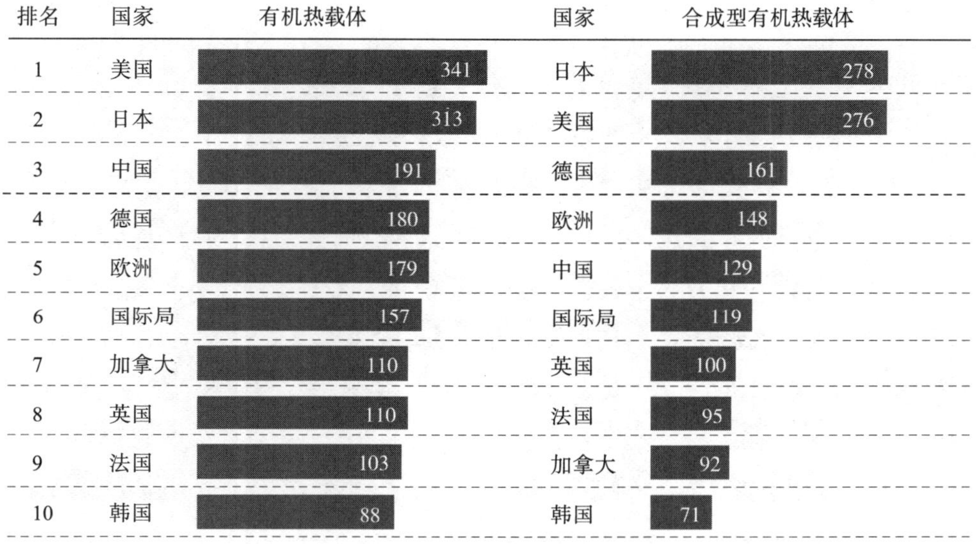

图 18－1－16　有机热载体和合成型有机热载体全球专利申请目标市场排名

注：图中数字表示申请量，单位为项。

由图 18－1－17 和图 18－1－18 可以看出，有机热载体和合成型有机热载体在主要目标国的专利申请趋势十分相似，总体来看，近年来以美国和日本为目标市场的专利申请趋势相对较为平稳，以德国为目标市场的专利申请趋势呈下滑态势，而以中国为目标市场的专利申请趋势呈上升态势，尤其是 2000 年之后，该趋势较为明显。可见，随着中国在全球经济地位的提升，对有机热载体的需求也在不断上升，主要国家积极在中国市场布局。有机热载体在主要目标国的专利申请趋势如图 18－1－17所示，合成型有机热载体在主要目标国的专利申请趋势如图 18－1－18 所示。

18.1.5　主要申请人

18.1.5.1　有机热载体全球重要申请人排名

有机热载体领域申请量排名前三的是美国陶氏杜邦、德国拜尔孟山都和日本 JX 日矿日石能源，我国中石化排名第 13 位。其中，陶氏杜邦是一家仅次于巴斯夫的全球第二大化工企业，由陶氏化学和杜邦于2017年8月成功合并形成。作为合成导热油领域的先驱企业，陶氏杜邦凭借先发优势以及较强的研发实力，始终占据着工业热载体领域专利申请量第一的位置。目前槽式太阳能发电系统中广泛使用的联苯-联苯醚导热油就是由陶氏化学于1928年率先开发并进行商业化应用的。申请量排名第二的拜尔是德国老牌化工企业，也是全球闻名的世界500强企业之一，其于2018年6月成功收购孟山都。排名第三的JX日矿日石能源是日本最大的炼油企业，由新日本石油和新日矿控股公司于2010年4月1日合并组建，占据日本国内成品油市场约30%份额。

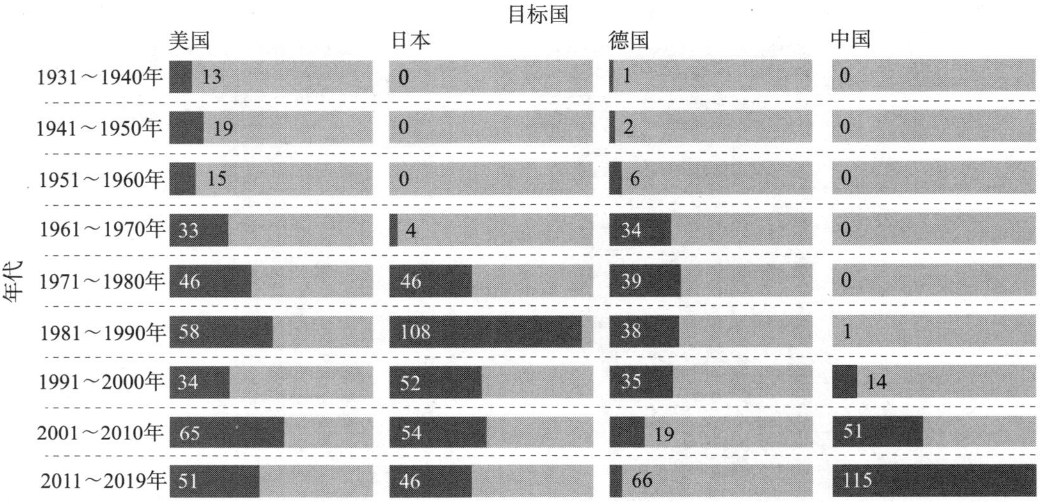

图18-1-17　有机热载体在主要目标国的专利申请趋势

注：图中数字表示申请量，单位为项。

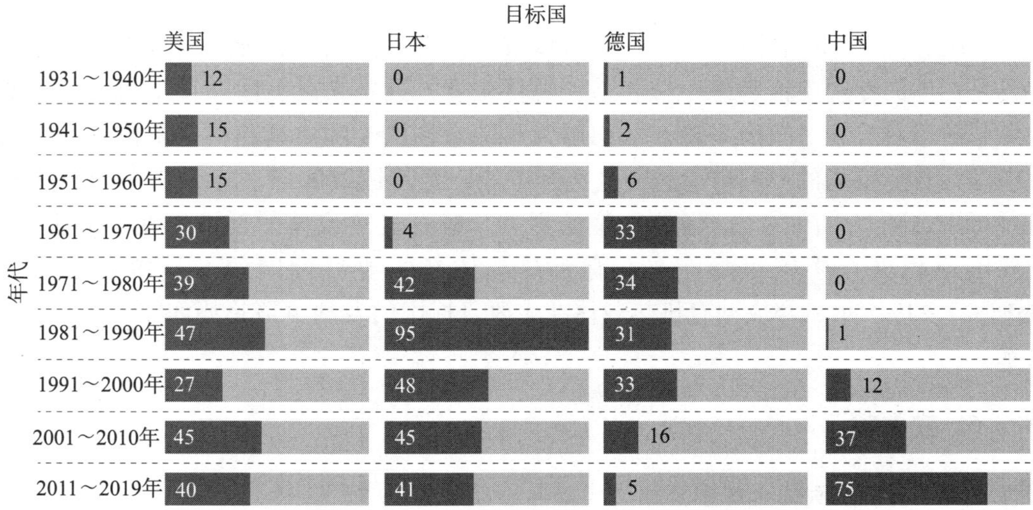

图18-1-18　合成型有机热载体在主要目标国的专利申请趋势

注：图中数字表示申请量，单位为项。

从多边申请量排名来看，排名前三的申请人分别是美国陶氏杜邦、德国拜尔孟山都和德国瓦克。可见，美国陶氏杜邦和德国拜尔孟山都在有机热载体技术领域占据绝对优势地位。而我国中石化在有机热载体领域中的多边申请量为 0 项，可见我国企业在有机热载体领域中的专利技术的质量和价值均亟待提高。有机热载体领域全球专利申请人排名如图 18－1－19 所示。

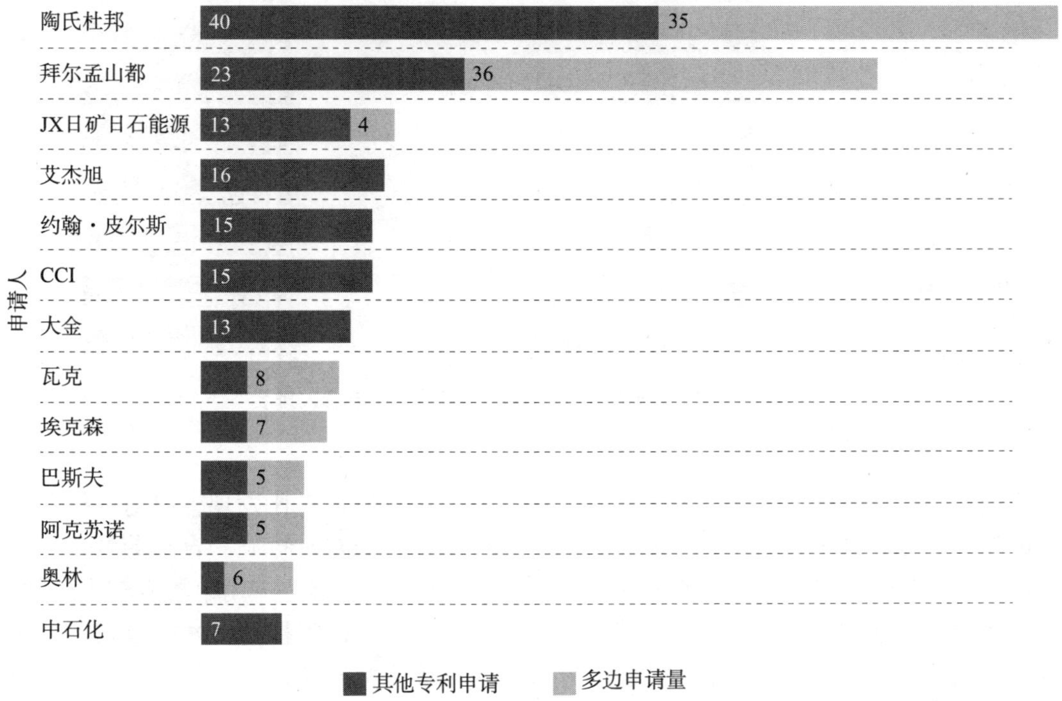

图 18－1－19　有机热载体领域全球专利申请人排名

注：图中数字表示申请量，单位为项。

合成型有机热载体领域申请量排名前四的分别是美国的陶氏杜邦、德国的拜尔孟山都、日本的艾杰旭和美国的约翰·皮尔斯基金会。按多边申请量统计，处于前四的分别是德国的拜尔孟山都、美国的陶氏杜邦、日本的 CCI 和德国的瓦克。无论从专利申请量还是从多边申请量来看，美国的陶氏杜邦和德国的拜尔孟山都稳居前两名。申请量排名前十的申请人无一来自中国，可见在该领域我国与发达国家的技术差距明显，专利布局意识亟须提升。合成型有机热载体领域主要申请人排名如图 18－1－20 所示。

18.1.5.2　全球重要申请人技术构成分析

对有机热载体全球重要申请人进行技术构成分析，有利于了解重要申请人的重点技术专利布局，为创新主体的研发提供方向借鉴，同时避免我国市场主体在相关领域的侵权风险。

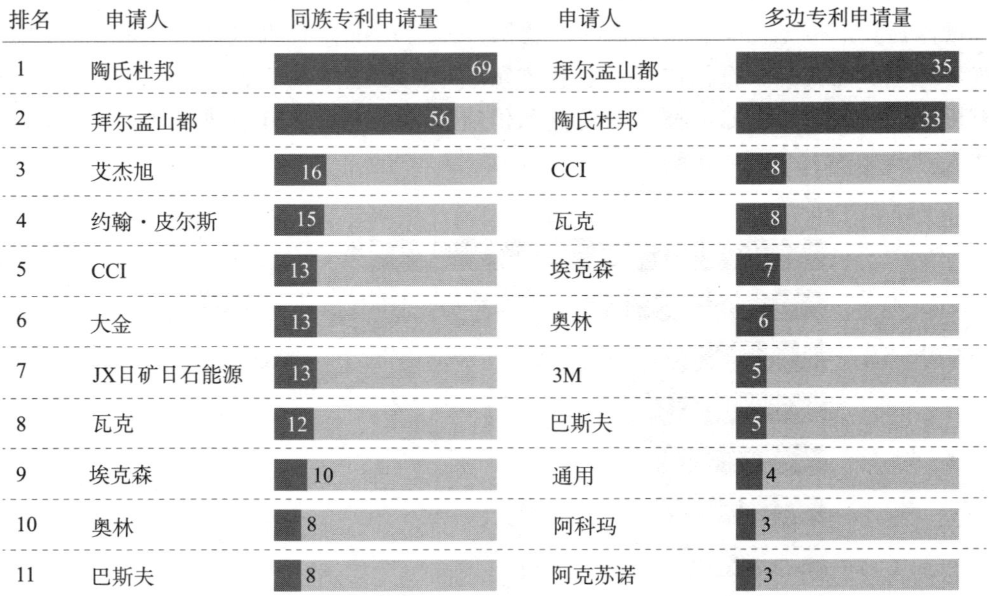

图 18-1-20 合成型有机热载体领域主要申请人排名

注：图中数字表示申请量，单位为项。

通过对有机热载体领域全球重要申请人的技术构成进行对比发现，申请量排名第一的陶氏杜邦和排名第二的拜耳孟山都的重点技术都集中在有机硅和合成芳烃，二者都属于合成型有机热载体的主流重点品类，技术含量相对较高，应用市场也较为广阔，且两家公司在纳米流体和复合型热载体方面均未涉及，可以间接说明两家公司均把主要精力放在产品结构的改进上，对于已有产品的简单复配或通过增加纳米填料对其导热性能等进行改进的简单技术并不在其重点研究范围内。另外，陶氏杜邦在醇/醇醚、脂肪烃、合成酯类技术中处于领先优势，并且还独树一帜地开发了生物基类有机热载体。拜耳孟山都在聚醚和磷酸酯类的技术中处于领先优势。申请量排名第三的JX日矿日石能源的重点技术集中在合成芳烃和矿物油类，在发展前景较好的有机硅领域还未布局。日本的艾杰旭和大金的重点技术均集中在氟碳氢化合物上，技术研发方向较为明确，占据着氟碳氢化合物的主导地位。除了陶氏杜邦和拜耳孟山都外，约翰·皮尔斯和瓦克在有机硅技术上也占据较大话语权，同时奥林也将有机硅技术作为其重点研究方向。CCI主营业务是冷却/防冻液，研发重点集中在醇/醇醚类，其他领域几乎没有涉及。而巴斯夫、埃克森和阿克苏诺的研发相对较为分散，并未体现出在某一品类的突出优势。排名第11位的中石化，重点技术则主要集中在技术门槛较低的矿物油上，与其他重点申请人相比，在合成型有机热载体技术上还有很大差距。

在合成芳烃领域，拜尔孟山都的申请量占据绝对优势；在氟碳氢领域，艾杰旭和大金占据绝对优势；在有机硅领域，陶氏杜邦、拜尔孟山都、约翰·皮尔斯和瓦克占据绝对优势，其中前三者侧重于有机硅功能流体，瓦克则侧重于太阳能发电用传热介质——硅油。在有机硅领域，我国企业的申请量较低，且未涉及太阳能发电应用。另外，在聚醚、合成酯和磷酸酯这类功能流体领域，国内企业整体上处于空白水平。有机热载体领域全球重要申请人技术构成如图 18－1－21 所示。

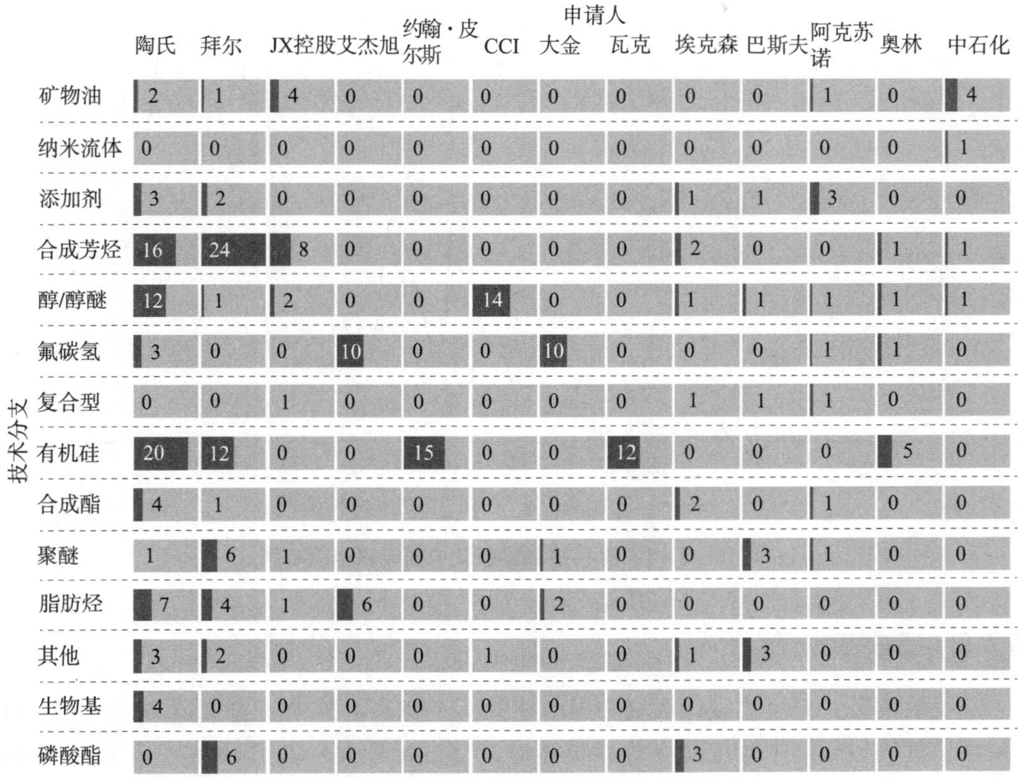

图 18－1－21　有机热载体领域全球重要申请人的技术构成

注：图中数字表示申请量，单位为项。

18.2　中国专利申请态势

18.2.1　专利申请趋势

中国专利申请总量不大。从专利申请趋势来看，2000 年之前有机热载体在中国市场的申请量较小且增长缓慢，而随着我国经济的不断发展，近年来申请量显著提升。

从多边申请趋势来看，2010 年之前其申请趋势与总的专利申请趋势十分相似，二者数量差距不大。而在 2010 年之后，专利申请量相对于多边申请量显著增多，说明我国企业的专利申请量有明显的提升。该领域最早进入中国的多边申请是法国阿科玛于 1992 年提出的涉及合成芳烃类的专利申请。

有机热载体领域中国专利申请趋势如图 18－2－1 所示。

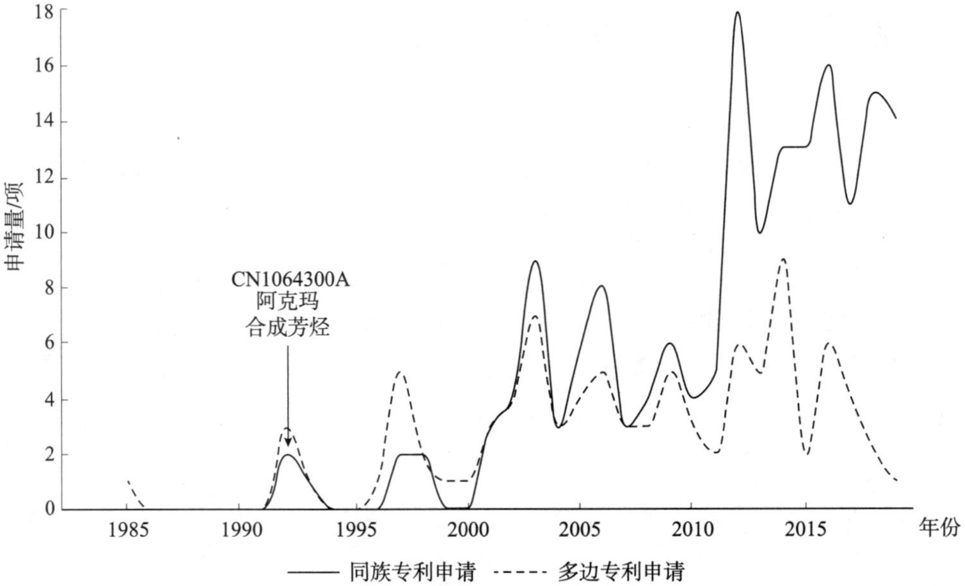

图 18-2-1　有机热载体领域中国专利申请趋势

18.2.2　技术构成

截至检索日，有机热载体领域中国申请共有 190 项，其中多边申请 84 项。从申请量来看，有机热载体中合成型有机热载体申请量占比最大，占比 69%，其次依次为矿物油和纳米流体。有机热载体中国专利申请技术构成如图 18-2-2 所示。

从申请趋势来看，合成型有机热载体、矿物型有机热载体和纳米流体的申请整体呈现上升趋势，合成型有机热载体在 20 世纪 90 年代后期开始出现连续上升趋势，而矿物型有机热载体和纳米流体则在 2010 年之后才出现连续上升趋势。可见在中国市场上，合成型有机热载体的专利申请依然占据有机热载体领域的主体地位。有机热载体各技术分支中国申请趋势如图 18-2-3 所示。

进一步追踪中国市场中合成型有机热载体技术发现，其合成型有机热载体专利申请的四级技术分支构成与全球申请相似，依然是醇/醇醚类申请量最大，合成芳烃类申请量居第二，有机硅申请量居第三。三者申请趋势十分相似，整体趋势较为平稳，虽然每年都有一定申请量但申请量都不大。不同的是，醇/醇醚类申请出现较早，于 20 世纪 80 年代后期即出现，合成芳烃类申请量其次，出现在 20 世纪 90 年代后期，而有机硅型申请在 2009 年才首次出现。合成型有机热载体主要技术分支在中国的专利申请趋势如图 18-2-4 所示。

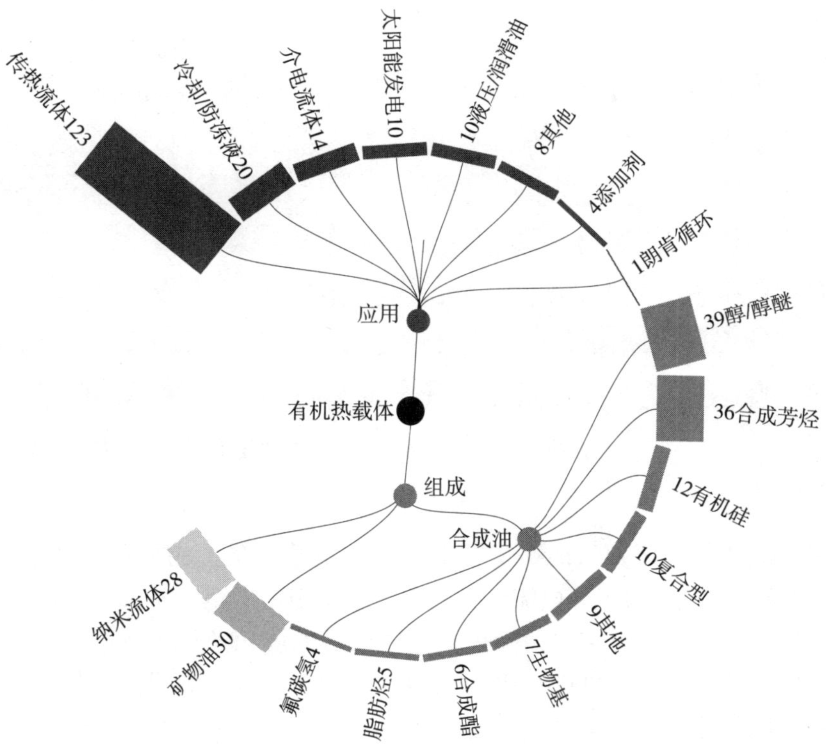

图 18-2-2 有机热载体中国专利申请技术构成

注：图中数字表示申请量，单位为件。

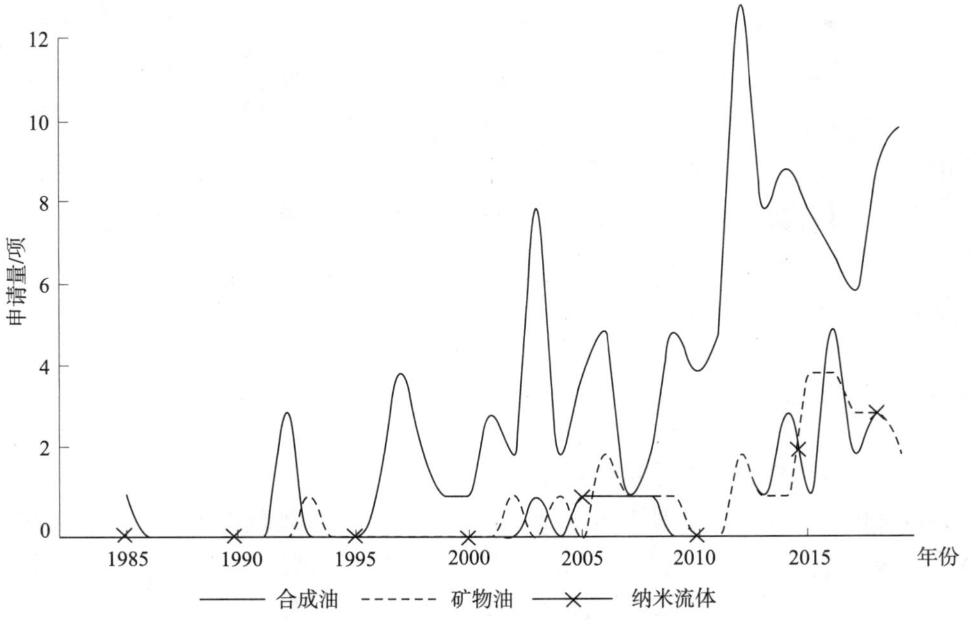

图 18-2-3 有机热载体各技术分支中国专利申请趋势

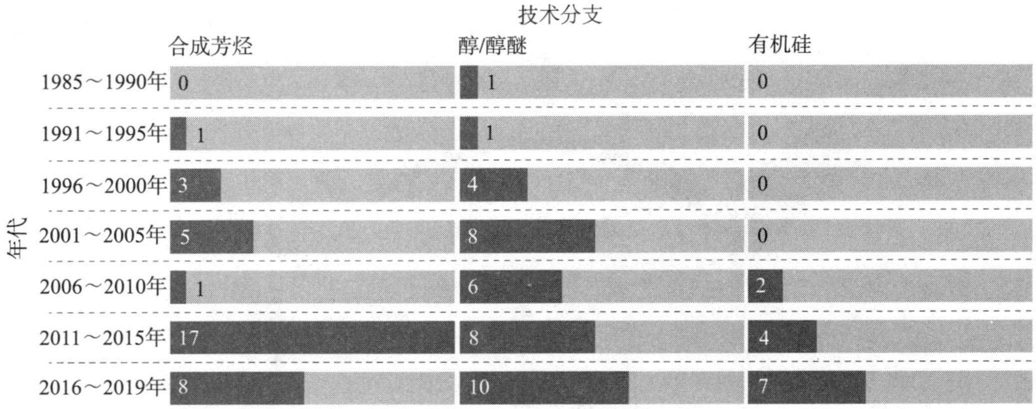

图 18-2-4　合成型有机热载体各技术分支中国专利申请趋势

注：图中数字表示申请量，单位为件。

从有机热载体各应用领域的申请趋势来看，申请量最大的应用是传热流体应用，其次为冷却/防冻液，再次为介电流体，三者在应用中占比超过80%，是有机热载体的主要应用领域。从申请趋势来看，除传热流体以外的应用总体上都处于平稳趋势，只有传热流体应用的申请量在2000年以后出现了明显的增加。有机热载体不同应用领域中国专利申请趋势如图18-2-5所示。

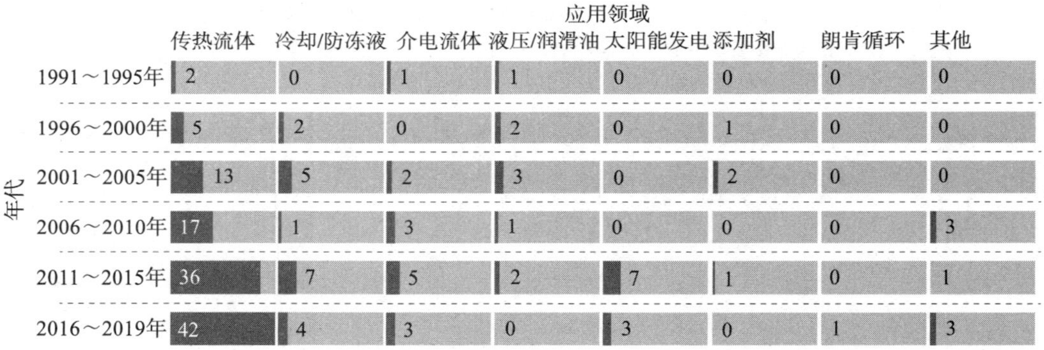

图 18-2-5　有机热载体不同应用领域中国专利申请趋势

注：图中数字表示申请量，单位为件。

18.2.3　主要申请人

18.2.3.1　有机热载体中国重要申请人

通过有机热载体中国重要申请人排名可以看出，有机热载体国内申请量排名前十的重要申请人分别为：陶氏杜邦、中石化、莱斯特、瓦克、迈斯拓、CCI、英可利、3M、阿科玛、安塞乐米塔尔。陶氏杜邦、瓦克、CCI的全球专利申请量排名也在前十内，尤其是陶氏杜邦，在全球和中国专利申请中均占据龙头地位。可见在有机热载体领域，与上述国际知名企业在中国的申请量相比，中石化在我国的专利申请布局并不占有优势。有机热载体领域中国市场主要申请人排名如图 18－2－6 所示。

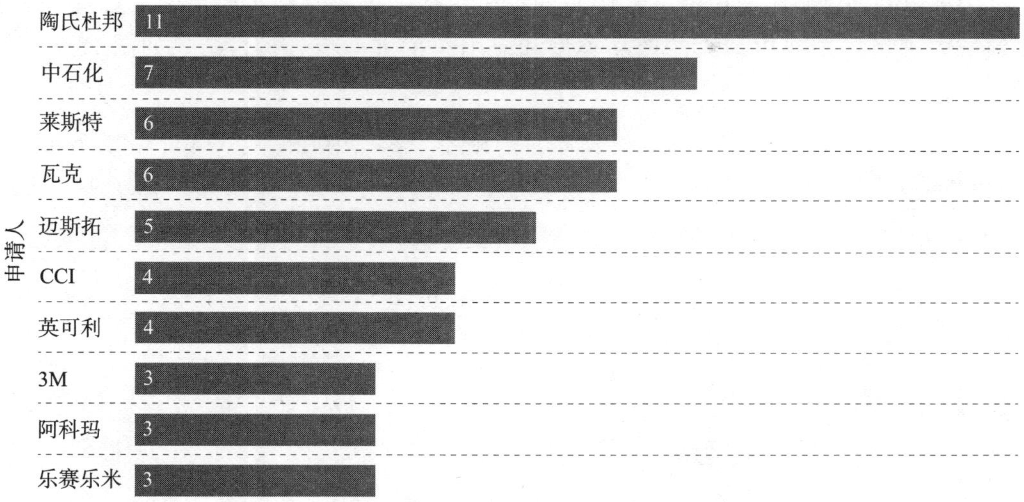

图 18－2－6　有机热载体领域中国市场主要申请人专利申请排名

注：图中数字表示申请量，单位为件。

18.2.3.2　合成型有机热载体中国重要申请人

为了了解国内申请人在合成型有机热载体领域的科研创新能力，对该领域国内申请人进行了申请量统计分析。可以看到，申请量在 2 项以上的国内申请人共有 8 个，集中于北京、江苏、山东和四川。其中，北京有 3 个，分别为北京燕通、中化化工、中石化；江苏有 3 个，分别为江苏曼拓、江苏中能和武进东方；山东有 1 个，为山东英可利；四川有 1 个，为迈斯拓。可见，国内有机热载体技术来源地相对集中，北京和江苏是两个重要的来源地。合成型有机热载体领域国内申请人排名如图 18－2－7 所示。

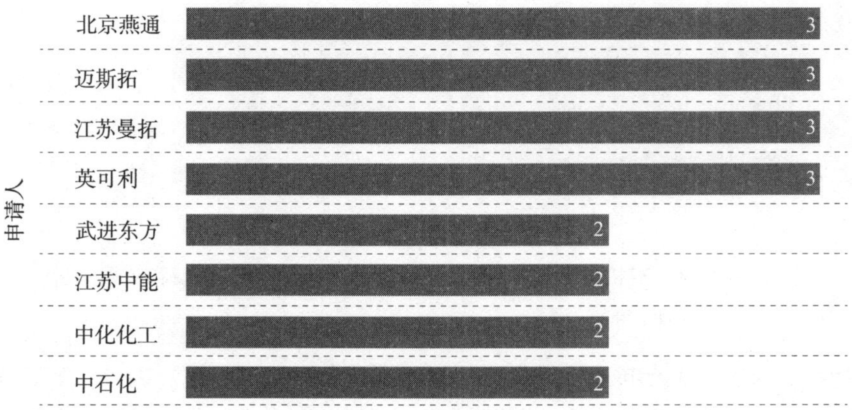

图 18－2－7　合成型有机热载体领域国内主要申请人专利申请排名

注：图中数字表示申请量，单位为件。

18.2.3.3　中国重要申请人技术构成分析

为了更好地了解主要申请人在中国的有机热载体技术专利布局情况，对有机热载体领域中国市场主要申请人的产品类型和应用作了进一步分析，结果如图18－2－8所示。

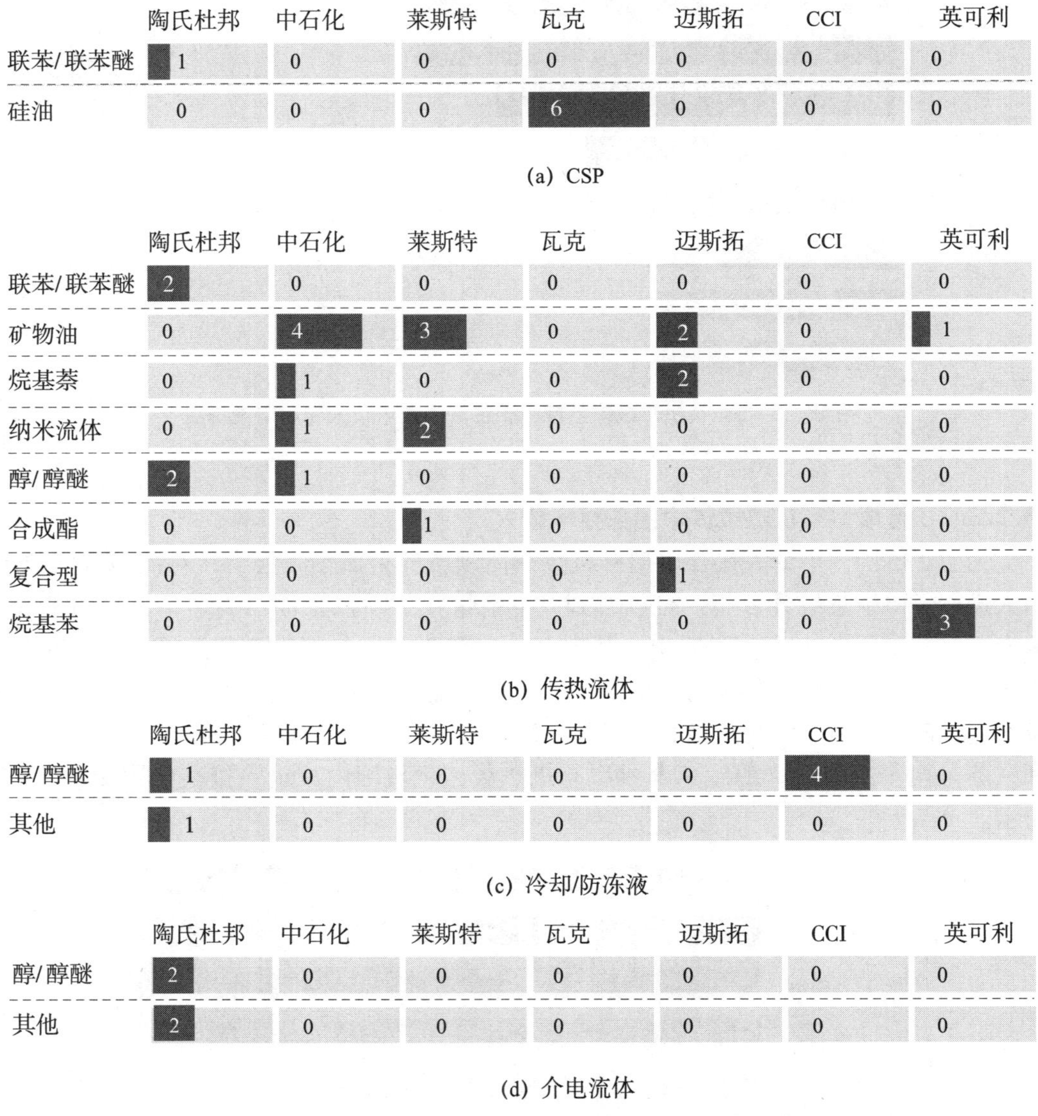

图18－2－8　有机热载体领域中国市场主要申请人产品类型和应用分析

注：图中数字表示申请量，单位为件。

可以看出，中国市场申请量排名前七位的申请人中，除CCI以外，其产品的应用均涉及普通传热流体，用于传热流体的产品类型各不相同。陶氏杜邦的传热流体涉及联苯/联苯醚和醇/醇醚两类；中石化涉及矿物油、烷基萘、纳米流体和醇/醇醚四类，以矿物油为主；莱斯特涉及矿物油、纳米流体、合成酯三类，以矿物油为主；迈斯拓涉及矿物油、烷基苯、复合型三类，以矿物油为主；英可利涉及烷基苯和矿物油，以烷基苯为主。

在中国市场范围内，专注于合成型有机传热流体研究的申请人只有陶氏杜邦，其他申请人均涉及矿物型有机传热流体的研究。除了陶氏杜邦以外，以合成型有机热载体技术研发为主的申请人还包括中国的英可利。另外，陶氏杜邦在中国市场的产品应用布局也较为广泛，除了传热流体外，还涉及冷却/防冻液、介电流体和太阳能发电用传热介质，产品类型也比较丰富，涉及联苯/联苯醚、醇/醇醚、生物基、合成酯以及其他类。瓦克和CCI相对来说技术研发方向较为专一，瓦克的全部申请均涉及用于太阳能发电的硅油类有机热载体，而CCI的全部申请均涉及用于冷却/防冻液的醇/醇醚类有机热载体。

第 19 章　有机硅类热载体关键技术分析

在各类合成型有机热载体中，有机硅由于本身特有的化学结构，使得其在高温稳定性、氧化安定性、气味、毒性、闪点、燃点、低温黏度、使用温度范围、使用寿命等方面表现出了优于其他合成型有机热载体的性能优势。在槽式太阳能热发电系统中，有机硅类热载体已经表现出了替代传统的联苯－联苯醚传热介质的强劲势头。因此，有机硅已被众多业内人士定义为未来合成型有机热载体的发展趋势和方向。

19.1　技术构成和申请趋势

截至检索日，全球有机硅类热载体专利申请总量为 109 项，具体类型涉及聚硅氧烷（俗称“硅油”）、硅酸酯、烷基/芳基硅氧烷、含杂原子硅烷、二硅氧烷、二硅醚和烷基/芳基硅烷七大类以及部分硅油添加剂。其中聚硅氧烷、硅酸酯、烷基/芳基硅氧烷为申请量排名前三的有机硅类热载体，三者申请量占全部申请量的 84%。有机硅类热载体产品专利技术构成如图 19－1－1 所示。

图 19－1－1　有机硅类热载体产品专利技术构成

注：图中数字表示申请量，单位为项。

追踪有机硅热载体的专利申请量年变化趋势发现，有机硅类热载体的专利申请最早始于 1941 年，20 世纪 40 年代后期到 50 年代后期、70 年代后期到 80 年代后期申请量相对较大，其他时间申请量趋势较为平稳，维持在年均申请量 1～3 件的水平，说明应用于有机热载体领域的有机硅类产品技术壁垒和准入门槛较高，技术更新较为缓慢。有机硅类热载体初期产品主要是硅酸酯，其中大多是含苯基的硅酸酯，主要通过混配和添加功能性添加剂优化性能。然而，由于高温性能表现欠佳，1960 年之后鲜有涉及硅酸酯类的有机热载体专利申请。在 20 世纪五六十年代，针对有机硅高温稳定性较差的问题，各大企业开始了其他类型有机硅热载体的研发探索，二硅氧烷、烷基硅烷、二硅氮烷以及含有氟、氯、胺基基团的硅烷相继出现，但上述类型基本在 20 世纪 90 年代之后不再有后续研究。针对烷基/芳基硅氧烷和聚硅氧烷，尤其是聚硅氧烷的研究相对较为持续，其中聚硅氧烷由于具有良好高温稳定性，并且在高温涂料、半导体封装材料、黏结剂、密封材料等热载体以外的其他产业上的应用较为广泛，获得了各大企业的青睐，相关研发一直持续到今天。有机硅类热载体各技术分支全球专利申请趋势如图 19－1－2 所示。

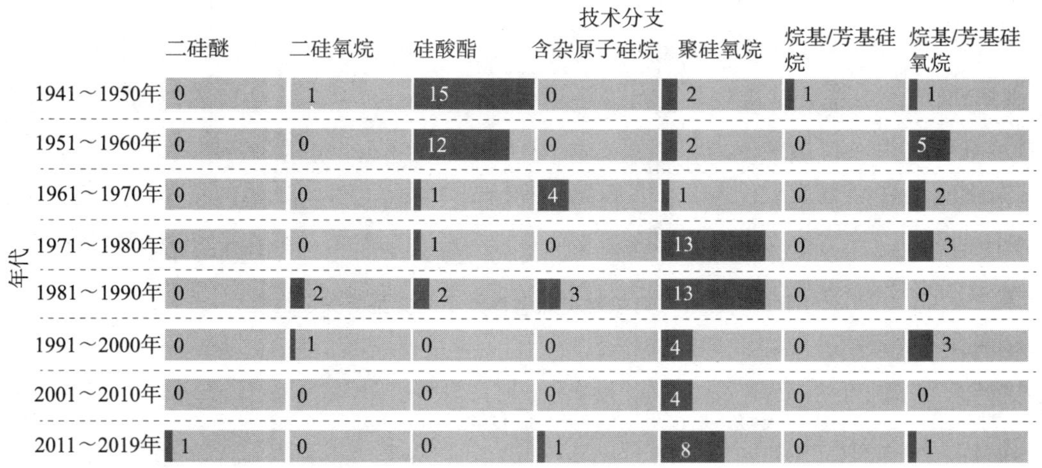

图 19－1－2　有机硅类热载体各技术分支全球专利申请趋势

注：图中数字表示申请量，单位为项。

19.2　产品应用和关注性能

在有机硅类热载体领域中，有机硅的具体类型涉及聚硅氧烷（又称硅油）、硅酸酯、烷基/芳基硅氧烷、含杂原子硅烷、二硅氧烷、二硅醚和烷基/芳基硅烷七大类，不同类型的有机硅关注的性能也不尽相同。聚硅氧烷、硅酸酯、烷基/芳基硅氧烷关注的性能较为全面，且重点在热稳定性、低温性能和使用温度方面；除此之外，聚硅氧烷技术分支还较为关注导热性能，硅酸酯和烷基/芳基硅氧烷技术分支较为关注耐水解性；另外，含杂原子硅烷、二硅氧烷、烷基/芳基硅烷技术分支也较为关注热稳定性、低温性能和使用温度三方面的性能；二硅醚技术分支则主要关注热稳定性、安全性和抗氧化性能。有机硅类热载体不同类型关注性能分析如图 19－2－1 所示。

分析有机硅类热载体的应用发现，有机硅类热载体涉及的应用主要有传热流体、液压/润滑油、太阳能发电用传热介质、介电流体、冷却/防冻液等，不同应用场景对有机硅类热载体的性能要求也不同。作为传热流体使用的有机硅类热载体主要关注的性能为使用温度、热稳定性和低温性能，同时耐水解性也是其较为关注的性能指标；液压/润滑油用有机硅则主要关注热稳定性和低温性能；太阳能发电用有机硅主要关注使用温度和热稳定性；介电流体用有机硅重点关注介电/绝缘性能以及使用温度和安全性；冷却/防冻液用有机硅则重点关注低温性能和导热性能。有机硅类热载体不同应用与关注性能分析如图19－2－2所示。

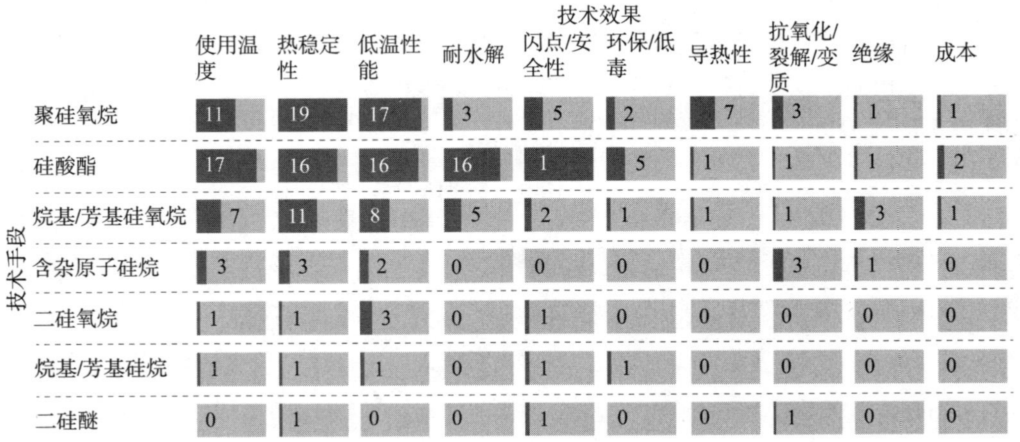

图19－2－1　有机硅类热载体的不同类型与关注性能

注：图中数字表示申请量，单位为项。

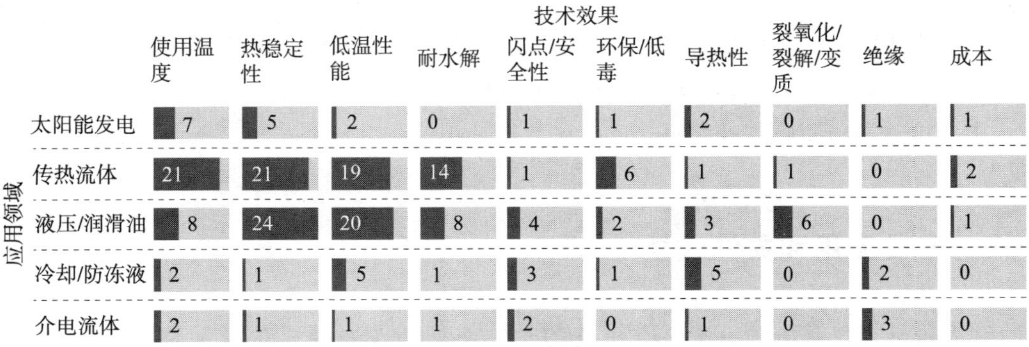

图19－2－2　有机硅类热载体的不同应用与关注性能

注：图中数字表示申请量，单位为项。

19.3　主要申请人和技术布局

在有机硅热载体领域，申请量排名前四位的申请人分别为陶氏杜邦、约翰·皮尔斯、瓦克以及拜耳孟山都。不同申请人在研发方向上侧重点有所不同。陶氏杜邦和瓦克的研发重点是聚硅氧烷类热载体，约翰·皮尔斯的研发重点是硅酸酯类热载体，拜尔孟山都涉及有机硅类热载体的申请较多，研发方向较为分散。有机硅类热载体重要申请人技术分支布局如图19－3－1所示。

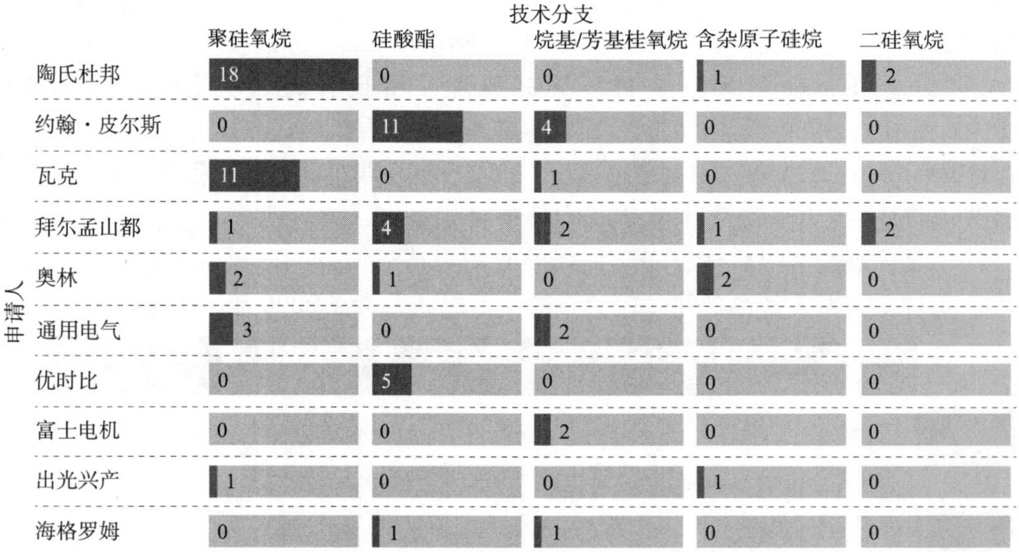

图 19－3－1　有机硅类有机热载体重要申请人技术分支专利布局

注：图中数字表示申请量，单位为项。

19.3.1　陶氏杜邦技术演进路线

陶氏杜邦作为有机硅类热载体专利申请量排名第一的申请人，其首件有机硅类热载体专利申请于 1943 年由当时的康宁公司提出（US2398187A），具体采用了线性二甲基聚硅氧烷，获得了具有较宽使用温度范围、可用于飞机液压油的传热流体。该申请为陶氏杜邦在聚硅氧烷类热载体领域的主导地位奠定了重要基础。

深入分析陶氏杜邦的有机硅类热载体专利申请的技术演进发现，其所针对的技术问题主要包括黏温性能的改善和热稳定性能的改善两大类，具体技术演进路线如图 19－3－2 所示。

针对有机硅类热载体黏温性能的改进，陶氏杜邦于 1949 年提出可通过混合两种不同黏度的聚硅氧烷获得具有高黏度、低凝固点的液压/润滑油（US2614989A）；1957 年提出可通过在高黏甲基聚硅氧烷中加入氧化钛和烃油（小于 50%）获得具有较好的黏温性能同时具有优异的导热性能的减震润滑油（US2990373A）；1990 年提出可通过在聚二甲基硅氧烷中使用高黏度苯基甲基硅氧烷/二甲基硅氧烷共聚物获得具有降低的黏温系数的传热流体（US5130041A）；1994 年提出可通过复配聚二甲基硅氧烷和烷基甲基硅氧烷获得具有良好的传热性能、低温下保持低黏度和高闪点的传热流体（EP641849A2）。

针对有机硅类热载体热稳定性能的改进，陶氏杜邦于 1945 年提出可通过采用二硅氧烷或其混合物获得一种具有高温抗氧化性能的传热流体（US2444555A）；1966 年提出可通过采用取代酚与酰氧基封端的聚硅氧烷的反应产物获得一种具有高温抗氧化性能的传热流体（US3328350A）；1977 年提出可通过采用含 N－苯基（氨基苯基）的聚硅氧烷获得一种具有改进的耐热性、剪切性和耐久性的黏性流体；1977～1978 年提出可通过在聚硅氧烷中加入苯基萘胺、钛/锆/铪、氯化物、磷酸酯/硫代甲酸酯等热稳定剂提高聚硅氧烷的热稳定性（DE2754705A1、US4122109A、US4137189A、US4193885A）；1986 年提出可通过采用含锆/铈的聚硅氧烷获得具有高热稳定性的传热流体（EP191456B1）；1989 年提出可通过在聚硅氧烷中加入有机锆提高聚硅氧烷的热稳定性（US4898956A）；2021 年提出可通过采用支化聚硅氧烷获得具有高热稳定性的可用作太阳能发电系统中的传热介质（WO2021141836A1）。

除了聚硅氧烷类热载体，陶氏杜邦的专利申请还涉及二硅氮烷和含杂原子硅烷两类，但针对这两类产品的研发较为零散，不成体系，在 2000 年以前已终止。

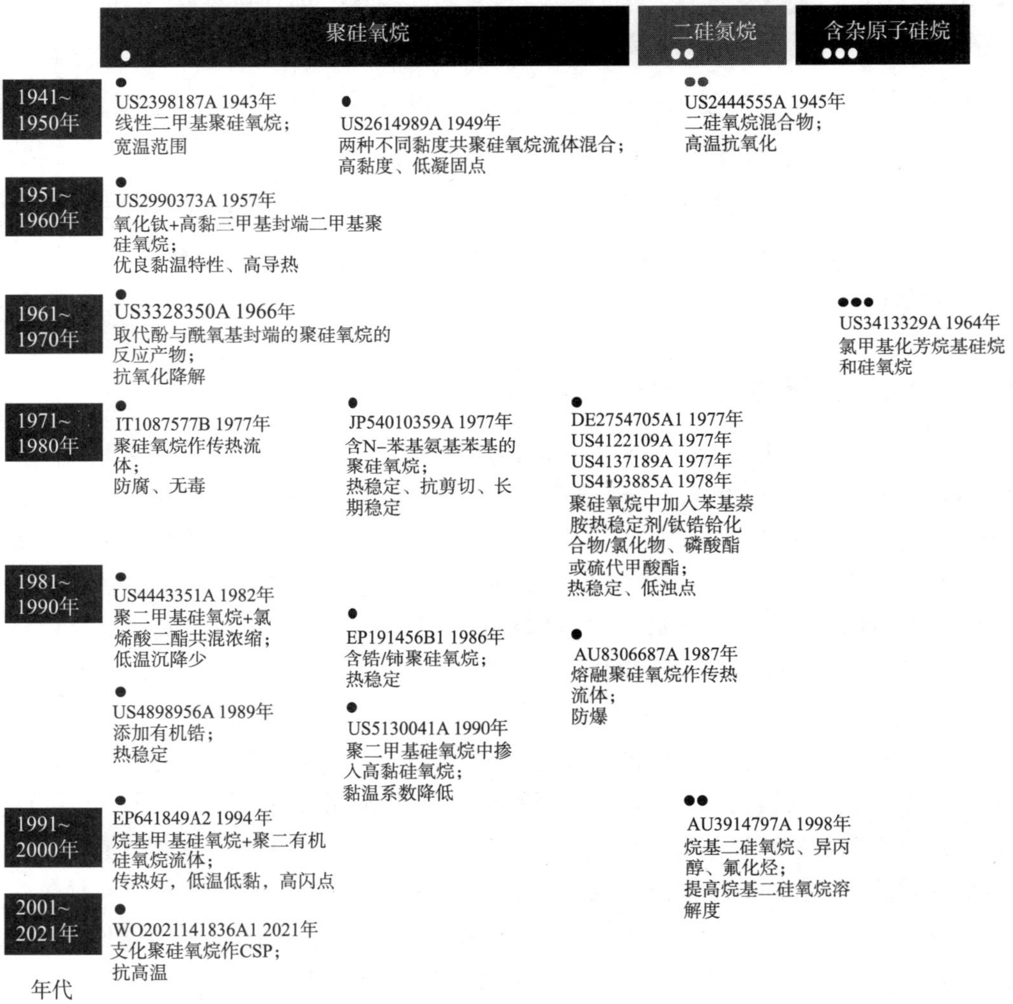

图 19－3－2　陶氏杜邦有机硅类热载体技术专利演进路线

19.3.2　瓦克技术演进路线

德国瓦克作为有机硅类热载体专利申请量排名第二的申请人，自 1947 年开始研发有机硅产品，研发早期，有机硅产品只是作为瓦克的支线产品，到 1972 年瓦克突然加快了开发具备更高性能和更广应用范围的新型有机硅产品的步伐，使得支线产品的有机硅开始占据主导地位。

深入分析瓦克的有机硅类热载体专利申请的技术演进发现，其专利申请基本是围绕提高有机硅类热载体的热稳定性能和提高临界温度提出的，具体技术演进路线如图 19－3－3所示。

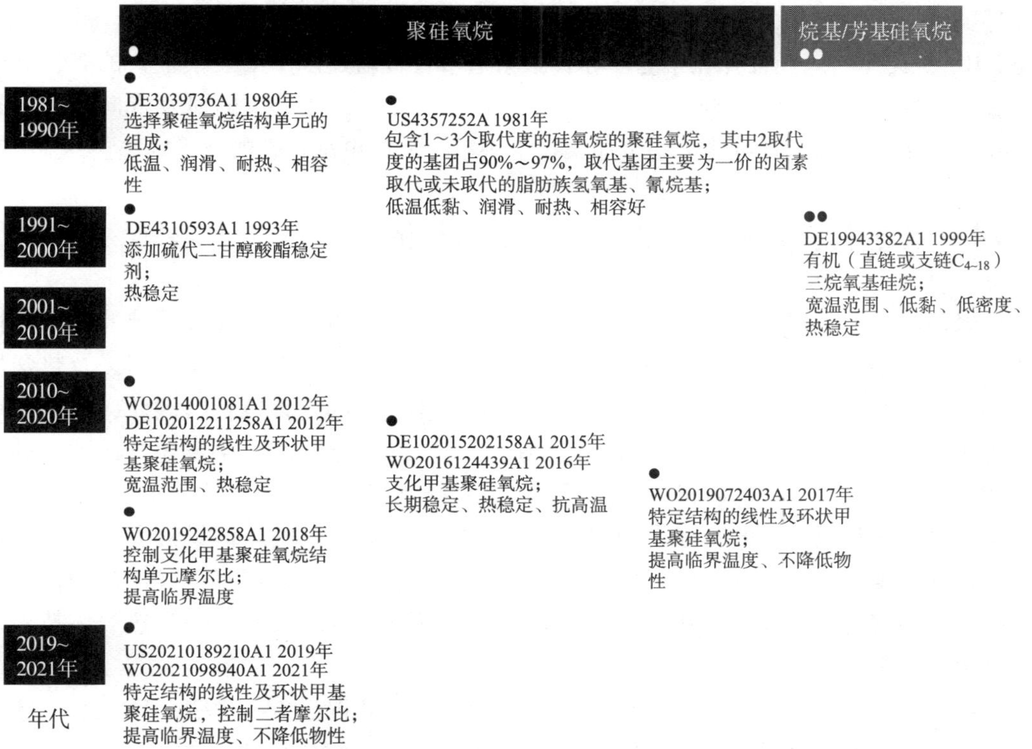

图 19－3－3　瓦克有机硅类热载体技术演进路线

针对有机硅类热载体热稳定性和临界温度的改进，瓦克首先于 1980 年提出可通过选择聚硅氧烷结构单元的组成提高硅油制动液的低温性能、耐热性能、润滑性和相容性（DE3039736A1）；1981 年提出可通过采用包含 1～3 个取代度的硅氧烷的聚硅氧烷获得具有较好的低温性能、耐热性能、润滑性和相容性的制动液（US4357252A）；1993 年提出可通过在有机聚硅氧烷中添加硫代二甘醇酸酯稳定剂提高有机聚硅氧烷的热稳定性（DE4310593A1）；1999 年提出可通过采用有机（直链或支链 $C_{4\sim18}$）三烷氧基硅烷获得可在－100～300 ℃的整个温度范围内使用、具有低黏度和高热稳定性的传热流体（DE19943382A1）。之后的长达十几年的时间里，瓦克在有机硅热载体领域不再有专利申请。直到 2012 年，瓦克才继续在有机硅类热载体领域申请专利，并分别于 2012 年、2017 年、2019 年、2021 年提出可通过采用包含特定结构的线性和环状甲基聚硅氧烷获得具有高临界温度和高热稳定性的传热流体（DE102012211258A1、WO2014001081A1、WO2019072403A1、US20210189210A1、WO2021098940A1）；分别于 2015 年、2016 年、2018 年提出可通过采用支化的甲基聚硅氧烷获得具有高临界温度和长期高热稳定性的传热流体（DE102015202158A1、WO2016124439A1、WO201924285A1）。

可见，陶氏杜邦和瓦克作为有机硅类热载体领域专利申请量最大的两位申请人，二者的技术繁荣期有所不同，2000年以前尤其是20世纪90年代以前的核心技术基本掌握在陶氏杜邦手中，而近年来的核心技术基本由瓦克主导，且二者的技术研发方向也有所不同。但凑巧的是，二者在近几年不约而同地将研发方向转向了支化聚硅氧烷并都申请了相关专利，可见二者在该领域的技术演进已经出现了趋同趋势。并且，据悉2010年瓦克与陶氏杜邦在中国江苏省张家港市合资新建了中国规模最大的有机硅生产基地并投入运营，可以预期，二者未来在有机硅类热载体领域的研发方向可能会越来越趋同化，并且很有可能进一步加大技术垄断，形成更难打破的技术壁垒。

19.4 聚硅氧烷类有机热载体重点技术分析

聚硅氧烷是一种含有 Si－O 主链和有机侧基的聚合物，由于具有优异的热稳定性而被广泛应用于各个领域，例如可用于高温条件的润滑剂、涂料、黏合剂以及热塑性塑料的阻燃剂等，同时由于其具有很高的安全性和极小的生理毒性，因此，聚硅氧烷在生物医药、美容美妆等领域也有大量的应用，其商品化的产品主要包括硅油、硅橡胶和硅树脂三大类。而在有机热载体领域中，聚硅氧烷主要是指硅油。

在有机硅类热载体的众多类型中，聚硅氧烷有机热载体的申请量最大且持续性最好，对其技术发展脉络进行梳理，有助于帮助我国创新主体认识有机硅类热载体的核心技术，并有望帮助我国创新主体发现其中的技术突破点。聚硅氧烷类热载体技术发展路线如图19－4－1所示。

可以看出，聚硅氧烷作为有机热载体的应用出现较早。1943年，公开号为US2398187A的专利申请首先提出可使用线性甲基聚硅氧烷作为热载体，其在宽的温度范围内黏度变化较小、倾点低、闪点高、挥发性低、吸湿性低、对金属和橡胶的腐蚀或分解作用很小或没有，在各种类型的液压应用中遇到较高或较低温度条件时很少或没有气化或凝固趋势，且抗剪切性能好。由于纯化后的线性聚硅氧烷凝固点可达到－40℃甚至－60℃，且在较宽的温度范围内黏度变化很小，因此可用于飞机液压油。二甲基聚硅氧烷、甲基－二甲基聚硅氧烷、二乙基聚硅氧烷和双苯基二甲基聚硅氧烷的凝固点分别为－40℃、－85℃、－55℃和－76℃，可在较低温环境下保持液体，但其整体黏度偏低。

为了获得具有低凝固点、高黏度的聚硅氧烷流体，1949年，专利US2614989A中提出可将高黏聚硅氧烷（25°黏度至少5000 cs）和至少18%含量的低黏聚硅氧烷（25°下黏度为20～125cs）复配，其中高黏聚硅氧烷由92%～98%的二甲基聚硅氧烷、8%～2%的部分 $C_{1\sim3}$ 烷基被 $C_{2\sim4}$ 烷基取代的烃基聚硅氧烷组成，低黏聚硅氧烷由80%～98%二甲基聚硅氧烷和2%～15%的部分或全部 $C_{1\sim3}$ 烷基被 $C_{2\sim4}$ 烷基取代的烃基聚硅氧烷组成，通过调节二者的比例，可获得凝固点为－81.7°、黏度为31040 cs的传热流体。

年代	掺混 ●	取代基 ●●	选型 ●●●	添加剂 ●●●●
1941～1950年	● US2614989A 1949年 陶氏； 两种不同黏度共聚硅氧烷流体混合； 高黏低凝点		●●● US2398187A 1943年 康宁； 线性二甲基聚硅氧烷； 宽温范围	
1951～1960年				●●●● US2990373A 1957年 陶氏； 氧化钛+高黏甲基聚硅氧烷（含30mol%以上苯基硅氧烷）+烃油； 优良黏温特性、高导热
1961～1970年		●● US3328350A 1966年 陶氏； 取代酚与酰氧基封端的聚硅氧烷的反应产物，烷氧基、羟基封端，含环状物； 抗氧化降解		
1971～1980年	● US3912651A 1973年 陶氏； 二甲基聚硅氧烷+甲基酰氧基硅烷； 其他	●● US3821114A 1972年 通用； 烃氧基取代聚硅氧烷； 宽温范围 ●● JPS5410359A 1977年 东丽； 含N-苯基氨基苯基的聚硅氧烷； 热稳定、抗剪切、长期稳定 ●● US4357473A 1979年 奥林； 功能基团取代烷基硅氧烷簇化合物的烷基； 耐热、阻燃、低挥发、润滑、相容性 ●● DE3039736A1 1980年 瓦克； 含三甲基封端单元、二甲基封端单元（30%～98%）及含苯基单元的聚硅氧烷； 低温、润滑、耐热、相容性 ●● US4340495A 1980年 通用； 特定1～3官能度聚硅氧烷基流体+烷氧基官能硅氧烷共聚物； 低温、润滑	●●● IT1087577B 1977年 陶氏； 聚硅氧烷作传热流体； 防腐、无毒 ●●● BRPI7802574A 1978年 奥林； 新型双簇烷氧基硅烷醇化合物； 抗水解、润滑、低黏	●●●● US3885984A 1973年 通用； 甲基烷基聚硅氧烷加入金属氧化物增稠剂； 高导热 ●●●● DE2754705A 1977年 US4122109A 1977年 US4137189A 1977年 US4193885A 1977年 陶氏； 聚硅氧烷中加入苯基萘胺热稳定剂/钛锆铪化合物/氯化物、磷酸酯或硫代甲酸酯； 热稳定、低浊点
1981～1990年 年代	● US4443351A 1982年 陶氏； 聚二甲基硅氧烷+氯烯酸二酯共混浓缩； 低温沉降少 ● EP0191456B1 1986年 东丽； 含锆/铈聚硅氧烷+聚硅氧烷混合物； 热稳定、抗剪切	●● US4357252A 1981年 瓦克； 包含1~3个取代度的硅氧烷的聚硅氧烷，其中2取代度的基团占90%~97%，取代基团主要为一价的卤素取代或未取代的脂肪族氢氧基、氰烷基； 低温低黏、润滑、耐热、相容性好	●●● AU8306687A 1987年 陶氏； 熔融聚硅氧烷作传热流体； 防爆	

图19－4－1 聚硅氧烷类热载体专利技术演进路线

●
US5084196A 1989年
出光兴产；
氟烷烃+环氧结构的聚硅氧烷；
稳定、可消泡

●
EP352511B1 1989年
林德；
混合有机聚硅氧烷和除去低黏度硅酮混合物的低沸点成分；
低温低黏、高闪点

●●
US5013858A 1990年
拜尔；
掺入含取代蒽醌化合物和三甲基甲硅烷基封端的聚甲基氢硅烷；
热稳定、抗氧化

●●●●
US4898956A 1989年
陶氏；
聚硅氧烷+有机锆；
热稳定

●●●●
EP397507A1 1990年
东燃；
掺入含磷抗磨剂/抗氧化剂；
热稳定、黏度变化小

1991~2000年

●
EP641849A2 1994年
陶氏；
烷基甲基硅氧烷+聚二有机硅氧烷流体；
传热好、低温低黏、高闪点

●●●
EP932435A1 1997年
CA2228993C 1997年
丰田；
选择特定黏度的二甲基聚硅氧烷；
其他

●●●●
US5221339A 1990年
信越；
添加氧化锌、氮化铝等无机颗粒；
高导热

●●●
RU2221826C1 2003年
杂有机化合物化学与技术研究所；
低聚二甲基聚硅氧烷；
宽温范围

●●●●
DE4310593A1 1993年
瓦克；
添加硫代二甘醇酸酯稳定剂；
热稳定

2001~2010年

●●●
EP1473346A1 2004年
信越；
包含十二甲基五硅氧烷的至少两种线性或环状甲基聚硅氧烷的混合物；
低温流动性

2011~2021年

年代

●●
DE102009012665A1 2009年
KR1020110131267A 2010年
迈图；
至少一个R–C–Si，且至少一个R基含芳基；
宽温范围、溶胀小

●●●
WO2014001081A1 2012年
DE102012211258A1 2012年
瓦克；
特定结构的线性及环状甲基聚硅氧烷；
宽温范围、热稳定

●●●
DE102015202158A1 2015年
WO2016124439A1 2016年
瓦克；
支化甲基聚硅氧烷；
长期稳定、热稳定、抗高温

●●●
WO2019072403A1 2017年
瓦克；
特定结构的线性及环状甲基聚硅氧烷；
提高临界温度、不降低物性

●●●
US20210189210A1 2019年
WO2021098940A1 2021年
瓦克；
特定结构的线性及环状甲基聚硅氧烷，控制二者摩尔比；
提高临界温度、不降低物性

●●●
WO2021141836A1 2021年
陶氏杜邦；
支化聚硅氧烷作CSP；
抗高温

图 19-4-1　聚硅氧烷类热载体专利技术演进路线（续）

此后，创新主体试图通过在聚硅氧烷中加入功能性添加剂实现简单有效的性能调节。包括添加氧化钛提高流体黏度和压力传导性（US2990373A，1957 年），添加金属氧化物增稠（US3885984A，1973 年），加入苯基萘胺或钛/锆/铪化合物提高热稳定性，加入无机纳米颗粒提高导热性，以及加入润滑剂或减摩剂提高润滑性（DE2754705A1、US4122109A、US4137189A、US4193885A，1977 年；US4898956A，1989 年；US5221339A、EP397507A1，1990 年；DE4310593A1，1993 年）。

随着科学技术的不断发展，对聚硅氧烷热载体的耐热性提出了更高的要求。初期使用的线性二甲基聚硅氧烷的热老化机理包括两个反应：一是热解聚，即主链的 Si－O－Si 键的断裂、重排反应，其机理是分子链内氧原子的未共用电子对与邻近硅原子的空轨道配对，在高温或催化剂等的作用下 Si－O－Si 键的断裂、重排，产生小分子环状硅氧烷，解聚从两个自由链端进行，以链段的分子内咬合反应为终点，当端基为羟基时会促进线性聚二甲基硅氧烷的降解，因此三甲基硅基封端的聚二甲基硅氧烷比端羟基的聚二甲基硅氧烷更稳定；二是热氧化降解，是指 Si－CH_3 键断裂，主链 Si 原子上有机基团氧化，生成过氧化物中间体（ROOH），进而发生自由基链引发反应。聚合物主链中若含有甲基氢化甲硅烷氧基单元则会降低聚二甲基硅氧烷的热稳定性，该单元越多，空间位阻越小，如果聚硅氧烷的侧基为甲基，则热降解的主要产物为甲醇、甲醛、一氧化碳、二氧化碳等。

各创新主体在对线性聚硅氧烷的老化机理进行了深入研究之后，开始针对不同的老化途径提出了不同的提高聚硅氧烷热稳定性的方法。

第一种方法是使用特定的基团取代甲基聚硅氧烷侧链或端基上的部分甲基来改善聚硅氧烷的各类性能，目前已知的侧链取代基团包括苯基、烷氧基、羟基、酰氧基、苯基氨基等，并且还可以同时使用多种取代基取代的聚硅氧烷。不同取代基团对甲基聚硅氧烷性能的影响也不同。

用苯基替代重复单元上的甲基可得到聚甲基苯基硅氧烷（PMPS），PMPS 具有较强的热氧化稳定性，通常应用于高温体系。低温下具有低苯基含量的聚硅氧烷的降解速率比高苯基含量聚硅氧烷的降解速率要快，纯甲基结构聚硅氧烷的 5% 质量损失温度为 194℃，而含 50% 侧链苯基聚硅氧烷的 5% 质量损失温度为 264℃，是所有这些聚合物中最大的，但当苯基含量超过 75% 时，苯基含量对聚硅氧烷的热稳定性几乎没有影响（JP54010359A，1977 年）。

烷氧基和羟基封端且主链中含环状物的聚硅氧烷具有良好的抗氧化性能，可单独使用或作为抗氧化剂添加到硅油或硅橡胶中。并且烷氧基、羟基封端的聚硅氧烷在 －40～60 ℃温度范围内性能稳定，24 h 没有观察到分层或沉淀，流体保持清亮。含有较高分子量的烷基取代基团如 2－乙基己基的聚硅氧烷具有改善的耐热性、润滑性和较低的挥发性。氟基团取代可提高聚硅氧烷的阻燃性、耐油性，烯丙基或甲基烯丙基取代可改善其润滑性，聚氧化烯基团取代可调节橡胶溶胀性能或改变其消泡性能，氰基烷基的存在可使其与丁腈橡胶更相容并改善其介电性质（US3328350A，1966 年；US3821114A，1972 年；US4357473A，1979 年）。

第二种方法是在聚硅氧烷主链中引入耐热性大体积链段，例如亚苯基、环二硅氮烷基团等，因此创新主体在现有的不同结构、性能的聚硅氧烷中，进行了各种组合和尝试。

例如控制聚合物中三甲基硅基团的比例，或者将三甲基封端聚硅氧烷与其他热稳定性较差的聚硅氧烷进行混合（DE3039736A1、US4340495A、US4357252A，1980年），以及将不同黏度的聚硅氧烷混合使用，将线性和环状的聚硅氧烷混合使用，将含苯环的和不含苯环的聚硅氧烷混合使用等（DE102009012665A1、KR1020110131267A，2009~2010年），上述手段都得到了满足使用温度范围以及黏度性能要求的同时成本有所降低的聚硅氧烷有机热载体。

在化学合成技术及设备不断精细化发展的基础上，2000年之后对硅氧烷聚合物结构上的改进方向也有所拓展。从部分基团取代发展为对主链拓扑结构的改进，例如采用大环（EP1473346A1，2004年；WO2014001081A1、DE102012211258A1，2012年；WO2019072403A1，2017年；US20210189210A1，2019年；WO2021098940A1，2021年）、密闭多环、高度支化（DE102015202158A1、WO2016124439A1，2015~2016年；WO2019242858A1，2018年；WO2021141836A1，2021年）的聚硅氧烷等。其中大环状结构的聚硅氧烷结构式为（Me_2SiO）y，研究发现其具备优异的热稳定性。高度支化聚硅氧烷按结构分类，包括结构完美的树枝状大分子和结构有缺陷的超支化聚合物两类。树枝状大分子具有规则的、可控制的支化结构，按照与Si直接相连的主链上原子的不同可以分为Si－O－Si键型、Si－C键型、Si－Si键型及杂合键型四类，其制备过程烦琐；超支化聚合物的结构存在缺陷，但是其合成过程相对简单易行。高度支化聚硅氧烷与传统线性聚硅氧烷相比，具有黏度低、溶解度高等优点，且由于其外围拥有大量端基官能团可以进行功能改性，分子内部有大量空穴结构，可以将其视为球形模型，因此具备良好的流动性，且在高分子量下仍能保持低黏度，与有机树脂、纤维等有良好的相容性。

第 20 章　太阳能热发电用有机热载体

随着社会的发展，对电能的需求也在急速增长，太阳能发电技术与传统发电技术相比，具有绿色环保、来源广泛和可持续利用的特点，从而成为极具竞争力的一种发电方式，而其中的聚光太阳能发电技术相比于其他太阳能发电技术而言，又具有装机规模大、电能输出稳定和易于根据需求调度的特点，是最具规模化应用前景的太阳能发电技术。据估计在 2030 年之前，聚光太阳能电站的发电量将达到世界发电总量的 7%；在 2050 年之前将达到 25%。

聚光太阳能电站主要由集热场、汽轮机和发电机组成，其中集热场的功能为通过反射镜将太阳光汇聚加热流体工质，从而为汽轮机一侧的蒸汽发生器提供热源或直接提供蒸汽，集热场是决定聚光电站光电转化效率和发电容量的重要组成。流体工质的选择对于提高集热场以及整个系统的集热效率至关重要，有机热载体由于使用寿命较长、热稳定性较好、饱和蒸气压较低而成为最常用的流体工质。

虽然利用有机热载体的太阳能发电技术还没有完全普及，但作为未来最具潜力的发电技术，对决定其集热和发电效率的核心材料——流体工质进行研究有利于在该新兴领域中抢占有利地位，掌握新能源利用尤其是太阳能发电领域的主动权和话语权。由前面章节的分析可知，陶氏杜邦、瓦克等重要申请人均开始了在太阳能发电用有机热载体领域的专利布局。因此，本章旨在进一步对太阳能发电用有机热载体进行系统研究，希望能为有机热载体行业以及太阳能热发电行业技术更新提供参考借鉴。

20.1　申请趋势和技术构成

截至检索日，太阳能发电用有机热载体的全球专利申请共计 23 项，申请趋势如图 20－1－1所示。可以看出，20 世纪 80 年代末就已经出现了太阳能发电用有机热载体专利申请，但也只是零星申请；2012 年以后，太阳能发电用有机热载体开始出现集中连续申请，以 2011～2015 年申请量最多，此时正处于太阳能热发电技术的快速成长期，国内外对太阳能发电的扶持力度开始加大，相继出台了一系列政策鼓励太阳能发电产业发展。

分析技术构成发现，用于太阳能热发电系统中的有机热载体主要涉及合成芳烃、硅油和复合型三类。其中，合成芳烃占比最大，占申请总量的 52%；其次是硅油，占申请总量的 39%；复合型占比最小，占 9%。太阳能发电用有机热载体类型专利申请分布如图 20－1－2 所示。

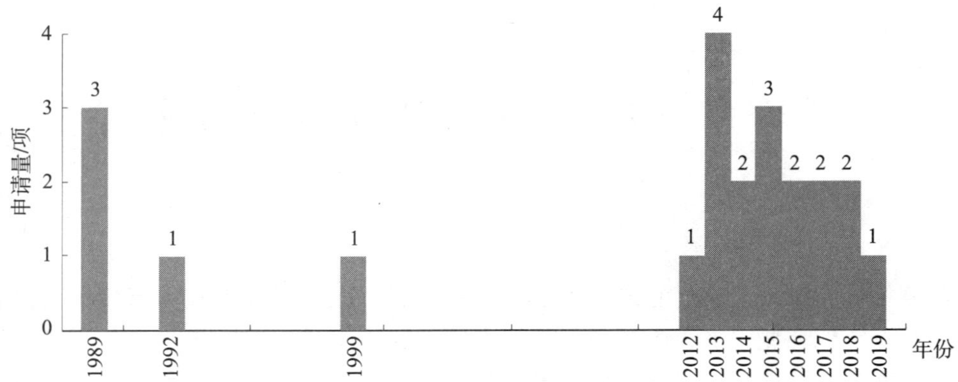

图 20－1－1　太阳能发电用有机热载体全球专利申请趋势

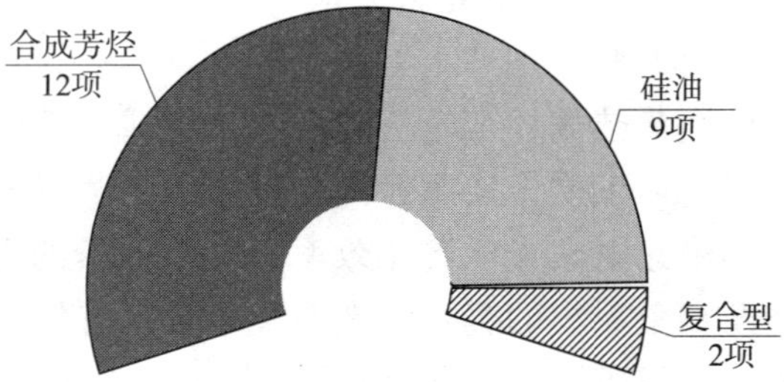

图 20－1－2　太阳能发电用有机热载体类型专利申请分布

在太阳能发电系统用有机热载体中，合成芳烃和硅油属于主流传热介质，出现较早。1989 年，陶氏杜邦提交了首项太阳能发电用有机热载体专利申请，具体为三联苯与联苯和联苯醚低共熔混合物的共混物（WO8907634A1，1989 年）。拜尔孟山都紧随其后提交了 2 项太阳能发电用有机热载体专利申请，具体为包含联苯、联苯醚、邻三联苯和间三联苯的混合物（IL89390D0，1989 年）。1992 年，日本新日铁提交了相同应用的专利申请，具体为含有联苯、联苯醚和二亚苯基氧化物的混合物（AU1846092A，1992 年）。可见，在 20 世纪 80 年代末 90 年代初，世界主要大型公司已经开启了在太阳能发电用有机热载体领域的专利布局。1999 年，德国瓦克提交了首项硅油型太阳能发电用有机热载体专利申请（DE19943382A1，1999 年）。复合型技术出现较晚且申请量较小，只在 2015 年、2016 年各有一件申请（EP3122837A4，2015 年；WO2017052790A1，2016 年）。太阳能发电用有机热载体各技术分支申请趋势如图 20－1－3 所示。

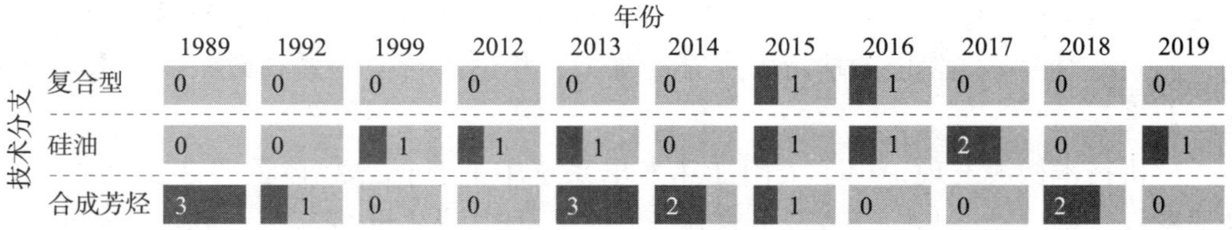

图 20－1－3　太阳能发电用有机热载体各技术分支申请趋势

注：图中数字表示申请量，单位为项。

20.2 产品类型及技术功效分布

太阳能发电用合成型有机热载体关注的性能主要包括使用温度范围、热稳定性、传热性能、低温性能、防腐性能、成本等，其中使用温度范围、热稳定性、传热性能、低温性能属于必需性能，决定其能否在太阳能热发电系统中长久稳定运行，是各类型有机热载体追求的核心性能，所有类型申请均对这四类性能有所关注。而成本和防腐性能属于次重要性能，其将决定有机热载体是否具备大规模商业化应用的前景，其中合成芳烃较为关注成本，而复合型较为关注防腐性。太阳能发电用有机热载体各类型产品关注性能分析如图 20－2－1 所示。

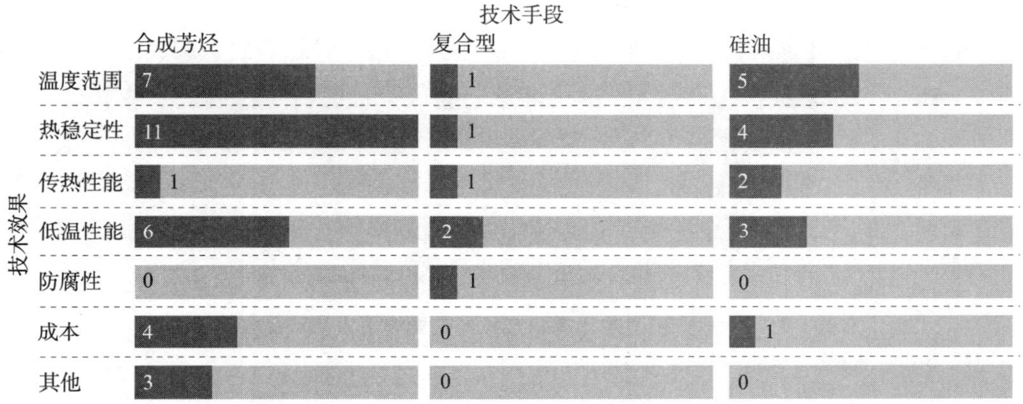

图 20－2－1　不同类型产品与专利技术功效分析

注：图中数字表示申请量，单位为项。

20.3 申请人排名和产品布局

太阳能发电用有机热载体领域主要申请人情况如图 20－3－1 所示。可以看出，太阳能发电用有机热载体专利申请量排名靠前的申请人主要集中在德国、日本和美国。以申请总量和多边申请分别进行统计，排名前三的为德国的瓦克、美国的陶氏杜邦和日本的 JX 日矿日石能源。

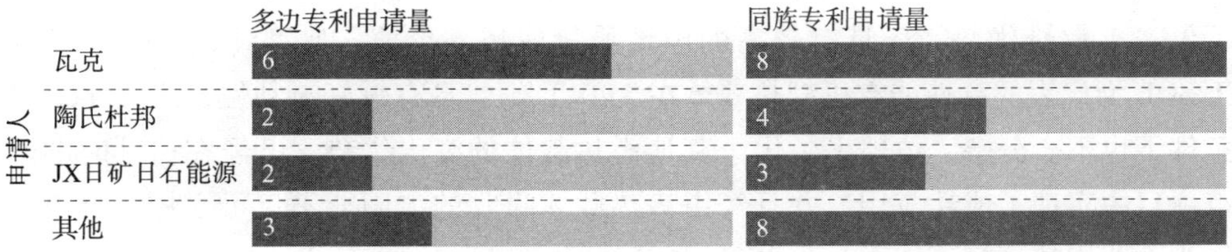

图 20－3－1　太阳能发电用有机热载体主要申请人专利申请对比

注：图中数字表示申请量，单位为项。

图20-3-2显示的是太阳能发电用有机热载体主要申请人的产品类型专利分布情况。可以看出，合成芳烃类太阳能发电用有机热载体的申请来源相对较为分散，多个申请人均有涉及，其中以美国的陶氏杜邦和日本的JX日矿日石能源申请量最大，分别有3件；而硅油型太阳能发电用有机热载体的申请来源则相对较为集中，主要由德国的瓦克主导，申请量最大，占到硅油型申请量的90%，其次是美国的陶氏杜邦。

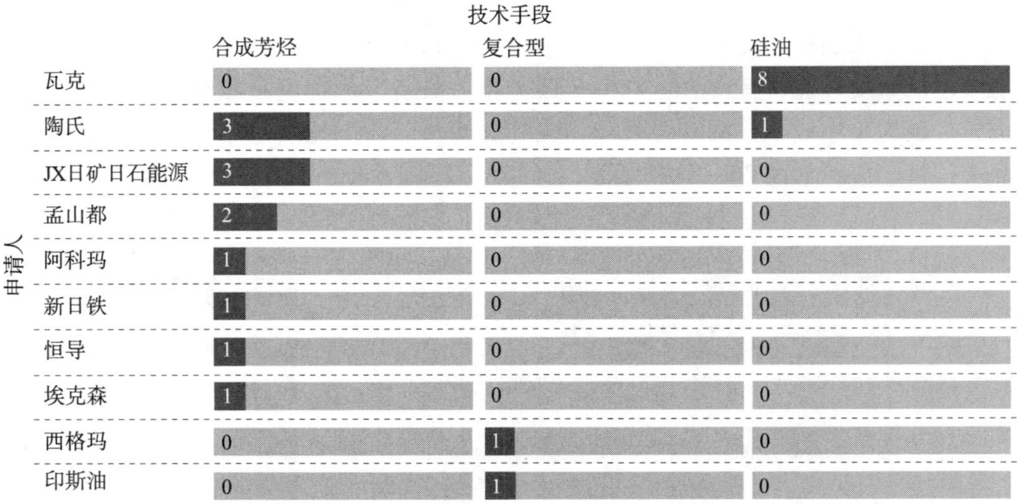

图20-3-2　太阳能发电用有机热导体主要申请人的产品类型分布

注：图中数字表示申请量，单位为项。

德国瓦克自1947年开始研发硅烷和有机硅产品，1972年开始以有机硅作为主要产品线，1980年，瓦克提交了第一件有机硅类热载体专利申请，比其首项硅油型太阳能发电用有机热载体专利申请早了近20年。可见，瓦克在太阳能发电用有机热载体上的申请延续了其在有机硅类热载体技术上的先发优势，至今一直占据该类热载体的垄断地位。

20.4　法律状态分析

进一步分析各申请人的硅油类有机热载体专利申请在中国的法律状态，可以看到，瓦克的大部分申请在中国均已得到授权且处于有效状态，说明瓦克在该领域的专利申请不仅占有数量优势，还具有较高的申请质量或技术价值。典型地，瓦克开发的以HELISOL为代表的高性能有机硅热载体在-40℃仍然具有较好流动性，且在425℃高温条件下也不会分解，体现出了优于其他类热载体的突出优势，已经在比利时的两个示范项目中实现了成功应用，并且经由该热载体吸收的太阳能不仅可以用来发电，还可作为工业用热直接应用于工业生产，具有重大的产业价值。

除瓦克外的其他申请人的专利申请基本都已失效或在审中。总体来看，太阳能发电用有机热载体尽管专利申请量不大，但专利申请价值极高，且已经形成较高的技术壁垒，技术垄断较为明显。太阳能发电用有机热载体重要申请人专利申请法律状态统计如表 20－4－1 所示。

表 20－4－1 太阳能发电用有机热载体重要申请人专利申请法律状态

申请人	类型	公开（公告）号	中国同族	申请日	中国授权日	法律状态
瓦克	硅油	WO2014001081A1	CN104395426B	2013 年 6 月 11 日	2017 年 3 月 1 日	有效
	硅油	WO2015177000A1	CN106414656B	2015 年 5 月 12 日	2019 年 5 月 28 日	有效
	硅油	WO2016124439A1	CN107207949B	2016 年 1 月 26 日	2020 年 5 月 22 日	有效
	硅油	WO2019029829A1	CN109844058B	2017 年 8 月 11 日	2021 年 4 月 20 日	有效
	硅油	WO2019072403A1	CN111094399	2017 年 10 月 13 日	—	审中
	硅油	WO2019242858A1	未进入国家阶段	2018 年 6 月 20 日	—	审中
	硅油	CL2019000952A1	无	2019 年 4 月 9 日	—	审中
	硅油	WO2021098940A1	未进入国家阶段	2019 年 11 月 18 日	—	审中
陶氏杜邦	硅油	WO2021141836A1	未进入国家阶段	2011 年 1 月 4 日	—	审中
	合成芳烃	WO2014035759A1	CN104602807B	2013 年 8 月 21 日	2017 年 12 月 26 日	失效
	合成芳烃	WO2014160562A1	CN105189428	2014 年 3 月 19 日	—	失效
	合成芳烃	WO8907634A1	无	1989 年 1 月 11 日	—	失效
JX 日矿日石能源	合成芳烃	WO2015178183A1	未进入国家阶段	2015 年 4 月 28 日	—	审中
	合成芳烃	WO2015016073A1	CN105339458A	2014 年 7 月 16 日	—	失效
	合成芳烃	WO2014103622A1	CN104884565A	2013 年 12 月 2 日	—	失效
拜尔孟山都	合成芳烃	US5075022A	无	1991 年 12 月 11 日	—	失效
印斯油	复合型	WO2018220653A3	未进入国家阶段	2018 年 6 月 1 日	—	审中
新日铁	合成芳烃	AU1846092A	无	1992 年 6 月 22 日	—	失效

续表

申请人	类型	公开（公告）号	中国同族	申请日	中国授权日	法律状态
恒导	合成芳烃	CN104178092A	CN104178092A	2013年5月27日	—	失效
埃克森	合成芳烃	WO2017052790A1	未进入国家阶段	2016年8月3日	—	审中
阿科玛	合成芳烃	WO2019150046A1	未进入国家阶段	2018年1月31日	—	审中
西格玛	复合型	WO2015143557A1	无	2015年3月24日	—	审中

第21章　有机热载体研究结论与建议

作为工业节能降耗、清洁能源利用中的先进材料，有机热载体技术的更新换代有助于我国绿色能源低碳转型，在实现“双碳”目标的进程中发挥重要作用。在此背景下，课题组对有机热载体开展研究，从全球和中国两个角度对有机热载体领域尤其是合成型有机热载体领域的专利申请进行总体分析；对合成型有机热载体中的重点技术——有机硅类热载体进行技术构成分析和技术脉络梳理；对太阳能热发电用有机热载体进行申请现状和技术构成分析。

21.1　结　　论

21.1.1　专利申请总体分析

有机热载体全球专利申请整体呈现平稳增长态势，但年申请量不大，技术研发和专利申请均呈现出小领域的特点。

合成型有机热载体占据有机热载体专利申请中的主导地位，醇/醇醚类、合成芳烃类和有机硅类占据合成型有机热载体专利申请中的主导地位。合成型有机热载体专利技术集中度高，基本由美国、日本、德国等发达国家垄断，且合成芳烃类和有机硅类等关键技术基本掌握在美国的陶氏杜邦、德国的拜耳孟山都、日本的JX日矿日石能源、艾杰旭和CCI等重点申请人手中。

中国在有机热载体领域的技术起步较晚，专利技术主要涉及技术门槛较低的矿物型有机热载体，在技术门槛较高的合成型有机热载体领域掌握的核心专利技术较少。可以预见在有机热载体领域，我国未来一段时间内仍将受制于国外技术垄断。另外，中国的重点申请人几乎都是企业，单一申请人专利申请量低，多边专利申请量更低，且多数专利申请质量不高；中国高校和科研院所在有机热载体领域的研发和申请相对较少。

21.1.2　有机硅类热载体关键技术分析

有机硅类热载体专利申请涉及七类产品，其中聚硅氧烷类产品占据主导地位。美国的陶氏杜邦和德国的瓦克是该领域专利申请量最大的两个重点申请人，二者的技术先发优势明显，技术延续性较好，技术垄断性高。热稳定性、低温黏性、使用温度范围是贯穿有机硅类热载体技术研发始终的问题，解决上述问题所采取的技术手段包括掺混、取代、选型和使用添加剂等。对大环、密闭多环和高度支化的聚硅氧烷类型的选用是近年改善聚硅氧烷类热载体性能的主流技术。

21.1.3 太阳能热发电用有机热载体专利分析

太阳能热发电用有机热载体领域专利申请以2011~2015年申请量最多，该应用涉及的主要热载体类型包括合成芳烃、硅油和复合型，三者占总量的比例分别为52%、39%和9%。太阳能热发电用有机热载体关注的性能主要包括使用温度范围、热稳定性、传热性能、低温性能、防腐性能、成本等。德国的瓦克、美国的陶氏杜邦和日本的JX日矿日石能源是该领域申请量排名前三位的重点申请人。其中，瓦克的大部分专利在中国均已得到授权且处于有效状态。

总体来说，尽管太阳能热发电用有机热载体领域专利申请量不大，但申请价值高，已经形成较高的技术壁垒，技术垄断较为明显。

21.2 建　　议

上述分析内容反映出我国有机热载体技术整体上更新较慢且大幅落后于美国、德国、日本等发达国家。课题组对此认为，我国创新主体可以从以下五个方面开展相关提升工作：

一是未来研发重点应继续聚焦于合成型有机热载体，重点改善其热稳定性、低温黏性、使用温度范围等核心性能，同时兼顾环保性、防腐性、毒性和成本等其他性能。

二是有机硅类热载体有望成为合成型有机热载体的未来发展方向，对有机硅类热载体的研发可继续聚焦于聚硅氧烷的结构改进，也可另辟蹊径对其他类型有机硅热载体进行筛选或性能改进。

三是在研发高性能有机热载体的同时，应加快有机热载体在太阳能发电等新兴领域的应用研究步伐，在太阳能发电技术大面积商业化运行到来之前抢占技术高地，实现该新兴领域热载体技术的弯道超车。

四是技术创新的同时，还应强化知识产权保护意识，积极与高水平知识产权中介机构对接，围绕重点技术和周边技术进行合理布局，并通过多边申请合理开展海外专利布局，提升企业核心竞争力。

五是企业自主创新的同时，高校和科研机构也应积极加入有机热载体技术的研究行列，尤其是合成芳烃、有机硅等基础材料的研发团队应积极探索这些材料在有机热载体领域的应用前景，通过校企联合，开发既具有专利技术价值又具有产业应用价值的有机热载体，逐步打破国外技术壁垒，为我国创新主体在有机热载体技术领域争取一席之地。

附录　申请人名称约定表

约定名称（国别）	对应的申请人名称
优时比（比利时）	UNION CHIMIQUE BELGE S A
	UNION CHIMIQUE BELGE SOCIETE ANONYME
巴斯夫（德国）	BASF SE
	BASF AG
	BASF CORP
	巴斯夫
拜耳（德国）	BAYER
	Bayer AG
	孟山都公司
	MONSANTO CO
	MONSANTO CHEMICALS
	MONSANTO RES CORP
瓦克（德国）	WACKER CHEMIE AG
	WACKER CHEMIE GMBH
阿科玛（法国）	阿科玛法国公司
	阿克马法国公司
	阿科玛股份有限公司
	ARKEMA FRANCE
	ARKEMA INC
	ATOCHEM
	ATOCHEM ELF SA
	ELF ATOCHEM S A PUTEAUX HAUTS DE SEINE FR
	ELF ATOCHEM S A
	ATOCHEM GAZ DE FRANCE
	ARKEMA INC US
	アルケマフランス

续表

约定名称（国别）	对应的申请人名称
LG（韩国）	LG CHEM LTD
	LG INNOTEK CO LTD
	LG CHEMICAL LTD
	LG ELECTRONICS INC
	LG 伊诺特股份有限公司
	株式会社 LG 化学
阿克苏诺贝尔（荷兰）	AKZO NV
	ICI PLC
	IMPERIAL CHEMICAL INDUSTRIES PLC
	帝国化学工业公司
3M（美国）	3M INNOVATIVE PROPERTIES COMPANY
	3M INNOVATIVE PROPERTIES CO
	MINNESOTA MINING MFG
	3M 创新有限公司
	美商 3M 新设资产公司
IBM（美国）	INTERNATIONAL BUSINESS MACHINES CORPORATION
	IBM UNITED KINGDOM LIMITED
	IBM（CHINA）INVESTMENT COMPANY LIMITED
奥林（美国）	OLIN CORP
	OLIN MATHIESON
埃克森（美国）	MOBIL OIL CORP
	STANDARD OIL CO
	EXXON RESEARCH ENGINEERING CO
	EXXONMOBIL CHEMICAL PATENTS INC
	EXXONMOBIL RESEARCH AND ENGINEERING COMPANY
	EXXONMOBIL RES ENG CO
	EXXONMOBIL RESEARCH AND ENGINEERING COMPANY

续表

约定名称（国别）	对应的申请人名称
杜邦（美国）	纳幕尔杜邦公司
	DU PONT
	E I DU PONT DE NEMOURS AND COMPANY
	E I DU PONT DE NEMOURS AND CO
	E I DU PONT DE NEMOURS AND COM
	E I DU PONT DE NEMOURS AND COMPANY
	DU PONT MITSUI FLUOROCHEM CO LTD
	PONTE I DU PONT DE NEMOURS AND COMPANY DU
	DUPONT DE NEMOURS AND COMPANY
霍尼韦尔（美国）	霍尼韦尔国际公司
	哈尼威尔国际公司
	HONEYWELL INTERNATIONAL INC
	HONEYWELL INTERNATL INC
	HONEYWELL INT INC
	허니웰 인터내셔널 인코포레이티드
陶氏（美国）	DOW CORNING
	DOW CORNING CORP
	DOW CHEMICAL CO
	THE DOW CHEMICAL COMPANY
	DOW GLOBAL TECHNOLOGIES LLC
	DOW GLOBAL TECHNOLOGIES INC
	UNION CARBIDE CORP
	UNION CARBIDE CORPORATION
	DOW CORNING TORAY CO LTD
	DOW CORNING CORPORATION
	DOW GLOBAL TECHNOLOGIES LLC
	DOW SILICONES CORPORATION
	DOW TORAY CO LTD
	太仓陶氏电气有限公司
	陶氏环球技术有限责任公司
	美商陶氏有机矽公司
	美国陶氏有机硅公司
	日商陶氏东丽股份有限公司
	道康宁公司
陶氏杜邦（美国）	DUPONT DOW ELASTOMERS L L C
	杜邦唐弹性体公司

续表

约定名称（国别）	对应的申请人名称
通用（美国）	GEN ELECTRIC
	ADVANCED CERAMICS CORP
约翰·皮尔斯（美国）	JOHN B PIERCE FOUNDATION
	PIERCE JOHN B FOUNDATION
科慕（美国）	科慕埃弗西有限公司
	得凯莫斯公司弗罗里达有限公司
	THE CHEMOURS COMPANY FC LLC
	CHEMOURS CO FC LLC
	ザケマーズカンパニーエフシーリミテッドライアビリティカンパニー
墨西哥化学（墨西哥）	英尼奥斯弗罗控股有限公司
	MEXICHEM AMANCO HOLDING SA
	MEXICHEM AMANCO HOLDING S A DE
	MEXICHEM AMANCO HOLDING SA DE CV
	MEXICHEM AMANCO HOLDING SA DE C V
CCI（日本）	SHISHIAI KABUSHIKIGAISHA
	CCI CORP
	CCI CORPORATION
艾杰旭（日本）	ASAHI GLASS CO LTD
	AGC INC
出光兴产（日本）	出光兴产株式会社
	IDEMITSU KOSAN CO LTD
	IDEMITSU KOSAN CO
	出光兴产股份有限公司

续表

约定名称（国别）	对应的申请人名称
JX 日矿日石能源（日本）	JX 日矿日石能源株式会社
	吉坤日矿日石能源株式会社
	NIPPON MITSUBISHI OIL CORP
	NIPPON OIL CORP
	JXTG NIPPON OIL ENERGY CORPORATION
	JX NIPPON OIL ENERGY CORPORATION
	JXTG NIPPON OIL ENERGY CORPORATION
	JX NIPPON OIL AMP
	NIPPON OIL CORPORATION
	JX NIPPON OIL & ENERGY CORP
	NIPPON OIL CO LTD
	NOF CORP
	JX NIPPON OIL ENERGY CORP
	NIPPON MINING CO
	JXエネルギー株式会社
	JX 控股
	JXTG 能源株式会社
大金（日本）	ダイキン工業株式会社
	DAIKIN APPLIED AMERICAS INC
	DAIKIN IND LTD
	DAIKIN KOGYO KK
	DAIKIN INDUSTRIES LTD
	大金工业株式会社
德山（日本）	TOKUYAMA CORP
	TOKUYAMA CORPORATION
	德山股份有限公司
	日商德山股份有限公司
	株式会社德山

续表

约定名称（国别）	对应的申请人名称
电化（日本）	DENKA COMPANY LIMITED
	DENKA CO LTD
	电化股份有限公司
	电化株式会社
	关东电化工业株式会社
	日商电化股份有限公司
丰田（日本）	TOYOTA MOTOR CORP
	TOYODA AUTOMATIC LOOM WORKS
	丰田自动车株式会车
迈图（日本）	迈图高新材料日本合同公司
	MOMENTIVE PERFORMANCE MAT INC
积水化学（日本）	SEKISUI CHEM CO LTD
	SEKISUI POLYMATECH CO LTD
	SEKISUI CHEMICAL CO LTD
	SEKISUI PLASTICS CO LTD
	积水化学工业株式会社
	积水保力马科技株式会社
	日商积水保力马科技股份有限公司
日东电工（日本）	NITTO DENKO CORPORATION
	NITTO DENKO CORP
	NITTO SHINKO CORPORATION
	NITTOSHINKO CORP
	日东电工株式会社
	日东电工股份有限公司
日立（日本）	HITACHI CHEMICAL CO LTD
	HITACHI CHEMICAL COMPANY LTD
	HITACHI CHEM CO LTD
	HITACHI INDUSTRIAL EQUIPMENT SYSTEMS CO LTD
	HITACHI KASEI POLYMER CO LTD
	HITACHI LTD
	HITACHI MAXELL LTD

续表

约定名称（国别）	对应的申请人名称
瑞翁（日本）	NIPPON ZEON CO LTD
	ZEON CORPORATION
	NIPPON ZEON CO
	ZEON CORP
	日本瑞翁株式会社
三菱（日本）	MITSUBISHI CHEMICALS CORP
	MITSUBISHI PAPER MILLS LTD
	MITSUBISHI CHEMICAL HOLDINGS CORP
	MITSUBISHI ENGINEERING PLASTICS CORP
	MITSUBISHI CHEMICAL CORPORATION
	MITSUBISHI ELECTRIC CORP
	MITSUBISHI ELECTRIC CORPORATION
	MITSUBISHI GAS CHEMICAL CO INC
	MITSUBISHI GAS CHEMICAL COMPANY INC
	MITSUBISHI CABLE IND LTD
	MITSUBISHI CHEM CORP
	MITSUBISHI MATERIALS CORP
	三菱電機株式会社
	三菱化学股份有限公司
	三菱製紙株式会社
	三菱电线工业株式会社
松下电器（日本）	MATSUSHITA DENKO KK
	MATSUSHITA ELECTRIC IND CO LTD
	MATSUSHITA ELECTRIC WORKS LTD
	MATSUSHITA ELECTRIC INDUSTRIAL CO LTD
	松下知识产权经营株式会社
	MATSUSHITA DENKI SANGYO KK
	松下电器公司
	松下电器株式会社

续表

约定名称（国别）	对应的申请人名称
信越（日本）	SHIN ETSU CHEMICAL CO LTD
	SHIN ETSU CHEM CO LTD
	SHINETSU CHEMICAL CO
	信越化学工业株式会社
	信越化学工業株式会社
	日商信越化学工业股份有限公司
	信越化学工业股份有限公司
新日铁（日本）	NIPPON STEEL CHEMICAL CO
	NIPPON STEEL CHEMICAL CO LTD
旭硝子（日本）	旭硝子株式会社
	AGC 株式会社
	ASAHI GLASS COMPANY LIMITED
	ASAHI GLASS CO LTD
	AGC INC
	ASAHI GLASS COMPANY LIMITED
昭和电工（日本）	SHOWA DENKO K K
	SHOWA DENKO KK
	SHOWA DENKO MATERIALS CO LTD
	SHOWA DENKO MAT CO LTD
	昭和电工株式会社
	昭和電工マテリアルズ株式会社
	日商昭和电工股份有限公司
钟化（日本）	KANEKA CORP
	KANEKA CORPORATION
	株式会社钟化
中央硝子（日本）	中央硝子株式会社
	CENTRAL GLASS CO LTD
	CT AL GLASS COMPANY LTD
	CENTRAL GLASS COMPANY LIMITED
	セントラル硝子株式会社

续表

约定名称（国别）	对应的申请人名称
住友（日本）	SUMITOMO BAKELITE CO LTD
	SUMITOMO ELECTRIC INDUSTRIES LTD
	SUMITOMO METAL MINING CO LTD
	SUMITOMO CHEMICAL CO LTD
	SUMITOMO CHEMICAL COMPANY LIMITED
	SUMITOMO WIRING SYSTEMS LTD
	SUMITOMO METAL MINING CO
	SUMITOMO SEIKA CHEMICALS CO LTD
	住友金属鉱山株式会社
	住友化学股份有限公司
	住友电木株式会社
	住友电气工业株式会社
	住友ベークライト株式会社
	住友金属鉱山株式会社
英力士（瑞士）	INEOS FLUOR HOLDINGS LTD
	INEOS FLUOR HOLDINGS LIMITED
海格罗姆（英国）	HYGROTHERM ENGINEERING LIMITED
	HYGROTHERM ENG LTD
阿莱德（中国）	上海阿莱德实业股份有限公司
	平湖阿莱德实业有限公司
	上海阿莱德实业有限公司
德邦界面材料（中国）	深圳德邦界面材料有限公司
	烟台德邦科技有限公司
	烟台德邦先进硅材料有限公司
	烟台德邦电子材料有限公司
巨化（中国）	巨化集团技术中心
	浙江衢化氟化学有限公司
	浙江衢州巨新氟化工有限公司
	JUHUA GROUP TECHNOLOGY CT
	ZHEJIANG QUHUA FLUORINE CHEMICAL CO LTD
	ZHEJIANG QUZHOU JUXIN FLUORINE CHEMICAL CO LTD
	ZHEJIANG QUHUA FLUOR CHEMISTRY CO LTD

续表

约定名称（国别）	对应的申请人名称
深圳先进技术研究院（中国）	中国科学院深圳先进技术研究院
	深圳先进技术研究院
	深圳先进电子材料国际创新研究院
	SHENZHEN STRONG ADVANCED MATERIALS RESEARCH INSTITUTE CO LTD
中石化（中国）	中国石油化工股份有限公司
	中国石油化工股份有限公司抚顺石油化工研究院
	中国石油化工股份有限公司大连石油化工研究院
	中国石油化工股份有限公司巴陵分公司
	中国石油化工股份有限公司北京化工研究院
Outlast（美国）	OUTLAST TECHNOLOGIES
	GATEWAY TECHNOLOGIES
	奥特拉斯技术有限公司
	长青科技股份有限公司
	耐久科技公司
三星（韩国）	SAMSUNG ELECTRONICS
	SAMSUNG MOBILE DISPLAY
	SAMSUNG DISPLAY
	SAMSUNG SDI
	SAMSUNG FINE CHEM
	SAMSUNG HEAVY INDUSTRY
	SAMSUNG ELECTRO – MECHANICS
	SAMSUNG ENGINEERING
	三星显示有限公司
	三星电子株式会社
	三星电子股份有限公司
	三星 SDI 株式会社
	三星电梯有限公司
	三星电机株式会社
	宁波三星医疗电气股份有限公司
	宁波三星智能电气有限公司
	三星 SDS 株式会社

续表

约定名称（国别）	对应的申请人名称
三星（韩国）	三星康宁精密素材株式会社
	天津三星电子有限公司
	三星移动显示器株式会社
	三星重工业株式会社
	天津三星电子显示器有限公司
	三星半导体（中国）研究开发有限公司
	三星电子（中国）研发中心
	三星电管株式会社
	三星精密化学株式会社
	天津三星光电子有限公司
	天津三星通信技术研究有限公司
海尔（中国）	海尔智家股份有限公司
	青岛海尔空调器有限公司
	青岛海尔智能技术研发有限公司
	海尔集团公司
	青岛海尔股份有限公司
	青岛经济技术开发区海尔热水器有限公司
	青岛海尔空调电子有限公司
	青岛海尔新能源电器有限公司
	青岛海尔洗衣机有限公司
	青岛海尔洗碗机有限公司
	青岛海尔电冰箱有限公司
	青岛海尔特种电冰柜有限公司
	青岛海尔科技有限公司
	青岛海尔施特劳斯水设备有限公司
	青岛海尔智能家电科技有限公司
	青岛海尔滚筒洗衣机有限公司
	HAIER SMART HOME
	QINGDAO HAIER AIR - CONDITIONER
	QINGDAO HAIER AIR CONDITIONING ELECTRONIC
	QINGDAO HAIER

续表

约定名称（国别）	对应的申请人名称
海尔（中国）	HAIER GROUP
	HAIER US APPLIANCE SOLUTIONS
	QINGDAO HAIER SPECIAL ELECTRIC FREEZING
	QINGDAO HAIER NEW ENERGY ELECTRIC APPLIANCE
	HAIER WATER HEATER
	QINGDAO HAIER REFRIGERATOR
格力（中国）	珠海格力电器股份有限公司
	珠海格力节能环保制冷技术研究中心
	合肥晶弘电器有限公司
	珠海格力能源环境技术有限公司
	格力电器（武汉）有限公司
	珠海凌达压缩机有限公司
	珠海格力智能装备有限公司
	格力电器（中山）小家电制造有限公司
	格力电子（合肥）有限公司
	格力钛新能源股份有限公司
	武汉凌达压缩机有限公司
	珠海广通汽车有限公司
	珠海格力新元电子有限公司
	ZHUHAI GREE ELECTRIC APPLICANCES
	GREE ELECTRIC APPLIANCES
	ZHUHAI GREE ENERGY SAVING & ENVIRONMENT
	GREE ELECTRIC APPLIANCES INC ZHUHAI
	GREE ELECTRIC APPLIANCES INC
	ZHUHAI GREE ELECTRIC APPLIANCES INC
	ZHUHAI GREE ENERGY SAVING REFRIGERATION TECH RES CT CO LTD
中国科学院青海盐湖研究所（中国）	中国科学院青海盐湖研究所
	QINGHAI INSTITUTE SALT LAKES，CHINESE ACADEMY OF SCIENCES
	CHINESE ACADEMY OF SCIENCE QINGHAI INSTITUTE SALT LAKES

续表

约定名称（国别）	对应的申请人名称
中国科学院化学研究所（中国）	中国科学院化学研究所
	CHINESE ACADEMY OF SCIENCE CHEMISTRY INSTITUTE
	CHEMISTRY INSTITUTE, CHINESE ACADEMY OF SCIENCES
中国科学院广州能源研究所（中国）	中国科学院广州能源研究所
	GUANGZHOU INSTITUTE OF ENERGY CONVERSION, CHINESE ACADEMY OF SCIENCES
	CHINESE ACADEMY OF SCIENCE GUANGZHOU ENERGY INSTITUTE
中国科学院理化技术研究所（中国）	中国科学院理化技术研究所
	TECHNOLOGY INSTITUTE PHYSICS & CHEMISTRY, CHINESE ACADEMY OF SCIENCES
	CHINESE ACADEMY OF SCIENCES TECHNOLOGY INSTITUTE PHYSICS & CHEMISTRY
中国科学院工程热物理研究所（中国）	中国科学院工程热物理研究所
	INSTITUTE ENGEERING THERMOPHYSICS, CHINESE ACADEMY OF SCICNCES
	CHINESE ACADEMY OF SCIENCES INSTITUTE ENGEERING THERMOPHYSICS
成都奥能普科技有限公司（中国）	成都奥能普科技有限公司
	CHENGDU AONENGPU TECHONOLOGY
北京环能海臣科技有限公司（中国）	北京环能海臣科技有限公司
	BEIJING HUANNENG HAICHEN SCIENCE & TECHNOLOGY
安赛乐米塔尔（卢森堡）	安赛乐米塔尔集团
	ARCELORMITTAL
莱斯特（中国）	山东沾化莱斯特石油化工有限公司
迈斯拓（中国）	成都迈斯拓新能源润滑材料股份有限公司
	成都迈斯拓新能源润滑材料有限公司
英可利（中国）	山东英可利化工有限公司
北京燕通（中国）	北京燕通石油化工有限公司
	北京燕通石油化工有限公司
中化化工（中国）	中化化工科学技术研究总院
	中化化工科学技术研究总院有限公司

续表

约定名称（国别）	对应的申请人名称
江苏中能（中国）	江苏中能化学有限公司
	江苏中能化学科技股份有限公司
武进东方（中国）	常州市武进东方绝缘油有限公司
飞荣达（中国）	深圳市飞荣达科技股份有限公司
鸿富诚（中国）	深圳市鸿富诚屏蔽材料有限公司
傲川科技（中国）	深圳市傲川科技有限公司
	傲川科技（河源）有限公司
博恩实业（中国）	深圳市博恩实业有限公司
中化蓝天（中国）	中化蓝天集团有限公司
	浙江蓝天环保高科技股份有限公司
	SINOCHEM LANTIAN CO LTD
	ZHEJIANG LANTIAN ENVIRONMENTAL PROTECTION HI TECH CO LTD
东岳（中国）	山东东岳化工有限公司

图 索 引

表 索 引

书　号	书　名	产 业 领 域	定价	条　码
9787513006910	产业专利分析报告（第 1 册）	薄膜太阳能电池 等离子体刻蚀机 生物芯片	50	9 787513 006910
9787513007306	产业专利分析报告（第 2 册）	基因工程多肽药物 环保农业	36	9 787513 007306
9787513010795	产业专利分析报告（第 3 册）	切削加工刀具 煤矿机械 燃煤锅炉燃烧设备	88	9 787513 010795
9787513010788	产业专利分析报告（第 4 册）	有机发光二极管 光通信网络 通信用光器件	82	9 787513 010788
9787513010771	产业专利分析报告（第 5 册）	智能手机 立体影像	42	9 787513 010771
9787513010764	产业专利分析报告（第 6 册）	乳制品生物医用 天然多糖	42	9 787513 010764
9787513017855	产业专利分析报告（第 7 册）	农业机械	66	9 787513 017855
9787513017862	产业专利分析报告（第 8 册）	液体灌装机械	46	9 787513 017862
9787513017879	产业专利分析报告（第 9 册）	汽车碰撞安全	46	9 787513 017879
9787513017886	产业专利分析报告（第 10 册）	功率半导体器件	46	9 787513 017886
9787513017893	产业专利分析报告（第 11 册）	短距离无线通信	54	9 787513 017893
9787513017909	产业专利分析报告（第 12 册）	液晶显示	64	9 787513 017909
9787513017916	产业专利分析报告（第 13 册）	智能电视	56	9 787513 017916
9787513017923	产业专利分析报告（第 14 册）	高性能纤维	60	9 787513 017923
9787513017930	产业专利分析报告（第 15 册）	高性能橡胶	46	9 787513 017930
9787513017947	产业专利分析报告（第 16 册）	食用油脂	54	9 787513 017947
9787513026314	产业专利分析报告（第 17 册）	燃气轮机	80	9 787513 026314
9787513026321	产业专利分析报告（第 18 册）	增材制造	54	9 787513 026321
9787513026338	产业专利分析报告（第 19 册）	工业机器人	98	9 787513 026338
9787513026345	产业专利分析报告（第 20 册）	卫星导航终端	110	9 787513 026345
9787513026352	产业专利分析报告（第 21 册）	LED 照明	88	9 787513 026352

书　号	书　名	产业领域	定价	条　码
9787513026369	产业专利分析报告（第 22 册）	浏览器	64	9 787513 026369
9787513026376	产业专利分析报告（第 23 册）	电池	60	9 787513 026376
9787513026383	产业专利分析报告（第 24 册）	物联网	70	9 787513 026383
9787513026390	产业专利分析报告（第 25 册）	特种光学与电学玻璃	64	9 787513 026390
9787513026406	产业专利分析报告（第 26 册）	氟化工	84	9 787513 026406
9787513026413	产业专利分析报告（第 27 册）	通用名化学药	70	9 787513 026413
9787513026420	产业专利分析报告（第 28 册）	抗体药物	66	9 787513 026420
9787513033411	产业专利分析报告（第 29 册）	绿色建筑材料	120	9 787513 033411
9787513033428	产业专利分析报告（第 30 册）	清洁油品	110	9 787513 033428
9787513033435	产业专利分析报告（第 31 册）	移动互联网	176	9 787513 033435
9787513033442	产业专利分析报告（第 32 册）	新型显示	140	9 787513 033442
9787513033459	产业专利分析报告（第 33 册）	智能识别	186	9 787513 033459
9787513033466	产业专利分析报告（第 34 册）	高端存储	110	9 787513 033466
9787513033473	产业专利分析报告（第 35 册）	关键基础零部件	168	9 787513 033473
9787513033480	产业专利分析报告（第 36 册）	抗肿瘤药物	170	9 787513 033480
9787513033497	产业专利分析报告（第 37 册）	高性能膜材料	98	9 787513 033497
9787513033503	产业专利分析报告（第 38 册）	新能源汽车	158	9 787513 033503
9787513043083	产业专利分析报告（第 39 册）	风力发电机组	70	9 787513 043083
9787513043069	产业专利分析报告（第 40 册）	高端通用芯片	68	9 787513 043069
9787513042383	产业专利分析报告（第 41 册）	糖尿病药物	70	9 787513 042383
9787513042871	产业专利分析报告（第 42 册）	高性能子午线轮胎	66	9 787513 042871
9787513043038	产业专利分析报告（第 43 册）	碳纤维复合材料	60	9 787513 043038
9787513042390	产业专利分析报告（第 44 册）	石墨烯电池	58	9 787513 042390

书　号	书　名	产 业 领 域	定价	条　码
9787513042277	产业专利分析报告（第 45 册）	高性能汽车涂料	70	9 787513 042277 >
9787513042949	产业专利分析报告（第 46 册）	新型传感器	78	9 787513 042949 >
9787513043045	产业专利分析报告（第 47 册）	基因测序技术	60	9 787513 043045 >
9787513042864	产业专利分析报告（第 48 册）	高速动车组和 高铁安全监控技术	68	9 787513 042864 >
9787513049382	产业专利分析报告（第 49 册）	无人机	58	9 787513 049382 >
9787513049535	产业专利分析报告（第 50 册）	芯片先进制造工艺	68	9 787513 049535 >
9787513049108	产业专利分析报告（第 51 册）	虚拟现实与增强现实	68	9 787513 049108 >
9787513049023	产业专利分析报告（第 52 册）	肿瘤免疫疗法	48	9 787513 049023 >
9787513049443	产业专利分析报告（第 53 册）	现代煤化工	58	9 787513 049443 >
9787513049405	产业专利分析报告（第 54 册）	海水淡化	56	9 787513 049405 >
9787513049429	产业专利分析报告（第 55 册）	智能可穿戴设备	62	9 787513 049429 >
9787513049153	产业专利分析报告（第 56 册）	高端医疗影像设备	60	9 787513 049153 >
9787513049436	产业专利分析报告（第 57 册）	特种工程塑料	56	9 787513 049436 >
9787513049467	产业专利分析报告（第 58 册）	自动驾驶	52	9 787513 049467 >
9787513054775	产业专利分析报告（第 59 册）	食品安全检测	40	9 787513 054775 >
9787513056977	产业专利分析报告（第 60 册）	关节机器人	60	9 787513 056977 >
9787513054768	产业专利分析报告（第 61 册）	先进储能材料	60	9 787513 054768 >
9787513056632	产业专利分析报告（第 62 册）	全息技术	75	9 787513 056632 >
9787513056694	产业专利分析报告（第 63 册）	智能制造	60	9 787513 056694 >
9787513058261	产业专利分析报告（第 64 册）	波浪发电	80	9 787513 058261 >
9787513063463	产业专利分析报告（第 65 册）	新一代人工智能	110	9 787513 063463 >
9787513063272	产业专利分析报告（第 66 册）	区块链	80	9 787513 063272 >
9787513063302	产业专利分析报告（第 67 册）	第三代半导体	60	9 787513 063302 >

书　号	书　名	产业领域	定价	条　码
9787513063470	产业专利分析报告（第 68 册）	人工智能关键技术	110	9 787513 063470 >
9787513063425	产业专利分析报告（第 69 册）	高技术船舶	110	9 787513 063425 >
9787513062381	产业专利分析报告（第 70 册）	空间机器人	80	9 787513 062381 >
9787513069816	产业专利分析报告（第 71 册）	混合增强智能	138	9 787513 069816 >
9787513069427	产业专利分析报告（第 72 册）	自主式水下 滑翔机技术	88	9 787513 069427 >
9787513069182	产业专利分析报告（第 73 册）	新型抗丙肝药物	98	9 787513 069182 >
9787513069335	产业专利分析报告（第 74 册）	中药制药装备	60	9 787513 069335 >
9787513069748	产业专利分析报告（第 75 册）	高性能碳化物 先进陶瓷材料	88	9 787513 069748 >
9787513069502	产业专利分析报告（第 76 册）	体外诊断技术	68	9 787513 069502 >
9787513069229	产业专利分析报告（第 77 册）	智能网联汽车 关键技术	78	9 787513 069229 >
9787513069298	产业专利分析报告（第 78 册）	低轨卫星通信技术	70	9 787513 069298 >
9787513076210	产业专利分析报告（第 79 册）	群体智能技术	99	9 787513 076210 >
9787513076074	产业专利分析报告（第 80 册）	生活垃圾、 医疗垃圾处理与利用	80	9 787513 076074 >
9787513075992	产业专利分析报告（第 81 册）	应用于即时 检测关键技术	80	9 787513 075992 >
9787513075961	产业专利分析报告（第 82 册）	基因治疗药物	70	9 787513 075961 >
9787513075817	产业专利分析报告（第 83 册）	高性能吸附 分离树脂及应用	90	9 787513 075817 >
9787513081955	产业专利分析报告（第 84 册）	高端光刻机	70	9 787513 081955 >
9787513082198	产业专利分析报告（第 85 册）	动力电池 检测技术	120	9 787513 082198 >
9787513082433	产业专利分析报告（第 86 册）	热交换介质	128	9 787513 082433 >
9787513081962	产业专利分析报告（第 87 册）	商业航天 装备制造	110	9 787513 081962 >
9787513081924	产业专利分析报告（第 88 册）	电动汽车 续航技术	120	9 787513 081924 >

书　号	书　名	定价	条　码
9787513041539	专利分析可视化	68	9 787513 041539 >
9787513016384	企业专利工作实务手册	68	9 787513 016384 >
9787513057240	化学领域专利分析方法与应用	50	9 787513 057240 >
9787513057493	专利分析数据处理实务手册	60	9 787513 057493 >
9787513048712	专利申请人分析实务手册	68	9 787513 048712 >
9787513072670	专利分析实务手册（第2版）	90	9 787513 072670 >